数据通信与IP网络技术

◎李昌 李兴 主编
◎韦文生 古发辉 阮秀凯 副主编

人民邮电出版社
北京

图书在版编目（CIP）数据

数据通信与IP网络技术 / 李昌，李兴主编. -- 北京：人民邮电出版社，2016.8（2020.8重印）
21世纪高等院校信息与通信工程规划教材
ISBN 978-7-115-42326-9

Ⅰ. ①数… Ⅱ. ①李… ②李… Ⅲ. ①数据通信－高等学校－教材②计算机网络－通信协议－高等学校－教材 Ⅳ. ①TN919②TN915.04

中国版本图书馆CIP数据核字(2016)第101763号

内容提要

本书完整叙述了数据通信与IP网络技术的基础知识及其相关内容，通篇融合了数据通信、通信运营网络工程和计算机网络的知识，介绍了数据通信原理、IP网络互联、TCP/IP、以太网交换技术、路由协议、企业级交换网络、企业网络互联、IP网络接入技术、网络安全、宽带光网络等内容。全书在介绍理论知识的基础上，以华为数据通信设备为操作对象，设置了8个配套实验，使读者在学习知识的过程中，锻炼数据通信设备的实用操作技能。通过本书的学习，结合实验训练，读者可以对数据通信和IP网络技术有一个全面了解，同时掌握交换机、路由器等数据通信设备的配置与管理技能。

本书可作为普通高等学校通信工程、电子信息科学与技术、电气工程等相关专业的数据通信、计算机网络等课程教材，高职高专也可根据需要选讲其中的部分内容。本书也适合数据通信网络的初学者及电信工程技术人员使用。

◆ 主　　编　李　昌　李　兴
副 主 编　韦文生　古发辉　阮秀凯
责任编辑　张孟玮
执行编辑　李　召
责任印制　沈　蓉　彭志环

◆ 人民邮电出版社出版发行　北京市丰台区成寿寺路11号
邮编　100164　电子邮件　315@ptpress.com.cn
网址　http://www.ptpress.com.cn
北京七彩京通数码快印有限公司印刷

◆ 开本：787×1092　1/16
印张：17.5　2016年8月第1版
字数：424千字　2020年8月北京第8次印刷

定价：49.80元

读者服务热线：(010)81055256　印装质量热线：(010)81055316
反盗版热线：(010)81055315
广告经营许可证：京东市监广登字20170147号

前言

随着数据通信与IP网络技术的发展，普通本科院校的“数据通信与计算机网络”课程教学存在的主要问题是传统的教学内容与现代通信运营企业实用技术之间存在着差异，本书的编写尝试打破原来的学科知识体系，按数据通信技术在通信运营企业中的应用及技术演进来构建本课程的知识结构及技能培训体系，构架思路主要是：数据通信技术基础—→IP网络理论基础与实用技能—→数据通信设备的配置与管理。

本书依据通信运营行业职业技能鉴定规范，参考华为公司HCNA-HNTD的相关技术培训文档而编写。全书的内容主要包括数据通信基础、基于IP的数据通信网络、TCP/IP原理、以太网交换技术、路由协议、企业级交换网络的部署、宽带用户管理与网络互联、网络安全技术与维护管理、IP网络接入技术。学习本书，将使学生具备灵活应用数据通信技术与IP网络技术技能的基本素质，为将来从事数据通信网络的运维管理工作打下基础，帮助学生掌握数据通信技术在现代通信网络中的应用技能。

本书既强调基础，又力求体现新知识、新技术，注重教学内容与数据通信工程师规范相结合，基础理论和实践技能结合。书中采用大量实物图片，直观明了。在附录中设置了8个实践技能训练项目来加强技能的培养，具体的实验操作脚本可登录人邮教育社区 http://www.ryjiaoyu.com 下载。

本书的教学课时数为48学时，各章的参考教学课时见以下的课时分配表（*为选修内容）。

章节	课程内容	课时分配	
		讲授	实践训练
第1章	数据通信基础	6	*
第2章	基于IP的数据通信网络	6	3
第3章	TCP/IP的原理	6	*
第4章	以太网交换技术	6	3
第5章	路由协议	6	3
第6章	企业级交换网络的部署	6	3
第7章	宽带用户管理与网络互联	4	—
第8章	网络安全技术与维护管理	4	3
第9章	IP网络接入技术	4	—
课时总计		48	15

本书由李昌任主编并具体编写第1～4章及附录实验，李兴编写第5～8章，韦文生编写第9章，实验部分由程垦、赵彬校验。本书的编写过程得到了程本福、蒋啸、陈诗文、朱文勋、章云标、孙红、陈伟灿、林德富、金晓雷、王增达、应建峰、彭来亮、胡克化、叶海晖、林乐平、郑昌峰、黄东海、周一新、周林荣、李慧、朱丽丹、陈通领、管乐、池万哲、朱国华、金苗、金秀昆、牟伟胜、徐婷婷、李松泽、金一麟、叶欧文、陈廉声、陈子谦等同志的指导和帮助，原浙江通信股份有限公司为本书提供了详实的案例参考，深圳讯方通信技术有限公司为本书的出版给予了技术支持，在此表示感谢。

由于编者水平有限，书中难免存在错误和不妥之处，恳切希望广大读者批评指正。

编　者

2016年8月

目录

第 1 章 数据通信基础

课程目标：

- 熟悉数据通信网络的拓扑结构；
- 掌握数据通信过程中信号和信道的基本概念；
- 掌握数据传输的方式与技术特点；
- 了解数据编码技术和数据传输差错控制技术；
- 掌握多路复用的基本概念；
- 掌握 OSI 参考模型的定义和协议栈结构。

数据通信是计算机工业和通信产业发展相结合的产物。伴随着计算机技术的普及与计算机远程信息处理应用技术的发展，数据通信逐步实现了计算机与计算机之间、计算机与通信终端之间的信息传递与交换。随着通信业务需求的变化及通信技术的演进，数据通信经过了不同的发展历程。

在 20 世纪 60 年代初，数据通信是在模拟网络环境下进行的，利用专线或用户电报进行异步低速率数据通信。70 年代初，由于计算机网络技术和分布处理技术的进步及用户业务需求量的增加，采用分组交换技术的数据通信应用渐趋普及，其技术核心是将信息分割成若干长度的片段（分组），通过存储转发形式进行统计复用传送。分组交换极大地提高了网络效率及线路利用率，因其具备传输速率高、传输质量好、接续速度快及可靠性高等优点，成为当时远程计算机通信广泛采用的网络技术。

随着光纤技术的出现与普及，一种利用数字通道提供半永久性连接电路的数字数据网络（Digital Data Network，DDN）在 20 世纪 70 年代出现了，它具有安全性强、使用方便、可靠性高等优点，适用于相对固定而且信息交互量很大的数据通信服务场合。

进入 20 世纪 80 年代，微型计算机、智能终端的广泛采用，使局部范围内（办公大楼或校园等）计算机和终端的资源共享及相互通信成为一种常用的信息交互模式，由此促进了局域网（Local Area Network，LAN）及其相应技术的迅速发展。同时，综合业务数字网（Integrated Services Digital Network，ISDN）也逐渐从试验走向商用，它将数据、语音，图像、传真等综合业务集中在同一网络中实现，解决了多种异质网络互联并存互联的问题，为普通百姓接入互联网络提供了一种高效而廉价的选择。

20 世纪 90 年代以来，全球范围内 LAN 数量猛增，局域网在广域网环境中互连扩展，在高质量光纤传输及终端智能化的条件下使网络技术不断简化，出现了帧中继（Frame Relay，FR）这一快速分组交换技术。它具有速率高、吞吐能力强、时延短、适应突发性业务等优点，得到世界范围广泛重视，并衍生出异步转移模式(Asynchronous Transfer Mode，ATM)的过渡方案。Internet 进入崭新发展时期也是当时数据通信网络发展的特征，Internet 逐渐成为世界范围内的信息共享网络，它采用开放性 TCP/IP 通信协议，将网络各异、规模不一、不同地理区域的计算网络互联成为一个整体，并逐渐成为规模最大的国际性网络互联体系。

随着计算机技术与通信产业的日益紧密结合，数据通信已成为实现信息传递和信息资源共享的重要手段和工具，数据通信网络已成为现代化信息社会的骨干通道。自从我国组建公用分组交换网以来，数据通信发展迅猛，组建了多种数据通信网络，并在网上开放了多种增值业务，网络规模和用户数飞速增长，以多媒体通信业务为代表的数据业务已经崭露头角，并逐渐占据了通信的主导地位。

本章首先分析了数据通信网络的基础理论，并简单介绍了数据通信相关的概念与一些常用的技术手段，最后对数据通信协议栈中的各种常见协议与规程进行了概述。

1.1 数据通信概述

数据通信的范畴涵盖计算机与计算机或者计算机与终端，以及各类通信终端之间的数据信息交换。组建数据通信网络不仅是为了交换数据，更是为了能够利用计算机与智能通信终端来处理数据。可以这么说，数据通信是将快速传输数据的通信技术和数据处理、加工及存储的计算机技术相结合，从而向用户提供及时准确的数据信息。

1.1.1 数据通信系统的组成

数据通信系统是通过数据传输信道将分布在远地的数据终端设备与计算机系统连接起来，实现数据传输、交换、存储和处理的系统。典型的数据通信系统主要由数据终端设备、传输信道、计算机系统三部分组成，如图 1-1 所示。

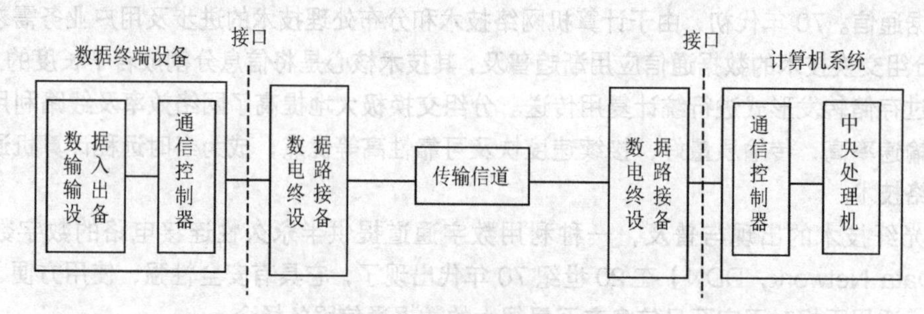

图 1-1 数据通信系统的组成

1. 数据终端设备

在数据通信系统中，用于发送和接收数据的设备称为数据终端设备（Data Terminal Equipment，DTE）。DTE 可能是大、中、小型计算机，PC 及诸如手机之类的智能终端，也可能是一台只接收数据的打印机，所以说 DTE 属于用户范畴，其种类繁多，功能差别较大。从计算机和计算机通信系统的观点来看，终端是输入/输出的工具；从数据通信网络的观点来看，计算机和终端都称为网络的数据终端设备。

在图 1-1 的数据终端组成中，为了有效而可靠地进行通信，通信双方必须按一定的规程

（协议）进行，这些规程涉及收发双方的同步、差错控制、传输链路的建立、维待和拆除及数据流量控制等，通过通信控制器的设置可以完成这些功能。通信控制器对应于软件部分就是通信协议，这也是数据通信与传统电话通信的主要区别。

数据终端的类型有很多种，有简单终端和智能终端、同步终端和异步终端、本地终端和远程终端等。

2．数据通信设备

用来连接DTE与数据通信网络的设备称为数据通信设备（Data Circuit-terminating Equipment，DCE），该设备为网络用户设备提供入网的连接点。

DCE的功能就是完成数据信号的变换。由于传输信道可能是模拟、也可能是数字的，DTE发出的数据信号未必适合信道传输，所以要把数据信号变成适合信道传输的信号。利用模拟信道传输，要进行“数字→模拟”变换，方法就是调制，而接收端要进行反变换，即“模拟→数字”变换，这就是解调，实现调制与解调的设备称为调制解调器（modem）。因此调制解调器就是模拟信道的数据通信设备。利用数字信道传输信号时不需调制解调器，但DTE发出的数据信号也要经过某些变换才能有效而可靠地传输，对应的DCE即数据服务单元（Digital Services Unit，DSU），其功能是码型和电平的变换，信道特性的均衡，同步时钟信号的形成，控制接续的建立、保持和拆除（指交换连接情况），维护测试等。

3．数据电路和数据链路

数据电路指的是在线路或信道上加信号变换设备之后形成的二进制比特流通路，它由传输信道及其两端的数据通信设备组成。

数据链路是在数据电路已建立的基础上，通过发送方和接收方之间交换“握手”信号，使双方确认后方可开始传输数据的两个或两个以上的终端装置与互连线路的组合体。所谓“握手”信号，是指通信双方建立同步联系、使双方设备处于正确收发状态、通信双方相互核对地址等。添加了通信控制器的数据电路称为数据链路。可见数据链路包括物理链路和实现链路协议的硬件和软件。只有建立了数据链路之后，双方数据通信终端才可真正有效地进行数据传输。

需要特别注意的是，在数据通信网中，数据链路操作仅限于相邻的两个节点之间，因此从一个DTE到另一个DTE之间的连接操作需要多段数据链路。

1.1.2 数据通信网拓扑结构

根据实际应用需要，数据通信网络节点可根据需要连成多种拓扑结构，典型的拓扑结构有6种，如图1-2所示。广义上来看，网络内部的主机、终端、交换机都可以称为节点。

总线结构通常采用广播式信道，即网上的一个节点（主机）发信时，其他节点均能接收总线上的信息，此网络需要在网络两端安装端接电阻。

环状结构采用点对点通信模式，即一个网络节点将信号沿一定方向传送到下一个网络节点，信息在环内依次高速传输。为了可靠运行，也常使用双环结构。

如图1-2（c）所示，星状结构中有一中心节点，该节点执行数据交换网络控制功能。这种结构易于实现故障隔离和定位，但它存在瓶颈问题，一旦中心节点出现故障，将导致网络失效。因此为了增强网络可靠性，应采用容错系统，设立热备用中心节点。

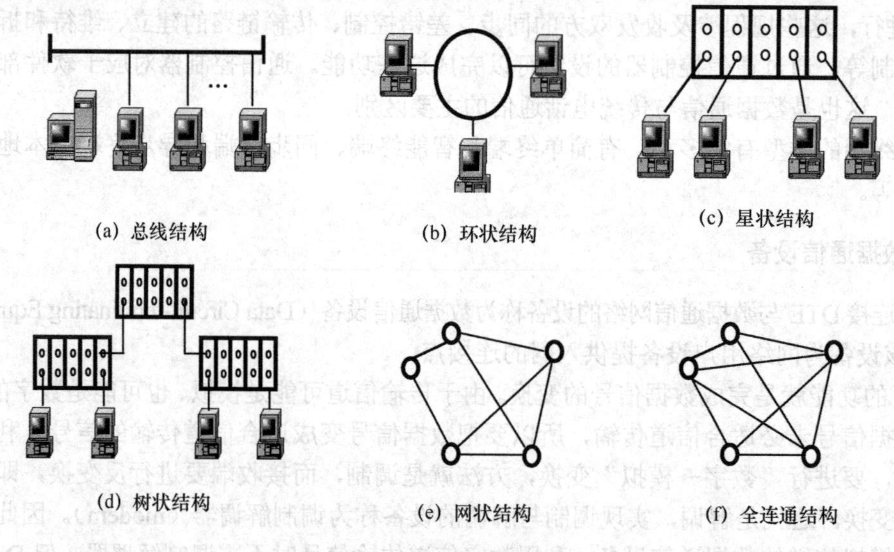

图 1-2 网络拓扑结构

树状结构的连接方法像树一样从顶部开始向下逐步分层分叉，有时也称其为层型结构，如图 1-2（d）所示。这种结构中执行网络控制功能的节点常处于树的顶点，在树枝上很容易增加节点，扩大网络，但容易出现流量瓶颈问题。

网状结构的特点是节点的用户数据可以选择多条路由通过网络，网络的可靠性高，但网络结构、协议复杂，如图 1-2（e）所示。目前大多数复杂交换网都采用这种结构。当网络节点为交换中心时，常将交换中心互连成全连通网，如图 1-2（f）所示。

1.1.3 数据通信网络技术分类

数据通信网就是数据通信系统的扩充，或者说就是若干个数据通信系统的归并和互联。数据通信网可划分为两个部分，第一部分是通信子网，第二部分是资源子网。通信子网具备传输和交换功能，在原有网的传输链路上加装了专用设备，从而构成了专门处理数据信息的数据通信网；资源子网则是由一些数据通信专用设备，以及这些专用设备与各类通信网的专用接口组成，用以实现信息的存储与管理。

数据通信网在发展过程中，采用过不同的网络技术形成了下面几种类型的网络。

（1）数据通信网发展的重要里程碑是采用分组交换方式，构成分组交换网。在分组交换网中，一个分组从发送站传送到接收站的整个传输控制，不仅涉及该分组在网络内所经过的每个节点交换机之间的通信协议，还涉及发送站、接收站与所连接的节点交换机之间的通信协议。国际电信联盟电信标准化部门（ITU-T）为分组交换网制定了一系列通信协议，世界上绝大多数分组交换网都用这些标准。其中最著名的标准是 X.25 协议，它在推动分组交换网的发展中做出了很大的贡献。

（2）帧中继（Frame Relay，FR）是分组交换技术的新发展，它是在通信环境改善和用户对高速传输技术需求的推动下发展起来的。帧中继仅完成 OSI 物理层和链路层核心层的功能，将流量控制、纠错等留给智能终端去完成，大大简化了节点机之间的协议。同时，帧中继还需采用虚电路技术，可充分利用网络资源，因而帧中继具有吞吐量高、时延低，适合突发性业务等特点。帧中继技术主要应用在广域网（WAN）中，可支持多种数据型业务（如局域网互连、远程计算机辅助设计和辅助制造的文件传送、图像查询、图像监视和会议电视等）。

（3）数字数据网（Digital Data Network，DDN）是采用数字信道来传输数据信息的数据传输网。数字信道包括用户到网络的连接线路，即用户环路的传输也应该是数字的。

DDN 一般用于向用户提供专用的数字数据传输信道，或提供将用户接入公用数据交换网的接入信道，也可以为公用数据交换网交换节点提供数据传输信道。DDN 一般不包括交换功能，只采用简单的交叉连接复用装置。如果引入交换功能，就成了数字数据交换网。

DDN 是利用数字信道为用户提供话音、数据、图像信号的半永久连接电路的传输网络。半永久连接是指 DDN 所提供的信道是非交换性的，用户之间的通信通常是固定。一旦用户提出改变的申请，由网络管理人员，或在网络允许的情况下由用户自己对传输速率、传输数据的目的地，以及传输路由进行修改，但这种修改不是经常性的，所以称为半永久性交叉连接或半固定交叉连接。它克服了数据通信专用链路永久连接的不灵活，以及 X.25 分组交换网络的处理速度慢、传输时延大等缺点。

（4）ATM（Asynchronous Transfer Mode）是异步转移模式的英文缩写。这里，“转移模式”是指网络中所采用的复用、交换、传输技术，即信息从一地“转移”到另一地所用的传递方式。“异步”是指 ATM 统计复用性质，这是一种在网络中以信元为单位进行统计复用和交换、传输的技术。

信元实际上就是具有固定长度的分组，信元长度为 53 字节，其中 5 字节是信头，48 字节是信息段，或称净荷。信头包含表示信元去向的逻辑地址、优先等级等控制信息。信息段装载来自不同用户、不同业务的信息。任何业务的信息都经过切割封装成统一格式信元。

ATM 采用异步时分复用方式（即统计复用），异步时分复用使 ATM 具有很大的灵活性，各种业务都可按实际信息量来占用资源，这样网络资源就可得到最大限度的利用。为了提高处理速度、保证质量、降低时延与信元丢失率，ATM 以面向连接的方式工作。在 ATM 网络的节点上完成的只是虚电路的交换。为了简化网络的控制，ATM 将差错控制和流量控制交给终端去做，不进行逐段链路的差错控制和流量控制。因此，ATM 兼顾了分组交换方式的统计复用、灵活高效特性，同时又继承了电路交换方式的传输时延小、实时性好的优点。

（5）IP 网是基于网际协议组建的网络。这种网络支持的各种应用业务，统称为 IP 业务，而实现这些业务的技术，即为 IP 技术。IP 网通常分为局域网、城域网、广域网。

① 局域网（Local Area Network，LAN）顾名思义，就是局部区域的网络。一般来讲局域网的物理覆盖范围比较小。早期的局域网主要是把一个办公室或者一个办公楼的计算机连接在一起，后来发展到校园网，连接数十幢大楼，覆盖范围越来越大。常见的局域网主要有以太网、令牌环网、FDDI（光纤分布式数据接口）网络等，后面两种网络已逐步减少，尤其在中国几乎所有的局域网都是以太网。局域网的有关标准基本上都是 IEEE 制定的，1980 年 2 月 IEEE 制定了一系列有关局域网的标准，称为 802.x 系列标准。

② 城域网（Metropolitan Area Netwok，MAN）可以看成是扩大了的局域网，城域网的地理范围比局域网大，可跨越几个街区，甚至整个城市。MAN 可以看成是城市间骨干网向用户层面的延伸。IP 城域网的网络结构通常分为三层：核心层、汇聚层和接入层。核心层网络完成高速数据转发的功能。汇聚层网络节点则主要实现扩展核心层设备的端口密度和端口种类，

扩大核心层节点的业务覆盖范围，汇聚接入节点，解决接入节点到核心节点间光纤资源紧张问题，实现接入用户的可管理性等功能。接入层网络节点主要是将不同地理分布的用户快速有效地接入骨干网络。

③ 广域网（Wide Area Network，WAN）是在一个更广泛范围内建立的计算机 IP 通信网络。广泛是指地理范围而言，WAN 可以超越一个城市、一个国家甚至全球。因此 WAN 网络对通信技术的要求高，网络构成的复杂性也更高。

从通信网络技术的发展趋势来看，IP 网络的应用范围将越来越广泛，通信网络全网 IP 化已成为一个时代趋势。

1.2 数据传输

数据（Data）是通信双方传递信息（Information）的载体，信息则是数据携带的内容与解析内涵。计算机网络中传送的内容都是“数据”。从广义上说，“数据”是指在传输时可用离散的数字信号（0 和 1）逐一准确表示的文字、符号、数码等。几乎涉及一切最终能以离散的数字信号表示的、可被送到计算机进行处理的各种信息都可包括在内。从狭义上说，“数据”就是由计算机输入、输出和处理的一种信息编码（或消息表示）形式。

信息，传统意义上就是指信、消息、通信系统传输和处理的对象，泛指人类社会传播的一切内容。人通过获得、识别自然界和社会的不同信息来区别不同事物，得以认识和改造世界。在一切通信和控制系统中，信息是一种普遍联系的形式。1948 年，数学家香农在“通信的数学理论”一文中指出：“信息是用来消除随机不定性的东西。”按照一定要求以一定格式组织起来的数据，凡经过加工处理或换算到人们想要得到的消息内涵，即可称为信息。表示信息的形式可以是数值、文字、图形、声音、图像及动画等，这些表示媒体归根到底都是数据的一种形式。

在数据通信网络中，信息与数据的传送必须依附在实际的物理信号之上，而信号则必须通过特定的信道才能为远端的通信设备所接收。

1.2.1 信号与信道

1. 信号（Signal）

信号：数据的物理量编码（通常为电编码），数据以信号的形式传播。信号可分为模拟信号和数字信号。

（1）模拟信号

模拟信号通过波形变化承载着信息的变化，如图 1-3 所示，其特点是幅度连续（连续的含义可以理解成某一取值范围内可以取无限多个值）。

模拟信号实质上是随时间连续变化的电磁波，利用电磁波的描述参数（如幅度、频率或相位等）来表示要传输的数据，它的取值可以是无限多个。

（2）数字信号

数字信号是一种离散信号，通过电压脉冲表示要传输的数据，它的取值是有限的，如图 1-4 所示。

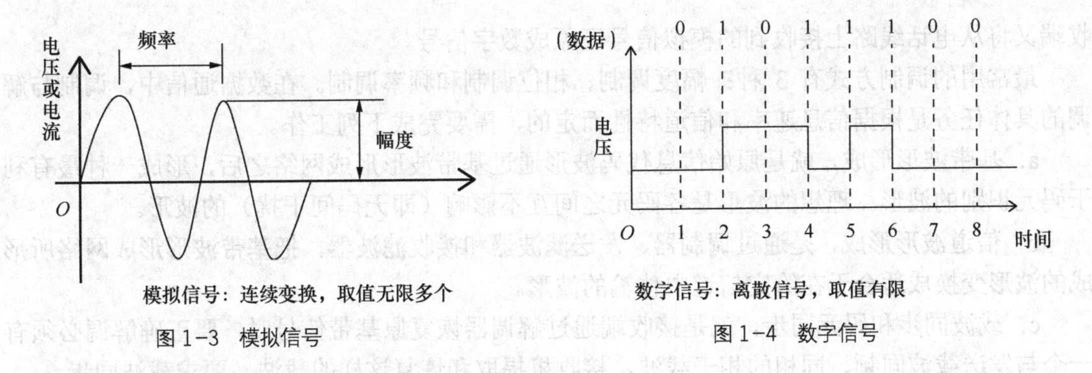

图 1-3 模拟信号

图 1-4 数字信号

（3）模拟数据和数字数据的表示

模拟数据和数字数据都可以用模拟信号或数字信号来表示，无论信源产生的是何种类型的数据，在传输过程中都可以用采用适合于信道特性的信号形式来传输。

a．模拟数据可以用模拟信号来表示。模拟数据是时间的函数，并占有一定的频率范围，即频带。这种数据可以直接用占有相同频带的电信号，即对应的模拟信号来表示。早期的模拟电话通信是它的一个应用模型。

b．数字数据可以用模拟信号来表示。如调制解调器（Modem）可以把接收到的数字数据调制成模拟信号，以便信号能传送较远的距离；同时它把模拟信号解调成数字数据供计算机使用。用 Modem 拨号上网是它的一个应用模型。

c．模拟数据也可以用数字信号来表示。对于声音数据来说，完成模拟数据和数字信号转换功能的设施是编码解码器（Codec）。它将直接表示声音数据的模拟信号编码转换成二进制流近似表示的数字信号；而在线路另一端的 Codec，则将二进制流码恢复成原来的模拟数据。程控数字电话通信是它的一个应用模型。

d．数字数据可以用数字信号来表示。数字数据可直接用二进制数字脉冲信号来表示，但为了改善其传播特性，一般先要对二进制数据进行编码。数字数据专线网 DDN 网络通信是它的一个应用模型。

（4）调制、解调

在模拟信道上传输数字信号时，为了实现信号与信道特性的准确匹配，调制解调器是不可缺少的，如图 1-5 所示。

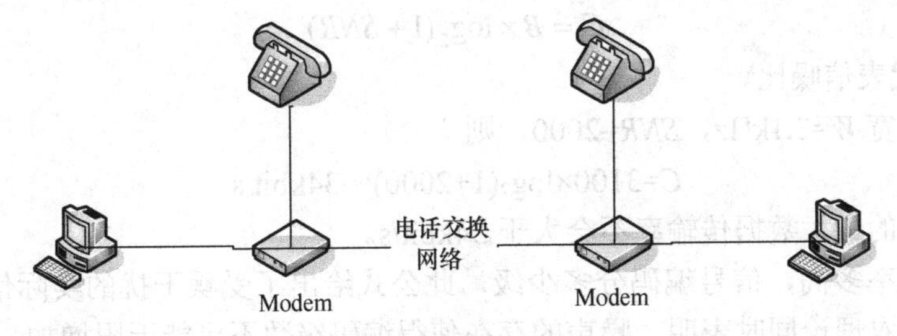

图 1-5 调制与解调

调制是一种波形变换过程，利用原始信息改变某种基本电波（称为载波）的某一个参数。调制的主要作用有两个：一是对原始信息实行频谱搬移；二是形成一种最有利于传输和恢复原始信息的信号波形。

调制解调器在发送端将计算机中的数字信号转换成能在电话线上传输的模拟信号，在接收端又将从电话线路上接收到的模拟信号还原成数字信号。

最常用的调制方式有 3 种：幅度调制、相位调制和频率调制。在数据通信中，调制与解调的具体任务是根据信息速率和信道特性而定的，需要完成下列工作。

a．基带波形形成，就是原始信息代码波形通过基带波形形成网络之后，形成一种最有利于码元识别的波形。理想的波形是各码元之间互不影响（即无码间干扰）的波形。

b．信道波形形成，是通过调制器、发送滤波器和接收滤波器，把基带波形形成网络所形成的波形变换成适合于在给定信道中传输的波形。

c．载波同步和码元同步，就是接收端通过解调器恢复原基带信号时，要正确解调必须有一个与发送载波同频、同相的相干载波，接收机提取和恢复这样的载波，要求载波同步。

另外，在数据通信中解决载波同步只能恢复出基带波形，还必须通过取样判决才能恢复原始信息代码。而要正确地取样判决，必须有一个正确的位定时（位同步）信号，这就是码元同步要解决的问题。

2．信道

信道（Channel）指信号的传输通道，包括通信设备（如集线器、路由器等）和传输介质（如同轴电缆、光纤等）。

信道按传输介质可分为有线信道或无线信道；按传输信号类型可分为模拟信道和数字信道；按使用权限可分为专用信道和公用信道等。

奈奎斯特公式：用于理想低通信道。奈奎斯特公式为估算已知带宽信道的最高数据传输速率提供了依据。

$$C = 2B \times \log_2 L$$

C：数据传输率，单位 bit/s；

B：信道带宽，单位 Hz；

L：信号编码级数。

然而，实际的信道上存在损耗、延迟、噪声，因而都是非理想的。损耗引起信号强度减弱，导致信噪比 S/N 降低。延迟会使接收端的信号产生畸变。噪声会破坏信号，产生误码。例如，在速率为 56kbit/s 的物理信道上，一个持续时间为 0.01s 的干扰将会影响约 560bit 的传输效果。

香农公式：有限带宽高斯噪声干扰信道。

$$C = B \times \log_2(1 + SNR)$$

其中 SNR 代表信噪比。

例：信道带宽 W=3.1kHz，SNR=2000，则

$$C=3100\times\log_2(1+2000)\approx 34\text{kbit/s}$$

即该信道上的最大数据传输率不会大于 34kbit/s。

无论采样频率多高，信号编码分多少级，此公式给出了受噪干扰的实际信道能达到的最高传输速率。香农理论同时表明，噪声的存在使得编码级数不可能无限增加。

1.2.2 数据传输的形式

1．传输形式

数据传输形式基本上可分为两种：基带传输和频带传输。

（1）基带传输

基带传输是按照数字信号原有的波形（以脉冲形式）在信道上直接传输，它要求信道具有较宽的通频带。基带传输不需要调制、解调，设备花费少，适用于较小范围的数据传输。

基带传输时，通常对数字信号进行一定的编码。数据编码常用 3 种方法：非归零码 NRZ、曼彻斯特编码和差动曼彻斯特编码。后两种编码不含直流分量，包含时钟脉冲，便于双方自同步，因此，得到了广泛的应用。

（2）频带传输

频带传输是一种采用调制、解调技术的传输形式。在发送端，采用调制手段，对数字信号进行某种变换，将代表数据的二进制“1”和“0”变换成具有一定频带范围的模拟信号，以适应在模拟信道上传输；在接收端，通过解调手段进行相反变换，把模拟的调制信号复原为“1”或“0”。常用的调制方法有频率调制、振幅调制和相位调制。

频带传输较复杂，传送距离较远，若通过市话系统配备 Modem，则可突破基带信号传送距离的限制。

2．传输方式

数据传输可以分为以下几种。

（1）单工、半双工和全双工方式（Simplex，Half Duplex & Full Duplex）（如图 1-6 所示）。

单工数据传输指的是两个数据站之间只能沿一个指定的方向进行数据传输。在图 1-6（a）中，数据由 A 站传到 B 站，而 B 站至 A 站只传送联络控制信号。前者称正向信道，后者称反向信道。一般正向信道传输速率较高，反向信道传输速率较低，其速率不超过 75bit/s。此种方式适用于数据收集系统，如气象数据的收集、电话费的集中计算等。因为在这种数据收集系统中，大量数据只需要从一端到另一端，另外需要少量联络信号通过反向信道传输。

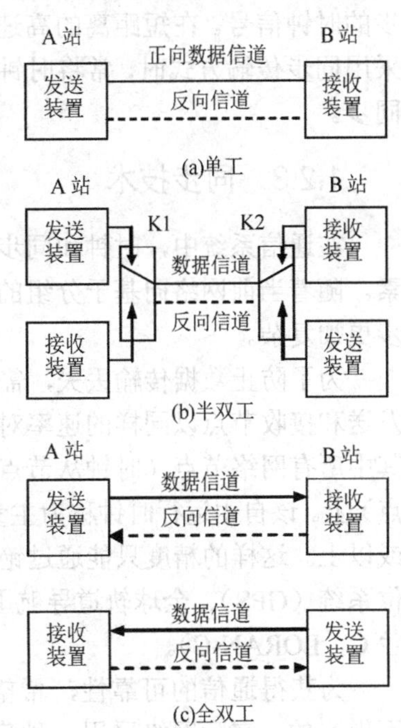

图 1-6 单工、半双工和全双工

半双工数据传输是两个数据之间可以在两个方向上进行数据传输，但不能同时进行。该方式要求 A 站、B 站两端都有发送装置和接收装置，如图 1-6（b）所示。若想改变信息的传输方向，需要由开关 K1 和 K2 进行切换。问讯、检索、科学计算等数据通信系统运用半双工数据传输。

全双工数据传输是在两个数据站之间，可以两个方向同时进行数据传输。全双工通信效率高，但组成系统的造价高，适用于计算机之间高速数据通信系统。通常四线线路实现全双工数据传输，二线线路实现单工或半双工数据传输。在采用频分法、时间压缩法、回波抵消技术时，二线线路也可实现全双工数据传输。

（2）并行与串行方式

根据一次传输数位的多少可将基带传输分为并行（Parallel）方式和串行（Serial）方式，前者是通过一组传输线多位同时传输数字数据，后者是通过一对传输线逐位传输数字代码。通常，计算机内部及计算机与并行打印机之间采用并行方式，而传输距离较远的数字通信系统多采用串行方式。

并行传输方式要求并行的各条线路同步，因此需要传输定时和控制信号，而并行的各路信号在经过转发与放大处理时，将引起不同的延迟与畸变，故较难实现并行同步。若采用更复杂的技术、设备与线路，其成本会显著上升。故在远距离数字通信中一般不使用并行方式。串行通信双方常以数据帧为单位传输信息，但由于串行方式只能逐位传输数据，因此，在发送方需要进行信号的并/串转换，而接收方则需要进行信号的串/并转换。

（3）异步传输与同步传输方式

异步传输与同步传输均存在基本同步问题：一般采用字符同步或帧同步信号来识别传输字符信号或数据帧信号的开始和结束。两者之间的主要区别在于发送器或接收器之一是否向对方发送时钟同步信号。

异步传输（Asynchronous Transmission）以字符为单位传输数据，采用位形式的字符同步信号，发送器和接收器具有相互独立的时钟（频率相差不能太多），并且两者中任一方都不向对方提供时钟同步信号。异步传输的发送器与接收器双方在数据可以传送之前不需要协调：发送器可以在任何时刻发送数据，而接收器必须随时都处于准备接收数据的状态。计算机主机与输入、输出设备之间一般采用异步传输方式，如键盘、典型的 RS-232 串口（用于计算机与调制解调器或 ASCII 码终端设备之间）：发送方可以在任何时刻发送一个字符（由一个开始位引导，然后连续发完该字符的各位，后跟一个位长以上的哑位）。

同步传输（Synchronous Transmission）以数据帧为单位传输数据，可采用字符形式或位组合形式的帧同步信号（后者的传输效率和可靠性更高），由发送器或接收器提供专用于同步的时钟信号。在短距离的高速传输中，该时钟信号可由专门的时钟线路传输；计算机网络采用同步传输方式时，常将时钟同步信号植入数据信号帧中，以实现接收器与发送器的时钟同步。

1.2.3 同步技术

在通信系统中，时钟和同步一直是确保语音和数据连接可靠和无差错的一项关键设计因素。随着当前网络向基于分组的架构转移，时钟要求正在发生变化，实现标准网络时钟和同步更加复杂。

为了防止数据传输丢失，需要对一条电路交换电信网络上的所有节点进行同步，以确保发送和接收节点以同样的速率对数据进行采样。这是通过一种所谓的主从时钟关系实现的，其中所有网络节点（时钟从节点）都同步到一个具有高精度自由运行时钟的节点（时钟主节点）上。该自由运行时钟称为主参考时钟（PRC）或主参考源（PRS），其精度必须为 1E（–11）或以上。这样的精度只能通过铯（原子）时钟或铯时钟控制的无线电信号来产生，如全球定位系统（GPS）、全球轨道导航卫星系统（格洛纳斯，GLONASS）和远程导航系统版本（劳兰 C，LORAN-C）。

为获得通信的可靠性，希望全球电信网络全部同步到一个单一的 PRC/PRS 的愿望是不现实的。实际网络采用一种扁平时钟分布结构，包含许多独立运行的 PRC/PRS。每个电信提供商一般都有自己的 PRC/PRS，这意味着全球性电信网络是由一些同步的“孤岛”通过一些准同步链路链接而成的。运行两种不同 PRC/PRS 时钟的两个网络孤岛之间仍会发生数据丢失（也称为缓冲滑动），但由于两个原子时钟之间的频率差异很小，因此这种情况很少发生。还有一些其他缺陷会影响电路交换网络的数据传输，最常见的就是信号抖动（Jitter）和漂移（Wander）。抖动和漂移被定义为数字信号的重要时刻在时间上偏离其理想位置的短期变动和长期变动。电路交换网络中的所有接收机都含有弹性存储缓冲区，以补偿抖动和漂移。该缓冲区的大小应大于网络中的最大抖动和漂移。由于分组抖动可能会比电路交换网络中的抖动和漂移大几个数量级，分组网络中用于补偿的抖动缓冲区比电路交换网络中的抖动缓冲区要大得多。

数据同步目的是使接收端与发送端在时间基准上一致（包括开始时间、位边界、重复频率等）。常用同步方式有两种：位同步和群同步。

1. 位同步

目的是使接收端接收的每一位信息都与发送端保持同步。

位同步又称同步传输，它是使接收端对每一位数据都要和发送端保持同步。实现位同步的方法可分为外同步法和自同步法两种。

（1）外同步——发送端发送数据时同时发送同步时钟信号，接收方用同步信号来锁定自己的时钟脉冲频率。在外同步法中，接收端的同步信号事先由发送端送来，而不是自己产生也不是从信号中提取出来。即在发送数据之前，发送端先向接收端发出一串同步时钟脉冲，接收端按照这一时钟脉冲频率和时序锁定接收端的接收频率，以便在接收数据的过程中始终与发送端保持同步。

（2）自同步——通过特殊编码（如曼彻斯特编码），这些数据编码信号包含了同步信号，接收方从中提取同步信号来锁定自己的时钟脉冲频率。自同步法是指能从数据信号波形中提取同步信号的方法。典型例子就是著名的曼彻斯特编码。

2. 群同步

在数据通信中，群同步又称异步传输，是指传输的信息被分成若干“群”。数据传输过程中，字符可顺序出现在比特流中，字符间的间隔时间是任意的，但字符内各比特用固定的时钟频率传输。字符间的异步定时与字符内各比特间的同步定时，是群同步即异步传输的特征。

群同步是靠起始和停止位来实现字符定界及字符内比特同步的。起始位指示字符的开始，并启动接收端对字符中比特的同步；而停止位则是作为字符间的间隔位设置的，没有停止位，下一字符的起始位下降沿便可能丢失。

1.2.4 编码与差错控制

1. 编码

（1）数字数据的模拟信号编码

为了利用廉价的公共电话交换网实现计算机之间的远程通信，必须将发送端的数字信号变换成能够在公共电话网上传输的音频信号，经传输后再在接收端将音频信号逆变换成对应的数字信号。实现数字信号与模拟信号互换的设备称作调制解调器（Modem）。

模拟信号传输的基础是载波，载波具有三大要素：幅度、频率和相位，数字数据可以针对载波的不同要素或它们的组合进行调制。

数字调制有 3 种基本形式：幅移键控法 ASK、频移键控法 FSK、相移键控法 PSK。

基本原理：用数字信号对载波的不同参量进行调制。

载波：

$$S(t) = A\cos(\omega t+\psi)$$

$S(t)$的参量包括幅度 A、频率ω、初相位ψ。调制就是要使 A、ω或ψ随数字基带信号的变化而变化。

ASK：用载波的两个不同振幅表示 0 和 1。

FSK：用载波的两个不同频率表示 0 和 1。

PSK：用载波的起始相位的变化表示 0 和 1。

在 ASK 方式下，用载波的两种不同幅度来表示二进制的两种状态。ASK 方式容易受增益变化的影响，是一种低效的调制技术。在电话线路上，通常只能达到 1200bit/s 的速率。

在 FSK 方式下，用载波频率附近的两种不同频率来表示二进制的两种状态。在电话线路上，使用 FSK 可以实现全双工操作，通常可达到 1200bit/s 的速率。

在 PSK 方式下，用载波信号相位移动来表示数据。PSK 可以使用二相或多于二相的相移，利用这种技术，可以对传输速率起到加倍的作用。

由 PSK 和 ASK 结合的相位幅度调制 PAM，是解决相移数已达到上限但还要提高传输速率的有效方法。

3 种调制方式对应同一数据的波形如图 1-7 所示。

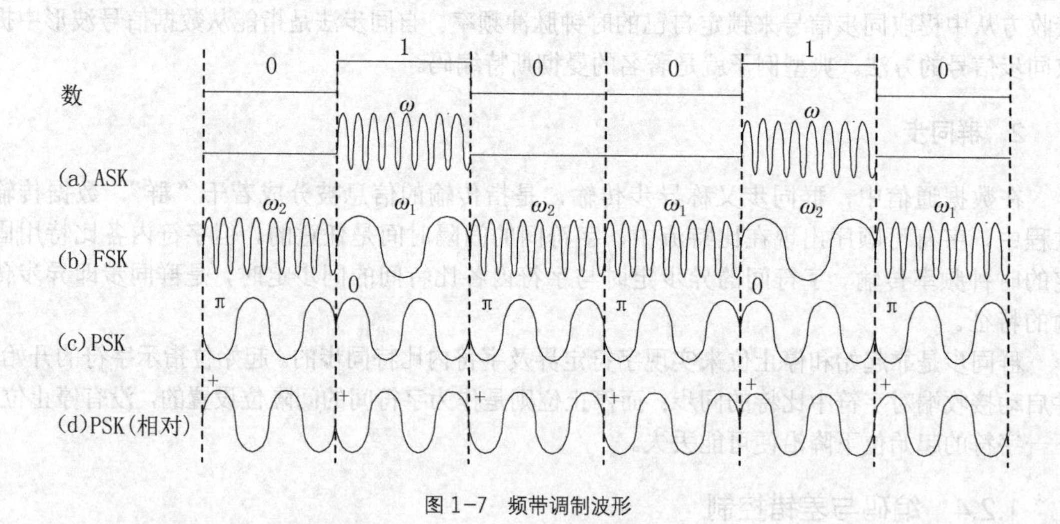

图 1-7 频带调制波形

（2）数字数据的数字信号编码

数字信号也可以直接以基带方式进行传输。基带传输是在线路中直接传送数字信号的电脉冲，它是一种最简单的传输方式，近距离通信的局域网都采用基带传输。

对于传输数字信号来说，最常用的方法是用不同的电压电平来表示两个二进制数字，即数字信号由矩形脉冲组成。

不归零码在传输中难以确定一位的结束和另一位的开始，需要用某种方法使发送器和接收器之间进行定时或同步；归零码的脉冲较窄，根据脉冲宽度与传输频带宽度成反比的关系，因而归零码在信道上占用的频带较宽。

单极性码会积累直流分量，这样就不能使变压器在数据通信设备和所处环境之间提供良好绝缘的交流耦合，直流分量还会损坏连接点的表面电镀层；双极性码的直流分量大大减少，这对数据传输是很有利的。

（3）模拟数据的数字信号编码

a．脉码调制 PCM。脉码调制是以采样定理为基础，对连续变化的模拟信号进行周期性采样，利用大于等于有效信号最高频率或其带宽 2 倍的采样频率，通过低通滤波器从这些采样中重新构造出原始信号。

采样定理表达公式：

$$F_s(=1/T_s)\geqslant 2F_{max} \text{ 或 } F_s\geqslant 2B_s$$

式中：T_s为采样周期；

F_s为采样频率；

F_{max}为原始信号的最高频率；

$B_s(=F_{max}-F_{min})$为原始信号的带宽。

b．模拟信号数字化的三步骤：采样，以采样频率 F_s 把模拟信号的值采出；量化，使连续模拟信号变为时间轴上的离散值；编码，将离散值变成一定位数的二进制数码。

2．差错控制

数据通信要求信息传输具有高度的可靠性，即要求误码率足够低。然而，数据信号的传输过程中不可避免地会发生差错，即出现误码。例如，在干线载波信道上采用一般的调制方法传输中速（1200～2400bit）数据信号，其误码率在 10^{-4}～10^{-5} 数量级，它不能满足传输数据的需要。在数据通信中，这将会使接受端收到的二进制数位和发送端实际发送的二进制数位不一致，从而造成由“0”变成“1”或由“1”变成“0”的差错。造成误码的原因很多，但主要原因可以归结为两个方面：一是信道不理想造成的符号间的干扰；二是噪声对信号的干扰。由于前者常可以通过均衡办法予与改善以至消除，因此，常把信号噪声作为造成传输差错的主要原因。所谓差错控制，就是针对这一原因而采取的技术措施。

（1）差错类型

差错控制是指在数据通信过程中能发现或纠正差错，把差错限制在尽可能小的许可范围内的技术和方法。

差错控制的根本措施是采用抗干扰编码，或称纠错编码。它的基本思想是通过对信息序列做某种变换，使原来彼此独立的、互不相关的信息码元变成具有一定的相关性、一定规律的数据序列，从而在接收端能够根据这种规律性检查（检错）或进而纠正（纠错）码元在信道传输中所造成的差错。采用不同的变换方法也就构成不同的检（纠）错编码。

噪声的类型不同，引起的差错类型也不同，一般可以分为以下两类差错。

a．随机差错。差错是相互独立、互不相关的。存在这种差错的信道是无记忆信道，如卫星信道。

b．突发差错。指成串出现的错码。错码与错码之间有相关性，一个差错往往会影响后面一串字。例如，短波和散射信道所产生的差错。

突发错误的影响一般用“突发长度”来表示。为了说明突发长度，这里解释一下什么是错误图样。例如，发送序列为 S，接收序列为 R，用 E 表示错误图样。

	S:	1　1　1　1　1　1　1　1　1　1
（模 2）	⊕ R:	1　0　0　1　0　0　1　1　1　1
	E:	0　1　1　0　1　1　0　0　0　0

在错误图样 E 中，“0”表示在传输中未发生错误，“1”表示在传输中发生了错误，表示是错误的码元。如果已知错误图样，就可确定差错类型。一般来说，错误比较集中（“1”的密度大）的叫作突发差错；错误比较分散的叫作随机差错。为了便于划分突发差错与随机差错的界限，又可定义错误密度。错误密度就是第一个错码至最后一个错码之间的错误码元与总码元数之比。例如，上例中错误密度为 4/5。如果错误密度大于 4/5 算作一个突发错误（突发长度为 5），则当错误密度小于 4/5 时就认为是随机错误。

在差错控制技术中，编码的设计与差错控制方式的选择都与差错类型有关，因此要根据错误的性质设计编码方案和选择适宜的控制方式。当然，实际上两种错误在信道也可能并存，那就要结合实际做出设计和选择。

（2）差错控制的基本方式

a．前向纠错。前向纠错又称自动纠错（Forward Error Correction，FEC）。实现方法如下：发送端的编码器将输入的信息序列变换成能够纠正错误的码，接收端的译码器根据编码规律校验出错码及其位置并自动纠正。该方式的主要优点是实时性好，不需要反向重传；主要缺点是插入的监督码较多，传输效率低，译码设备复杂。

b．检错重发。检错重发又称自动反馈重发（Automatic Repeat Request，ARQ）。其方法是：发送端采用某种能够检查出错误的码，在接收端根据编码规律校验有无码错，并把相应结果通过反向信道反馈到发送端，如有错码就反馈重发信号，发送端重发，如无错码就反馈继续发送信号。如重发后仍有错码，则再次重发，直至检不出错码为止。

c．反馈校验。采用反馈校验时，发送端不进行纠错编码，接收端收到信息码以后，不管有无差错一律通过反向信道反馈到发送端，在发送端与原信息码比较，如有差错则将有差错的部分重发。这种方式的优点是，不需要插入监督码，设备简单。主要缺点是实时性差，需要反向信道。

d．混合纠错。这种方法是前向纠错和自动反馈重发的混合应用（Hybrid Error Correction，HEC）。发送端发送数据序列经接收端接收并校验后，如果发现错码较少且在纠错能力之内，则接收端译码器自动纠错；如果错码较多，已超过纠错能力，接收端可判断有无错码却不能判决错码的位置，此时译码器自动发送信号，通过反向信道控制发送端重发。

混合纠错具有前向纠错和自动反馈重发的特点，需要反向信道和复杂的设备，但它能更好地发挥检错和纠错能力，在极差的信道中能获得较低的误码率。

差错检测两种最常用的方法是奇偶校验（Parity Checking）与循环冗余校验（Cyclic Redundancy Check，CRC）。

奇偶校验时，需要发送端在原始数据字节的最高位增加一个奇偶校验位，使结果中 1 的个数为奇数（奇校验）或偶数（偶校验）。例如，1100010 增加偶校验位后为 11100010，若接收方收到的字节奇偶校验结果不正确，就可以知道传输中发生了错误。此方法只能用于面向字符的通信协议中，且只能检测出奇数个比特错。

循环冗余校验差错检测时，可将传输的比特序列看成系数为 0 或 1 的多项式。收发双方约定一个生成多项式 $G(x)$，发送方在帧的末尾加上校验和，使带校验和的帧多项式能被 $G(x)$整除。接收方收到数据帧后，用 $G(x)$除相应的比特序列多项式，不能整除，则可判断传输有错。校验和通常是 16 位或 32 位的比特序列，CRC 校验的关键是如何计算校验和。

1.2.5 多路复用

1. 多路复用的概念

数据信息在网络通信线路中传输时，要占用通信信道。当用户数量增加时，有限的信道资源就趋显宝贵。如何提高通信信道的利用率对现代通信系统而言是非常重要的。如果一条通信线路只能为一路信号所使用，那么就要承担独享这条通信线路的全部费用，通信服务的成本就比较高，其他用户也因为不能使用通信线路而不能得到服务。所以，在一条通信线路上如果能够同时传输若干路信号，则能降低成本，提高服务质量，增加经济收益。这种在一条物理通信线路上建立多条逻辑通信信道，同时传输若干路信号的技术就叫作多路复用技术。多路复用技术基本原理如图 1-8 所示。

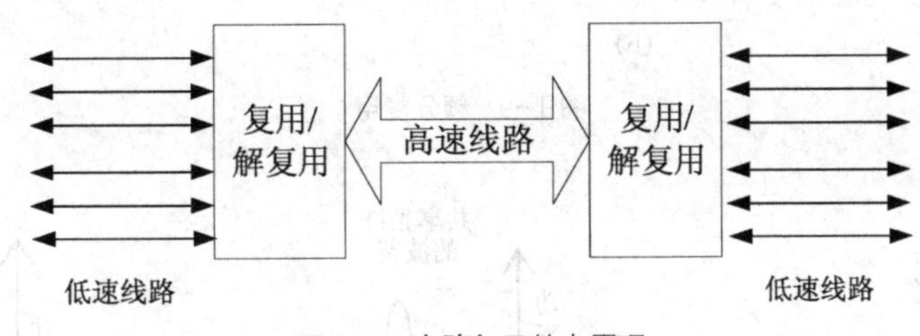

图 1-8 多路复用基本原理

多路复用技术可以分为频分多路复用、波分多路复用和时分多路复用。

2. 频分多路复用（Frequency-Division Multiplexing，FDM）

频分复用是将物理信道上的总带宽分成若干个独立的信道（即子信道），分别分配给用户传输数据信息，各子信道间还略留一个宽度（称为保护带）。图 1-9 所示描述的是频分复用过程，在频分复用中，如果分配了子信道的用户没有数据传输，那么该子信道保持空闲状态，别的用户不能使用。频分复用适用于传输模拟信号的频分制信道，主要用于电话和有线电视（Community Antenna Television，CATV）系统，在数据通信系统中应和调制解调技术结合使用，且只在地区用户线上用到。为了提高通信链路效率，出现已久的长途电话干线主要采用时分复用。

3. 波分多路复用（Wave-Division Multiplexing，WDM）

波分多路复用技术主要应用在光纤通道上，如图 1-10 所示。

波分多路复用实质上也是一种频分多路复用技术。由于在光纤通道上传输的是光波，光波在光纤上的传输速度是固定的，所以光波的波长和频率有固定的换算关系。由于光波的频率较高，使用频率来表示就不很方便，所以改用波长来进行表示。在一条光纤通道上，按照光波的波长不同划分成为若干个子信道，每个子信道传输一路信号就叫作波分多路复用技术。在实际使用中，不同波长的光由不同方向发射进入光纤之中，在接收端再根据不同波长的光的折射角度再分解成为不同路的光信号。

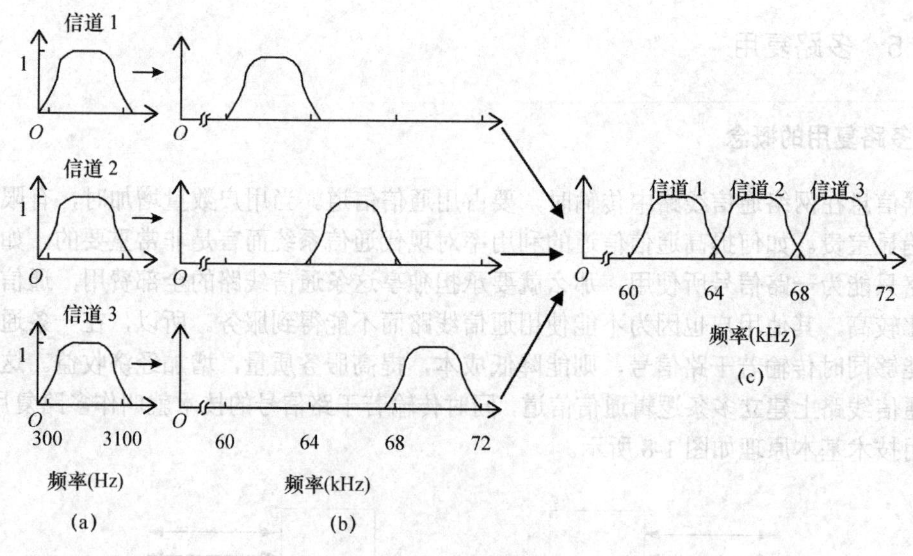

图 1-9 频分复用

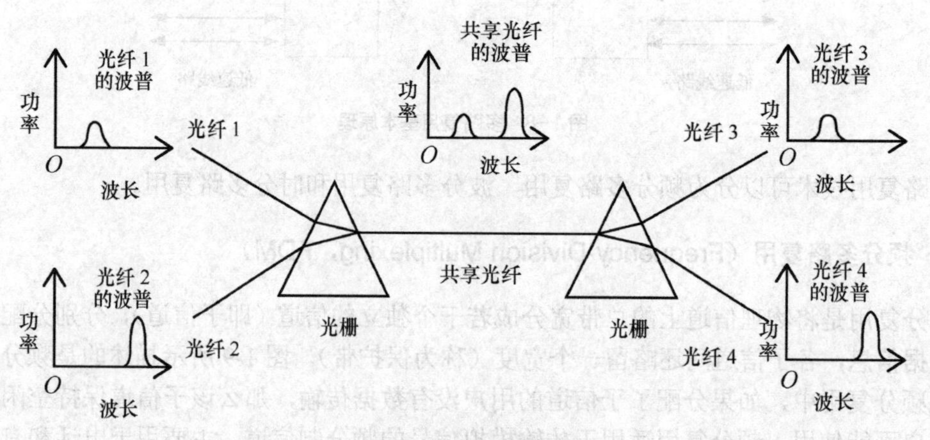

图 1-10 波分复用

4. 时分多路复用（Time-Division Multiplexing，TDM）

与频分多路复用技术和波分多路复用技术不同，时分多路复用技术（如图 1-11 所示）不是将一个物理信道划分成为若干个子信道，而是不同的信号在不同的时间轮流使用这个物理信道。通信时把通信时间划分成为若干个时间片，每个时间片占用信道的时间都很短。这些时间片分配给各路信号，每一路信号使用一个时间片。在这个时间片内，该路信号占用信道的全部带宽。

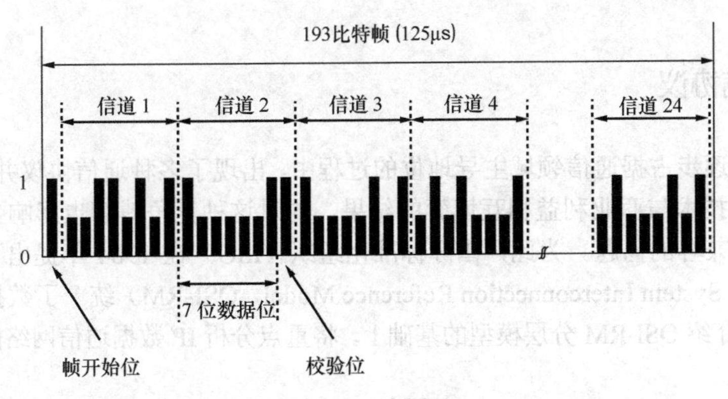

图 1-11 时分复用

（1）同步时分多路复用技术（Synchronous Time-Division Multiplexing，STDM）

这种技术按照信号的路数划分时间片，每一路信号具有相同大小的时间片。时间片轮流分配给每路信号，该路信号在时间片使用完毕以后要停止通信，并把物理信道让给下一路信号使用。当其他各路信号把分配到的时间片都使用完以后，该路信号再次取得时间片进行数据传输。这种方法叫作同步时分多路复用技术，如图 1-12 所示。

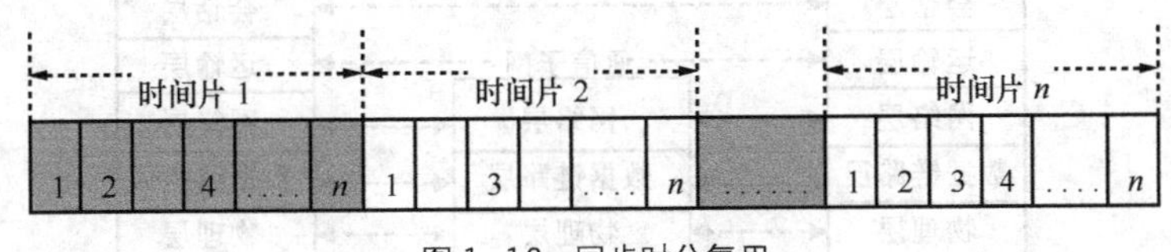

图 1-12 同步时分复用

同步时分多路复用技术优点是控制简单，实现起来容易。缺点是如果某路信号没有足够多的数据，不能有效地使用它的时间片，则造成资源的浪费；而有大量数据要发送的信道又由于没有足够多的时间片可利用，所以要拖很长一段的时间，降低了设备的利用效率。

（2）异步时分多路复用技术（Asynchronous Time-Division Multiplexing，ATDM）

这种技术为了提高设备的利用效率，可以设想使有大量数据要发送的用户占有较多的时间片，数据量小的用户少占用时间片，没有数据的用户就不再分配时间片。这时，为了区分哪一个时间片是哪一个用户的，必须在时间片上加上用户的标识。由于一个用户的数据并不按照固定的时间间隔发送，所以称为“异步”。这种方法叫作异步时分多路复用技术，也叫作统计时分多路复用技术（Statistic Time Division Multiplexing，STDM）。这种方法提高了设备利用率，但是技术复杂性也比较高，所以这种方法主要应用于高速远程通信过程中。例如，线路传输速率为 9600bit/s，4 个用户的平均速率为 2400bit/s，当用同步时分复用时，每个用户的最高速率为 2400bit/s，而在统计时分复用方式下，每个用户最高速率可达 9600bit/s。同步时分复用和统计时分复用在数据通信网中均有使用，如 DDN 网采用同步时分复用，X.25、ATM 采用如图 1-13 所示的统计时分复用。

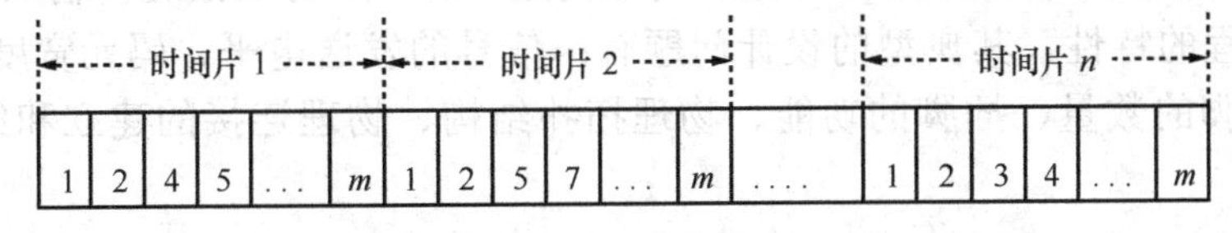

图 1-13 统计时分复用

1.3 数据通信协议

在数据通信逐步占据通信领域主导地位的过程中，出现了多种通信协议并存的竞争局面。这是各个厂商的技术与商业利益相互博弈的结果，同时这种竞争博弈也影响到了网络中不同设备之间的相互兼容的问题。为此，国际标准化组织（ISO）在 1984 年提出了开放系统互联参考模型（Open System Interconnection Reference Model，OSI-RM）统一了数据通信的协议基础模型。本节在介绍 OSI-RM 分层模型的基础上，将重点分析 IP 数据通信网络的支撑协议——TCP/IP 协议栈。

1.3.1 OSI 参考模型与描述

OSI 参考模型如图 1-14 所示。它采用分层结构化技术，将整个网络的通信功能分为 7 层。通过分层表述，各个子层功能相对独立、规范。

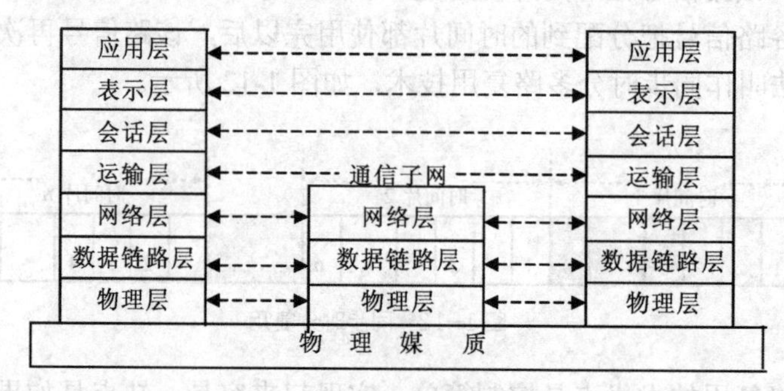

图 1-14 OSI 参考模型

由低层至高层分别是：物理层、数据链路层、网络层、运输层（也称传送层）、会话层、表示层、应用层。每一层都有特定的功能，并且上一层利用下一层的功能所提供的服务。

在 OSI 参考模型中，各层的数据并不是从一端的第 N 层以实体连接的形式直接送到另一端的第 N 层，第 N 层的数据在垂直的层次中自上而下地逐层传递直至物理层，在物理层的两个端点进行物理通信，我们把这种通信称为实通信。物理层之上的各个对等层由于通信并不是直接进行，可视为虚通信。

应该指出，OSI-RM 只是提供了一个抽象的体系结构，根据这一模型衍生出多项标准，在这些标准的基础上可设计相应的通信系统。开放系统的外部特性必须符合 OSI 参考模型，而各个系统的内部功能是不受限制的。

OSI 各层功能逐一描述如下。

1. 物理层

物理层主要解决通信线路上比特流的传输问题。这一层协议描述传输媒质的电气、机械、功能和过程的特性。其典型的设计问题有：信号的发送电平、码元宽度、线路码型、物理连接器插脚的数量、插脚的功能、物理拓扑结构、物理连接的建立和终止、传输方式等。

2．数据链路层

数据链路层需要解决在数据链路上的帧传输问题。这一层协议的内容包括：帧的格式，帧的类型，比特填充技术，数据链路的建立和终止信息，流量控制，差错控制，向物理层报告一个不可恢复的错误等。这一层协议的目的是保障在相邻的站与节点或节点与节点之间正确地、有次序地、有节奏地传输数据帧。常见的数据链路协议有两类：一类是面向字符的传输控制规程，如基本型传输控制规程（BSC）；另一类是面向比特的传输控制规程，如高级数据链路控制规程（HDLC）。

3．网络层

网络层主要处理分组在网络中的传输。这一层协议的功能是：路由选择，数据交换，网络连接的建立和终止，给定数据链路上网络连接的复用，根据从数据链路层来的错误报告而进行的错误检测和恢复，分组的排序，信息流的控制等。

4．运输层

运输层是第一个端对端的层次。OSI 的低 3 层可组成公共网络，它可被很多设备共享，并且计算机—网络节点、网络节点—节点机是按照“接力”方式传送的，为了防止传送途中报文的丢失，两个计算机之间可实现端对端控制。这一层的功能是：把运输层的地址变换为网络层的地址，传输连接的建立和终止，在网络连接上对传输连接进行多路复用，端对端的次序控制，信息流控制，错误的检测和恢复等。

上面介绍的 4 层功能可以用邮政通信来类比。运输层相当于用户部门的收发室，它们负责本单位各办公室信件的登记和收发工作，然后交邮局投送，而网络层以下各层的功能相当于邮局，尽管邮局之间有一套规章制度来确保信件正确、安全地投送，但难免在个别情况下会出错，所以收发用户之间可经常核对流水号，如发现信件丢失就向邮局查询。

5．会话层

会话层是指用户与用户的连接，它通过在两台计算机间建立、管理和终止通信来完成对话。会话层的主要功能：在建立会话时核实双方身份是否有权参加会话；确定何方支付通信费用；双方在各种选择功能方面（如全双工还是半双工通信）取得一致；在会话建立以后，需要对进程间的对话进行管理与控制，例如，对话过程中某个环节出了故障，会话层在可能条件下必须存这个对话的数据，使数据不丢失，如不能保留，那么终止这个对话，并重新开始。

6．表示层

表示层主要处理应用实体间交换数据的语法，其目的是解决格式和数据表示的差别，从而为应用层提供一个一致的数据格式，如文本压缩、数据加密、字符编码的转换，从而使字符、格式等有差异的设备之间相互通信。

7．应用层

应用层与提供网络服务相关，这些服务包括文件传送、打印服务、数据库服务、电子邮件等。应用层提供了一个应用网络通信的接口。

从 7 层的功能可见，低 1～3 层主要是完成数据交换和数据传输，称之为网络低层，即通信子网；上面 5～7 层主要是完成信息处理服务的功能，称之为网络高层；低层与高层之间由第 4 层衔接。数据通信网只涉及物理层、数据链路层和网络层，我们主要研究这 3 层。

1.3.2 OSI 参考模型中的数据封装过程

在 OSI 参考模型中，当一台主机需要传送用户的数据（DATA）时，数据首先通过应用层的接口进入应用层，如图 1-15 所示。

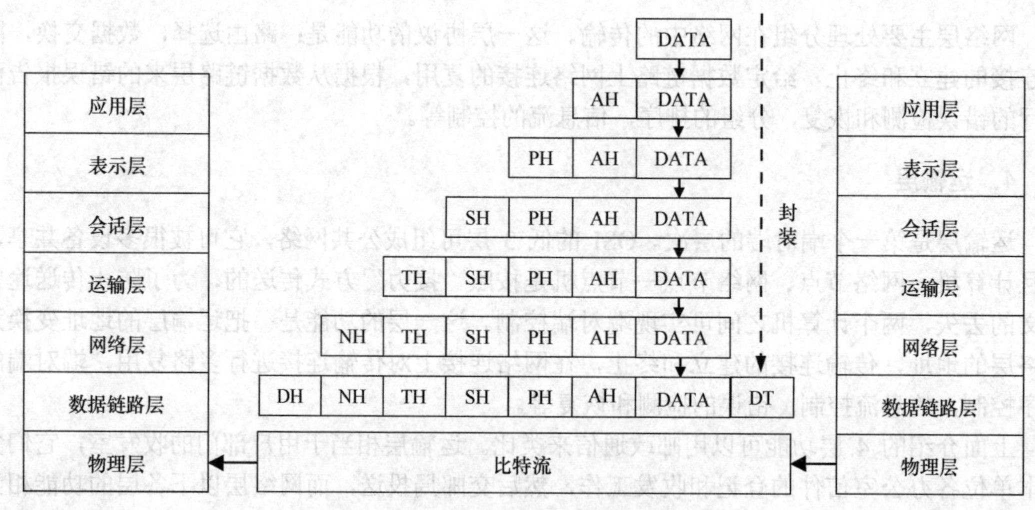

图 1-15 OSI 参考模型中的数据封装过程

在应用层，用户的数据被加上应用层的报头（Application Header，AH），形成应用层协议数据单元（Protocol Data Unit，PDU），然后被递交到下一层——表示层。

表示层并不“关心”上层——应用层的具体数据格式及内容，它负责是把整个应用层递交的数据包看成是一个整体进行封装，即加上表示层的报头（Presentation Header，PH），然后递交到下一层——会话层。

同样，会话层、运输层、网络层、数据链路层也都要分别给上层递交下来的数据加上自己的报头。它们是：会话层报头（Session Header，SH）、运输层报头（Transport Header，TH）、网络层报头（Network Header，NH）和数据链路层报头（Data link Header，DH）。其中，数据链路层还要给网络层递交的数据加上数据链路层报尾（Data link Termination，DT）形成最终完整的一帧数据。

当一帧数据通过物理层传送到目标主机的物理层时，该主机的物理层把它递交到上层——数据链路层。数据链路层负责去掉数据帧的帧头部 DH 和尾部 DT（同时还进行数据校验）。如果数据没有出错，则递交到上层——网络层。

同样，网络层、运输层、会话层、表示层、应用层也要做类似的工作。最终，原始数据被递交到目标主机的具体应用程序中。

解封装是一个与封装相逆的过程，在此就不赘述。

1.3.3 物理层接口

物理层作用：保证比特流的透明传送。

1. 物理层的功能和接口特性

物理层的规程是在通信设备之间通过有线或无线信道实现物理连接的标准。物理层在国际标准化组织（ISO）开放系统互联（OSI）模型七层协议中的最低层，是通信系统实现所有较高层协议的基础。计算机网络中的物理设备和传输媒体的种类繁多，通信手段也有许多不同的方式，物理层的作用就是对上层屏蔽掉这些差异，提供一个标准的物理连接，保证数据比特流的透明传输。为了保证各厂家的通信设备可靠互连、互通，国际电信联盟电信标准化部门（ITU-T）、美国电子工业协会（EIA）、电气电子工程师学会（IEEE）等组织机构分别制定了许多物理层相同的标准和建议，用于定义DTE（终端或计算机）DCE之间的接口，使物理层一级保持接口电路的一致性。

通常物理层规程执行的功能有：

① 提供DTE和DCE接口间的数据传输；

② 提供设备之间的控制信号；

③ 提供时钟信号，用以同步数据流和规定比特速率；

④ 提供机械的连接器（即插针、插头和插座等）；

⑤ 提供电气地。

一般的物理接口都应具有以下4个特性。

（1）机械特性

定义了连接器件的大小、形状、接口线的数量和插针分配等。

（2）电气特性

定义接口电路的电气参数，如接口电路的电压（或电流）、负载电阻、负载电容等。

（3）功能特性

定义了接口电路执行的功能。

（4）规程特性

定义了接口电路的动作和各动作之间的关系和顺序。

2. V系列建议书

V系列接口标准，一般指数据终端设备与调制解调器或网络控制器之间的接口，这类系列接口除了用于数据传输的信号线外，还定义了一系列控制线，是一种比较复杂的接口。

（1）机械特性

描述连接器的形状、接口线的数量等。如：

- RS-232：规定9芯的插头、插座；
- RS-232、V.24：规定25芯的插头、插座；
- V.35：规定34芯的插头、插座。

（2）电气特性

描述电信号的特性，如电平、速率、阻抗等。如：

- V.28、RS-232：规定了不平衡双流接口电路的电气特性（多条信号线采用一条公共地线）；

- V.35：规定了平衡双流接口电路的电气特性（每个信号均有两根导线各自构成独立的回路）；
- V.10：规定了采用集成电路的不平衡双流接口电路电气特性；
- V.11：规定了采用集成电路的平衡双流接口电路电气特性。

（3）功能特性

描述接口执行的功能，标识每条接口线的作用。

接口线的分类：数据线、控制线、定时线和地线。如 V.24 功能特性，V.24 接口线的分类：

- 数据线：TD、RD；
- 流控线：RTS、CTS；
- 硬件检测线：DSR（DCE 好即 Modem 正常）、DTR（通信软件好，端口已打开）；
- 握手线：CD；
- 振铃指示线：RI（当线路上有振铃信号时，DCE 将此信号送 DTE，DTE 收到后做出应答选择）。

（4）规程特性

描述 DTE—DCE 传送数据时执行事件的顺序，如图 1-16 所示。

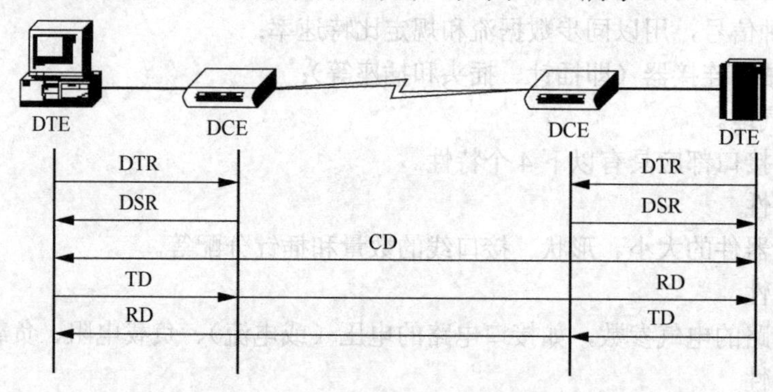

图 1-16　传送数据执行事件顺序

在用户专线接入或拨号接入时，Modem 的握手过程分析如下。

专线用户：用户作为连接发起方，局方 Modem 作为应答方。当 M 用户准备好，向 M 局发出载波请求，双方 Modem 协商一致（如速率等参数）后回送载波，M 用户检测到后，其 CD 灯亮，握手成功。

拨号用户：用户先摘机拨号，M 局振铃 RI=“on”后可自动应答，M 用户收到后也发出载波，共同协商收发参数，约 1s 后两个 Modem 自动检测对方有效的 CD，且各自通知自己的 DTE，握手成功。

3. X 系列建议书

X 系列接口是较晚制定的，这类接口适用于公共数据网的宅内电路终接设备和数据终端设备之间的接口，定义的信号线很少，因此是一种比较简单的接口。

（1）X.24 规定了公用数据网 DTE-DCE 间接口电路的功能特性。

X.24 用 C 线的状态和 T 线的编码相配合来标明 DTE 发出的不同控制信号，用指示线 I 的状态和收线 R 的编码相配合来标明 DCE 发出的响应信号。X.24 较 V 系列节省了线路。

图 1-17 所示定义了 X.24 对 DTE 的不同控制信号线。

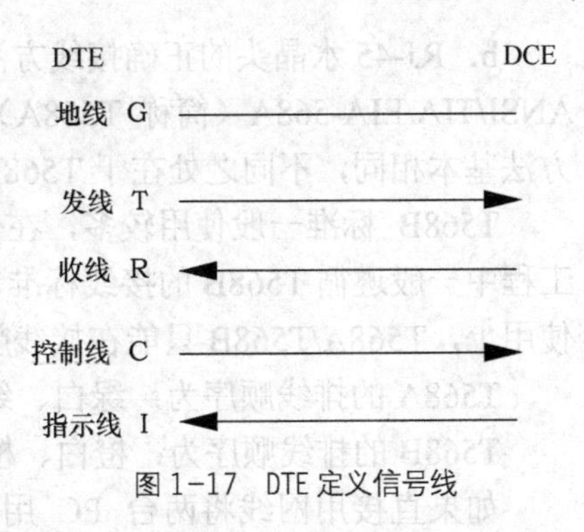

图 1-17 DTE 定义信号线

（2）X.21 建议书是 CCITT 于 1976 年制定的一个用户计算机的 DTE 如何与数字化的 DCE 交换信号的数字接口标准。X.21 建议书的接口以相对来说比较简单的形式提供了点对点式的信息传输，通过它能实现完全自动的过程操作，并有助于消除传输差错。在数据传输过程中，任何比特流（包括数据与控制信号）均可通过该接口进行传输。ISO 的 OSI 参考模型建议采用 X.21 作为物理层载规约的标准。

X.21 的另外一个设计目标是允许接口在比 EIA RS-232C 更长的距离上进行更高速率的数据传输，其电气特性类似于 EIA RS-422 的平衡接口，支持最大的 DTE-DCE 电缆距离是 300m。X.21 可以按同步传输的半双工或全双工方式运行，传输速率最大可达 10Mbit/s。X.21 接口适用于由数字线路（而不是模拟线路）访问公共数据网（PDN）的地区。

（3）其他 X 系列接口建议如下。

有关接口电路机械特性的建议书有：X.21、X.21bis。

有关接口电路电气特性的建议书有：X.26、X.27。

有关接口电路功能特性的建议书有：X.25。

有关接口电路规程特性的建议书有：X.20、X.21。

4．CCITT G.703

该标准定义了分级数字接口的电气特性和功能特性。该建议书用于网络接口，如分组交换机和 PCM 传输设备的连接，最常见用于数字程控交换机的数字中继电路。

64kbit/s 的接口：该接口采用交替变换相邻码组极性多电平传输的方法，在一条线上传输表示数据信号（用户数据）、64kHz 定时信号（位同步）和 8kHz 定时信号（字同步）的编码。

2Mbit/s 的接口：采用 HDB3 码传输（规则为破坏点交替反转）。

5．局域网接口

常见的以太网接口主要有 AUI、BNC 和 RJ-45 接口，还有 FDDI、ATM、吉比特以太网（千兆以太网）等都有相应的网络接口，下面分别介绍主要的几种局域网接口。

（1）AUI 端口

AUI 端口就是用来与粗同轴电缆连接的接口，它是一种“D”型 15 针接口，这在令牌环网或总线状网络中是一种比较常见的端口之一。路由器可通过粗同轴电缆收发器实现与 10Base-5 网络的连接。但更多的则是借助于外接的收发转发器（AUI-to-RJ-45），实现与 10Base-T 以太网络的连接。当然，也可借助于其他类型的收发转发器实现与细同轴电缆（10Base-2）或光缆（10Base-F）的连接。

（2）RJ-45 端口

a．RJ-45 端口是我们最常见的端口了，它是我们常见的双绞线以太网端口。因为在快速以太网中也主要采用双绞线作为传输介质，所以根据端口的通信速率不同，RJ-45 端口又可分为 10Base-T 网 RJ-45 端口和 100Base-TX 网 RJ-45 端口两类。其中，10Base-T 网的 RJ-45 端口在路由器中通常是标识为“ETH”，而 100Base-TX 网的 RJ-45 端口则通常标识为“10/100bTX”。

b．RJ-45 水晶头的正确接线方法。我们在使用 UTP（非屏蔽双绞线）制作网线主要遵循 ANSI/TIA/EIA-568A（简称 T568A）和 ANSI/TIA/EIA-568B（简称 T568B）标准。两种接线方法基本相同，不同之处在于 T568B 的首线对是橙色，T568A 的首线对是绿色。

T568B 标准一般使用较多，在使用三类双绞线、五类双绞线、增强的五类双绞线的网络工程中一般遵循 T568B 的接线标准，在使用五类双绞线时，其传输速率可达到 100Mbit/s。在使用上，T568A/T568B 只能在接线颜色上进行区别。

T568A 的排线顺序为：绿白、绿、橙白、蓝、蓝白、橙、棕白、棕。

T568B 的排线顺序为：橙白、橙、绿白、蓝、蓝白、绿、棕白、棕。

如果直接用网线将两台 PC 用对等网连接，应采用的接法为一端为 T568A，另一端为 T568B。如果通过网络集线器或网络交换机组网，网线两头接法应同为 T568A 或 T568B，常见的是 T568B 的接法。以 RJ-45 为例，各脚功能（10Base-T/100Base-TX）定义如下：

- 传输数据正极 Tx+；
- 传输数据负极 Tx–；
- 接收数据正极 Rx+；
- 未使用；
- 未使用；
- 接受数据负极 Rx–；
- 未使用；
- 未使用。

（3）SC 端口

SC 端口也就是我们常说的光纤端口，用于光纤的连接。光纤端口通常是不直接用光纤连接至服务器或工作站，而是通过光纤连接到快速以太网或吉比特以太网（千兆以太网）等具有光纤端口的交换机。

6．广域网接口

下面介绍几种常见的广域网接口。

（1）RJ-45 端口

利用 RJ-45 端口也可以建立广域网与局域网 VLAN（虚拟局域网）之间，以及与远程网络或 Internet 的连接。如果使用路由器为不同 VLAN 提供路由时，可以直接利用双绞线连接至不同的 VLAN 端口。但要注意这里的 RJ-45 端口所连接的网络一般都是 100Mbit/s 及以上的快速以太网。如果必须通过光纤连接至远程网络，或连接的是其他类型的端口时，则需要借助于收发转发器才能实现彼此之间的连接。

（2）AUI 端口

AUI 端口我们在局域网中也讲过，它是用于与粗同轴电缆连接的网络接口，其实 AUI 端口也常用于与广域网的连接，但是这种接口类型在广域网应用比较少。在 Cisco 2600 系列路由器上，提供了 AUI 与 RJ-45 两个广域网连接端口。用户可以根据自己的需要选择适当的类型。

（3）高速同步串口

在路由器的广域网连接中，应用最多的端口还要算“高速同步串口”（SERIAL）了，这种端口主要是用于连接目前应用非常广泛的 DDN、帧中继 X.25、PSTN（模拟电话线路）等网络连接模式。在企业网之间有时也通过 DDN 或 X.25 等广域网连接技术进行专线连接。这种同步端口一般要求速率非常高，因为一般来说通过这种端口所连接的网络的两端都要求实时同步。

（4）异步串口

异步串口（ASYNC）主要是应用于 Modem 或 Modem 池的连接。它主要用于实现远程计算机通过公用电话网拨入网络。这种异步端口相对于上面介绍的同步端口来说，在速率上要求就松许多，因为它并不要求网络的两端保持实时同步，只要求能连续即可，主要是因为这种接口所连接的通信方式速率较低。

（5）ISDN BRI 端口

因 ISDN 这种互联网接入方式连接速度上有它独特的一面，所以在当时 ISDN 刚兴起时，在互联网的连接方式上还得到了充分应用。ISDN BRI 端口用于 ISDN 线路通过路由器实现与 Internet 或其他远程网络的连接，可实现 128kbit/s 的通信速率。ISDN 有两种速率连接端口，一种是 ISDN BRI（基本速率接口）；另一种是 ISDN PRI（基群速率接口）。ISDN BRI 端口是采用 RJ-45 标准，与 ISDN NT1 的连接使用 RJ-45-to-RJ-45 直通线。

其他广域网接口有 POS155、POS622、POS2.5G 等接口。

1.3.4 物理传输介质举例

数据通信网络的组成除了通信设备之外，还需要连接这些设备的物理传输介质：同轴电缆（如图 1-18 所示）、双绞线（如图 1-19 所示）和光纤（如图 1-20 所示）等。不同的传输介质具有不同的特性，这些特性直接影响到通信的诸多方面，如线路编码方式、传输速度和传输距离等。

同轴电缆（Coaxial）是指有两个同心导体、导体和屏蔽层共用同一轴芯的电缆。最常见的同轴电缆由绝缘材料隔离的铜线导体组成，在内层绝缘材料的外部是另一层环形导体及其绝缘体，然后整个电缆由聚氯乙烯或特氟纶材料的护套包住。

以太网标准	电缆类别	最长有效传输距离/m
10Base-5	粗同轴电缆	500
10Base-2	细同轴电缆	185

图 1-18 同轴电缆

以太网标准	电缆类别	最长有效传输距离/m
10Base-T	两对 3/4/5 类双绞线	100
100Base-TX	两对 5 类双绞线	100
1000Base-TX	四对 5e 类双绞线	100

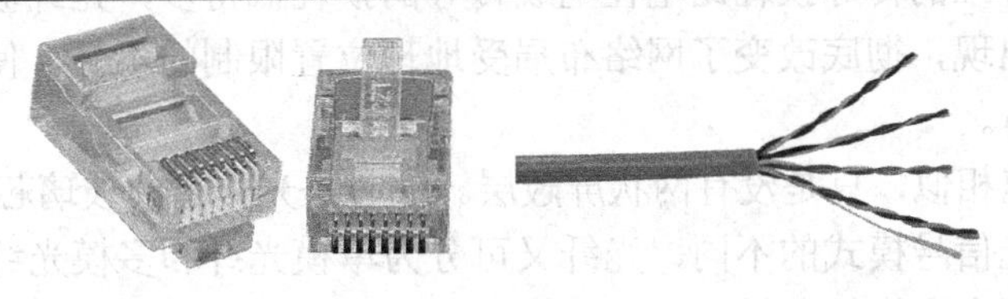

图 1-19 双绞线

以太网标准	线缆类别	最长有效传输距离/m
10Base-F	单模/多模光纤	2000
100Base-FX	单模/多模光纤	2000
1000Base-LX	单模/多模光纤	316
1000Base-SX	多模光纤	316

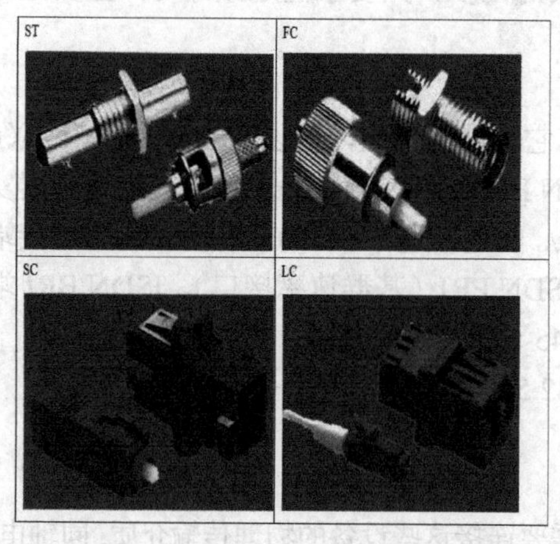

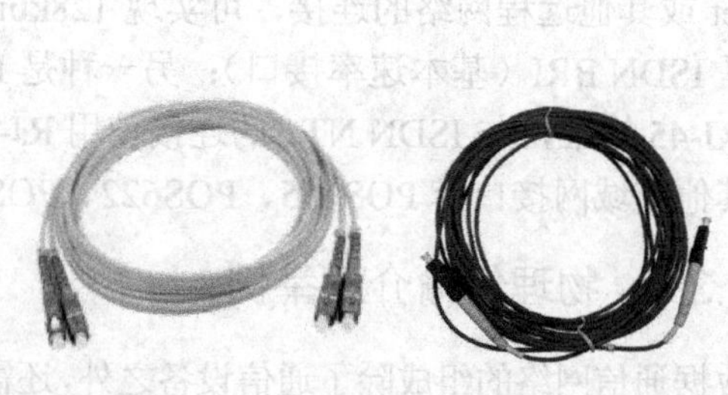

图 1-20　光纤及转接头

目前，常用的同轴电缆有两类：50Ω和 75Ω的同轴电缆。75Ω同轴电缆常用于 CATV 网，也被称为 CATV 电缆，传输带宽可达 1GHz，目前常用 CATV 电缆的传输带宽为 750MHz。50Ω同轴电缆主要用于基带信号传输，传输带宽为 1～20MHz，总线状以太网就是使用 50Ω同轴电缆，在以太网中，50Ω细同轴电缆的最大传输距离为 185m，粗同轴电缆可达 1000m。

双绞线（Twisted Pair）是综合布线工程中最常用的一种传输介质。

双绞线是由一对相互绝缘的金属导线绞合而成。采用这种方式，不仅可以抵御一部分来自外界的电磁波干扰，也可以降低多对绞线之间的相互干扰。把两根绝缘的导线互相绞在一起，干扰信号作用在这两根相互绞缠在一起的导线上是一致的（这个干扰信号叫作共模信号），在接收信号的差分电路中可以将共模信号消除，从而提取出有用信号（差模信号）。

与同轴电缆相比，双绞线具有更低的制造和部署成本，因此在企业网络中被广泛应用。双绞线可分为屏蔽双绞线（Shielded Twisted Pair，STP）和非屏蔽双绞线（Unshielded Twisted Pair，UTP）。屏蔽双绞线在双绞线与外层绝缘封套之间有一个金属屏蔽层，可以屏蔽电磁干扰。双绞线有很多种类型，不同类型的双绞线所支持的传输速率也不尽相同。

例如，三类双绞线支持 10Mbit/s 传输速率；五类双绞线支持 100Mbit/s 传输速率，可满足快速以太网标准；超五类双绞线及更高级别的双绞线支持吉比特以太网（千兆以太网）传输。双绞线使用 RJ-45 接头（如图 1-19 所示）连接网络设备。为保证终端能够正确收发数据，RJ-45 接头中的针脚必须按照一定的线序排列。

由于光在光导纤维的传导损耗比电在电线传导的损耗低得多，光纤被用作长距离信息传递的载体。光纤的出现，彻底改变了网络布局受地理位置限制的不足，使得远距离数据通信变得更加简单、便捷。

光纤和同轴电缆相似，只是没有网状屏蔽层。中心是光传播的玻璃芯。

根据光纤传输光信号模式的不同，光纤又可分为单模光纤和多模光纤。单模光纤只能传输一种模式的光，不存在模间色散，因此适用于长距离高速传输。多模光纤允许不同模式的光在一根光纤上传输，由于模间色散较大而导致信号脉冲展宽严重，因此多模光纤主要用于局域网中的短距离传输。

光纤连接器种类很多，常用的连接器包括 ST，FC，SC，LC 连接器。通常，多模光纤中，芯的直径是 50μm 和 62.5μm 两种，大致与人的头发的粗细相当。而单模光纤芯的直径更细，通常只有 8～10μm。芯外面包围着一层折射率比芯低的玻璃封套，以使光线保持在芯内。再外面的是一层薄的塑料外套，用来保护封套。光纤通常被扎成束，外面有外壳保护。纤芯通常是由石英玻璃制成的横截面积很小的双层同心圆柱体，它质地脆，易断裂，因此需要外加一保护层。

通常光纤与光缆两个名词会被混淆。光缆内部包括光纤、缓冲层及披覆。多数光纤在使用前必须由几层保护结构包覆，包覆后的缆线即被称为光缆。光纤外层的保护层和绝缘层可防止周围环境对光纤的伤害，如水、火、电击和生物体破坏等。

双绞线和同轴电缆传输数据时使用的是电信号，而光纤传输数据时使用的是光信号。光纤支持的传输速率包括 10Mbit/s，100Mbit/s，1Gbit/s，10Gbit/s，甚至更高。

网络通信中常常会用到各种各样的串口电缆（如图 1-21 所示）。常用的串口电缆标准为 RS-232，同时也是推荐的标准。但是 RS-232 的传输速率有限，传输距离仅为 6m。其他的串口电缆标准可以支持更长的传输距离，如 RS-422 和 RS-485 的传输距离可达 1200m。RS-422 和 RS-485 串口电缆通常使用 V.35 接头，这种接头在 20 世纪 80 年代已经淘汰，但是现在仍在帧中继、ATM 等传统网络上使用。

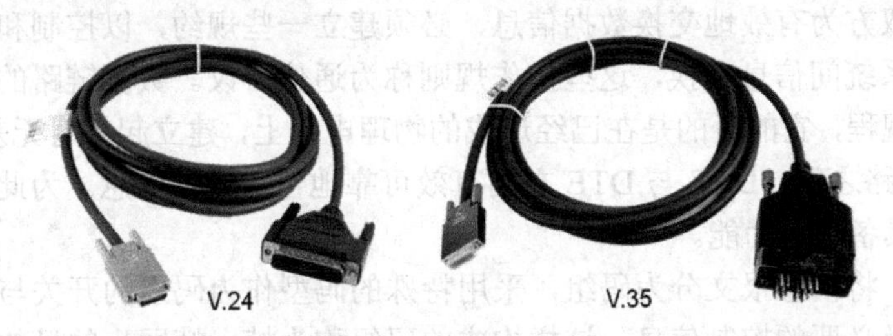

线缆类别	速率
V.24	1.2 ~ 64kbit/s
V.35	1.2kbit/s ~ 2.048Mbit/s

图 1-21　串口电缆

V.24 是 RS-232 标准的欧洲版。RS-232 本身没有定义接头标准，常用的接头类型为 DB-9 和 DB-25。现在，RS-232 已逐渐被 FireWire、USB 等新标准取代，新型网络设备产品及新设备已普遍使用 USB 标准。

1.3.5　链路层协议

1. 数据链路传输控制规程

为了有效可靠地进行数据通信，对传输操作实施严格的控制和管理，完成这种控制和管理的规则称为数字链路传输控制规程，也就是数据链路层协议。任何两个 DTE 之间只有当执行了某一数据链路层协议而建立起双方的逻辑连接关系后，这一对通信实体之间的传输通路就称为数据链路。

链路控制规程执行的数据传输控制功能可分为 5 个阶段。

阶段 1 为建立物理连接（数据电路）。数据电路可分为专用线路与交换线路两种。在点对多点结构中，主要采用专线，物理连接是固定的。在点对点结构中，如采用交换电路时，必须按照交换网络的要求进行呼叫接续，如电话网的 V.25 和数据网的 X.21 呼叫接续过程。

阶段 2 为建立数据链路。建立数据链路，在点对点系统中，主要是确定两个站的关系，谁先发，谁先收，做好数据传输的准备工作。在点对多点系统中，主要是进行轮询和选择过程。这个过程也就是确定由哪个站发送信号，由哪个（些）站接收信息。

阶段 3 为数据传送。该阶段主要实现如何有效可靠地传送数据信息，如何将报文分成合适的码组，以便进行透明的相对无差错的数据传输。

阶段 4 为数据传送结束。当数据信息传送结束时，主站向各站发出结束序列，各站便回到空闲状态或进入一个新的控制状态。

阶段 5 为拆线。当数据电路是交换线路时，数据信息传送结束后，就需要发现控制序列，拆除通信线路。

2．数据链路控制规程的功能

数据通信的双方为有效地交换数据信息，必须建立一些规约，以控制和监督信息在通信线路上的传输和系统间信息交换，这些操作规则称为通信协议。数据链路的通信操作规则称为数据链路控制规程，它的目的是在已经形成的物理电路上，建立起相对无差错的逻辑链路，以便在 DTE 与网路之间，DTE 与 DTE 之间有效可靠地传送数据信息。为此，数据链路控制协议（规程）应具备下面功能。

（1）帧同步。将信息报文分为码组，采用特殊的码型作为码组的开关与结尾标志，并在码组中加入地址及必要的控制信息，这样构成的码组称为帧。帧同步的目的是确定帧的起始与结尾，以保持收发两端帧同步。

（2）差错控制。由于物理电路上存在着各种干扰和噪声，数据信息在传输过程中会产生差错。采用水平和垂直冗余校验，或循环冗余校验进行差错检测，对正确接收的帧进行认可，对接收有差错的帧要求重发帧。

（3）顺序控制。为了防止帧的重收和漏收，必须给每个帧编号，接收时按编号确认，以识别差错控制系统要求重发的帧。

（4）透明性。在所传输的信息中，若出现了每个帧的开关、结尾标志字符和各种控制字符的序列，要插入指定的比特或字符，以区别以上各种标志和控制字符，这样来保障信息的透明传输，即信息不受限制。

（5）线路控制。在半双工或多点线路场合，确定哪个站是发送站，哪个站是接收站；建立和释放链路的逻辑连接；显示各个站点的工作状态。

（6）流量控制。为了避免链路的阻塞，应能调节数据链路上的信息流量，决定暂停、停止或继续接收信息。

（7）超时处理。如果信息流量突然停止，超过规定时间，决定应该继续做些什么。

（8）特殊情况。当没有任何数据信息发送时，确定发送器发送什么信息。

（9）启运控制。在一个处于空闲状态的通信系统中，解决如何启动传输的问题。

（10）异常状态的恢复。当链路发生异常情况时（如收到含义不清的序列，数据码组不完整或超时收不到响应等），自动地重新启动恢复到正常工作状态。

3．传输控制规程的种类

目前已采用的传输控制规程基本上可分为两大类，即面向字符型控制规程和面向比特型控制规程。

面向字符型控制规程的特点是利用专门定义的传输控制字符和序列完成链路的功能，其主要适用于中低速异步或同步数据传输，以双向交替工作的通信方式进行操作。面向字符型控制规程主要有基本型控制规程及其扩充规程（如会话型传输控制规程、编码独立的信息传输规程等）。这种控制规程一般适用于“主机—终端”型数据通信系统，一般说来其不适合计算机之间的通信，因此这种规程应用范围受到一定的限制。

面向比特型控制规程的特点是不采用传输控制字符，而仅采用某些比特序列完成控制功能，实现不受编码限制的透明传输，传输效率和可靠性都高于面向字符型的控制规程。它主要适用于中高速同步全双工方式的数据通信，尤其适用于分组交换网与终端之间的数据传输。随着计算机网的发展，它将成为一种重要的传输控制规程。

4．高级数据链路控制规程

高级数据链路控制规程（High Level Data Link Control Procedures，HDLC）是国际标准化组织（ISO）颁布的一种面向比特的数据链路控制规程。

（1）HDLC 的基本概念

a．站的类型。HDLC 中站的类型可分为主站、从站和复合站等 3 类。主、从站相当于控制规程中的控制站、辅助站，但与基本型中的主、从站完全不同。主站负有发起传输、组织数据流，执行链路级差错控制和差错恢复的责任；从站按照来自主站的命令动作；复合站具有平衡的链路控制能力，它能起到主站和从站两者的作用。

b．帧。所谓帧，就是主站和从站间通过链路传送的一个完整的信息命令，它是信息传输的基本单元。HDLC，所有信息都以帧为单位进行传输。帧可以分为命令帧和响应帧。主站使用命令帧使从站响应某个规定的数据链路控制功能，从站使用响应帧向主站通告对一个或多个命令所采取的行动。

c．逻辑数据链路结构。逻辑数据链路结构可分为非平衡型、对称型和平衡型 3 种结构形式，如图 1-22 所示。

对称型结构是连接两个点对点独立的非平衡型的逻辑结构，并在一条链路上复用。这种结构可以是双向交替工作或双向同时工作的可进行交换或非交换的数据传输。在这种结构中，有两条独立的主站到从站的链路。

平衡型结构由两个复合站以点对点的连接方式构成。这种链路可以进行双向交替工作或双向同时工作的交换或非交换的数据传输，两个复合站都具有数据传送或链路控制功能。

（2）帧结构

a．帧格式。所有的帧都使用标准的格式，如图 1-23 所示。图中长格式的帧包括数据和链路控制信息，短格式的帧是只包括链路控制信息而且只起监督控制作用的帧。

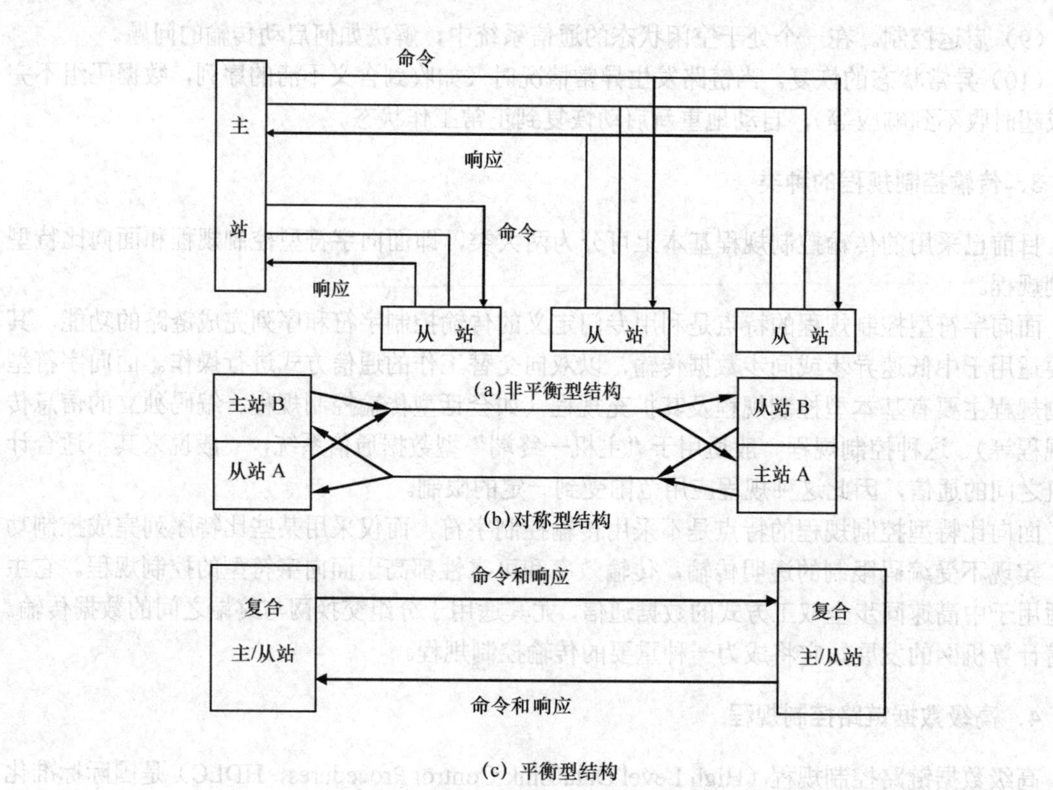

图 1-22 HDLC 链路逻辑结构

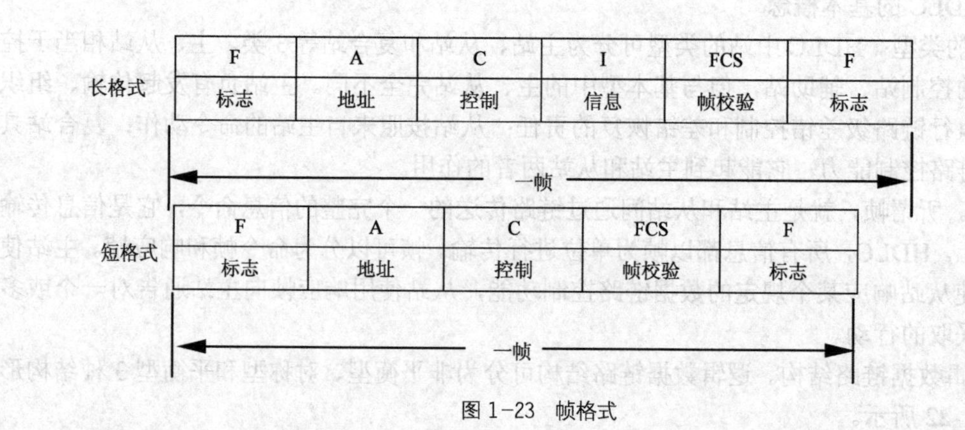

图 1-23 帧格式

帧内各字段的含义如下。

F（标志序列）：F 为 8 比特序列（01111110），用于帧同步，F 作为一帧的结束和下一帧的开始，若在两个 F 之间有五个连续“1”序列出现，则在其后插入一个“0”，在接收端把它去掉，以保护 F 的唯一性。

A（地址字段）：A 为 8 比特序列，用于表示链路级的从站或复合站的地址。命令帧中地址字段是对方的地址，响应帧中的地址字段则是自己的地址。

C（控制字段）：C 为 8 比特序列，用于构成各种命令和响应，还可能包括顺序和编号，主站或复合站利用控制字段来通知被寻找的从站或复合站执行约定的操作，而从站或复合站则用控制字符对通知进行回答，报告已完成的操作或状态变化。

I（信息字段）：I 可以是任意比特。但其最大长度受帧校验序列（FCS）的差错检测能力、信道差错特性、数据传输速率、站的缓冲容量和所用方案，以及数据的逻辑结构特征等因素的限制。因此在实际使用中，其作为系统先定参数，将规定一个帧的最大长度和超长帧的处理方法。

FCS（帧校验序列）：FCS 位于 I 字段之后和结束标志之前。按规程规定可以使用 16bit 或 32bit 的帧校验序列用于差错检测。一般情况下使用 16bit，采用循环冗余检验，生成多项式为 ITU-T 建议书所规定的 CRC 序列，即 $P(x)=x^{16}+x^{12}+x^5+1$。检测范围从地址字段第一比特到信息字段的最后一比特止，但要除去按透明规则插入的所有“0”比特。帧校验序列（FCS）是数据（K 比特信息）多项式 $G(x)$被生成多项式 $P(x)$相除所得余项 $R(x)$的反码。FCS 的产生如图 1-24 所示。

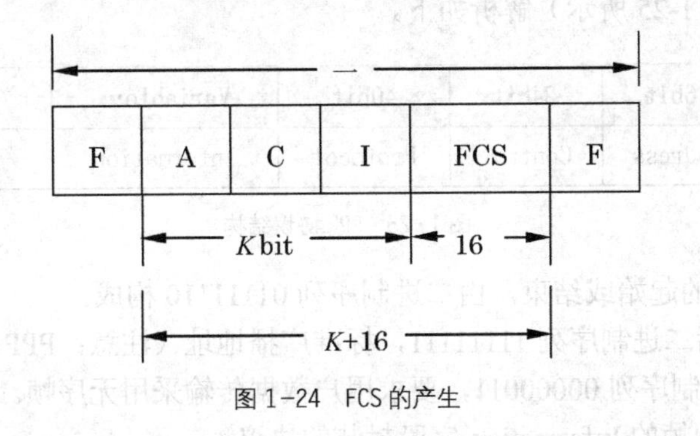

图 1-24 FCS 的产生

b．帧内容的透明性。为了防止误认标志序列情况的出现，在送往链路的两个 F 之间不准出现与 F 相同的形式。因此，在 HDLC 中，除了真正的帧标志序列外，需采用比特插入技术，对帧的内容执行透明性规则。

发送端检查两个帧标志序列之间的 A、C、I 和 FCS 内容，发现有连续的 5 个“1”时，在其后插入一个 0。

接收端收到帧的内容，除去连续 5 个 1 后面的一个 0 比特。

帧校验计算时应不包括发端插入而收端除去的 0 比特。

5．点对点协议（Point to Point Protocol，PPP）规程

点对点协议（PPP）为在点对点连接上传输多协议数据包提供了一个标准方法。PPP 最初设计是为两个对等节点之间的 IP 流量传输提供一种封装协议。在 TCP/IP 协议集中，它是一种用来同步调制连接的数据链路层协议（OSI 模式中的第二层），替代了原来非标准的第二层协议，即 SLIP。除了 IP 以外，PPP 还可以携带其他协议，包括 DECnet 和 Novell 的 Internet 网包交换（IPX）。

PPP 主要由以下几部分组成。

（1）封装：一种封装多协议数据报的方法。PPP 封装提供了不同网络层协议同时在同一链路传输的多路复用技术。PPP 封装精心设计，能保持对大多数常用硬件的兼容性。

（2）链路控制协议（LCP）：PPP 提供的 LCP 功能全面，适用于大多数环境。LCP 用于就封装格式选项自动达成一致，处理数据包大小限制，探测环路链路和其他普通的配置错误，以及终止链路。LCP 提供的其他可选功能有认证链路中对等单元的身份，决定链路功能正常或链路失败情况。

（3）网络控制协议（NCP）：一种扩展链路控制协议，用于建立、配置、测试和管理数据链路连接。

（4）配置：使用链路控制协议的简单和自制机制。该机制也应用于其他控制协议，例如，网络控制协议（NCP）。

为了建立点对点链路通信，PPP 链路的每一端必须首先发送 LCP 包，以便设定和测试数据链路。在链路建立，LCP 所需的可选功能被选定之后，PPP 必须发送 NCP 包，以便选择和设定一个或更多的网络层协议。一旦每个被选择的网络层协议都被设定好了，来自每个网络层协议的数据报就能在链路上发送了。

链路将保持通信设定不变，直到有 LCP 和 NCP 数据包关闭链路，或者是发生一些外部事件的时候（例如，休止状态的定时器期满或者网络管理员干涉）。

协议结构（如图 1-25 所示）解析如下。

8bit	16bit	24bit	40bit	Variable···	16~32bit
Flag	Address	Control	Protocol	Information	FCS

图 1-25　PPP 协议结构

Flag——表示帧的起始或结束，由二进制序列 01111110 构成。

Address——包括二进制序列 11111111，标准广播地址（注意：PPP 不分配个人站地址）

Control——二进制序列 00000011，要求用户数据传输采用无序帧。

Protocol——识别帧的 Information 字段封装的协议。

Information——0 或更多八位字节，包含 Protocol 字段中指定的协议数据报。

FCS——帧校验序列（FCS）字段，通常为 16 位。PPP 的执行可以通过预先协议采用 32 位 FCS 来提高差错检测效果。

PPP 帧格式和 HDLC 帧格式相似，二者主要区别：PPP 是面向字符的，而 HDLC 是面向位的。

可以看出，PPP 帧的前 3 个字段和最后两个字段与 HDLC 的格式是一样的。标志字段 F 为 0x7E（0x 表示 7E），但地址字段 A 和控制字段 C 都是固定不变的，分别为 0xFF、0x03。PPP 协议不是面向比特的，因而所有的 PPP 帧长度都是整数个字节。

与 HDLC 不同的是多了两个字节的协议字段。协议字段不同，后面的信息字段类型就不同。如：

0x0021——信息字段是 IP 数据报；

0xC021——信息字段是链路控制数据 LCP；

0x8021——信息字段是网络控制数据 NCP；

0xC023——信息字段是安全性认证 PAP；

0xC025——信息字段是 LQR；

0xC223——信息字段是安全性认证 CHAP。

当信息字段中出现和标志字段一样的比特 0x7E 时，就必须采取一些措施。因 PPP 协议是面向字符型的，所以它不能采用 HDLC 所使用的零比特插入法，而是使用一种特殊的字符填充。具体的做法是将信息字段中出现的每一个 0x7E 字节转变成 2 字节序列（0x7D，0x5E）。若信息字段中出现一个 0x7D 的字节，则将其转变成 2 字节序列（0x7D，0x5D）。若信息字段中出现 ASCII 码的控制字符，则在该字符前面要加入一个 0x7D 字节。这样做的目的是防止这些表面上的ASCII码控制字符被错误地解释为控制字符。

PPP链路建立的过程如下。

一个典型的链路建立过程分为3个阶段：创建阶段、认证阶段和网络协商阶段。

——阶段1：创建PPP链路。

LCP负责创建链路。在这个阶段，将对基本的通信方式进行选择。链路两端设备通过LCP向对方发送配置信息报文（configure packets）。一旦一个配置成功信息包（configure-ack packet）被发送且被接收，就完成了交换，进入了LCP开启状态。

应当注意，在链路创建阶段，只是对验证协议进行选择，用户验证将在第二阶段实现。

——阶段2：用户认证。

在这个阶段，客户端会将自己的身份发送给远端的接入服务器。该阶段使用一种安全验证方式避免第三方窃取数据或冒充远程客户接管与客户端的连接。在认证完成之前，禁止从认证阶段前进到网络层协议阶段。如果认证失败，认证者应该跃迁到链路终止阶段。

在这一阶段里，只有链路控制协议、认证协议和链路质量监视协议的packets是被允许的。在该阶段里接收到的其他的packets必须被静静丢弃。

最常用的认证协议有口令验证协议（PAP）和挑战握手验证协议（CHAP）。

——阶段3：调用网络层协议。

认证阶段完成之后，PPP将调用在链路创建阶段（阶段1）选定的各种网络控制协议（NCP）。选定的NCP解决PPP链路之上的高层协议问题，例如，在该阶段IP控制协议（IPCP）可以向拨入用户分配动态地址。

这样，经过3个阶段以后，一条完整的PPP链路就建立起来了。

PPP协议是目前广域网上应用最广泛的协议之一，它的优点在于简单、具备用户认证能力、可以解决IP分配等。

家庭拨号上网就是通过PPP在用户端和运营商的接入服务器之间建立通信链路。目前，宽带接入正在成为取代拨号上网的趋势，在宽带接入技术日新月异的今天，PPP也衍生出新的应用。典型的应用是在ADSL（Asymmetrical Digital Subscriber Loop，非对称数据用户环线）接入方式当中，PPP与其他的协议共同派生出了符合宽带接入要求的新的协议，如PPPoE（PPP over Ethernet），PPPoA（PPP over ATM）。

利用以太网（Ethernet）资源，在以太网上运行PPP来进行用户认证接入的方式称为PPPoE。PPPoE既保护了用户方的以太网资源，又完成了ADSL的接入要求，是目前宽带接入方式中应用最广泛的技术标准。

同样，在ATM（Asynchronous Transfer Mode，异步传输模式）网络上运行PPP协议来管理用户认证的方式称为PPPoA。它与PPPoE的原理相同，作用相同；不同的是，它是在ATM网络上，而PPPoE是在以太网网络上运行，所以要分别适应ATM标准和以太网标准。

PPP协议的简单完整特性使它得到了广泛的应用，相信在未来的网络技术发展中，它还可以发挥更大的作用。

1.3.6 网络层路由协议

网络层的目的是实现两个端系统之间的数据透明传送，具体功能包括寻址和路由选择、连接的建立、保持和终止等。它提供的服务使运输层不需要了解网络中的数据传输和交换技术。简单而言，“路径选择、路由及逻辑寻址”是网络层功能的基本特点。

通信子网络源节点和目的节点提供了多条传输路径的可能性。网络节点在收到一个分组后，要确定向下一节点传送的路径，这就是路由选择。在数据报方式中网络节点要为每个分组路由做出选择；而在虚电路方式中，只需在连接建立时确定路由。确定路由选择的策略称路由算法。设计路由算法时要考虑诸多技术要素。第一，路由算法所基于的性能指标，一种是选择最短路由，一种是选择最优路由；第二，要考虑通信子网是采用虚电路还是数据报方式；第三，是采用分布式路由算法，即每节点均为到达的分组选择下一步的路由，还是采用集中式路由算法，即由中央点或始发节点来决定整个路由；第四，要考虑关于网络拓扑，流量和延迟等网络信息的来源；第五，确定是采用动态路由选择策略，还是选择静态路由选择策略。

（1）典型的路由选择方式有两种：静态路由和动态路由。

静态路由是在路由器中设置的固定的路由表。除非网络管理员干预，否则静态路由不会发生变化。静态路由不能对网络的改变做出反映，一般用于网络规模不大、拓扑结构固定的网络中。静态路由的优点是简单、高效、可靠。在所有的路由中，静态路由优先级最高。当动态路由与静态路由发生冲突时，以静态路由为准。

动态路由是网络中的路由器之间相互通信，传递路由信息，利用收到的路由信息更新路由器表的过程。它能实时地适应网络结构的变化。如果路由更新信息表明发生了网络变化，路由选择软件就会重新计算路由，并发出新的路由更新信息。这些信息通过各个网络引起各路由器重新启动其路由算法，并更新各自的路由表以动态地反映网络拓扑变化。动态路由适用于网络规模大、网络拓扑复杂的网络。当然，各种动态路由协议会不同程度地占用网络带宽和 CPU 资源。

（2）动态路由选择协议又分为距离矢量、链路状态和平衡混合 3 种。

① 距离矢量（Distance Vector）路由协议计算网络中所有链路的矢量和距离，并以此为依据确认最佳路径。使用距离矢量路由协议的路由器定期向其相邻的路由器发送全部或部分路由表。典型的距离矢量路由协议是 RIP 和 IGRP。

② 链路状态（Link State）路由协议使用为每个路由器创建的拓扑数据库来创建路由表，每个路由器通过此数据库建立一个整个网络的拓扑图。在拓扑图的基础上通过相应的路由算法计算出通往各目标网段的最佳路径，并最终形成路由表。典型的链路状态路由协议是 OSPF（Open Shortest Path First，开放最短路径优先）、IS-IS（Intermediate System-to- Intermediate System）协议。

③ 平衡混合（Balanced Hybrid）路由协议结合了链路状态和距离矢量两种协议的优点，此类协议的代表是增强型内部网关路由协议（EIGRP）。

静态路由和动态路由有各自的特点和适用范围，因此在网络中动态路由通常作为静态路由的补充。当一个分组在路由器中进行寻径时，路由器首先查找静态路由，如果查到则根据相应的静态路由转发分组；否则再查找动态路由。

另外，根据是否在一个自治域内部使用，动态路由协议分为内部网关协议（IGP）和外部网关协议（EGP）。这里的自治域指一个具有统一管理机构、统一路由策略的网络。自治域内部采用的路由选择协议称为内部网关协议，常用的有 RIP、OSPF、IS-IS；外部网关协议主要用于多个自治域之间的路由选择，常用的是 BGP-4。

（3）IGP 协议简要介绍如下。

① RIP/RIP2：路由选择信息协议（Routing Information Protocol，RIP/RIP2）。RIP 是一种内部网关协议。RIP 主要设计是利用同类技术与大小适度的网络一起工作，因此通过速度变

化不大的接线连接，RIP比较适用于简单的校园网和区域网，但并不适用于复杂网络的情况。RIP2 由 RIP而来，属于RIP协议的补充协议，主要用于扩大RIP2信息装载的有用信息的数量，同时增加其安全性能。

② OSPF：开放最短路径优先（Open Shortest Path First，OSPF）。开放最短路径优先（OSPF）是一个内部路由协议，属于单个自治体系（AS）。OSPF采用的是链状结构，便于路由器发送其他任意有关其他路由器也需要的直接连接和链接信息。每个 OSPF 具有相同的拓扑结构数据库。从这个数据库里，建立最短路树计算出路由表。当拓扑结构发生变化时，利用路由选择协议流量最小值，OSPF重新迅速计算出路径。OSPF支持等值多路径。

③ IS-IS（Intermediate System-to- Intermediate System）。IS-IS是链路状态协议，它采用最短路径优先算法（Shortest Path First，SPF或者 Dijsktra）来计算通过网络的最佳路径。IS-IS提供两级路由——层次1（Level1，L1）路由区域间通过层次2（Level 2，L2）路由进行互联，L2路由域有时也被称为核心。

④ IGRP/EIGRP（Interior Gateway Routing Protocol/Enhanced Interior Gateway Routing Protocol）协议。内部网关路由选择协议（IGRP和EIGRP）Cisco的私有协议 。IGRP是一种距离向量型的内部网关协议（IGP）。距离向量路由协议要求每个路由器以规则的时间间隔向其相邻的路由器发送其路由表的全部或部分。

EIGRP的全名是Enhanced Interior Gateway Routing Protocol，从字面就可以看出是加强型的IGRP，也就是再度改良IGRP而成EIGRP，EIGRP结合了距离向量（Distance Vector）和连接-状态（Link-State）的优点以加快收敛，所使用的方法是 DUAL（Diffusing Update Aigorithm），当路径更改时DUAL会传送变动的部分而不是整个路径表，而Router都有储存邻近的路径表，当路径变动时，Router 可以快速反应，EIGRP也不会周期性地传送变动信息以节省频宽的使用，另外值得特别指出的是，EIGRP具有支持多个网络层协议的功能。

（4）EGP协议简要介绍如下。目前主要使用EGP协议是BGP-4（BGP边界网关协议）。不同自治系统路由器之间进行通信的外部网关协议，作为EGP替代品。

RFC1771对BGP的最新版本BGP-4进行了详尽介绍。BGP用来在AS之间实现网络可达信息的交换，整个交换过程要求建立在可靠的传输连接基础上来实现。这样做有许多优点，BGP可以将所有的差错控制功能交给传输协议来处理，而其本身就变得简单多了。BGP使用TCP作为其传输协议，默认端口号为179。与EGP相比，BGP有许多不同之处，其最重要的革新就是其采用路径向量的概念和对 CIDR 技术的支持。路径向量中记录了路由所经路径上所有AS的列表，这样可以有效地检测并避免复杂拓扑结构中可能出现的环路问题；对CIDR的支持，减少了路由表项，从而加快了选路速度，也减少了路由器间所要交换的路由信息。另外，BGP一旦与其他BGP路由器建立对等关系，其仅在最初的初始化过程中交换整个路由表，此后只有当自身路由表发生改变时，BGP 才会产生更新报文发送给其他路由器，且该报文中仅包含那些发生改变的路由，这样不但减少了路由器的计算量，而且节省了 BGP 所占带宽。

1.3.7 其他数据通信技术方案

在数据通信网络的发展过程中，随着远程通信技术方式的不断演进，为实现异质网络的有效互联，出现了X.25、帧中继（FR）、DDN、ATM等不同的技术方案。每一种方案都有其特有的技术特点，它们的出现极大地丰富了网络互联的形式。

1．X.25 对应 OSI 参考模型

X.25 建议书将数据网的通信功能划分为 3 个相互独立的层次，即物理层、数据链路层和分组层。对应 OSI 参考模型的物理层、数据链路层和网络层。其中每一层的通信实体只利用下一层所提供的服务，而不管下一层如何实现。每一层接收到上一层的信息后，加上控制信息（如分组头、帧头），最后形成在物理媒体上传送的比特流。

2．FR 对应 OSI 参考模型

帧中继将 X.25 网络的下 3 层协议进一步简化，差错控制、流量控制推到网络的边界，从而实现轻载协议网络。帧中继数据链路层规程采用 LAPD（D 信道链路访问规程，是综合业务数字网 ISDN 的第二层协议）的核心部分，称 LAPF（帧方式链路访问规程），是 HDLC 的子集。

与 X.25 相比，帧中继在第二层增加了路由的功能，但它取消了其他功能，例如，在帧中继节点不进行差错纠正，因为帧中继技术建立在误码率很低的传输信道上，差错纠正的功能由端到端的计算机完成。在帧中继网络中的节点将舍弃有错的帧，由终端的计算机负责差错的恢复，这样就减轻了帧中继交换机的负担。

FR 在第二层就增加了路由功能，具备 OSI 参考模型的数据链路层的功能。

3．DDN 对应 OSI 参考模型

DDN 是数字数据网，由于是采用数字信道来传输数据信息的，而且是传输网，没有交换功能，故而对应 OSI 参考模型的物理层。

4．ATM 对应 OSI 参考模型

ATM 的分层结构参考 B-ISDN 协议参考模型，该协议参考模型分成 3 个平面，分别表示用户信息、控制和管理 3 个方面的功能。协议参考模型包括 4 层功能，分别是物理层、ATM 层、ATM 适配层、高层。物理层对应 OSI 参考模型的物理层。

到目前为止，ITU-T 并没有就 ATM 分层结构和 OSI 参考模型之间的对应关系做出明确的定义。

ATM 的物理层包括两个子层，即物理介质子层（PM）和传输汇聚（TC）子层。其中物理介质子层提供比特传输能力，对比特定时和线路编码等方面做出了规定，并针对所采用的物理介质（如光纤、同轴电缆、双绞线等）定义其相应的特性；传输汇聚子层的主要功能是实现比特流和信元流之间的转换。ATM 的物理层或多或少地对应于 OSI 模型的第一层（物理层），而且主要完成比特级的功能。

ATM 层处理从源端到目的端移动着的信元，在 ATM 交换机中的确包含了路由选择算法和协议，它也处理全局寻址问题。ATM 层横跨 OSI 模型的第一层和第二层，大致处理相当于 OSI 物理层上部和数据链路层下部的一些功能。

从分层结构上说，AAL 层位于 ATM 中 ATM 层和高层之间，主要完成不同信息类型的适配和一些相关的控制功能。由于 AAL 层对应着 3 个平面，不同平面中 AAL 层的信息类型和不同类型中存在多种信息种类，故难以确定 AAL 层与 OSI 模型的对应关系。就控制面来说，AAL 负责对信令进行适配，这主要表现在连接建立和释放阶段，此时 AAL 所提供的业务大致与 OSI 模型中数据层所提供的业务相当。管理面基本上也像 OSI-RM 中数据链路层的功能，

如支持无连接业务时，AAL3/4类型对用户数据的适配控制，但又有些像OSI模型中第四层（运输层）的较低部分，特别是在使用简化的适配协议AAL5的情况下。

5. LAN对应的OSI参考模型

局域网由物理层、介质访问控制层和逻辑链路控制层组成，相当于OSI参考模型下面的两层，但从严格意义上讲，两者还是有差异的，这种差异从图1-26可以反应出来。

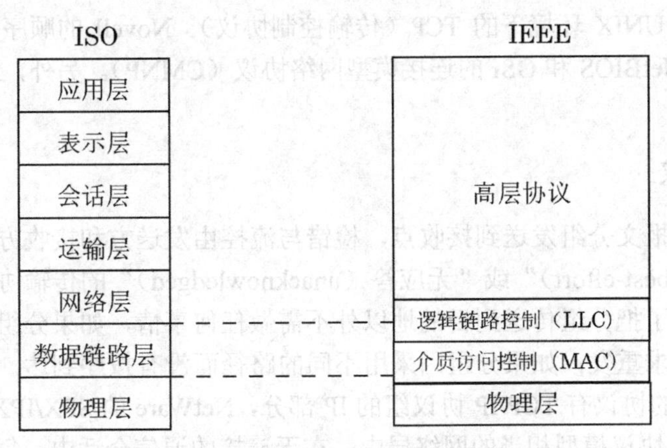

图1-26 IEEE局域网模型和OSI参考模型的对比

1.4 数据通信寻址和交换方式

数据通信的实质就是将要传输的数据按一定长度分成很多组，为了准确地传送到对方，每个分组都打上标识，许多不同的数据分组在物理线路上以动态共享和复用方式进行传输。为了能够充分利用资源，当数据分组传送到网络交换设备时，会暂存在交换机的存储器中，然后根据当前线路的忙闲程度，交换机会动态分配合适的物理线路，继续数据分组的传输，直到传送到目的地。到达目的地之后的数据分组再重新组合起来，形成一条完整的数据。数据传输链路的建立取决于网络设备的交换方式及数据分组的寻址方式。

1.4.1 面向连接与面向无连接

通信协议要么是面向连接的，要么是面向无连接的。这依赖于信息发送方是否需要与接收方联系，并通过联系来维持一个对话（面向连接的），还是没有任何预先联系就发送消息（无连接的）且希望接收方能顺序接收所有内容。这些方法揭示了网络上实现通信的两种途径。

1. 面向连接

网络负责顺序发送报文分组，并且以一种可靠的方法检测丢失和冲突。这种方法被“可靠的”传输服务使用。在面向连接方法中，在两个端点之间建立了一条数据通信信道（电路）。这条信道提供了一条在网络上顺序发送报文分组的预定义路径，这个连接类似于语音电话。

发送方与接收方保持联系以协调会话和报文分组接收或失败的信号。但这并不意味着面向连接的信道比面向无连接的信道使用了更多的带宽，两种方法都只在报文分组传输时才使用带宽。

在面向连接的会话建立的通信信道自然是逻辑的，常被称作虚电路（virtual circuit），它关心的是端点。与在网络上寻求一条实际的物理路径相比，这条信道更关心的是保持两个端点的联系。在有多条到达目的地路径的网络中，物理路径在会话期间随着数据模式的改变而改变，但是端点（和中间节点）一直保持对路径进行跟踪。

面向连接的协议大部分位于与 OSI 协议模型相当的运输层协议中。通用的面向连接的协议包括 Internet 和 UNIX 环境下的 TCP（传输控制协议）、Novell 的顺序分组交换（SPX）、IBM/Microsoft 的 NetBIOS 和 OSI 的连接模型网络协议（CMNP）。另外，ATM、X.25 是面向连接协议。

2．面向无连接

网络只需要将报文分组发送到接收点，检错与流控由发送方和接收方处理。这种方法被称作“尽力而为（best-effort）”或“无应答（unacknowledged）”的传输协议所使用。在无连接方法中，网络除了把分组传送到目的地以外不需做任何事情，如果分组丢失了，接收方必须检测出错误并请求重发；如果分组因采用不同的路径而没有按序到达，接收方必须将它们重新排序。无连接的协议有 TCP/IP 协议组的 IP 部分，NetWare 的 SPX/IPX 协议的 IPX 部分。这些协议在与 OSI 协议模型相当的网络层中。在无连接的通信会话中，每个数据分组是一个在网络上传输的独立单元，称作数据报。发送方和接收方之间没有初始协商，发送方仅仅向网络上发送数据报，每个分组含有源地址和目的地址。

1.4.2 通信寻址

不管通信双方采用哪种连接方式，能够实现通信的基础是通信路由的选择和建立（即寻址），通信路由选择和建立的基础是通信地址。常见寻址编码如下。

1．E.164

根据 CCITT 的 E.164 标准的规定，标准的电话号码格式是由国家码（Country code）、区域码及一般电话号码 3 部分所组成：国家码（1～3 位数字）+区位码（M 个数字）+一般电话（最多为 15 减 M 个数字）。如电话号码+（86）-10-62553604 就是指“中国（国家码 86）北京（地区码 10）中国互联网络信息中心（一般号码 62553604）”。国际电联将国家码授权给国家实体来进行管理，国家码之后的数字号码由这个国家进行管理和分配，但是基本的分配原则仍是遵循一定的分级授权管理策略。

2．X.121

X.121，公用数据网的国际编号方案，指的是描述用于 X.25 网络编址方案的 ITU-T 标准。X.121 地址有时亦称作 IDNS（国际数据码）。

X.121 地址最大为 14 位十进制数，即 4 位十进制数数据网标识码（DNIC）加上多达 10 位十进制数网络终端号（NIN）；或者 3 位十进制数数据国家代码（DCC）加上多达 11 位十进制数网络号（NN）。

3. IP 地址

IP 地址及其分类如下。

在 Internet 上连接的所有计算机，从大型机到微型计算机都是以独立的身份出现，我们称它为主机。为了实现各主机间的通信，每台主机都必须有一个唯一的网络地址。就好像每一个住宅都有唯一的门牌一样，才不至于在传输数据时出现混乱。

Internet 的网络地址是指连入 Internet 网络的计算机的地址编号。所以，在 Internet 网络中，网络地址唯一地标识一台计算机。

我们都已经知道，Internet 是由几千万台计算机互相连接而成的。而我们要确认网络上的每一台计算机，靠的就是能唯一标识该计算机的网络地址，这个地址就叫作 IP（Internet Protocol）地址，即用 Internet 协议语言表示的地址。

目前，在 Internet 里，IP 地址是一个 32 位的二进制地址，为了便于记忆，将它们分为 4 组，每组 8 位，由小数点分开，用 4 字节来表示，而且，用点分开的每个字节的数值范围是 0～255，如 202.116.0.1，这种书写方法叫作点数表示法。

IP 地址可确认网络中的任何一个网络和计算机，而要识别其他网络或其中的计算机，则是根据这些 IP 地址的分类来确定的。一般将 IP 地址按节点计算机所在网络规模的大小分为 A、B、C 3 类。

（1）A 类地址

A 类地址的表示范围为 0.0.0.0～126.255.255.255，默认网络掩码为 255.0.0.0。A 类地址分配给规模特别大的网络使用。A 类网络用第一组数字表示网络本身的地址，后面 3 组数字作为连接于网络上的主机的地址。分配给具有大量主机（直接个人用户）而局域网络个数较少的大型网络。例如，IBM 公司的网络。

（2）B 类地址

B 类地址的表示范围为 128.0.0.0～191.255.255.255，默认网络掩码为 255.255.0.0。B 类地址分配给一般的中型网络。B 类网络用第一、二组数字表示网络的地址，后面两组数字代表网络上的主机地址。

（3）C 类地址

C 类地址的表示范围为 192.0.0.0～223.255.255.255，默认网络掩码为 255.255.255.0。C 类地址分配给小型网络，如一般的局域网和校园网，它可连接的主机数量是最少的，采用把所属的用户分为若干的网段进行管理。C 类网络用前 3 组数字表示网络的地址，最后一组数字作为网络上的主机地址。

实际上，还存在着 D 类地址和 E 类地址。但这两类地址用途比较特殊，在这里只是简单介绍一下：D 类地址称为广播地址，供特殊协议向选定的节点发送信息时用；E 类地址保留给将来使用。

连接到 Internet 上的每台计算机，不论其 IP 地址属于哪类，都与网络中的其他计算机处于平等地位，因为只有 IP 地址才是区别计算机的唯一标识。所以，以上 IP 地址的分类只适用于网络分类。

在 Internet 中，一台计算机可以有一个或多个 IP 地址，就像一个人可以有多个通信地址一样，但两台或多台计算机却不能共用一个 IP 地址。如果有两台计算机的 IP 地址相同，则会引起异常现象，无论哪台计算机都将无法正常工作。

4．ATM 寻址

需要 ATM 地址来支持通过 ATM 网络使用交换式虚拟连接（SVC）。在最简单的层中，ATM 地址的长度是 20 字节并分为 3 个不同的部分。

（1）网络前缀

前面的 13 字节标识网络中特定交换机所在的位置。这部分地址的使用情况根据其地址格式的不同会有很大变化。3 个标准 ATM 寻址方案中的每一个都提供不同的 ATM 交换机位置的信息。这些方案包括数据国家（地区）代码（DCC）格式、国际代码标识符（ICD）格式，以及 ITU-T 对于在宽带 ISDN 网络中使用国际电话编码而建议的 E.164 格式。

（2）适配器媒体访问控制地址

接下来的 6 字节标识一个物理端点，例如，特定的 ATM 网卡，它使用制造商为 ATM 硬件物理指派的介质访问控制层地址。ATM 硬件介质访问控制地址的使用和指派，与以太网、令牌环及其他 IEEE 802.x 技术中的该寻址方法相同。

（3）选择器（SEL）

最后一个字节用来在物理 ATM 适配器上选择一个逻辑连接端点。尽管所有 ATM 地址都是这种基本的 3 段结构，但是前面 13 字节的格式有很大差别，这种差别取决于寻址格式或该 ATM 网络是用于公用还是专用的。

1.4.3 数据通信交换方式

两个异地终端之间若要进行数据通信时，我们可以建立专用线路把两终端连接起来即可。如果一个终端要与多个终端进行通信，终端间都照此办理，那么进出一个终端的线路将会太多。如图 1-27 所示的 6 个终端间进行数据通信，就需要 15 条线路（全连方式）。这样的结果，一是线路利用率太低，因为终端之间通信的业务量总是不均匀的，一天内只有部分时间较忙，其余时间将会闲着不用；二是不经济，终端与终端都需线路直接连接，线路数量多，投资大。

解决的办法是将各地的终端连至一个交换设备上，该交换设备能按用户的要求将需要进行数据通信的终端连接起来完成信息的交换任务，如图 1-28 所示。

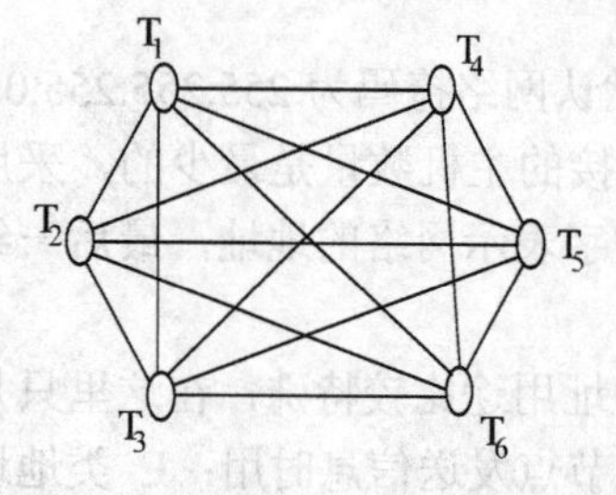

图 1-27　6 个终端之间的连接（全连接方式）

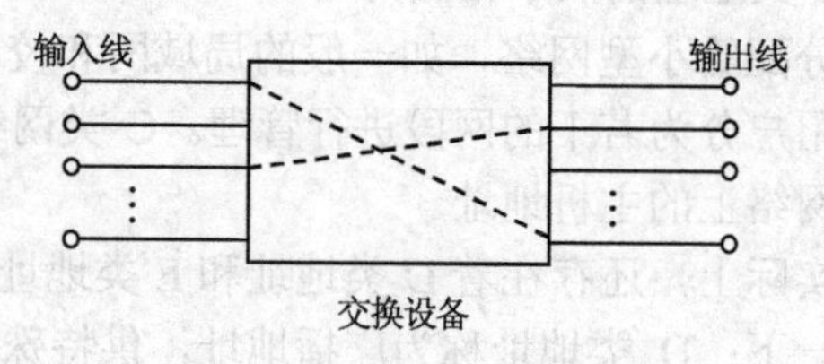

图 1-28　信息交换示意图

在信息传输方面，由于数据通信网与电话通信网相比，有它自己的特点（实时性要求不如电话通信网那样高），因而，在数据通信网中引入一些特殊的交换方式。

目前，数据通信网中可采用的信息的交换方式有以下 3 类：

- 分组交换方式（Packet Switching）；
- 电路交换方式（Circuit Switching）；
- 报文交换方式（Message Switching）。

1. 电路交换

电路交换方式能为任一个入网的数据通信用户提供一条临时的专用的物理信道（又称电路），这条物理信道是由通路上各节点内部在空间（布线接续）或时间上（时隙互换）完成信道接续而构成的，这为信源的DTE与信宿的DTE之间建立一条信道。在信息传输期间，该信道为一对DTE用户所占用，通信结束才释放该信道。

实现电路交换的主要设备是具有电路交换功能的交换机，它由电路交换部分和控制部分组成。电路交换部分实现主、被叫用户的连接，构成数据传输信道；控制部分的主要功能是根据主叫用户的选线信号控制交换网络完成接续。

数据的电路交换过程与目前公用电话交换网的电话交换的过程是相类似的。当用户要求发送数据时，向本交换局呼叫，在得到应答信号后，主叫用户发送被叫用户号码或地址；本地交换局根据被叫用户号码确定被叫用户属于哪一个局的管辖范围，并随之确定传输路由；如果被叫用户属于其他交换局，则将有关号码经局间中继线传送给被叫用户所在局，并呼叫被叫用户，从而在主、被叫用户间建立起一条固定的通信链路。通信结束时，当其中一用户表示通信完毕需要拆线时，则该链路上的各交换机将本次通信所占用的设备和通信链路（电路）释放，以供后续的用户呼叫用。

电路交换技术的优缺点及其特点如下。

（1）优点：数据传输可靠、迅速，数据不会丢失且保持原来的序列。

（2）缺点：在某些情况下，电路空闲时的信道容易被浪费：在短时间数据传输时电路建立和拆除所用的时间得不偿失。因此，它适用于系统间要求高质量的大量数据传输的情况。

（3）特点：在数据传送开始之前必须先设置一条专用的通路。在线路释放之前，该通路由一对用户完全占用。对于突发式的通信，电路交换效率不高。

2. 报文交换

为了克服电路交换方式中电路利用率低等方面的缺点，人们发展了报文交换方式，也称为信息交换方式。在这种交换方式中，收、发用户之间不存在直接的物理信道，因此用户之间不需要先建立呼叫，也不存在拆线过程。它是将用户报文存储在交换机的存储器中（内存或外存），当所需要输出的电路空闲时，再将该报文发向接收交换机和用户终端。因此，报文交换系统又称“存储－转发”系统。它的原理框图如图1-29所示。

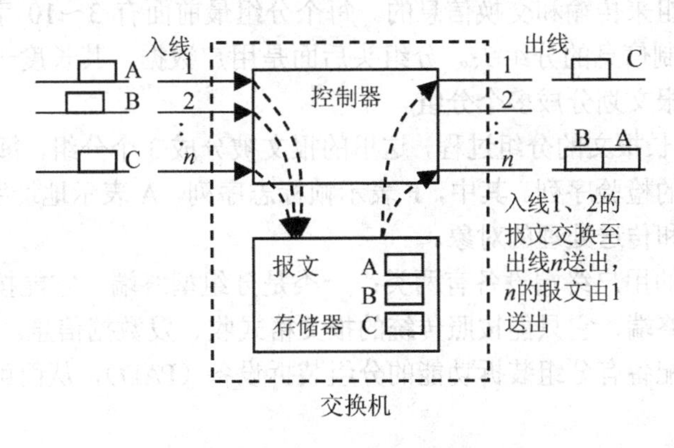

图1-29 报文交换方式原理框图

报文交换的特点、优点和缺点如下。

特点：

（1）报文从源点传送到目的地采用“存储-转发”方式，在传送报文时，一个时刻仅占用一段通道；

（2）在交换节点中需要缓冲存储，报文需要排队，故报文交换不能满足实时通信的要求。

优点：

（1）电路利用率高，由于许多报文可以分时共享两个节点之间的通道，所以对于同样的通信量来说，对电路的传输能力要求较低；

（2）在电路交换网络上，当通信量变得很大时，就不能接受新的呼叫，而在报文交换网络上，通信量大时仍然可以接收报文，不过传送延迟会增加；

（3）报文交换系统可以把一个报文发送到多个目的地，而电路交换网络很难做到这一点；

（4）报文交换网络可以进行速度和代码的转换。

缺点：

（1）不能满足实时或交互式的通信要求，报文经过网络的延迟时间长且不定；

（2）有时节点收到过多的数据而无空间存储或不能及时转发时，就不得不丢弃报文，而且发出的报文不按顺序到达目的地。

3. 分组交换

随着计算机的广泛应用，对数据交换提出了更高的要求。首先，能够适应不同速率的数据交换，以满足不同用户的需要；其次，接续速度应该能尽量快；再次，网络时延要小，能适应用户交互通信的要求；最后，具有适应数据用户特性变化的能力，如多样化的数据终端和多样化的数据业务。

电路交换接续快、网络时延小、线路利用率低，不利于实现不同类型的、不同速率的数据终端设备之间的相互通信，而报文交换信息传输时延又太大，不满足许多数据通信系统的交互性的要求。而分组交换技术较好地解决了这些矛盾。

分组交换也称包交换，它是将用户传送的数据分成一定长度的包（分组）。在每个包（分组）的前面加一个分组头（标题），其中的地址标志指明该分组发往何处，然后由分组交换机根据每个分组的地址标志，将它们转发至目的地，这一过程称为分组交换。进行分组交换的通信网称为分组交换网。

分组交换是用分组来传输和交换信息的。每个分组最前面有 3～10 字节（八比特组）作为填写接收地址和控制信息的分组头。分组头后面是用户数据，其长度一般是固定的。当发送长报文时，需将该报文划分成多个分组。

图 1-30 表示一份长报文的分组过程，这里的报文被分成 3 个分组，每个分组中的 FCS 表示用于分组差错控制的检验序列。其中，F 表示帧标志序列，A 表示地址字段，C 表示控制字段。分组是交换处理和传送处理的对象。

接入分组交换网的用户终端设备有两类：一类是分组型终端，它能按照分组格式收、发信息；另一类是一般终端，它只能按照传统的报文格式收、发数据信息。

由于在分组网内配备有分组装拆功能的分组装拆设备（PAD），从而可使不同类型的用户终端互通。

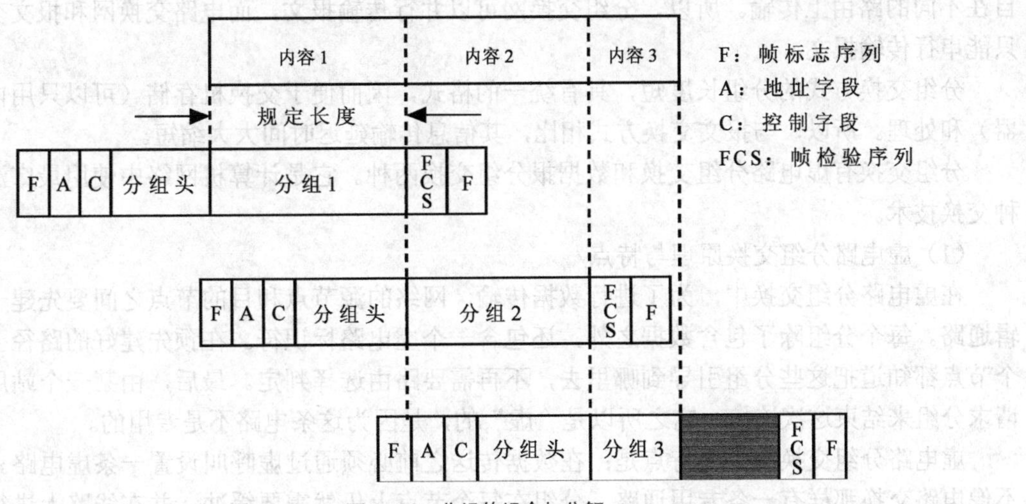

图 1-30 分组的组合与分解

分组交换网的工作原理如图 1-31 所示。图中假设有 3 个交换中心（又称为交换节点），分设有分组交换机 1、2、3；A、B、C、D 为 4 个数据通信用户，A、D 为一般终端，B、C 为分组型终端。A、B 分别向 C、D 传送数据。A 的数据 C 经交换机 1 的 PAD 组装成两个分组 C1 和 C2，然后经由分组交换机 1、2 之间的传输通路及分组交换机 1、3 和 3、2 之间的传输通路分别将 C1、C2 数据传送到终端 C。由于 C 为分组型终端，C1、C2 分组可由终端 C 直接接收。B 的分组数据 3、2、1 经由分组交换机 3、2 之间的传输通路传送到终端 D。D 终端为一般终端，它不能直接接收分组数据，因而数据到交换机之后，要经分组装拆设备恢复成一般报文，然后再传送到终端 D。

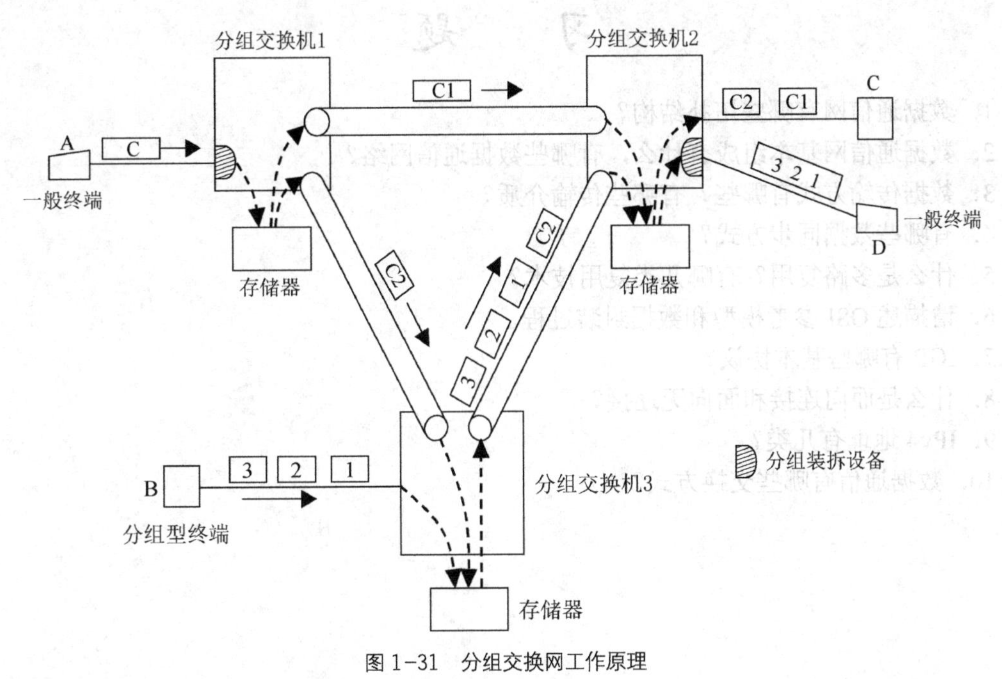

图 1-31 分组交换网工作原理

由图 1-31 可以看出，在两个用户之间存在多个路由的情况下，一份报文的多个分组可各自在不同的路由上传输。所以，分组交换网可以并行传输报文，而电路交换网和报文交换网只能串行传输报文。

分组交换方式的分组长度短，具有统一的格式，因而便于交换机存储（可以只用内存储器）和处理。所以，与报文交换方式相比，其信息传输延迟时间大大缩短。

分组交换有虚电路分组交换和数据报分组交换两种。它是计算机网络中使用最广泛的一种交换技术。

（1）虚电路分组交换原理与特点

在虚电路分组交换中，为了进行数据传输，网络的源节点和目的节点之间要先建一条逻辑通路。每个分组除了包含数据之外，还包含一个虚电路标识符。在预先建好的路径上的每个节点都知道把这些分组引导到哪里去，不再需要路由选择判定。最后，由某一个站用清除请求分组来结束这次连接。它之所以是“虚”的，是因为这条电路不是专用的。

虚电路分组交换的主要特点是：在数据传送之前必须通过虚呼叫设置一条虚电路。但并不像电路交换那样有一条专用通路，分组在每个节点上仍然需要缓冲，并在线路上进行排队等待输出。

（2）数据报分组交换原理与特点

在数据报分组交换中，每个分组的传送是被单独处理的。每个分组称为一个数据报，每个数据报自身携带足够的地址信息。一个节点收到一个数据报后，根据数据报中的地址信息和节点所储存的路由信息，找出一个合适的出路，把数据报原样地发送到下一节点。由于各数据报所走的路径不一定相同，因此不能保证各个数据报按顺序到达目的地，有的数据报甚至会中途丢失。整个过程中，没有虚电路建立，但要为每个数据报做路由选择。

分组交换方式适合于具有中等数据量而且数据通信用户比较分散的场合。

习　　题

1．数据通信网有哪些拓扑结构？
2．数据通信网基本组成有什么，有哪些数据通信网络？
3．数据传输方式有哪些？有哪些传输介质？
4．有哪些数据同步方式？
5．什么是多路复用？有哪几类复用技术？
6．请描述 OSI 参考模型和数据封装过程。
7．IGP 有哪些基本协议？
8．什么是面向连接和面向无连接？
9．IPv4 地址有几类？
10．数据通信有哪些交换方式？

第2章 基于IP的数据通信网络

课程目标：

- 掌握现代企业信息网的基本架构；
- 熟悉以太网络与以太帧结构；
- 熟悉以太帧的发送与接收原理；
- 掌握IP地址分类；
- 掌握变长子网掩码；
- 掌握ARP、ICMP等常用的网络协议。

基于IP（Internet Protocol）的数据通信网络，正以前所未有的速度改变着全世界的通信网络架构和通信产业格局。IP是一种为了满足计算机网络互连需要的异构网互连通信协议，其目的是在开放系统互连模型的第三层——网络层实现互连，以期无缝连接不同硬件结构的网络。IP技术的出现使得网络技术和低层的软硬件技术能够独立并行发展。

IP网络本质上是一种面向无连接的分组传送网。IP网络的早期发展依托于公用通信网和语音交换网络（STM体制）来建立骨干网，其数据速率为56kbit/s～50Mbit/s。随着数据业务量的增加，20世纪90年代则依托ATM技术开始着手建立骨干网，其数据速率为155.52～622.08Mbit/s。1997年以后，随着高速路由交换机的商品化，IP网络以承载网的角色开始独立发展，由高速路由交换机和专线组成的骨干网（底层仍采用STM体制）线速扩充至2.5Gbit/s。现阶段的IP骨干网主要还是STM-16（2.5Gbit/s）和STM-64（10Gbit/s）为依托，正在向以10Gbit/sTDM为基础的40Gbit/s（40×10GTDM）、80Gbit/s（8×10GTDM）和320Gbit/s（32×10GTDM）发展。高达1600Gbit/s（160×10Gbit/s）的波分复用系统已经应用于国家IP骨干网。

IP网络初期的目的只是为计算机间传输数据提供连接，因而业务单一，只有数据业务。目前IP网络发展最为迅速，其数据业务量已经超过传统的电话业务量，并且其业务类型已由数据业务发展到数据、语音通信和视频综合业务。

实际上IP网络能够高速发展的原因之一应归功于传统电话业务的普及。IP网络的早期用户主要是大学、研究机构、团体和企业，其普及程度远不及电话业务的普及。随着借助电话线路拨号上网和IP网络电话实用技术的发展，IP网络的应用进入家庭普及个人，IP网络也因此有了高速发展的市场驱动。

为了有效布署IP网络，先后出现了多种协议标准：ATM论坛开发的局域网仿真LANE标准，由IETF组织颁布的传统的互连网层IP在ATM上的运行标准IPOA，克服了LANE和IPOA局限性的多协议信息传输标准MPOA，以及比LANE、IPOA和MPOA更完善的多协议标记交换 MPLS。

目前版本的共享介质局域网仿真 LANE 存在虚电路开销大，能够支持的用户数少等缺陷，因而只适用于网络规模不大的场合。

IPOA 则存在可扩展性问题，对其地址解析所支持的用户规模有限制（不超过数千用户），故也只适应于较小规模的网络。

MPOA 有效地克服了 LANE 和 IPOA 在可扩展方面的局限性与性能的瓶颈等问题，能够高效可伸缩地在 ATM 上支持多种网络协议，支持网络层的虚拟子网，与现有路由器网络协同工作，存在的主要问题是如何解决具有 NHRP 协议的地址解析响应时间所导致的较大延迟。

多协议标记交换（MPLS）是针对 IPOA、LANE、MPOA 等技术存在的不足而提出来的 IP over ATM 的解决方案。MPLS 将 IP 的智能和 ATM 的高速交换及可靠性结合在一起，采用 MPLS 技术的网络在转发 IP 业务时，不采用逐跳转发方式，也无需在网络中的所有路由器进行第三层路由表的查询，而是在网络的边缘进行一次路由表的查询，然后给进入 MPLS 域的 IP 包加上一个标签，带标签的 IP 包在网络进行第二层交换快速转发到 MPLS 标记的边缘，再去掉标签还原成传统 IP 包进行转发，由此大大提高了 IP 包的转发速度。

本章内容以当前基于 IP 的企业组网案例为先导，围绕以太网技术展开讨论，重点分析了各种网络协议及相应的数据协议单元格式。通过学习，旨在使读者熟悉并掌握 IP 网络的基础知识。

2.1 基于 IP 的数据通信网络

在信息化浪潮席卷全球的时代背景下，通信科技迅猛发展，随着技术的进步和经济的发展，人类社会时时刻刻面临着巨大的变革，我们正加速迈向一个崭新的信息时代。与基于 IP 的数据通信网络技术发展相适应，我国的各行各业都在积极筹建或扩建各类信息网络系统，这标志着我国的信息化社会建设步入了一个新的起点。这既是社会发展对各行各业提出的新要求，也是信息化浪潮对企业提出的新规范。

企业信息化是指将信息网络技术、计算机、Internet 及电子商务运用到企业的市场调研、产品研发、技术改造、质量控制、供应链、资金周转、成品物流等全过程，从而实现企业现代化。企业信息化的目的是提高企业运作效率，降低成本，进一步提升企业竞争力。

企业信息化包括 3 个层次：网络平台、数据平台和企业应用系统。企业应用系统指的是 ERP（企业资源计划）、CRM（客户关系管理）、SCM（供应链管理）等企业资源调配管理系统，应用系统以数据平台为依托构建在网络平台之上。由此可见，企业信息化的前提是完善网络平台建设。依据目前多数企业的运营特征，信息网络平台应该能同时满足企业对实现语音、视频、电子商务等多种数据交换业务的基本需求。

尽管当前许多企业的信息化建设时间较早，但随着企业规模的扩大及应用系统的增多，原有的网络越来越不能满足需求，暴露的问题有以下几点。

① 企业信息化发展不均衡，信息化水平良莠不齐。大小企业之间的差异、不同行业企业间的差异、不同地区企业之间的差异都比较大。

② 企业信息孤岛的存在造成企业内部管理流程不畅通。企业中各部门相对独立运行造成了若干个信息孤岛，从企业整体角度而言，信息孤岛使企业难以实现信息的真正集成、统一调度和使用，信息孤岛制约了上层应用系统的运行效率。

③ 数据缺乏整合，企业生产要素的关键数据难以及时成形，降低了企业的核心竞争力。现代多媒体技术使用范围有限，办公管理效率低下。

④ 企业信息化安全管理手段匮乏，信息化事故频发。既有技术局限带来的计算机病毒的防治、软件中的漏洞发现及维护和重要数据的保密等，也有管理缺失带来的企业信息泄密等。

要应对这些挑战，企业信息化建设的重点就是针对各企业自身的实际情况，分析清楚企业网络的建设重点和需求，对症下药，按需建设。

企业的业务总是在不断地发展，对网络的需求也是在不断地变化，这就要求企业网络应该具备适应这种需求不断变化的能力。因此，了解企业网络的架构对于如何适应业务需求将变得十分必要。

2.1.1　基于 IP 的企业网络分层架构

最初，企业网络泛指某个组织或机构的网络互联系统，如图 2-1 所示。企业使用该互联系统主要用于共享打印机、文件服务器等基础管理业务，电子邮件的出现则进一步提高了企业用户间的协同工作效率。现在，企业网络已经广泛应用在各行各业中，诸如小型办公室、教育、政府和银行等行业或机构均在 IP 通信网络的基础上扩展开来。

随着企业规模的不断扩大，这就要求企业网络组网能突破地域限制，通过各种远程互连技术把分布在不同物理地域的网络连接在一起。

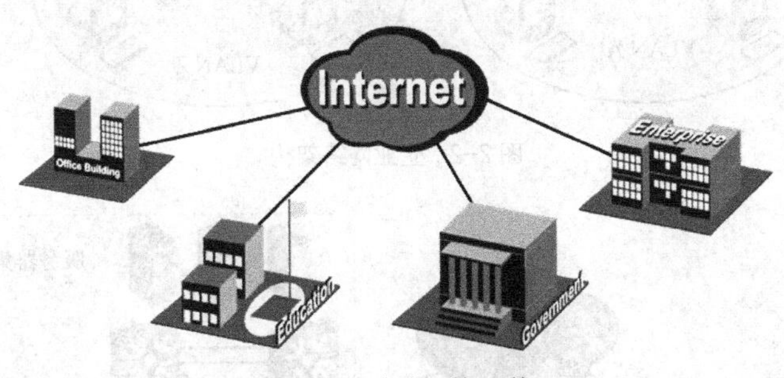

图 2-1　企业网络互联

如图 2-2 所示，企业的网络往往跨越了多个物理区域，远程互连可连接企业总部和分支机构，即使是出差的员工也能随时随地接入企业网络实现移动办公，企业的合作伙伴和客户也能访问到企业的相应资源。远程互连技术提高了现代企业运营效率。然而，出于数据私密性和安全性的考虑，企业需要对远程互连技术进行选择。

企业网络架构很大程度上取决于企业或机构的业务需求。小型企业网如图 2-3（左侧）所示，通常只有一个办公地点，一般采用扁平网络架构进行组网。这种扁平网络能够满足用户对资源访问的需求，并具有较强的灵活性，同时又能大大减少部署和维护成本。小型企业网络通常缺少冗余机制，可靠性不高，容易发生业务中断。

如图 2-3（右侧）所示，大型企业网络对业务的连续性要求很高，网络冗余备份则能有效保证网络的可用性和稳定性，从而保障企业的日常业务运营。大型企业网络也需要对业务资源的访问进行控制，所以通常会采用多层网络架构来优化流量分布，并应用各种策略进行流量管理和资源访问控制。这种多层网络设计也可以使企业网络易于扩展。大型企业网络需要有效的网络隔离并简化网络维护，避免某一区域产生的故障影响到整个网络。常见的分层网络模型有 3 个功能层：接入层（访问层）、汇聚层（分布层）与核心层。接入层主要负责提供工作组/用户对网络的访问，汇聚层为接入层的业务提供基于策略的连接，而核心层主要是实现汇聚层交换机的快速连接。

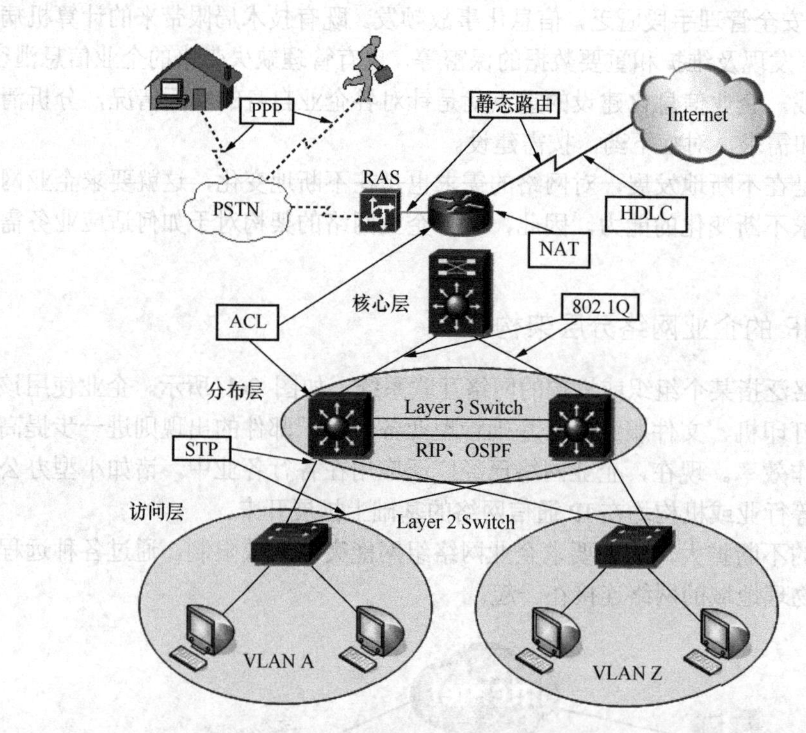

图 2-2　企业网络架构

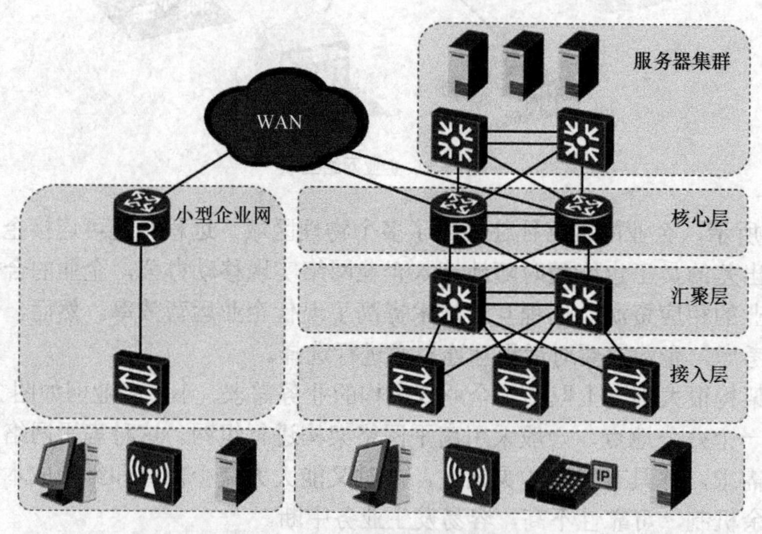

图 2-3　企业网络的分层架构

一切复杂网络均源于简单网络，通过研究简单网络有助于我们洞悉 IP 网络的基本原理。

2.1.2　简单网络

了解 IP 网络的基本原理，可先从了解简单网络开始。

两个终端，用一条能承载数据传输的物理介质（也称为传输介质）如图 2-4 所示连接起来，就组成了一个最简单的网络。

图 2-4 物理介质连接成最简网络

终端相互传递信息和资源共享的需求催生了网络的出现，随着用户数量的增加，单一的物理连接线已经无法满足数据交换的需求。用户终端产生、发送和接收数据，网络则是终端建立通信的媒介，终端通过网络建立连接。网络就是通过介质把终端互连而成的一个规模大、功能强的系统，从而使得众多的终端可以方便地互相传递信息，共享信息资源。

用来传输数据的载体称为介质，网络可以使用各种介质进行数据传输，包括物理线缆、无线电波等。

早期出现的局域网模型如图 2-5 所示，这是一个 10Base-5 以太网。每个主机都是用同一根同轴电缆来与其他主机进行通信，因此，这里的同轴电缆又被称为共享介质，相应的网络被称为共享介质网络，或简称为共享式网络。共享式网络中，不同的主机同时发送数据时，就会产生信号冲突的问题。这种可能会出现信号冲突现象的区域称之为冲突域。解决冲突问题的方法是采用载波侦听多路访问/冲突检测技术（Carrier Sense Multiple Access/Collision Detection，CSMA/CD）。

CSMA/CD 的基本工作过程如下：终端设备不停地检测共享线路的状态。如果线路空闲，则发送数据；如果线路非空闲，则等待一段时间后继续检测（延时时间由退避算法决定）。即便如此，仍有可能存在另外一个设备与之同时发送数据，两个设备发送的数据会产生冲突。这种冲突是可以检测到的，终端设备检测到冲突之后，马上停止发送自己的数据，并发送特殊阻塞信息，以强化冲突信号，使线路上其他站点能够尽早检测到冲突。终端设备检测到冲突后，随机等待一段时间之后再进行数据发送（延时时间由退避算法决定）。

CSMA/CD 的工作原理可简单总结为：先听后发，边发边听，冲突停发，随机延迟后重发。

数据设备交换彼此的数据，其方式可分为单工、半双工和全双工。两种双工模式（如图 2-6 所示）都支持双向数据传输。

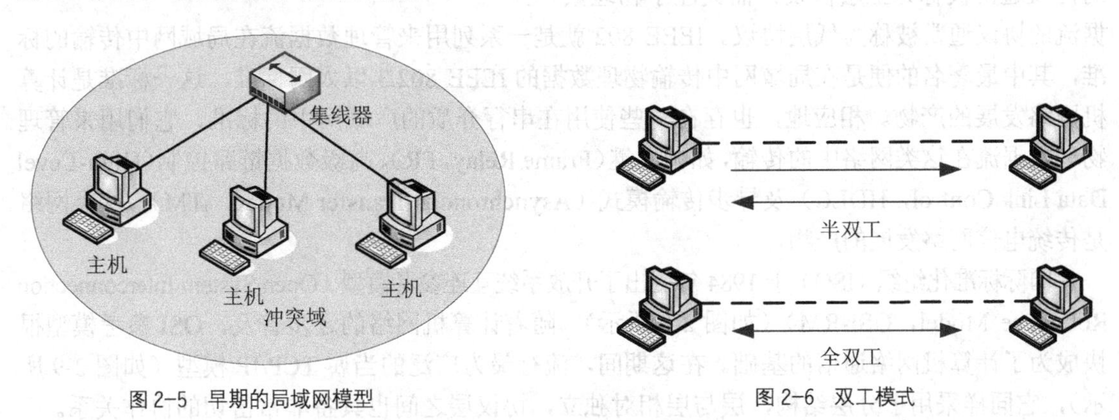

图 2-5 早期的局域网模型

图 2-6 双工模式

半双工：在半双工模式（half-duplex mode）下，通信双方都能发送和接收数据，但不能同时进行。当一台设备发送时，另一台只能接收，反之亦然。对讲机是半双工系统的典型例子。

全双工：在全双工模式（full-duplex mode）下，通信双方都能同时接收和发送数据。传统的电话网络是典型的全双工例子。

以太网上的通信模式也包括半双工和全双工两种，两种机制在应付冲突方面存在区别。

半双工模式下，共享物理介质的通信双方必须采用 CSMA/CD 机制来避免冲突。例如，10Base-5 以太网的通信模式就是半双工模式的。

全双工模式下，通信双方可以同时实现双向通信，这种模式不会产生冲突，因此不需要使用 CSMA/CD 机制。例如，10Base-T 以太网的通信模式就可以是全双工模式。同一物理链路上相连的两台设备的双工模式必须保持一致。

2.2 以太网帧结构及其解析

20 世纪 60 年代以来，计算机网络得到了飞速发展。各大厂商和标准组织为了在数据通信网络领域占据主导地位，纷纷推出了各自的网络架构体系和标准：如 IBM 公司的 SNA 协议，Novell 公司的 IPX/SPX 协议，以及广泛流行的 OSI 参考模型和 TCP/IP。在此期间，各大厂商根据这些协议生产出了不同的硬件和软件，各类标准组织和厂商的共同努力促进了网络技术的快速发展和网络设备种类的迅速增长，并在网络演进过程中形成了统一的以太网络数据帧规范。

2.2.1 分层模型的作用

为实现各种网络设备的互连互通，首先要实现数据通信的规范化，网络中传输数据时需要定义并遵循一系列的标准，这一系统的标准所形成的层次化通信规范就是我们所说的通信协议，如图 2-7 所示。对不同网络的数据转发规则进行定义和管理逐渐形成了不同的协议栈。目前广泛分布的以太网是根据IEEE 802.3 标准来管理和控制数据传输格式的，了解IEEE 802.3 标准是充分理解以太网数据通信的基础。

图 2–7　网络通信协议

网络通信中，“协议”和“标准”这两个词汇常常可以混用。协议或标准本身又常常具有层次化的特点。一般地，关注于逻辑数据关系的协议通常被称为上层协议，而关注于物理数据流的协议通常被称为低层协议。IEEE 802 就是一系列用来管理数据流在局域网中传输的标准，其中最著名的便是在局域网中传输物理数据的 IEEE 802.3 以太网标准，这一标准是计算机网络发展的产物。相应地，也存在一些使用在串行介质的广域网中的标准，它们用来管理物理数据流在这类网络中的传输，如帧中继（Frame Relay，FR）、高级数据链路控制（High-Level Data Link Control，HDLC）及异步传输模式（Asynchronous Transfer Mode，ATM），这类网络是传统电信网络发展的产物。

国际标准化组织（ISO）于 1984 年提出了开放系统互连参考模型（Open System Interconnection Reference Model，OSI-RM）（如图 2-8 所示），随着计算机网络的逐步普及，OSI 参考模型很快成为了计算机网络通信的基础。在这期间，流行最为广泛的当属 TCP/IP 模型（如图 2-9 所示），它同样采用了分层结构，层与层相对独立，协议层之间也具备非常密切的协作关系。

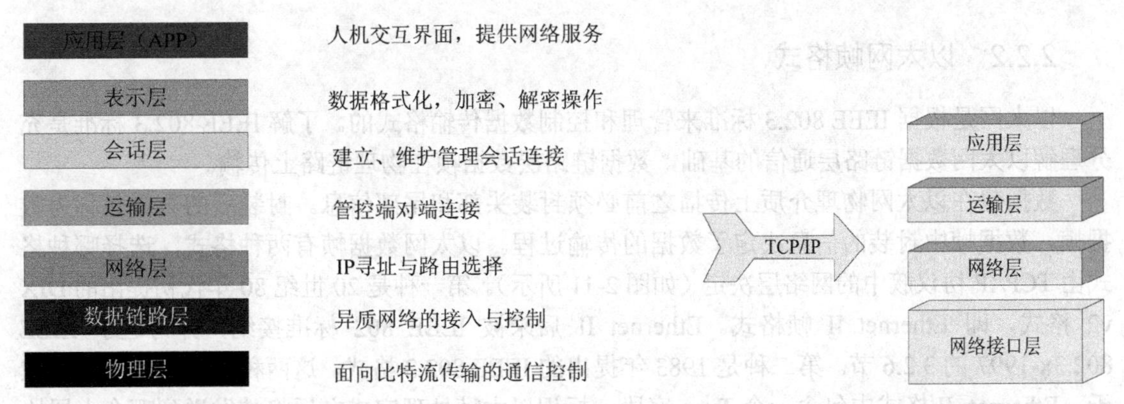

图 2-8　OSI 参考模型　　　　图 2-9　TCP/IP 分层模型

TCP/IP 模型将网络分为 4 层。TCP/IP 模型不关注底层物理介质的类型，注重的是终端之间的逻辑数据流转发。TCP/IP 模型的核心是网络层和运输层：网络层解决数据报文在网络之间的逻辑转发问题，运输层则能保证源端到目的端之间的可靠传输。位于最上层的应用层通过各种协议向终端用户提供丰富的业务应用。

应用数据需要经过 TCP/IP 每一层处理之后才能通过网络传输到目的端，每一层上都使用该层的协议数据单元 PDU（Protocol Data Unit）彼此交换信息。不同层的 PDU 中包含有不同的信息，因此 PDU 在不同层被赋予了不同的名称：如上层数据在运输层添加 TCP 报头后得到的 PDU 被称为数据段（Segment）；数据段被传递给网络层，网络层添加 IP 报头得到的 PDU 被称为数据包（Packet）；数据包被传递到网络接口层，封装上该层报头后得到的 PDU 被称为数据帧（Frame）；最后，帧被转换为比特，通过网络介质传输。这种协议栈逐层向下传递数据，并添加报头和报尾的过程称为封装，而自下而上逐步去除报头和报尾的过程称为解封装，如图 2-10 所示。

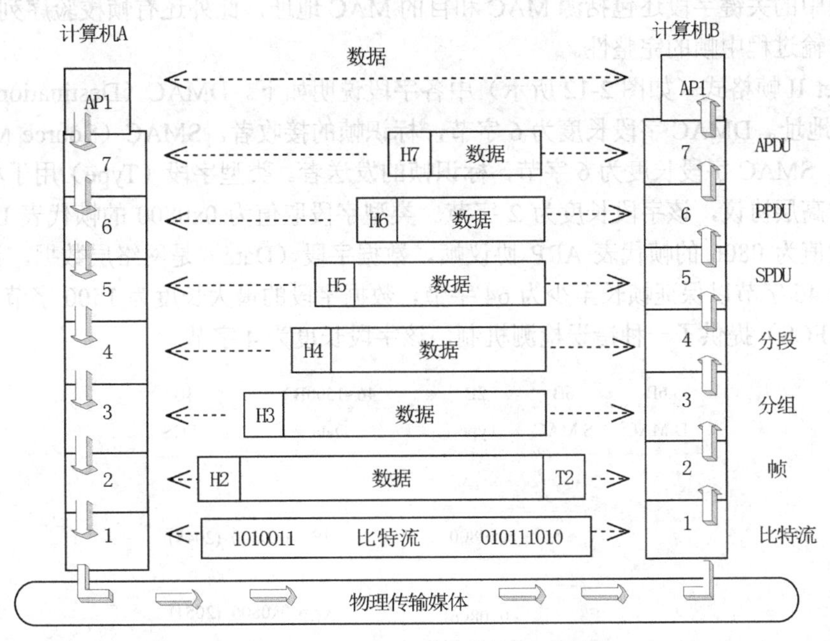

图 2-10　数据传输过程中的封装与解封装

2.2.2 以太网帧格式

以太网是根据 IEEE 802.3 标准来管理和控制数据传输格式的。了解 IEEE 802.3 标准是充分理解以太网数据链路层通信的基础，数据链路层数据帧在物理链路上传输。

数据包在以太网物理介质上传播之前必须封装头部和尾部信息。封装后的数据包称为数据帧，数据帧中封装的信息决定了数据的传输过程。以太网数据帧有两种格式，选择哪种格式由 TCP/IP 协议簇中的网络层决定（如图 2-11 所示）。第一种是 20 世纪 80 年代初提出的 DIX v2 格式，即 Ethernet II 帧格式。Ethernet II 后来被 IEEE 802 标准接纳，并写进了 IEEE 802.3x-1997 的 3.2.6 节。第二种是 1983 年提出的 IEEE 802.3 格式。这两种格式的主要区别在于，Ethernet II 格式中包含一个 Type 字段，标识以太帧处理完成之后将被发送到哪个上层协议进行处理。IEEE 802.3 格式中，同一位置标注的是字段长度。

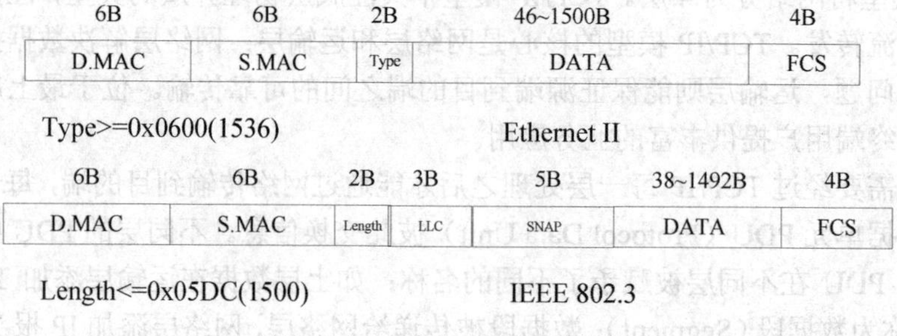

6B
6B
2B
46~1500B
4B
D.MAC
S.MAC
Type
DATA
FCS
Type>=0x0600(1536)
Ethernet II
6B
6B
2B
3B
5B
38~1492B
4B
D.MAC
S.MAC
Length
LLC
SNAP
DATA
FCS
Length<=0x05DC(1500)
IEEE 802.3

图 2-11 两种格式以太网数据帧

不同的 Type 字段值可以用来区别这两种帧的类型，当 Type 字段值小于等于 1500（即十六进制的 0x05DC）时，帧使用的是 IEEE 802.3 格式。当 Type 字段值大于等于 1536（十六进制的 0x0600）时，帧使用的是 Ethernet II 格式。以太网中大多数的数据帧使用的是 Ethernet II 格式。

以太帧中的关键字段还包括源 MAC 和目的 MAC 地址，此外还有帧校验序列字段 FCS，用于检验传输过程中帧的完整性。

Ethernet II 帧格式（如图 2-12 所示）中各字段说明如下。DMAC（Destination MAC）是目的 MAC 地址。DMAC 字段长度为 6 字节，标识帧的接收者。SMAC（Source MAC）是源 MAC 地址。SMAC 字段长度为 6 字节，标识帧的发送者。类型字段（Type）用于标识数据字段中包含的高层协议，该字段长度为 2 字节。类型字段取值为 0x0800 的帧代表 IP 协议帧；类型字段取值为 0806 的帧代表 ARP 协议帧。数据字段（Data）是网络层数据，该段的最小长度必须为 46 字节以保证帧长至少为 64 字节，数据字段的最大长度为 1500 字节。循环冗余校验字段（FCS）提供了一种错误检测机制，该字段长度为 4 字节。

6B
6B
2B
46~1500B
4B
D.MAC
S.MAC
Type
Data
FCS
0x0800
IP 0x0800 (2048)
0x0806
ARP 0x0806 (2054)

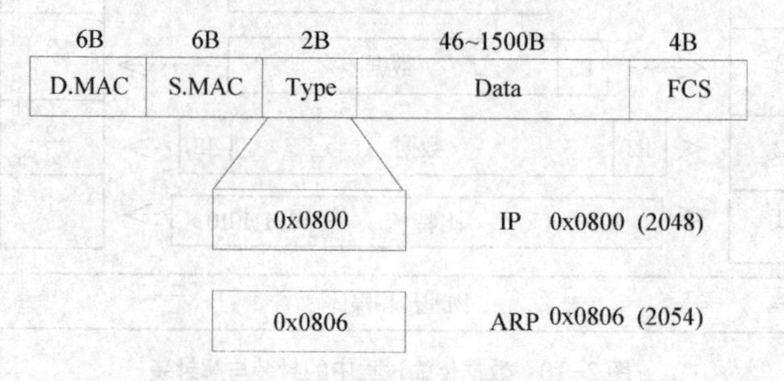

图 2-12 Ethernet II 帧格式

IEEE 802.3 帧帧格式（如图 2-13 所示）中长度字段值小于等于 1500 (0x05DC)。

IEEE 802.3 帧格式类似于 Ethernet II 帧，只是 Ethernet II 帧的 Type 域被 802.3 帧的 Length 域取代，并且占用了 Data 字段的 8 字节作为 LLC 和 SNAP 字段。Length 字段定义了 Data 字段包含的字节数。

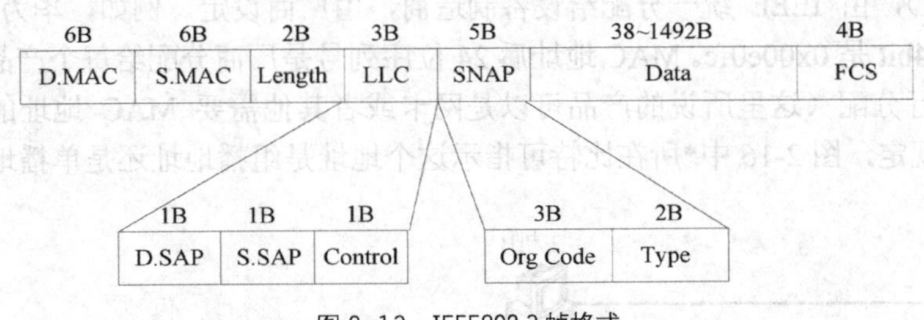

图 2-13 IEEE802.3 帧格式

逻辑链路控制 LLC（Logical Link Control）由目的服务访问点 DSAP（Destination Service Access Point）、源服务访问点 SSAP（Source Service Access Point）和 Control 字段组成。SAP 提供了多个高层协议进程共同使用一个 LLC 层实体进行通信的机制。在一个网络节点上，一个 LLC 层实体可能同时为多个高层协议提供服务。为此，LLC 协议定义了一种逻辑地址 SAP 及其编码机制，允许多个高层协议进程使用不同的SAP地址来共享一个LLC层实体进行通信，而不会发生冲突。SAP 机制还允许高层协议进程同时使用多个 SAP 进行通信，但在某一时刻一个 SAP 只能由一个高层协议进程使用，一次通信结束并释放了 SAP 后，才能被其他高层协议进程使用。逻辑链路控制 LLC 的协议地位如图 2-14 所示。

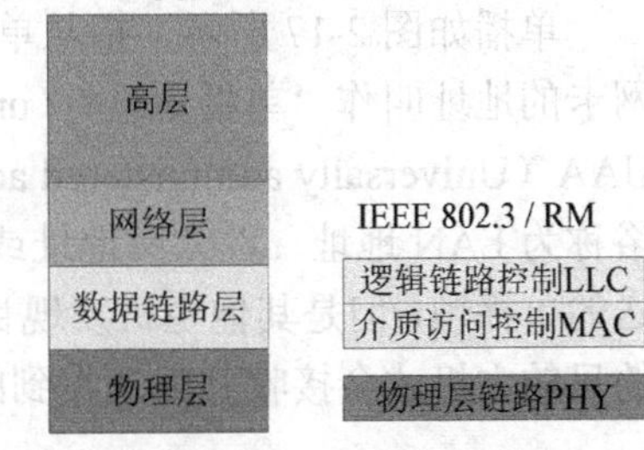

图 2-14 逻辑链路控制 LLC 的协议地位

SSAP 和 DSAP 地址字段分别定义了源 LLC SAP 地址和目的 LLC SAP 地址，其中 DSAP 的最高位为地址类型标志（I/G）位，I/G=0 表示 DSAP 地址是一个单地址，LLC 帧由 DSAP 标识的唯一目的 LLC SAP 接收；I/G=1 表示 DSAP 地址是一个组地址，LLC 帧由 DSAP 标识的一组目的 LLC SAP 接收。SSAP 的最高位为命令/响应标志（C/R）位，C/R=0 表示 LLC 帧是命令帧；C/R=1 表示 LLC 帧是响应帧。

SNAP（Sub-network Access Protocol）由机构代码（Org Code）和类型（Type）字段组成。Org code 3 个字节都为 0。Type 字段的含义与 Ethernet_II 帧中的 Type 字段相同。IEEE 802.3 帧根据 DSAP 和 SSAP 字段的取值又可分为以下几类。

① 当 DSAP 和 SSAP 都取特定值 0xFF 时，802.3 帧就变成了 Netware- ETHERNET 帧，用来承载 NetWare 类型的数据。

② 当 DSAP 和 SSAP 都取特定值 0xAA 时，802.3 帧就变成了 ETHERNET_SNAP 帧。ETHERNET_SNAP 帧可以用于传输多种协议。

③ DSAP 和 SSAP 其他的取值均为纯 IEEE 802.3 帧。

数据链路层基于 MAC 地址进行帧的传输如图 2-15 所示。以太网在二层链路上通过 MAC 地址来唯一标识网络设备，并且实现局域网上网络设备之间的通信。MAC 地址也叫物理地址，大多数网卡厂商把 MAC 地址固化在网卡的 ROM 中。发送端使用接收端的 MAC 地址作为目的地址，以太帧封装完成后通过物理层转换成比特流在物理介质上传送。

如同每一个人都有一个名字一样，每一台网络设备都用物理地址来标识自己或自己的某一个接口，这个地址就是 MAC 地址。网络设备的 MAC 地址是全球唯一的，MAC 地址长度为 48bit，通常用十六进制表示。

如图 2-16 所示，MAC 地址包含两部分：前 24bit 是组织唯一标识符（Organizationally Unique Identifier，OUI），由 IEEE 统一分配给设备制造商，由厂商设定。例如，华为的网络产品的 MAC 地址前 24bit 是 0x00e0fc。MAC 地址后 24 位序列号是厂商分配给每个产品的唯一数值，由各个厂商自行分配（这里所说的产品可以是网卡或者其他需要 MAC 地址的设备）。依据 IEEE 802.3 的规定，图 2-16 中*所在比特可指示这个地址是组播地址还是单播地址。

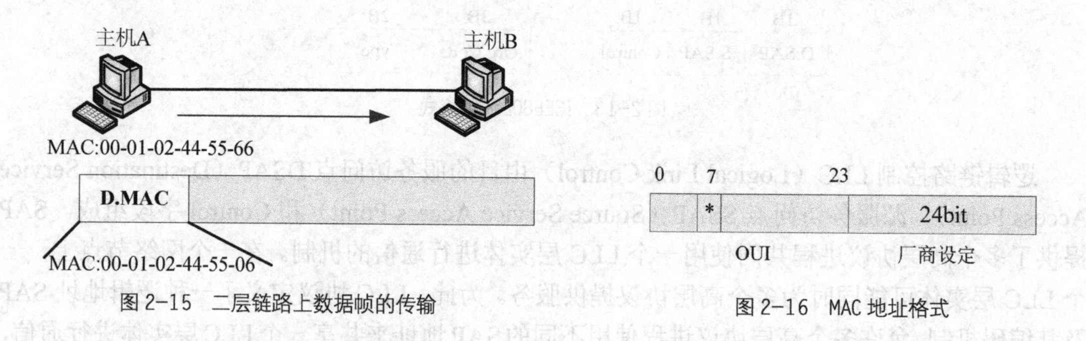

图 2-15　二层链路上数据帧的传输　　图 2-16　MAC 地址格式

2.2.3　单播、广播、组播

局域网上的数据帧可以通过 3 种方式发送：单播、广播与组播。

单播如图 2-17 所示，指从单一的源端发送到单一的目的端的通信过程。用于标识某一块网卡的地址叫作“单播地址”（unicast），该地址又叫作固化地址 BIA（Burned-in Address）、UAA（Universally administered address），无论使用 BIA 还是其他名称，很多人都将单播地址俗称为 LAN 地址、以太网地址或 MAC 地址。在同一冲突域中，所有主机都能收到源主机发送的单播帧，但是其他主机发现目的地址与本地 MAC 地址不一致而丢弃收到的帧，只有真正的目的主机才会接收并处理收到的帧。

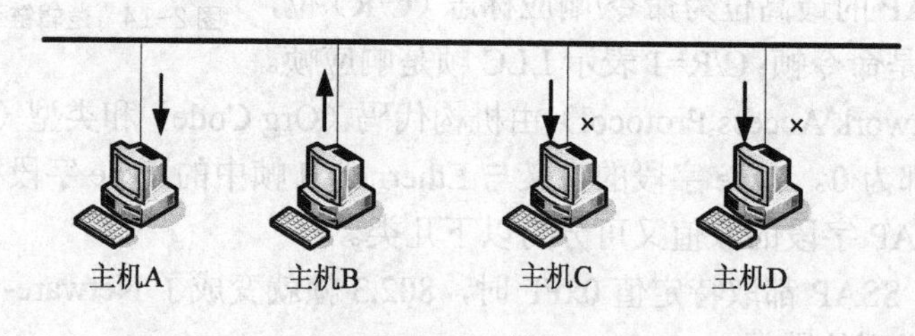

图 2-17　单播

第二种发送方式是广播，表示帧从单一的源发送到共享以太网上的所有主机，如图 2-18 所示。广播帧的目的 MAC 地址为十六进制的 FF:FF:FF:FF:FF:FF，所有收到该广播帧的主机都要接收并处理这个帧。

广播方式会产生大量数据流，导致带宽利用率降低，进而影响整个网络的性能。

第三种发送方式为组播，组播比广播更加高效，如图 2-19 所示。组播可以理解为选择性的广播，主机监听特定组播地址，接收并处理目的 MAC 地址为该组播 MAC 地址的帧。当需要让网络上的一组主机（而非全部主机）接收同一信息帧，并且不影响其他主机的情况下可启用组播方式。

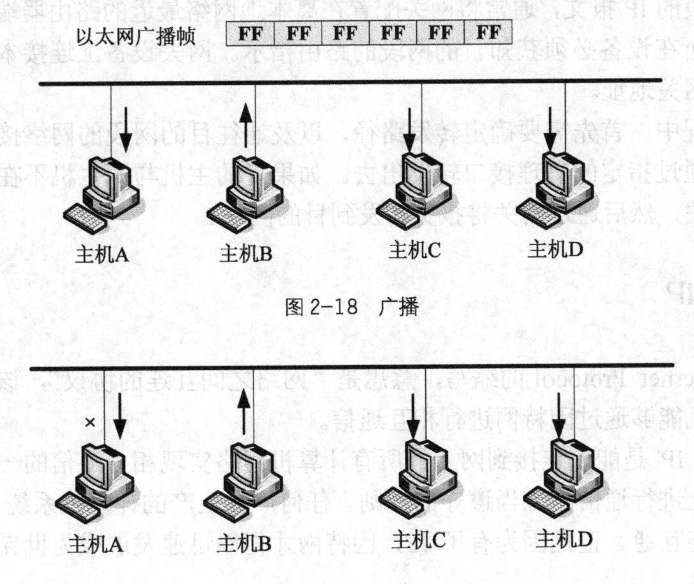

图 2-18　广播

图 2-19　组播

2.2.4　以太网数据帧的发送和接收过程

数据帧从源主机的物理接口发送出后，通过传输介质传输到目的主机接口。如果接收到的数据帧目的 MAC 地址与本机 MAC 地址匹配一致时，接收端口拆解以太网封装并将通过 FCS 校验的消息负荷送往上层，这一过程如图 2-20 所示。

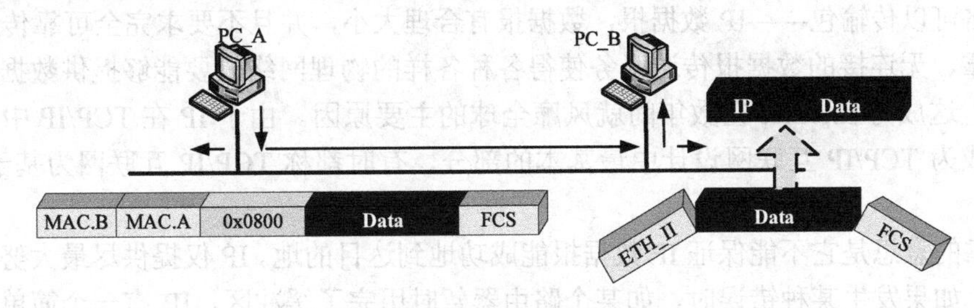

图 2-20　数据帧的接收与处理

在共享网络中，这个帧可能到达多个主机。收到该帧的主机将检查接收帧帧头中的目的 MAC 地址，如果目的 MAC 地址不是本机 MAC 地址，也不是本机侦听的组播或广播 MAC 地址，则主机会丢弃收到的帧。

如果目的 MAC 地址与本机 MAC 地址相同，则接收该帧并检查接收帧中的校验序列（FCS）字段，以确定帧在传输过程中是否产生了差错。如果帧的 FCS 值与本机校验值值不同，主机会认为帧已被破坏，丢弃该帧。如果该帧通过了 FCS 校验，则主机会根据帧头部中的 Type 字段确定将帧发送给上层哪个协议处理。常见 Type 字段的值为 0x0800，表明该帧需要发送到 IP 协议上处理。在发送给 IP 协议层之前，数据帧的头部和尾部都会被剥离。

在网络层，IP 报文以特定的方式从源端经网络设备的层层转发，最终到达目的主机。为了能更清楚地了解 IP 传输机理，需要对网关进行一定的了解。

网关是指接收并处理本地网段主机发送的报文并转发到目的网段的关口设备。网关用于转发来自不同网段的 IP 报文，通常将网关配置在离本地网络最近的路由器端口上。为实现 IP 转发功能，网关所在设备必须获知目的网段的路由指示。网关设备上连接本地网段的接口地址即为该网段的网关地址。

报文转发过程中，首先需要确定转发路径，以及通往目的网段的网络接口，然后将报文封装在以太帧中通过指定的物理接口转发出去。如果目的主机与源主机不在同一网段，报文需要先转发到网关，然后通过网关将报文转发到目的网段。

2.3 网际协议 IP

IP 是英文 Internet Protocol 的缩写，意思是“网络之间互连的协议”，该协议的设计初衷是为了使得计算机能够通过因特网进行相互通信。

在因特网中，IP 是能使连接到网上的所有计算机网络实现相互通信的一套规则，规定了计算机在因特网上进行通信时应当遵守的规则。任何厂家生产的计算机系统，只要遵守 IP 就可以与因特网互连互通。正是因为有了 IP，因特网才得以迅速发展成为世界上最大的、开放的计算机通信网络。

网络层位于数据链路层与运输层之间。网络层提供了 IP 路由功能，网络层的数据封装成 IP 报文，网络层中包含了许多协议，目前应用最为广泛也是最为重要的协议就是 IP。IP 规范了通信设备的编址机制与 IP 报文的被路由实现过程，理解 IP 必须先理解 IP 报文结构、IP 编址及基于 IP 地址的网络设计。

IP 是 TCP/IP 族中最为核心的协议。所有的 TCP、UDP、ICMP 及 IGMP 数据都以 IP 数据报格式传输。IP 的最大成功之处在于它的灵活性，它只要求物理网络提供最基本的功能，即物理网络可以传输包——IP 数据报，数据报有合理大小，并且不要求完全可靠传递。IP 提供的不可靠、无连接的数据报传送服务使得各种各样的物理网络只要能够提供数据报传输就能够互联，这成为 Internet 在数年间就风靡全球的主要原因。由于 IP 在 TCP/IP 中是如此的重要，它成为 TCP/IP 互联网设计中最基本的部分，有时都称 TCP/IP 互联网为基于 IP 技术的网络。

不可靠的意思是它不能保证 IP 数据报能成功地到达目的地。IP 仅提供尽最大努力投递的传输服务。如果发生某种错误时，如某个路由器暂时用完了缓冲区，IP 有一个简单的错误处理算法：丢弃该数据报，然后发送 ICMP 消息报给发送端。任何要求的可靠性必须由上层来提供（如 TCP）。

无连接的意思是 IP 并不维护任何关于后续数据报的状态信息。每个数据报的处理是相互独立的。这也说明，IP 数据报可以不按发送顺序接收。如果发送端向相同的接收端发送两个连续的数据报（先是 A，然后是 B），每个数据报都是独立进行路由选择，可能选择不同的路线，因此 B 可能在 A 到达之前先到达。

IP 提供了 3 个重要的定义。

（1）IP 定义了在整个 TCP/IP 互联网上数据传输所用的基本单元，因此它规定了互联网上传输数据的确切格式。

（2）IP 软件完成路由选择的功能，选择一个数据发送的路径。

（3）除了数据格式和路由选择的精确而正式的定义外，IP 还包括了一组嵌入了不可靠分组投递思想的规则，这些规则指明了主机和路由器应该如何处理分组和实际如何发出错误信息，以及在什么情况下可以放弃分组。

下面将介绍 IP 报文结构及 IP 地址和子网划分，将着重从 IP 定义的这几个主要字段来分析 IP。

2.3.1 IP 报文结构

IP 报文是网络层数据传输的单位，若传输过程需要跨越多个不同的网段，IP 报文需要被封装在不同的数据帧内，以便能顺利穿越各个网段，封装过程如图 2-21 所示。在解除帧的头部和尾部封装之前，网络设备需要根据帧头中 Type 字段确定下一步将帧发送到哪个上层协议进行处理。图中以太网帧中的 Type 字段值为 0x0800，表示该帧的数据报文需要交给网络层的 IP 来处理。

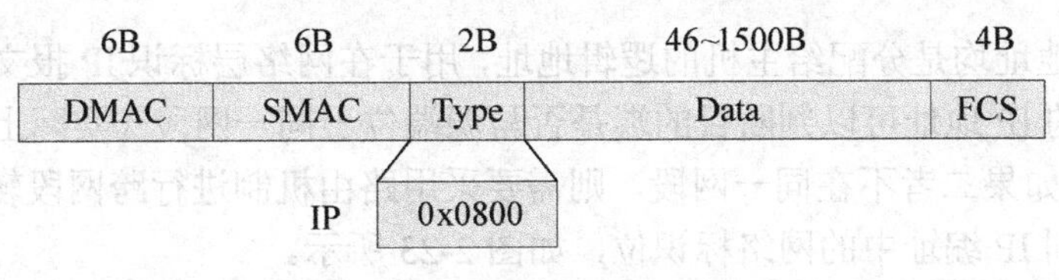

图 2-21 以太帧中的 Type 字段

在帧的头部和尾部被剥掉后，IP 将解读数据中的 IP 报文头部信息（如图 2-22 所示）。

20~60B

IP	Data

Version	Header Length	DS Field	Total Length	
Identification			Flags	Fragment Offset
Time to Live		Protocol	Header Checksum	
Source IP Address				
Destination IP Address				
IP Options				

图 2-22 IP 报文头部格式

IP 报文头部信息的主要功能是用于指导网络设备对 IP 报文进行路由和分片及重新组装的操作。同一个网段内的数据转发通过链路层即可实现，而跨网段的数据转发需要使用网络设备的路由功能，这是 IP 报文头部信息的最重要功能。另外，由于数据链路层对 Data 字段的长度进行了限定，过长的 IP 数据报文需要分片才能进行二层封装，分片指示是接收端重新组装 IP 报文的依据。

IP 报文头部长度为 20～60 字节，报文头中的信息将指示网络设备如何将报文从源设备发送到目的设备。其中，版本字段表示当前支持的 IP 版本，当前的版本号为 4，接下来的版本是 6，早期 DS 字段用来表示业务类型，现在则用于支持 QoS 中的差别服务模型，用它可实现网络流量优化。

IP 地址是被用来给 Internet 上的主机进行编号的一组二进制序列。每台联网的 PC 上都需要有 IP 地址，才能正常通信。如果我们把“个人计算机”比作“一台电话”，那么“IP 地址”就相当于“电话号码”，而网络中的路由器就相当于电信局的“程控式交换机”。

IP 地址是一个 32 位的二进制数，通常被分割为 4 个“8 位二进制数”（也就是 4 字节），每个字节都可以表示 0～255，共 256 个十进制数值。因此，理论上 IPv4 可以有 4294967296 个 IP 地址，但实际上只有其中一部分地址可以分配给网络设备使用。

为了更便捷地表示 IP 地址，需要进一步熟悉二进制和十进制转换。IP 地址通常用“点分十进制”表示成（a.b.c.d）的形式，其中，a、b、c、d 都是 0～255 的十进制整数。例：点分十进制 IP 地址（192.168.0.1），实际上是 32 位二进制数（11000000.10101000.00000000.00000001）。

源、目的 IP 地址均是分配给主机的逻辑地址，用于在网络层标识 IP 报文的发送方和接收方。根据源及目的 IP 地址可以判断目的端是否与源端位于同一网段（实际上是检查彼此的网络位是否一致）。如果二者不在同一网段，则需要采用路由机制进行跨网段转发。因此，网络设备需要自动识别 IP 编址中的网络标识位，如图 2-23 所示。

为了更好地控制网络中的 IP 报文的传送方式，每个网段上都有两个特殊地址不能分配给主机或网络设备。第一个是该网段的网络地址，该 IP 地址的主机位为全 0，用于表示某一个网段。第二个地址是该网段中的广播地址（如图 2-24 所示），广播地址的主机位应全为 1。目的地址为广播地址的报文会被该网段中的所有网络设备接收。除网络地址和广播地址以外的其他 IP 地址都可以作为该网段中的网络设备 IP 地址。

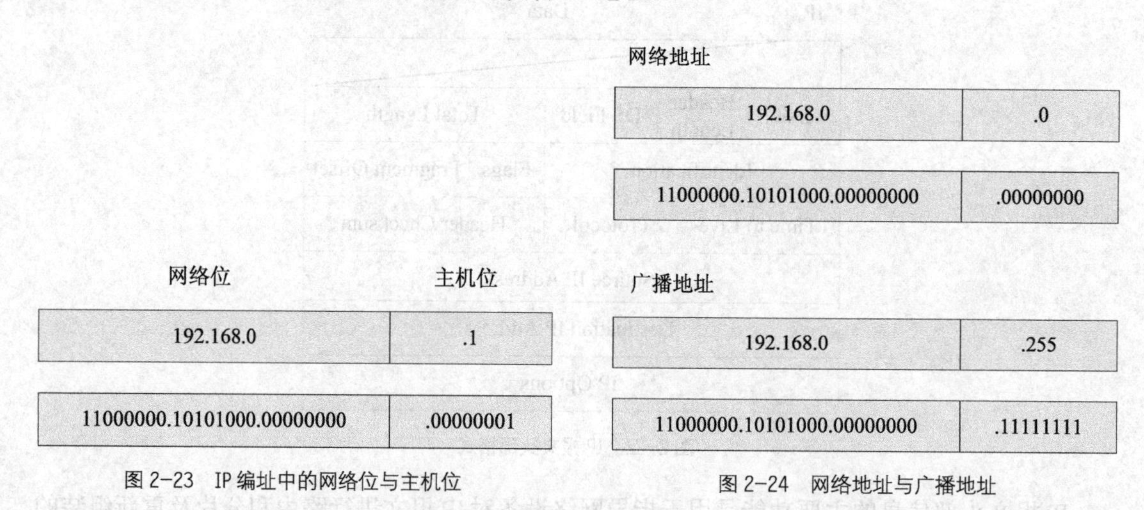

图 2-23　IP 编址中的网络位与主机位　　图 2-24　网络地址与广播地址

2.3.2　IP 报文的分片与生成时间

网络中转发的 IP 报文的长度可以不同，但如果报文长度超过了数据链路所支持的最大长度，则报文需要分割成若干个较小的片段才能够在链路上传输。在理想情况下，整个数据报被封装在一个物理帧中，使物理网络上的传送非常有效。但是，我们知道，每一种分组交换技术都对一个物理帧可传送的数据量规定了一个固定的上界。例如，以太网允许最大帧长 1518 字节，而 X.25 允许的最大包长为 1024 字节。我们把这些限制称为网络最大传送单元或 MTU（Maximum Transfer Unit）。MTU 可能很小：有的硬件技术限制为 128 字节或更少。当数据报通过一个可以运载长度更大的帧的网络时，把数据报大小限制到互联网上最小 MTU 是不经济的；相反，如果数据报的大小比互联网中最小的网络 MTU 大，则数据报无法封装在一个帧中。

互联网设计的主旨是隐藏底层网络技术和方便用户通信。TCP/IP 软件提供一种机制，它能在 MTU 小的网络上，把大的数据报分成较小的单位。这种较小的单位叫作数据报片或段（fragment），划分数据报的过程叫作分片或分段。

分片通常发生在路由器上，这些路由器分布在从数据报的源网点到目的网点之间路径上。路由器经常需要从一个具有大 MTU 的网络上接收数据报且必须在一个 MTU 小于数据报大小的网络上传送它，这就需要分片。图 2-25 表示了这样的一个需要分片的案例：网络 1 和 3 的 MTU 为 1500，网络 2 的 MTU 为 620，当主机 A 和主机 B 通信时，路由器 R_1 把从 A 发送到 B 上的长数据报分片，路由器 R_2 把从 B 发送到 A 上的长数据报分片。

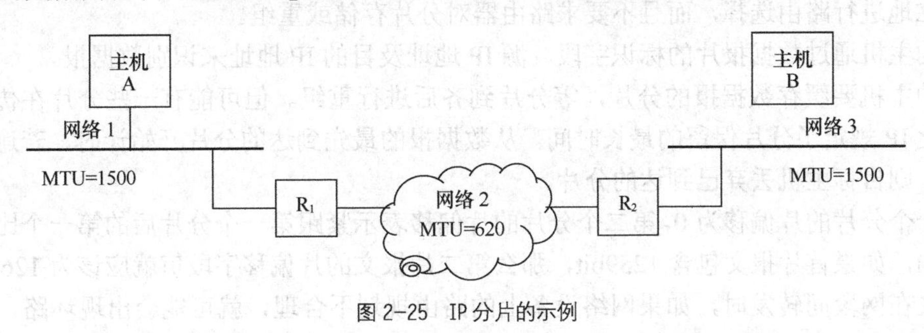

图 2-25　IP 分片的示例

IP 协议不限制数据报最小应为多小，但也不保证不分片的长数据报的可靠投递。源网点可以任意选择合适的数据报大小；分片和重组自动进行，源网点不必采取任何措施。IP 规范对路由器提出以下要求：路由器必须接受所连网络中最大 MTU 大小的数据报；同时，它必须随时能够处理至少 576 字节的数据报（同样要求主机也随时能够接受或重组至少 576 字节的数据报）。

如图 2-26 所示，数据报头中的标识符（Identification）、标志（Flags）以片偏移（Fragment Offset）3 个字段用作控制分片和重组。路由器在对数据报分片时，把报头中的大部分字段都拷贝到每个分片的报头中，其主要目的是让目的主机知道每个到达的数据报片属于哪个数据报。接收端根据分片报文中的上述 3 个字段对分片报文进行重组。标识符用于识别属于同一个 IP 报文的分片，以区别于同一主机或其他主机发送的其他数据包分片，这样就能充分保证分片可以被正确的重新组合。标志字段用于判断是否已经收到最后一个分片。最后一个分片的标志字段设置为 0，其他分片的标志字段设置为 1，目的端在收到标志字段为 0 的分片后，开始重组报文。片偏移字段表示每个分片在原始报文中的起始位置。

在图 2-27 中，单片 IP 数据报的 flags=0。经过路由器后该单片报文被分成 3 个报片后，只有最后一个报片的 flags=0，其余报片的 flags=1。分片位移指明该报片在原数据报中的位置。分片影响的报头字段包括 flags 位、分片位移、报头长、总长度及报头校验和。各分片报头的这些字段要重新计算，其他字段只要从原报头拷贝即可。分片后的数据报在转发过程中还可能经过某个物理网络，其允许的包长更短，这时还要再分片。对 flags=1 的数据报禁止分片，若途经的下一个网络要求分片，路由器只能将此数据报丢弃。

Version	Header Length	DS Field	Total Length	
Identification			Flags	Fragment Offset
Time to Live	Protocol		Header Checksum	
Source IP Address				
Destination IP Address				
IP Options				

图 2-26 IP 报文分片指示

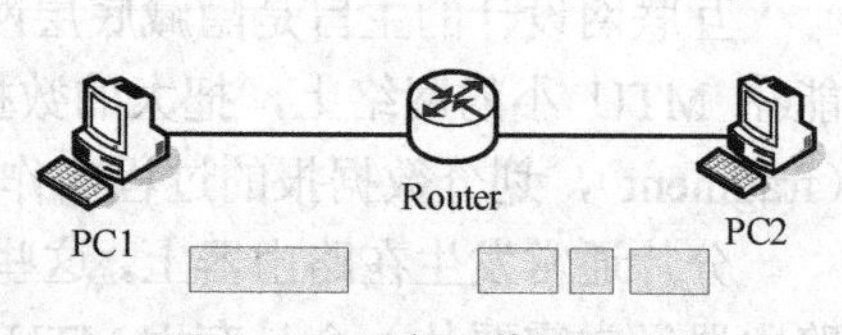

图 2-27 IP 报文的分片处理

数据报的重组有两种方法：一是在通过一个网络后就将分片的数据报重组；二是在到达目的主机后重组。在 TCP/IP 实现机制中，采用的是后一种方法。这种方法允许对每一个数据报片独立地进行路由选择，而且不要求路由器对分片存储或重组。

目的主机通过数据报片的标识字段、源 IP 地址及目的 IP 地址来识别数据报。

目的主机要缓存数据报的分片，等分片到齐后进行重组。但可能有一些分片在传输中丢失，为此 IP 规定了分片保留的最长时间。从数据报的最先到达的分片开始计时，若逾期分片未到齐，则目标主机丢弃已到达的分片。

第一个分片的片偏移为 0，第二个分片的片偏移表示紧跟第一个分片后的第一个比特的位置。比如，如果首片报文包含 1259bit，那么第二片报文的片偏移字段值就应该为 1260。

报文在网段间转发时，如果网络设备上的路由规划不合理，就可能会出现环路，导致报文在网络中无限循环，此类报文将无法到达目的端。环路发生后，所有发往这一目的网络的报文都会被循环转发，随着这种报文逐渐增多，网络将出现拥塞。为避免报文循环转发导致的网络拥塞，在 IP 报文头中设计了一个生存时间（Time To Live，TTL）字段，如图 2-28 所示。

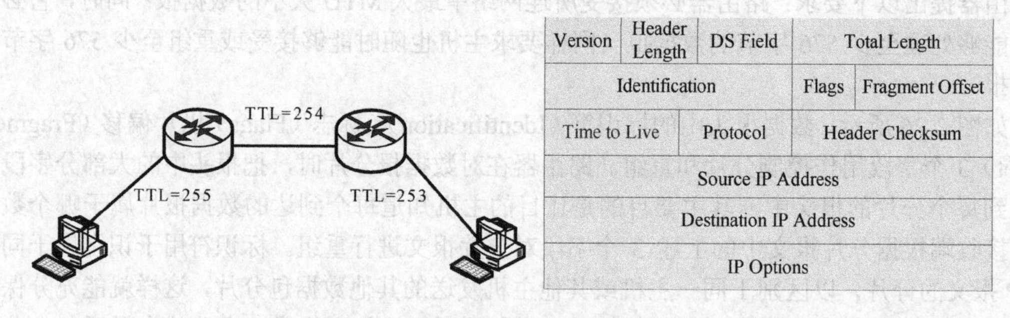

图 2-28 IP 报文的生存时间指示

报文每经过一台网络层设备，TTL 值减 1。初始 TTL 值取决于不同的设备类型。当报文中的 TTL 降为 0 时，报文会被丢弃。同时，丢弃报文的设备会根据报文头中的源 IP 地址向源端发送 ICMP 错误消息。

目的端网络层接收报文以后，需要明确下一步对报文该做如何处理。通过检查 IP 报文头中的协议（Protocol）字段，可以确定将按何种协议来继续处理报文。

与以太帧头中的 Type 字段类似，协议字段也是一个十六进制数。该字段可以标识网络层协议，如ICMP（Internet Control Message Protocol，因特网控制报文协议），可以标识上层协议，如TCP（Transmission Control Protocol，传输控制协议，对应值0x06）、UDP（User Datagram Protocol，用户数据报协议，对应值0x11）。

2.3.3　IP地址分类

IP地址数目众多，为了能更合理地管理网络，IPv4地址被划分为A、B、C、D、E共5类，每类地址的网络号包含不同的字节数。其中，A类、B类、C类地址为可分配IP地址，每类地址支持的网络数和主机数不同。比如，A类地址可支持126个网络，每个网络支持约2^{24}（16777216）个主机地址，每个网段中的网络地址和广播地址是不能分配给主机使用的。C类地址支持200多万个网络，每个网络有256个主机地址，其中254个地址可以分配给主机使用。

如图2-29所示，各类IP地址可以通过第一个字节中的比特进行区分。如A类地址第一个字节的最高位固定为0，B类地址第一个字节的高两位固定为10，C类地址第一个字节的高3位固定为110，D类地址第一个字节的高4位固定为1110，E类地址第一个字节的高4位固定为1111。

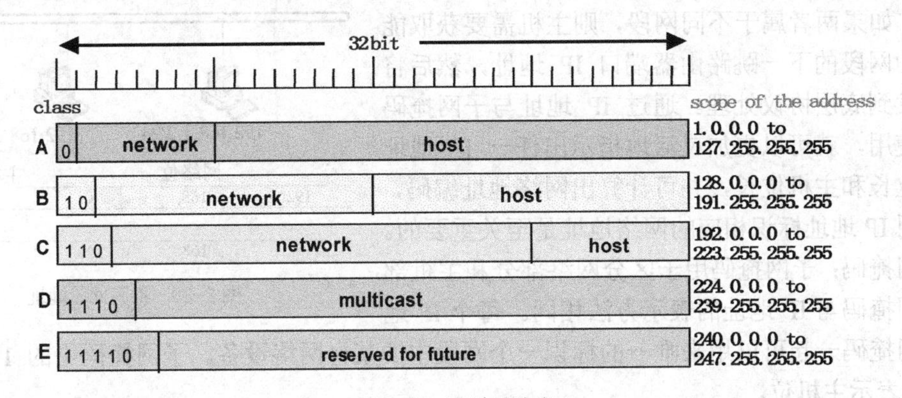

图2-29　IP地址分类

D类地址为组播地址。主机收到以D类地址为目的地址的报文后，如果该主机是该组播组成员，就会接收并处理该报文。

为节省占用IPv4地址，A、B、C类地址段中都预留了特定范围的地址作为私网地址。有了私网地址，世界上所有终端系统和网络设备需要的IP地址总数就超过了32位IPv4地址所能支持的最大地址数（即4294967296）。为主机分配私网地址节省了公网地址，可以缓解IP地址短缺的问题。企业内部网络中普遍使用私网地址，不同企业网络中的私网地址可以重复使用。

私有地址范围如下：

10.0.0.0～10.255.255.255 (10.0.0.0/8)；

172.16.0.0～172.31.255.255 (172.16.0.0/12)；

192.168.0.0～192.168.255.255 (192.168.0.0/16)。

默认情况下，网络中的主机无法直接使用私网地址在公网中通信；一旦有此需要时，私网地址必须通过NAT技术转换成公网地址。

另外，网络中还存在如下一些特殊的地址。

（1）网络地址和广播地址，每个网络中的第一个和最后一个地址都是不能分配给主机使用的，前者为该网络的网络地址，后者则为该网络中的广播地址。

（2）默认路由，IPv4 中的第一个地址 0.0.0.0 表示任何网络，常见于路由表项中，0.0.0.0 可用于表示 IPV4 的默认路由，在没有更具体的路由可使用时，将默认路由作为"无限"路由使用。0.0.0.0 的 IP 地址表示网络中的所有主机。在网络中出现 0.0.0.0 时，我们需要检查该数据包的源主机，检查其是否是由于某些非法攻击产生的数据包。

（3）环回地址，主机据此地址可向自身发送通信数据。环回地址为同一台设备上运行的 TCP/IP 应用程序和服务之间相互通信提供了一条通道。IPv4 环回地址是 127.0.0.1。127.0.0.0 网段中的地址都属于环回地址，可用于诊断网络是否正常。同一台主机上的两项服务若使用环回地址，就可以绕开 TCP/IP 的协议栈下层，这为多数软件的调试提供了极大方便。

2.3.4 网络间通信与 IP 编址

在网络层，源主机必须要知道目的主机的 IP 地址后才能将数据发送到目的地。源主机向其他目的主机发送报文之前，需要检查目的 IP 地址和源 IP 地址是否属于同一个网段（如图 2-30 所示）。如果相同，则报文将被下发到协议低层进行以太网封装处理；如果两者属于不同网段，则主机需要获取能到达目的网段的下一跳路由器端口 IP 地址，然后将报文下发到底层协议处理。通过 IP 地址与子网掩码的配合使用，就可以更加灵活地指示出任一 IP 地址中网络位长和主机位长，并可计算出网络地址编码，这对使用 IP 地址标识相应的网络地址是至关重要的。

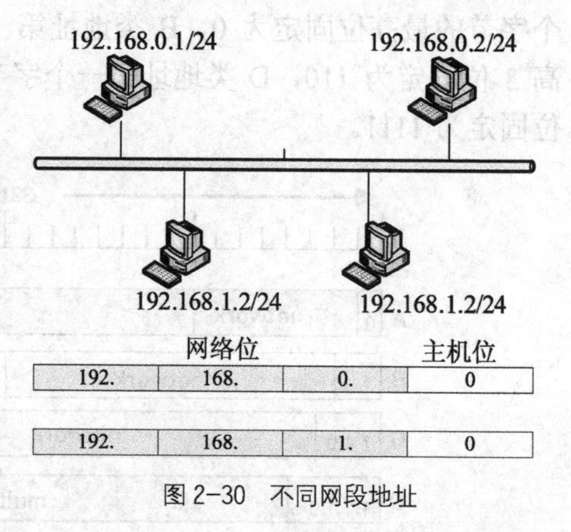

图 2-30 不同网段地址

子网掩码：子网掩码用于区分网络部分和主机部分。子网掩码与 IP 地址的表示方法相同。每个 IP 地址和子网掩码一起可以用来唯一的标识一个网段中的某台网络设备。子网掩码中的 1 表示网络位，0 表示主机位。

网络位			主机位
192.	168.	0.	1
11000000	10101000	00000000	00000001

子网掩码			
255.	255.	255.	0
11111111	11111111	11111111	0

对于传统的分类 IP 地址，有一个默认子网掩码。

A类	255.	0.	0.	0
B类	255.	255.	0.	0
C类	255.	255.	255.	0

A 类地址的默认子网掩码为 8 位，即第一个字节表示网络位，其他 3 个字节表示主机位。B 类地址的默认子网掩码为 16 位，因此 B 类地址支持更多的网络，但是主机数也相应减少。C 类地址的默认子网掩码为 24 位，支持的网络最多，同时也限制了单个网络中主机的数量。

IP 地址规划：依据子网掩码结合 IP 地址可以判断主机所属的网段，网段上的广播地址，以及网段上支持的主机数。

IP地址	192.	168.	10.	3
子网掩码	255.	255.	255.	0
逐位相“与”				
网络地址	192.	168.	10.	0

上述例子中的主机地址为 192.168.10.3，子网掩码为 24 位（C 类 IP 地址的默认掩码），从中我们可以判断该主机位于 192.168.10.0/24 网段。将 IP 地址中的主机位全部置为 1，并转换为十进制数，即可得到该网段的广播地址 192.168.10.255，该网段内的第一个地址（即主机位全为零）是 192.168.10.0，也称为该网络的网络地址。网段中支持的主机数为 2^n，n 为主机位的个数。本例中 n=8，2^8=256，减去本网段的网络地址和广播地址，可知该网段支持 254 个有效主机地址。

根据给出的 IP 地址和子网掩码，计算出该网络中包含的主机地址数量及可用主机地址的数量，这是掌握 IP 网络规划与管理的一项基本技能。

2.3.5 变长子网掩码与无类域间路由

在 Internet 发展前期，主机所使用的 IP 地址均为 A、B、C、D 这种有固定类别的 IP 地址，这种地址存在着一个明显的缺陷：由于实际需求的 IP 地址数量存在较大的变数，以 C 类地址为例，它可为 254 台主机提供 IP 地址，但如果一个单位没有这么多数量的主机，那么直接使用这类 IP 地址会造成 IP 地址的浪费。

如果企业网络中希望通过规划多个网段来隔离物理网络上的主机，使用默认子网掩码就会存在一定的局限性。网络中划分多个网段后，每个网段中的实际主机数量因网络需求而定，极有可能导致大量有类 IP 地址未被使用。如图 2-31 所示的场景下，如果使用默认子网掩码的编址方案，显然这一方案浪费了大量的公网 IP 地址。

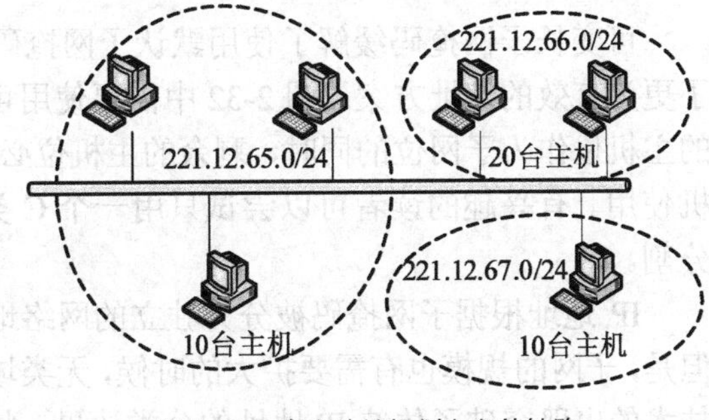

图 2-31 有类地址规划方案的缺陷

随着 Internet 的飞速发展，提高 IP 地址的使用效率有十分重大的现实意义。因此，学者们引入了可变长的子网掩码（Variable Length Subnet Mask，VLSM）。

	网络位			主机位
IP地址	221.	12.	65.	12
	11011101	00001100	01000001	00001100
子网掩码	255.	255.	255.	240
	11111111	11111111	1111111	11110000
	网络位			
网络地址	221.	12.	65.	0

主机数量：16
可用IP地址:16−2=14

采用可变长子网掩码实际上就是改变默认子网掩码的网络位长。通过变长子网掩码，将网络划分为多个子网。本例中的地址为 C 类地址，默认子网掩码为 24 位。现借用 4 个主机位作为网络位，借用的主机位变成子网位，该子网位有 16 取值（从 0000 到 1111），因此可划分 16 个更小的子网，每个子网只有 16 个主机，子网中真实可用的 IP 地址数量只有 14 个，通过变长子网掩码的设定，可实现用户的 IP 地址需求与网络规模的匹配。

变长子网掩码举例：现有一个 C 类网络地址段 192.168.1.0/24，请使用变长子网掩码给如图 2-32 所示的 3 个子网分别分配 IP 地址。

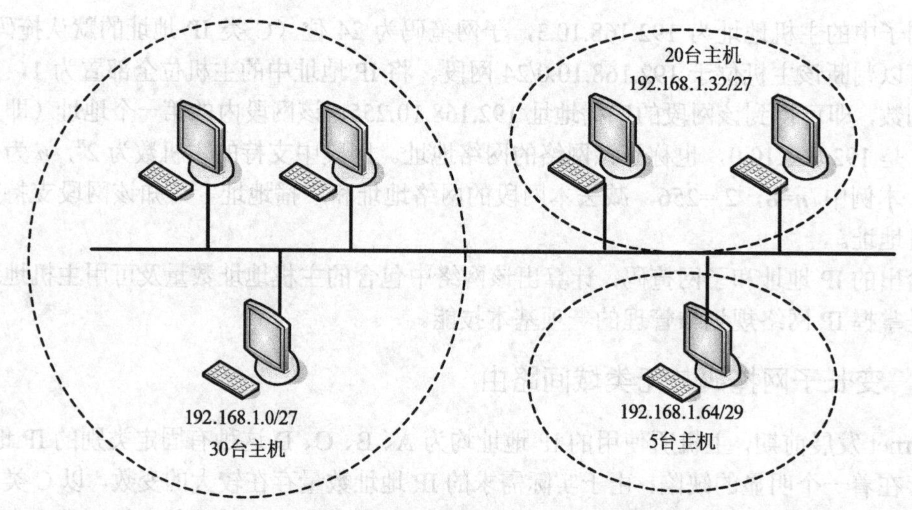

图 2-32　可变长子网掩码编制方案举例

可变长子网掩码缓解了使用默认子网掩码导致的地址浪费问题，同时也为企业网络提供了更为有效的编址方案。图 2-32 中需要使用可变长子网掩码来划分多个子网，借用一定数量的主机位作为子网位的同时，剩余的主机位必须保证有足够的 IP 地址供每个子网上的所有主机使用。有兴趣的读者可以尝试只用一个 C 类地址（如 221.12.65.0/24）为图 2-31 进行子网分割。

IP 地址根据子网掩码被分为独立的网络地址和主机地址，子网分割压缩了网络的规模。但是，子网的规模也有需要扩大的时候，无类域间路由（Classless Inter Domain Routing，CIDR）技术的出现突破了传统 IP 地址的分类边界，将路由表中的若干条路由汇聚为一条路由，减少了路由表的规模，提高了路由器的可扩展性。

如图 2-33 所示，一个企业分配到了一段网络地址，192.168.0.0/22。该企业准备将其分配给 4 个用户群。如果没有实施 CIDR 技术，企业路由器的路由表中会有 4 条下连网段的路由条目，并且会把它通告给其他路由器。通过实施 CIDR 技术，我们可以在企业的路由器上把这 4 条路由 192.168.0.0/24，192.168.1.0/24，192.168.2.0/24，192.168.3.0/24 汇聚成一条路由 192.168.0.0/22。这样，企业路由器只需通告 192.168.0.0/22 这一路由，大大减少了路由表的规模，同时也增强了网络的可扩展性。

像 192.168.0.0/22 这样的地址，也被称作超网地址。超网是与子网类似的概念——IP 地址根据子网掩码被分为独立的网络地址和主机地址。但是，与子网把大网络分成若干小网络相反，在超网地址中，为扩大子网的范围，将一部分原本用于表示网络的比特用于表示主机。超网地址为简化路由列表带来了很大的便捷。超网允许一个路由列表入口表示一个网络集合，就如一个区域代码表示一个区域的电话号码的集合一样。目前盛行的外部网关协议边界网关协议（BGP）及开放式最短路径优先（OSPF）路由协议都支持超网技术。

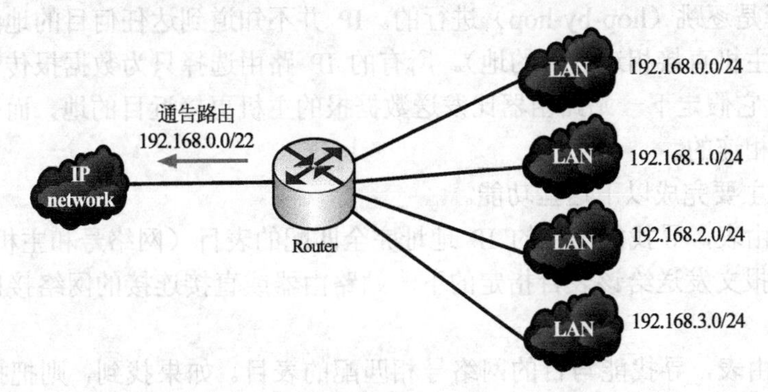

图 2-33 无类域间路由

2.3.6 IP 数据包选路

从概念上说，IP 路由选择是简单的，特别对于主机来说。如果目的主机与源主机直接相连（如点对点链路）或都在一个共享网络上（以太网或令牌环网），那么 IP 数据报就直接送到目的主机上。否则，主机把数据报发往一默认的路由器上，由路由器来转发该数据报。大多数的主机都是采用这种简单机制。

更一般的情况，即 IP 层既可以配置成路由器的功能，也可以配置成主机的功能。当今的大多数多用户系统，包括几乎所有的 Unix 系统，都可以配置成一个路由器。我们可以为它指定主机和路由器都可以使用的简单路由算法。本质上的区别在于主机从不把数据报从一个接口转发到另一个接口，而路由器则要转发数据报。内含路由器功能的主机应该从不转发数据报，除非它被设置成那样。

在一般的体制中，IP 可以从 TCP、UDP、ICMP 和 IGMP 接收数据报（即在本地生成的数据报）并进行发送，或者从一个网络接口接收数据报（待转发的数据报）并进行发送。IP 层在内存中有一个路由表。当收到一份数据报并进行发送时，它都要对该表搜索一次。当数据报来自某个网络接口时，IP 首先检查目的 IP 地址是否为本机的 IP 地址之一或者 IP 广播地址。如果确实是这样，数据报就被送到由 IP 首部协议字段所指定的协议模块进行处理。如果数据报的目的不是这些地址，那么：

（1）如果 IP 层被设置为路由器的功能，那么就对数据报进行转发（也就是说，像下面对待发出的数据报一样处理）；

（2）数据报被丢弃。

路由表中的每一项都包含下面这些信息。

（1）目的 IP 地址。它既可以是一个完整的主机地址，也可以是一个网络地址，由该表目中的标志字段来指定。主机地址有一个非 0 的主机号，以指定某一特定的主机，而网络地址中的主机号为 0，以指定网络中的所有主机（如以太网，令牌环网）。

（2）下一站（或下一跳）路由器（next-hop router）的 IP 地址，或者有直接连接的网络 IP 地址。下一站路由器是指一个在直接相连网络上的路由器，通过它可以转发数据报。下一站路由器不是最终的目的地，但是它可以把传送给它的数据报转发到最终目的地。

（3）标志。其中一个标志指明目的 IP 地址是网络地址还是主机地址，另一个标志指明下一站路由器是否为真正的下一站路由器，还是一个直接相连的接口。

（4）为数据报的传输指定一个网络接口。

IP 路由选择是逐跳（hop-by-hop）进行的。IP 并不知道到达任何目的地的完整路径（当然，除了那些与主机直接相连的目的地）。所有的 IP 路由选择只为数据报传输提供下一站路由器的 IP 地址。它假定下一站路由器比发送数据报的主机更接近目的地，而且下一站路由器与该主机是直接相连的。

IP 路由选择主要完成以下这些功能。

（1）搜索路由表，寻找能与目的 IP 地址完全匹配的表目（网络号和主机号都要匹配）。如果找到，则把报文发送给该表目指定的下一站路由器或直接连接的网络接口（取决于标志字段的值）。

（2）搜索路由表，寻找能与目的网络号相匹配的表目。如果找到，则把报文发送给该表目指定的下一站路由器或直接连接的网络接口（取决于标志字段的值）。目的网络上的所有主机都可以通过这个表目来处置。例如，一个以太网上的所有主机都是通过这种表目进行寻径的。这种搜索网络的匹配方法必须考虑可能的子网掩码。关于这一点我们在下一节中进行讨论。

（3）搜索路由表，寻找标为"默认（default）"的表目。如果找到，则把报文发送给该表目指定的下一站路由器。如果上面这些步骤都没有成功，那么该数据报就不能被传送。如果不能传送的数据报来自本机，那么一般会向生成数据报的应用程序返回一个"主机不可达"或"网络不可达"的错误。

完整主机地址匹配在网络号匹配之前执行。只有当它们都失败后才选择默认路由。默认路由及下一站路由器发送的 ICMP 间接报文（如果我们为数据报选择了错误的默认路由），是 IP 路由选择机制中功能强大的特性。为一个网络指定一个路由器，而不必为每个主机指定一个路由器，这是 IP 路由选择机制的另一个基本特性。这样做可以极大地缩小路由表的规模，如 Internet 上的路由器只有几千个表目，而不会是超过 100 万个表目。

2.4 网络层协议实例

2.4.1 网际控制报文协议 ICMP

一个健壮的网络承载正常的业务流量之外，还必须借助一系列的控制消息来维护网络的正常运行。网际控制报文协议（Internet Control Message Protocol，ICMP）是网络层的一个重要协议。ICMP 用来在网络设备间传递各种差错和控制信息，这对于收集各种网络信息、诊断和排除各种网络故障具有至关重要的作用。ICMP 是一种面向无连接的协议，用于传输出错报告及各种控制信息，它对于网络安全的意义是不言而喻的。我们在网络中经常会使用到 ICMP，如用于检查网络是否通达的 Ping 命令（Linux 和 Windows 中均有），这个"Ping"的过程实际上就是 ICMP 工作的过程，还有其他的网络命令如跟踪路由的 Tracert 命令也是基于 ICMP 的。使用基于 ICMP 的应用时，需要对 ICMP 的工作原理非常熟悉。

ICMP 是 TCP/IP 协议簇的核心协议之一，它用于在 IP 网络设备之间发送控制报文，传递差错、控制、查询等信息。ICMP 报文封装在 IP 数据报中传送，因而不保证可靠的提交。ICMP 报文有 11 种之多，报文格式如图 2-34 所示。

ICMP 数据包格式中 Type 表示 ICMP 消息类型，Code 表示同一消息类型中的不同信息。

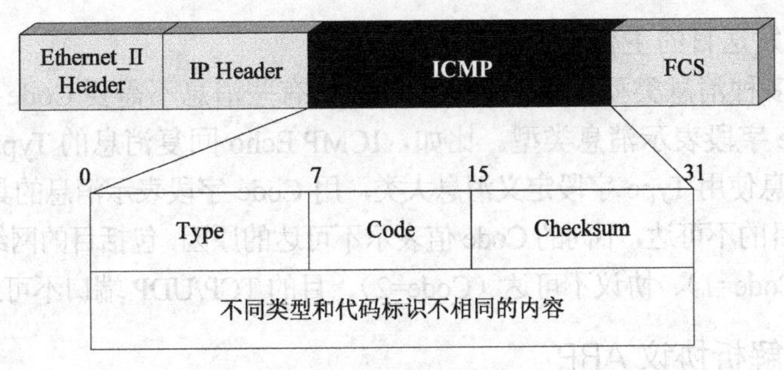

图 2-34 ICMP 数据包格式

ICMP 消息封装在 IP 报文中。ICMP 消息的格式取决于 Type 和 Code 字段，其中 Type 字段为消息类型，Code 字段包含该消息类型的具体参数。后面的校验和字段用于检查消息是否完整。消息中包含 32bit 的可变参数，这个字段一般不使用，通常设置为 0。在 ICMP Redirect 消息中，这个字段用来指示网关 IP 地址，主机根据这个地址将报文重定向到指定网关。在 Echo 请求消息中，这个字段包含标识符和序号，源端根据这两个参数将收到的回复消息与本端发送的 Echo 请求消息进行关联。尤其是当源端向目的端发送了多个 Echo 请求消息时，需要根据标识符和序号将 Echo 请求和回复进行一一对应。

ICMP 提供的诊断报文类型见表 2-1。

表 2-1　　ICMP 诊断报文类型

Type 类型	描述
0	回应应答（Ping 应答，与类型 0 的 Ping 请求一起使用）
3	目的不可达
4	源消亡
5	重定向
8	回应请求（Ping 请求，与类型 0 的 Ping 应答一起使用）
9	路由器公告（与类型 10 一起使用）
10	路由器请求（与类型 9 一起使用）
11	超时
12	参数问题
13	时标请求（与类型 14 一起使用）
14	时标应答（与类型 13 一起使用）
15	信息请求（与类型 16 一起使用）
16	信息应答（与类型 15 一起使用）
17	地址掩码请求（与类型 18 一起使用）
18	地址掩码应答（与类型 17 一起使用）

ICMP 定义了各种错误消息，用于诊断网络连接性问题；根据这些错误消息，源设备可以判断出数据传输失败的原因。比如，如果网络中发生了环路，导致报文在网络中循环，最终 TTL 超时，这种情况下网络设备会发送 TTL 超时消息给发送端设备。又比如当目的不可达，则中间的网络设备会发送目的不可达消息给发送端设备。目的不可达的情况有多种，如果是网络设备无法找到目的网络，则发送目的网络不可达消息；如果网络设备无法找到目的网络

中的目的主机，则发送目的主机不可达消息。

ICMP 定义了多种消息类型，用于不同的场景。有些消息不需要 Code 字段来描述具体类型参数，仅用 Type 字段表示消息类型。比如，ICMP Echo 回复消息的 Type 字段设置为 0。

有些 ICMP 消息使用 Type 字段定义消息大类，用 Code 字段表示消息的具体类型。比如，类型为 3 的消息表示目的不可达，不同的 Code 值表示不可达的原因，包括目的网络不可达（Code=0）、目的主机不可达（Code=1）、协议不可达（Code=2）、目的 TCP/UDP 端口不可达（Code=3）等。

2.4.2 地址解析协议 ARP

地址解析协议（Address Resolution Protocol，ARP）由因特网工程任务组（IETF）在 1982 年 11 月发布的 RFC 826 中描述制定。地址解析协议是 IPv4 中必不可少的协议，而 IPv4 是使用较为广泛的互联网协议版本（IPv6 处在部署的初期）。

网络设备有数据要发送给另一台网络设备时，必须要知道对方的网络层地址（即 IP 地址）。IP 地址由网络层来提供，但是仅有 IP 地址是不够的，IP 数据报文必须封装成帧才能通过数据链路进行发送。数据帧必须要包含目的 MAC 地址，因此发送端还必须获取到目的 MAC 地址。通过目的 IP 地址而获取目的 MAC 地址的过程是由 ARP（Address Resolution Protocol）来实现的。

OSI 模型把网络工作分为 7 层，IP 地址在 OSI 模型的第三层，MAC 地址在第二层，彼此不直接打交道。在通过以太网发送 IP 数据包时，需要先封装第三层（32 位 IP 地址）、第二层（48 位 MAC 地址）的报头，但由于发送时只知道目标 IP 地址，不知道其 MAC 地址，又不能跨第二、第三层，所以需要使用地址解析协议。使用地址解析协议，可根据网络层 IP 数据包包头中的 IP 地址信息解析出目标硬件地址（MAC 地址）信息，以保证通信的顺利进行。

一台网络设备要发送数据给另一台网络设备时，必须要知道对方的 IP 地址（如图 2-35 所示），这是 IP 协议层要完成的工作。但是，仅有 IP 地址是不够的，因为 IP 数据报文还需封装成帧才能通过数据链路进行发送，而数据帧必须要包含目的 MAC 地址，因此发送端还必须获取到目的 MAC 地址。每一个网络设备在数据封装前都需要获取下一跳的 MAC 地址。IP 地址由网络层来提供，MAC 地址通过 ARP 来获取。ARP 是 TCP/IP 协议簇中的重要组成部分，ARP 能够通过目的 IP 地址发现目标设备的 MAC 地址，从而实现数据链路层的可达性。

主机 A 发送一个数据包给主机 C 之前，首先要获取主机 C 的 MAC 地址（如图 2-36 所示），否则数据帧就不能在数据链路层完成正确的传递。

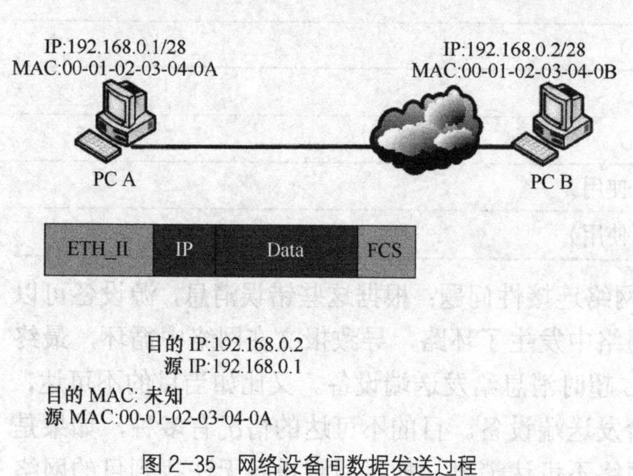

图 2-35 网络设备间数据发送过程

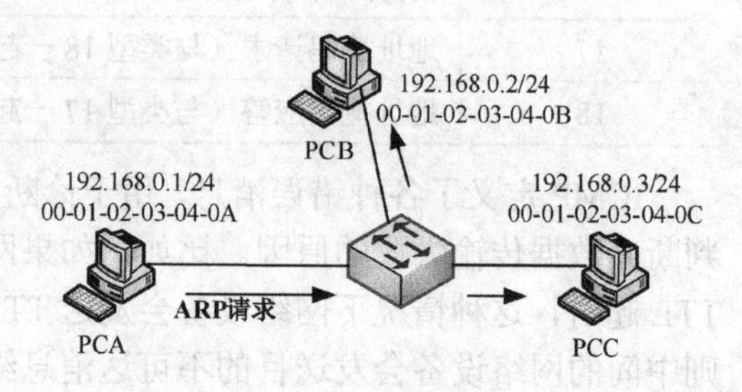

图 2-36 ARP 请求

通过 ARP，网络设备可以建立目的 IP 地址和 MAC 地址之间的映射。网络设备通过网络层获取到目的 IP 地址之后，还要判断目的 MAC 地址是否已知。

网络设备一般都有一个 ARP 缓存（ARP Cache），ARP 缓存用来存放 IP 地址和 MAC 地址的关联信息。在发送数据前，设备会先查找 ARP 缓存表。如果缓存表中存在对方设备的 MAC 地址，则直接采用该 MAC 地址来封装帧，然后将帧发送出去。如果缓存表中不存在相应信息，则通过发送 ARP Request 报文来获得它。学习到的 IP 地址和 MAC 地址的映射关系会被放入 ARP 缓存表中存放一段时间。在有效期内，设备可以直接从这个表中查找目的 MAC 地址来进行数据封装，而无需进行 ARP 查询。过了这段有效期，ARP 表项会被自动删除。

如果目标设备位于其他网络，则源设备会在 ARP 缓存表中查找网关的 MAC 地址，然后将数据发送给网关，网关再把数据转发给目的设备。

如果某一主机 A 的 ARP 缓存表中不存在另一主机 C 的 MAC 地址，则主机 A 会发送 ARP Request 来获取目的 MAC 地址。ARP Request 报文封装在以太帧里。帧头中的源 MAC 地址为发送端主机 A 的 MAC 地址。此时，由于主机 A 不知道主机 C 的 MAC 地址，所以目的 MAC 地址为广播地址 FF-FF-FF-FF-FF-FF。ARP Request 报文中包含源 IP 地址、目的 IP 地址、源 MAC 地址、目的 MAC 地址，其中目的 MAC 地址的值为 0。ARP Request 报文会在整个网络上传播，该网络中所有主机包括网关都会接收到此 ARP Request 报文。另外，网关将会阻止该报文发送到其他网络上。

所有的主机接收到该 ARP Request 报文后，会检查它的目的协议地址字段与自身的 IP 地址是否匹配。如果不匹配，则该主机将不会响应该 ARP Request 报文。如果匹配，则该主机会将 ARP 报文中的源 MAC 地址和源 IP 地址信息记录到自己的 ARP 缓存表中，然后通过 ARP Reply 报文进行响应。

主机 C 会向主机 A 回应 ARP Reply 报文（如图 2-37 所示）。ARP Reply 报文中的源协议地址是主机 C 自己的 IP 地址，目标协议地址是主机 A 的 IP 地址，目的 MAC 地址是主机 A 的 MAC 地址，源 MAC 地址是自己的 MAC 地址，同时 Operation Code 被设置为 reply。ARP Reply 报文通过单播传送。

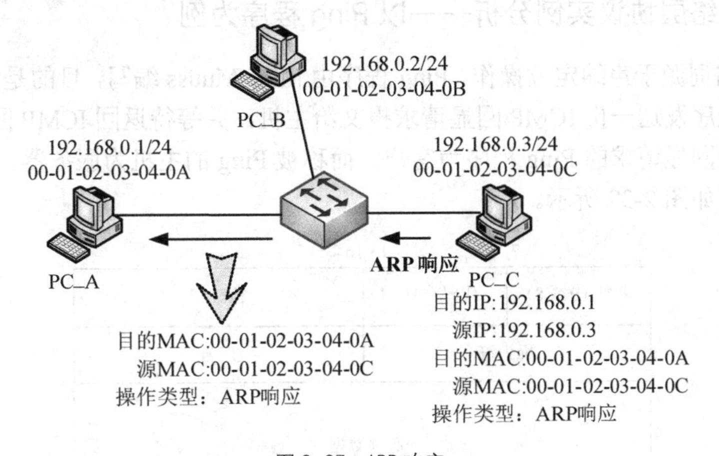

图 2-37 ARP 响应

主机 A 收到 ARP Reply 以后，会检查 ARP 报文中目的 MAC 地址是否与自己的 MAC 匹配。如果匹配，ARP 报文中的源 MAC 地址和源 IP 地址会被记录到主机 A 的 ARP 缓存表中。ARP 表项的老化超时时间默认为 1200s。

位于不同网络的网络设备在不配置网关的情况下，能够通过 ARP 代理实现相互通信（如图 2-38 所示）。

图 2-38　路由器的 ARP 代理功能

在上述例子的组网中，主机 A 需要与主机 B 通信时，目的 IP 地址与本机的 IP 地址位于不同网络，但是由于主机 A 未配置网关，所以它将会以广播形式发送 ARP Request 报文，请求主机 B 的 MAC 地址。但是，广播报文无法被路由器转发，所以主机 B 无法收到主机 A 的 ARP 请求报文，当然也就无法应答。

在路由器上启用代理 ARP 功能，就可以解决这个问题。启用代理 ARP 后，路由器收到这样的请求，会查找路由表，如果存在主机 B 的路由表项，路由器将会使用自己的 G0/0/0 接口的 MAC 地址来回应该 ARP Request。主机 A 收到 ARP Reply 后，将以路由器的 G0/0/0 接口 MAC 地址作为目的 MAC 地址进行数据转发。

免费 ARP 可以用来探测 IP 地址是否冲突。

主机被分配了 IP 地址或者 IP 地址发生变更后，必须立刻检测其所分配的 IP 地址在网络上是否是唯一的，以避免地址冲突。主机通过发送 ARP Request 报文来进行地址冲突检测。

主机 A 将 ARP Request 广播报文中的目的 IP 地址字段设置为自己的 IP 地址，该网络中所有主机包括网关都会接收到此报文。当目的 IP 地址已经被某一个主机或网关使用时，该主机或网关就会回应 ARP Reply 报文。通过这种方式，主机 A 就能探测到 IP 地址冲突了。

2.4.3　网络层协议实例分析——以 Ping 程序为例

Ping 这个名词源于声纳定位操作。Ping 程序由 Mike Muuss 编写，目的是测试另一台主机是否可达。该程序发送一份 ICMP 回显请求报文给主机，并等待返回 ICMP 回显应答。

我们称发送回显请求的 Ping 程序为客户，而称被 Ping 的主机为服务器。ICMP 回显请求和回显应答报文如图 2-39 所示。

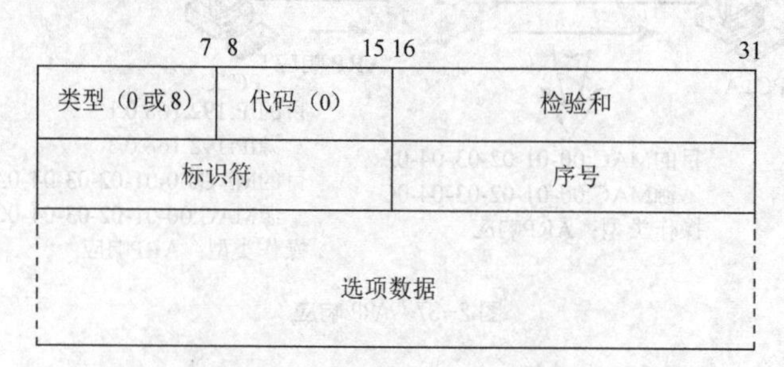

图 2-39　ICMP 回显请求和回显应答报文格式

系统在实现 Ping 程序时是把 ICMP 报文中的标识符字段置成发送进程的 ID 号。这样即使在同一台主机上同时运行了多个 Ping 程序实例，Ping 程序也可以识别出返回的信息。序列号从 0 开始，每发送一次新的回显请求就加 1。Ping 程序打印出返回的每个分组的序列号，允许我们查看是否有分组丢失、失序或重复。

当返回 ICMP 回显应答时，要打印出序列号和 TTL，并计算往返时间（TTL 位于 IP 首部中的生存时间字段）。Ping 程序通过在 ICMP 报文数据中存放发送请求的时间值来计算往返时间。当应答返回时，用当前时间减去存放在 ICMP 报文中的时间值，即往返时间。

在主机 100.0.6.46 Ping 主机 218.56.46.2，通过抓包工具进行抓图可以更加清晰地理解上面所讲内容。

从图 4-40、图 4-41、图 4-42 可以看出，正常情况下，Ping 回显请求与回显应答都是成对出现。使用的 IP 协议号为 1。Ping 回显请求报文的 ICMP 类型字段值为 8，回显应答报文的 ICMP 类型字段值为 0。TTL（Time To Live）为 249。回显时延是通过包的时间戳字段相减得到。如图 2-43 所示第一个回显响应如何得到 time 值。同时，我们可以知道时延（time）为 Ping 主机发送报文到被 Ping 主机来回总共的时间。

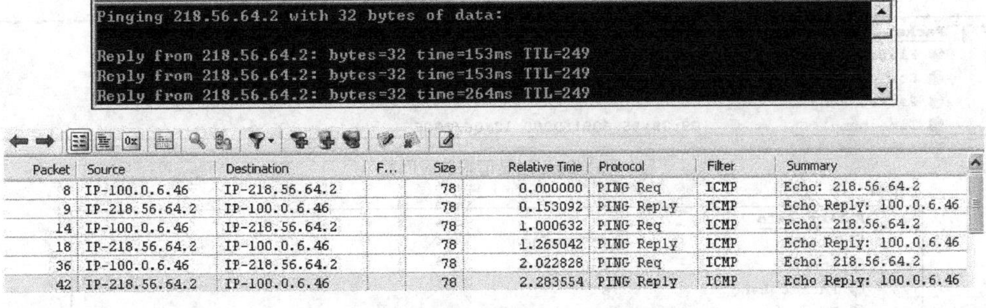

图 2-40 Ping 回显请求与回显应答

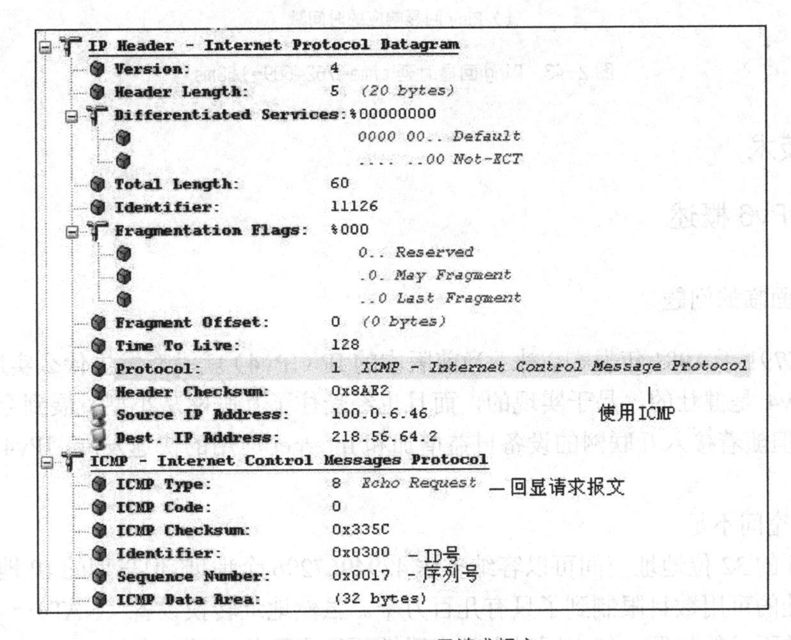

图 2-41 Ping 回显请求报文

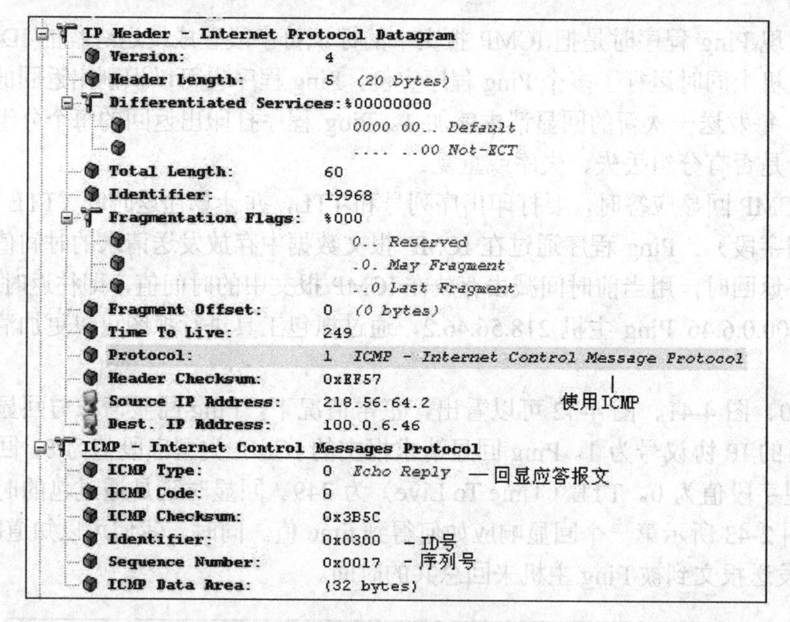

图 2-42 Ping 回显应答报文

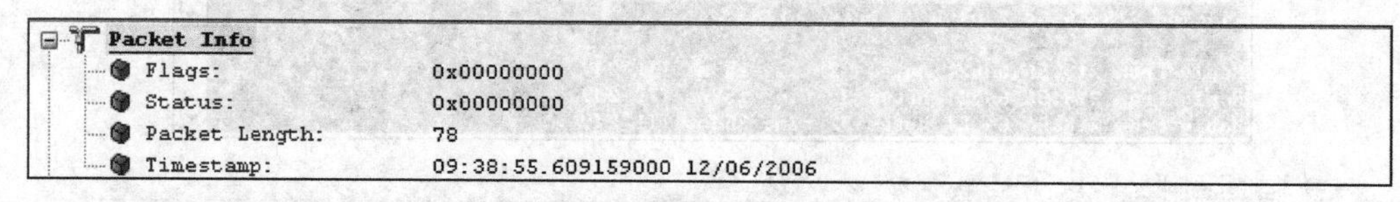

(a) Ping 回显请求的时间戳

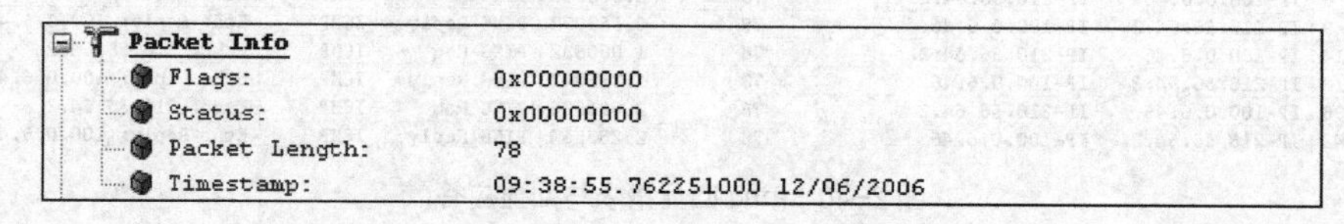

(b) Ping 回显响应的时间戳

图 2-43 Ping 回显时延 time=762-609=153ms

2.5 IPv6 技术

2.5.1 IPv6 概述

1. IPv4 面临的问题

自从 RFC791 于 1981 年发布以来，当前版本的 IP（IPv4）就没有发生什么实质性的变化。实践证明，IPv4 是健壮的，易于实现的，而且也经受住了互联网从小型发展到今天这种全球规模的考验。但随着接入互联网的设备日益增加和 Internet 应用的快速发展，IPv4 逐渐暴露出了它的局限性。

（1）地址空间不足

尽管 IPv4 的 32 位地址空间可以容纳多达 4294967296 个地址，但早期的 IP 地址分配原则把公有 IP 地址的可用数目限制到了只有几百万个。虽然地址转换设备（NAT）一定程度上缓解了 IPv4 地址不足的问题，但它同时也带来了性能和应用的瓶颈。

（2）路由表项维护复杂

根据目前的统计来看，Internet 的骨干路由器都在维护着超过 10 万条的路由表，一定程度上增加了路由器的负担和开销。

（3）地址配置相对复杂

在 IPv4 情况下，多数 IP 地址需要进行手工配置，或者通过一个有状态的地址配置协议实现（如 DHCP）。随着越来越多的计算机和网络设备使用 IP，需要一种更加简便和自动的地址配置方式，或者是一种不依赖于 DHCP 的配置方式。

（4）对 QoS 的支持较差

虽然 IPv4 协议中已经有 QoS 标准，但对实时数据流的传送还是需要依赖 IPv4 协议中的功能有限的 Tos 字段。

（5）安全性较差

虽然 IPSec 的出现一定程度上提供了 IPv4 协议的安全性，但是由于它是可选的，因此还是广泛存在着大量未经加密的数据包或非标准的加密报文。

为了解决以上问题及其他相关问题，IETF 开发了一套新的协议和标准，即 IP 版本 6（IPv6）。在这个版本上，吸纳了许多用于更新 IPv4 协议的新思想，同时为了力争对上下层协议造成最小的影响，避免随意引入新的特性。

2．IPv6 特性

（1）新的协议头格式

IPv6 的协议头采用了一种新的格式，将一些非根本性的和可选的字段移到了扩展协议头中，可最大程度地减少协议头的开销。这样，路由器在处理这种简化的协议头时，效率会更高。

IPv4 头与 IPv6 头不具有互操作性，IPv6 并不向下兼容。虽然 IPv6 的地址位数是 IPv4 的 4 倍，但 IPv6 的协议头长度仅是 IPv4 的 2 倍。

（2）巨大的地址空间

IPv6 的地址长度是 128 位（16B），可以表达 3.4×10^{38} 个可能的地址。它的 128 位的地址空间相当于为地球表面每平方米的面积提供了 665570793348866943898599（6.65×10^{23}）个地址。

（3）有效分级的寻址和路由结构

IPv6 全球地址的设计意图就是创建一个有效的分层次的，并且可以概括的路由结构，这种路由结构是基于当前存在的多级 ISP 体系而设计的。在采用 IPv6 的互联网中，骨干路由器将具有更小的路由表。

（4）地址的自动配置

IPv6 既支持有状态的地址配置（DHCPv6），也支持无状态的地址配置。在无状态的地址配置中，链路上的主机会自动为自己配置适合于这条链路的 IPv6 地址，或者适合于 IPv4 和 IPv6 共存的 IP 地址，或者由本地路由器加上了前缀的 IP 地址。链路本地地址在 1s 之内就能自动配置完成，因此同一链路上的节点的通信几乎是立即进行的。

（5）内置的安全性

IPv6 协议本身支持 IPSec，这就为网络安全性提供了一种基于标准的解决方案，并且提高了不同 IPv6 实现方案之间的互操作性。IPSec 由两种不同类型的扩展头和一个用于处理安全设置的协议所组成。

（6）更好地支持 QoS

IPv6 协议头中的新字段定义了如何识别和处理通信流，用业务流分类字段来区分优先级。IPv6 协议头中的流标签字段使得路由器可以对属于一个流的数据包进行识别和提供特殊处理。

（7）新的 ICMPv6

IPv6 的邻节点发现协议是一系列的 IPv6 网络控制报文协议（ICMPv6）报文，用来管理在同一链路上的相邻节点的交互。邻节点发现协议用更加有效的多播和单播的邻节点发现报文，取代了 ARP（地址解析协议）（基于广播的）、ICMPv4 路由器发现，以及 ICMPv4 重定向报文。

（8）可扩展性

IPv6 可以很方便地实现功能扩展，这主要通过在 IPv6 协议头之后添加新的扩展协议头的方式来实现。IPv4 协议头中的选项最多可以支持 40 字节的选项，而 IPv6 扩展协议头的长度只受到 IPv6 数据包的长度的限制。

3．IPv4 与 IPv6 的比较

IPv4 与 IPv6 的比较见表 2-2。

表 2-2　IPv4 与 IPv6 对比表

IPv4	IPv6
地址长度为 32 位	地址长度 128 位
对 IPSec 的支持是可选的	必须支持 IPSec
IPv4 协议头中未设计流标识	IPv6 协议头中使用流标签字段来表示流
分拆数据包的操作在发送主机和中间路由器上都会进行，在路由器上的分包工作降低了路由器的性能	分拆数据包只在发送主机上进行
协议头中包含校验和	协议头中不含校验和
协议头中包含可选项	所有可选的数据都被移到 IPv6 扩展协议头中
ARP 协议使用广播 ARP 请求帧，将 IPv4 地址解析为链路层地址	ARP 请求帧被多播邻节点请求报文所代替
ICMP 路由器发现是可选的，它可用于确定最佳默认网关的 IPv4 地址	ICMPv4 路由发现被 ICMPv6 的路由器请求和路由器广告报文所取代，并且是必须的
使用广播地址把通信流发送给子网上的所有节点	IPv6 中没有广播地址，作为替代，它使用链路本地范围所有节点多播地址
必须手动或通过 DHCP 来配置 IPv4 地址	自动获得地址
使用 DNS 中的主机地址（A）资源记录将主机名映射为 IPv4 地址	使用 DNS 中的 AAAA 记录将主机名映射为 IPv6 地址
使用 IN-ADDR.ARPADNS DNS 域中的指针（PTR）资源记录将 IPv4 地址映射为主机名	使用 IPv6.INT DNS 域中的指针（PTR）资源记录将 IPv6 地址映射为主机名

2.5.2　IPv6 寻址

1．IPv6 地址空间的划分

与 IPv4 的地址空间划分准则相似，IPv6 地址空间也是基于地址中高位的值来进行划分的，

高位和它们的固定值被称为格式前缀（FP）。表 2-3 列出了 RFC2373 定义的，按照 FP 划分的 IPv6 地址空间。

当前可被 IPv6 节点使用的单播地址集合由可集聚全球单播地址、链路本地单播地址和站点本地单播地址组成。这些地址目前仅占整个 IPv6 地址空间的 12.7%。IPv6 的地址空间分配见表 2-3。

表 2-3 IPv6 的地址空间

用途	格式前缀（FP）	占总空间的比例
保留	0000 0000	1/256
未分配	0000 0001	1/256
为网络服务接入点（NSAP）分配保留	0000 001	1/128
未分配	0000 010	1/128
未分配	0000 011	1/128
未分配	0000 1	1/32
未分配	0001	1/16
可集聚全球单播地址	001	1/8
未分配	010	1/8
未分配	011	1/8
未分配	100	1/8
未分配	101	1/8
未分配	110	1/8
未分配	1110	1/16
未分配	1111 0	1/32
未分配	1111 10	1/64
未分配	1111 110	1/128
未分配	1111 1110 0	1/512
链路本地单播地址	1111 1110 10	1/1024
站点本地单播地址	1111 1110 11	1/1024
多播地址	1111 1111	1/256

2. IPv6 的地址语法

IPv4 地址采用十进制点号表示法，32 位的地址按每 8 位划分成 1 个位段，每个位段转换成相应的十进制数值，并用点号隔开。而 IPv6 的 128 位地址按每 16 位划分成 1 个位段，每个位段被转换为 1 个 4 位的十六进制数，并用冒号隔开，这种表示法称为冒号十六进制表示法。

下面是一个用二进制格式表示的 IPv6 地址：

0010000111011010 0000000011010011 0000000000000000 0010111100111011
0000001010101010 0000000011111111 1111111000101000 1001110001011010

将这个 128 位的地址转换成十六进制表示，每 16 位划分为 1 个位段，转换成十六进制数，并用冒号隔开，结果如下：

21DA:00D3:0000:2F3B:02AA:00FF:FE28:9C5A

通过压缩每个位段中的前导零，可以进一步简化 IPv6 地址的表示，需要注意的是，每个位段至少应该有一个数字。根据前导零压缩法，上面的结果可以表示为：

21DA:D3:0:2F3B:2AA:FF:FE28:9C5A

（1）零压缩法

有些类型的 IPv6 地址包含一长串的零，为了进一步简化地址表达，在一个以冒号十六进制表示法表示的 IPv6 地址中，如果几个连续位段的值都为零，那么这些零可以简化为::，称为双冒号法。

例如，链路本地地址 FE80:0:0:0:2AA:FF:FE9A:4CA2，使用双冒号法可以简记为 FE80::2AA:FF:FE9A:4CA2。多播地址 FF02:0:0:0:0:0:0:2，利用双冒号法可以简记为 FF02::2。

要确定::之间代表了多少位 0，可以数一下地址中还有多少个位段，然后用 8 减去这个数，再将结果乘以 16。

（2）IPv6 前缀

前缀是地址的一部分，这部分或者是有固定的值，或者是路由或子网的标识。用作 IPv6 子网或路由标识的前缀，其表示方法与 IPv4 是相同的，用“地址/前缀长度”来表示。

64 位前缀用来表示节点所在的单个子网，所有子网都有相应的 64 位前缀。任何少于 64 位的前缀，要么是一个路由前缀，要么就是包含了部分 IPv6 地址空间的一个地址范围。例如，21DA::D3::/48 是一个路由前缀，而 21DA:D3:0:2F3B::/64 是一个子网前缀。

IPv6 不支持子网掩码，只支持前缀长度表示法。它的前缀只与路由和地址范围相关，与单个地址无关。在 IPv4 中，通常用前缀长度来表示一个 IP 地址，IPv6 不支持子网掩码，只支持前缀长度表示法。它的前缀只与路由和地址范围相关，与单个地址无关。在 IPv4 中，通常用前缀长度来表示一个 IP 地址，如 192.1.1.1/24 就表示一个有 24 位子网掩码的 IPv4 地址 192.1.1.1。而在 IPv6 中，已经不存在可变长度的子网标识了。在当前已经定义的 IPv6 单播地址中，用于标识子网的位数总是 64，用于标识子网内主机的位数也总是 64。因此，尽管在 RFC2373 里允许在 IPv6 单播地址中写明它的前缀长度，但在实际中，它们的前缀长度总是 64，因此根本不需要表示出来。根据子网和接口标识平分的原则，IPv6 单播地址 FEC0::2AC4:2AA:FF:FE9A:82D4 就表明其子网标识是 FEC0:0:0:2AC4/64。

3. IPv6 的地址类型

IPv6 的地址有 3 种类型。

（1）单播地址

单播地址标识了这种类型地址的作用域内的单个接口。地址的作用域是指 IPv6 网络的一个区域，在这个区域中，此地址是唯一的。在单播路由拓扑结构中，寻址到单播地址的数据包最终会被发送给一个唯一的接口。为了适应负载均衡系统，RFC2373 允许多个接口使用相同的地址，只要它们对于主机上的 IPv6 协议来说表现为一个接口。

（2）多播地址

多播地址标识零个或多个接口。在多播路由拓扑结构中，寻址到多播地址的数据包最终会被发送到由这个地址所标识的所有接口。

（3）泛播地址

泛播地址标识多个接口。在泛播路由拓扑结构中，寻址到泛播地址的数据包最终会被发送到一个唯一的接口——由这个地址所标识的距离最近的接口。距离最近是指在路由距离上最近。多播地址用于一对多通信，泛播地址用于一对多中之一通信。

在上面这3种类型中，IPv6地址都是用于标识接口，而不是节点。节点由任何一个分配给其接口的单播地址来标识。

4. 单播IPv6地址

IPv6单点传送地址包括可聚集全球单点传送地址、链路本地地址、站点本地地址和其他一些特殊的单点传送地址。

（1）可聚集全球单点传送地址

可聚集全球单点传送地址，顾名思义是可以在全球范围内进行路由转发的地址，格式前缀为001，相当于IPv4公共地址。全球地址的设计有助于构架一个基于层次的路由基础设施。与目前IPv4所采用的平面与层次混合型路由机制不同，IPv6支持更高效的层次寻址和路由机制。可聚集全球单点传送地址结构如图2-44所示。

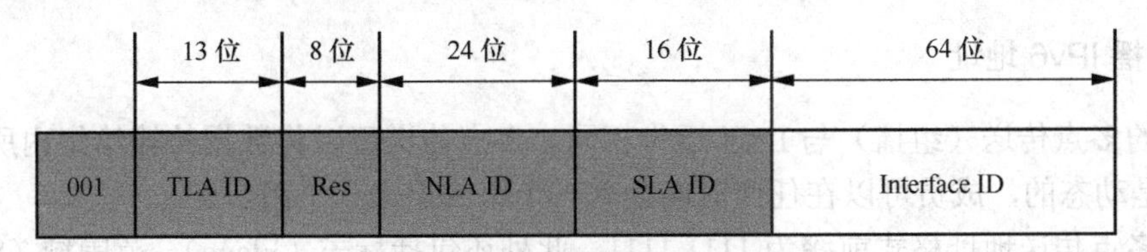

图2-44 可聚集全球单点传送地址

001是格式前缀，用于区别其他地址类型。随后分别是13位的TLA ID、8位的Res、24位的NLA ID、16位SLA ID和64位主机接口ID。TLA（Top Level Aggregator，顶级聚合体）、NLA（Next Level Aggregator，下级聚合体）、SLA（Site Level Aggregator，节点级聚合体）三者构成了自顶向下排列的3个网络层次。TLA是与长途服务供应商和电话公司相互连接的公共骨干网络接入点，其ID的分配由国际Internet注册机构IANA严格管理。NLA通常是大型ISP，它从TLA处申请获得地址，并为SLA分配地址。SLA也可称为订户（subscriber），它可以是一个机构或一个小型ISP。SLA负责为属于它的订户分配地址。SLA通常为其订户分配由连续地址组成的地址块，以便这些机构可以建立自己的地址层次结构，以识别不同的子网。分层结构的最底层是网络主机。

注：Res是8位保留位，以备将来TLA或NLA扩充之用。

（2）本地使用单点传送地址

本地单点传送地址的传送范围限于本地，又分为链路本地地址和站点本地地址两类，分别适用于单条链路和一个站点内。

① 链路本地地址。链路本地地址格式前缀为1111 1110 10，用于同一链路的相邻节点间通信，如单条链路上没有路由器时主机间的通信。链路本地地址相当于当前在Windows下使用169.254.0.0/16前缀的APIPA IPv4地址，其有效域仅限于本地链路。链路本地地址可用于邻居发现，且总是自动配置的，包含链路本地地址的包永远也不会被IPv6路由器转发。

② 站点本地地址。站点本地地址格式前缀为1111 1110 11，相当于10.0.0.0/8、172.10.0.0/12和192.168.0.0/16等IPv4私用地址空间。例如，企业专用Intranet，如果没有连接到IPv6 Internet

上，那么在企业站点内部可以使用站点本地地址，其有效域限于一个站点内部，站点本地地址不可被其他站点访问，同时含此类地址的包也不会被路由器转发到站外。一个站点通常是位于同一地理位置的机构网络或子网。与链路本地地址不同的是，站点本地地址不是自动配置的，而必须使用无状态或全状态地址配置服务。

站点本地地址允许和 Internet 不相连的企业构造企业专用网络，而不需要申请一个全球地址空间的地址前缀。如果该企业日后要连入 Internet，它可以用它的子网 ID 和接口 ID 与一个全球前缀组合成一个全球地址。IPv6 自动进行重编号。

（3）兼容性地址

在 IPv4 向 IPv6 的迁移过渡期，两类地址并存，我们还将看到一些特殊的地址类型。

① IPv4 兼容地址。IPv4 兼容地址可表示为 0:0:0:0:0:0:w.x.y.z 或::w.x.y.z（w.x.y.z 是以点分十进制表示的 IPv4 地址），用于具有 IPv4 和 IPv6 两种协议的节点使用 IPv6 进行通信。

② IPv4 映射地址。IPv4 映射地址是又一种内嵌 IPv4 地址的 IPv6 地址，可表示为 0:0:0:0:0:FFFF:w.x.y.z 或::FFFF:w.x.y.z。这种地址被用来表示仅支持 IPv4 地址的节点。

③ 6to4 地址。6to4 地址用于具有 IPv4 和 IPv6 两种协议的节点在 IPv4 路由架构中进行通信。6to4 是通过 IPv4 路由方式在主机和路由器之间传递 IPv6 分组的动态隧道技术。

5．多播 IPv6 地址

IPv6 的多点传送（组播）与 IPv4 运作相同。多点传送可以将数据传输给组内所有成员。组的成员是动态的，成员可以在任何时间加入一个组或退出一个组。

IPv6 多点传送地址格式前缀为 1111 1111，此外还包括标志（Flags）、范围域（Scope）和组 ID（Group ID）等字段，如图 2-45 所示。

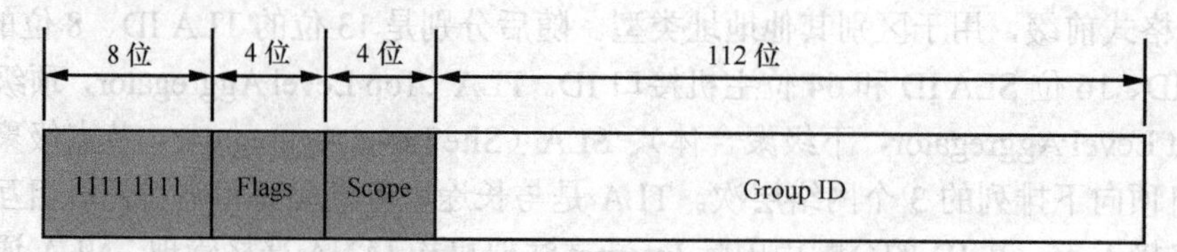

图 2-45 IPv6 多点传送地址

4 位 Flags 可表示为：000T。其中高 3 位保留，必须初始化成 0。T=0 表示一个被 IANA 永久分配的多点传送地址；T=1 表示一个临时的多点传送地址。4 位 Scope 是一个多点传送范围域，用来限制多点传送的范围。表 2-4 列出了在 RFC2373 中定义的 Scope 字段值。

表 2-4 **Scope 字段值**

值	范围域
0	保留
1	节点本地范围
2	链路本地范围
5	站点本地范围
8	机构本地范围
E	全球范围
F	保留

Group ID标识一个给定范围内的多点传送组。永久分配的组ID独立于范围域，临时组ID仅与某个特定范围域相关。

6．泛播IPv6地址

一个IPv6任意点传送地址被分配给一组接口（通常属于不同的节点）。发往任意点传送地址的包被传送到该地址标识的一组接口中，根据路由算法度量距离为最近的一个接口。目前，任意点传送地址仅被用作目标地址，且仅分配给路由器。任意点传送地址是从单点传送地址空间中分配的，使用了单点传送地址格式中的一种。

子网-路由器任意点传送地址必须经过预定义，该地址从子网前缀中产生。为构造一个子网-路由器任意点传送地址，子网前缀必须固定，余下的位数置为全“0”，如图2-46所示。

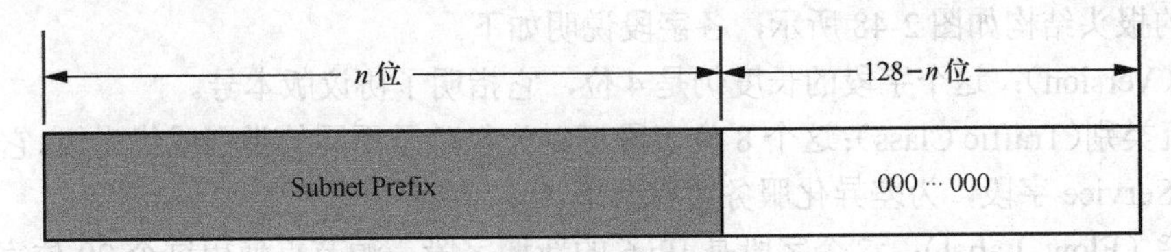

图2-46　子网-路由器任意点传送地址

一个子网内的所有路由器接口均被分配该子网的子网-路由器任意点传送地址。子网-路由器任意点传送地址用于一组路由器中的一个与远程子网的通信。

7．IPv6主机地址

在IPv4中，如果一台主机安装一张网卡，那么典型的情况是该主机有一个分配给网卡的IPv4地址。但IPv6则不同，通常一台IPv6主机有多个IPv6地址，即使该主机只有一个单接口。

2.5.3　IPv6报头

1．IPv6数据包结构

IPv6数据包由一个IPv6报头、多个扩展报头和一个上层协议数据单元组成。IPv6数据包的结构如图2-47所示。其中有效负荷包括扩展报头和上层协议数据单元。

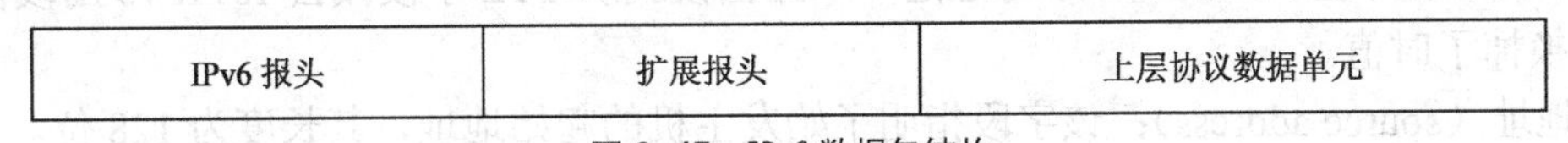

图2-47　IPv6数据包结构

IPv6数据包主要由以下几部分组成。

（1）IPv6报头

IPv6报头总是存在的，其长度是固定的40字节。

（2）扩展报头

IPv6数据包中可以包含零个或多个扩展报头，这些扩展报头可以具有不同的长度。IPv6报头中的下一个报头字段指向第一个扩展报头，每一个扩展报头中都包含下一个报头字段，它指向下一个扩展报头。最后一个扩展报头指示出上层协议数据单元中的上层协议的报头，上层协议可以是TCP、UDP或ICMPv6等。

IPv6报头或扩展报头代替了现有的IPv4报头及其选项。新的扩展报头格式增强了IPv6

的功能，使其可以支持未来的需求。与 IPv4 报头中的选项不同，IPv6 扩展报头没有最大长度的限制，因此可以容纳 IPv6 通信所需要的所有扩展数据。

（3）上层协议数据单元

上层协议数据单元（PDU）一般由上层协议报头和它的有效负荷组成（有效负荷可以是一个 TCP 数据段、UDP 报文或 ICMPv6 报文）。

IPv6 数据包的有效负荷由 IPv6 扩展报头和上层 PDU 构成。一般来说，有效负荷的长度最多可以达到 65535 字节。带有长度大于 65535 字节的有效负荷的 IPv6 数据包称为超大包，也是可以发送的。

2. IPv6 报头

IPv6 的报头结构如图 2-48 所示，各字段说明如下。

版本（Version）：这个字段的长度仍是 4 位，它指明了协议版本号。

通信流类别(Traffic Class)：这个 8 位字段可以为包赋予不同的类别或优先级。它类似 IPv4 的 Type of Service 字段，为差异化服务留有余地。

流标签（Flow Label）：这个字段是 IPv6 的新增字段。源节点使用这个 20 位字段，为特定序列的包请求特殊处理（效果好于尽力转发）。实时数据传输如语音和视频可以使用 Flow Label 字段以确保 QoS。

有效载荷长度（Payload Length）：这个 16 位字段表明了有效载荷长度。与 IPv4 包中的 Total Length 字段不同，这个字段的值并未算上 IPv6 的 40 位报头。计算的只是报头后面的扩展和数据部分的长度。因为该字段长 16 位，所以能表示高达 64KB 的数据有效载荷。如果有效载荷更大，则由超大包（jumbogram）扩展部分表示。

下一个报头（Next Header）：这个 8 位字段类似 IPv4 中的 Protocol 字段，但有些差异。在 IPv4 包中，运输层报头如 TCP 或 UDP 始终跟在 IP 报头后面。在 IPv6 中，扩展部分可以插在 IP 报头和运输层报头当中。这类扩展部分包括验证、加密和分片功能。Next Header 字段表明了运输层报头或扩展部分是否跟在 IPv6 报头后面。

跳限制（Hop Limit）：这个 8 位代替了 IPv4 中的 TTL 字段。它在经过规定数量的路由段后会将包丢弃，从而防止了包被永远转发。包经过一个路由器，Hop Limit 字段的值就减少一个。IPv4 使用了时值(time value)，每经过一个路由段就从 TTL 字段减去 1s。IPv6 用段值(hop value）换掉了时值。

源地址（source address）：该字段指明了始发主机的起始地址，其长度为 128 位。

目的地址（destination address）：该字段指明了传输信号的目的地址，其长度为 128 位。

我们会发现校验和与分片字段从 IPv6 的报头当中消失了。丢弃包的报头校验和是为了提高路由效率。虽然包报头仍有可能出现错误，新协议的设计人员却认为这种风险可以接受，尤其是考虑到 IP 层的上下层：数据链路层和运输层会检查错误。

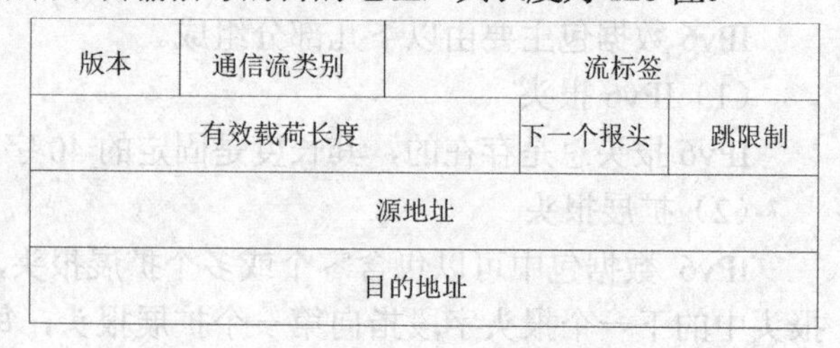

图 2-48 IPv6 报头结构

至于分片，IPv6 确实允许对包进行分割，但这过程在报头的扩展部分而不是报头本身进行。此外，IPv6 包只能由源节点进行分割，目的节点进行重新组装：不允许路由器介入进来对包进行分割或重新组装。这种分片特性的目的是降低传输中的处理开销，而且假定如今网络的帧大小足够大，大多数包不需要分片。

3. IPv6扩展报头

在IPv6中，可选信息放到了IPv6头和上层头之间。可以有几个扩展头，每个扩展头用不同的下一报头标识。

每一个扩展头的内容和语义决定是否处理下一个扩展头。因此，扩展头必须严格地按照它们出现的顺序来处理。逐跳扩展头（Hop-by-Hop）选项头要求转发路径上的每个节点都要处理，包括源节点和目的节点。逐跳扩展头紧跟着IPv6头，IPv6头的下一报文头字段为0，表示下一个报文头为逐跳扩展头。IPv6支持的扩展头见表2-5。

每个扩展头只能出现一次，这里除了目的选项扩展头可能出现了两次（一次在路由头之前，一次在上层头之前）。如果上层头是另一个IPv6头（IPv6包被封装在IPv6隧道中），那么这个IPv6头可能有着自己的扩展头，它们同样要按照上边的顺序排列。

表2-5 IPv6扩展头

扩展头	用法
逐跳选项报头（Hop-by-Hop）	逐跳选项报头承载转发路径上每个节点必须处理的信息
路由（Routing）报头（类型0）	IPv6源节点利用路由报头承载到目的地路径上要“访问的”一个或多个节点信息。这很类似于IPv4的松散路由和记录路由选项
分片报头（Fragment）	分片报头用于源节点发送大于到目的地址的PMTU的包。不像IPv4，IPv6的分片只在源节点进行，不在沿途的中间节点进行
目的选项报头（Destination Options）	目的选项报头用来承载只需要目的节点检查的信息
身份验证报头（Authentication）	身份认证报头。IPv4缺少标准的网络层安全机制，这是IPV4的主要缺陷之一。IPv6使用两个扩展头解决这个问题，一个用于IP流的身份认证，另一个用来完全或部分对IP包加密。身份验证报头确保了数据包来自可以信任的源节点
封装安全有效载荷报头（Encapsulating Security）	IPv6加密报头。尽管身份验证报头确保数据包来自可信的源节点，但是在Internet传送过程中，避免不了探听、抓取包的内容。这可以由在IPv6扩展头中封装安全有效负载服务来解决
移动性	参照移动IPv6（MIPv6）白皮书
像TCP，UDP，ICMP6的应用	应用协议

2.5.4 共存和移植

1. 概述

通常协议的过渡是很不容易的，从IPv4过渡到IPv6也不例外。协议的过渡一般需要在网络中所有节点上安装和配置新的协议，并且检验是否所有主机和路由器都能正确运行。

从IPv4向IPv6过渡要花费多年的时间，并且将会有一些机构或节点继续使用IPv4协议，因此，虽然最终的目标是移植，但也要考虑IPv4和IPv6的共存阶段。

2. 共存机制

要与IPv4的网络结构共存，并最终移植到仅支持IPv6的网络结构中来，需要使用以下的机制：双IP层、IPv6穿越IPv4的隧道、DNS结构。

（1）双 IP 层

双 IP 层是 TCP/IP 协议集的一种实现方案。它既包含 IPv4 的 IP 层，又包含 IPv6 的协议层。双 IP 层机制用于 IPv6/IPv4 节点，以使其既可以与 IPv4 节点通信，也可以与 IPv6 节点通信。双 IP 层包含单一的主机到主机协议层的实现方案，如 TCP 和 UDP。基于双 IP 层实现方案的所有上层协议都可以通过 IPv4 网络、IPv6 网络或者 IPv6 穿越 IPv4 的隧道进行通信。

双 IP 层的结构如图 2-49 所示。

（2）IPv6 穿越 IPv4 的隧道

IPv6 穿越 IPv4（IPv6 over IPv4）的隧道，是指用 IPv4 报头来封装 IPv6 数据包，以使 IPv6 数据包可以穿越 IPv4 网络。在 IPv4 报头中：

- IPv4 协议字段的值为 41，表示这是一个经过封装的 IPv6 数据包；
- 源地址和目的地址字段的值为隧道端点的 IPv4 地址，隧道端点一般是手工配置的隧道接口的一部分，或者是从发送接口自动获得的与路由相匹配的下一跳地址，或者是 IPv6 报头中的源地址或目的地址。

IPv6 穿越 IPv4 的隧道机制如图 2-50 所示。

对于 IPv6 穿越 IPv4 的隧道，到目标的 IPv6 路径 MTU 通常比到目标的 IPv4 路径 MTU 小 20。然而，如果 IPv4 路径 MTU 没有在每个隧道中保存，则在一些情况下，IPv4 数据包将需要被中间路由器拆分。在这种情况下，经过 IPv6 穿越 IPv4 隧道的数据包，必须在发送时将 IPv4 报头中的不拆分标志置为 0。

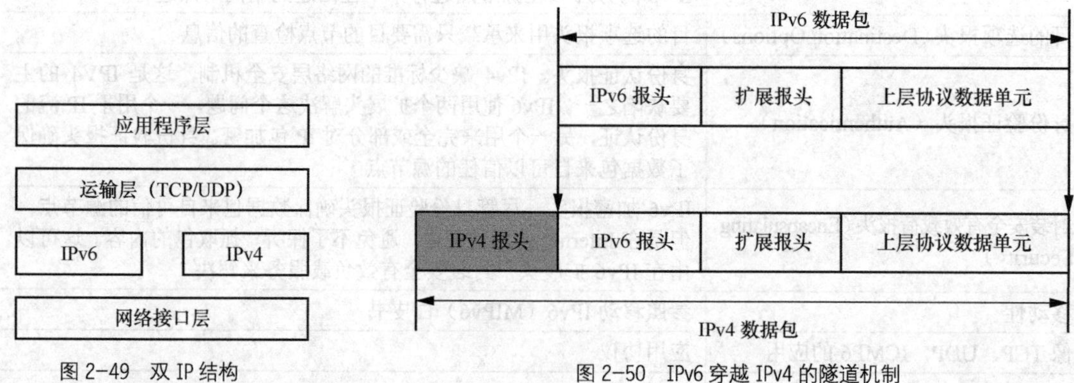

图 2-49　双 IP 结构

图 2-50　IPv6 穿越 IPv4 的隧道机制

（3）DNS 结构

DNS 结构对于成功并存是必需的，因为当前通常都是使用域名来访问网络资源。升级 DNS 结构包括为 DNS 服务器增加 AAAA 记录和 PTR 记录，以支持 IPv6 从名称到地址和从地址到名称的解析。

① 地址记录。为成功地将域名解析为地址，在 DNS 结构中必须包含以下资源记录（手工或动态添加的）：

- IPv4-only 节点和 IPv6/IPv4 节点的 A 记录；
- IPv6-only 节点和 IPv6/IPv4 节点的 AAAA 记录。

② 指针记录。为成功地将地址解析为域名（反向解析），在 DNS 结构中必须包含以下资源记录（手工或动态添加的）：

- IPv4-only 节点和 IPv6/IPv4 节点在 IN-ADDR.ARPA 域中的 PTR 记录；

- IPv6-only 节点和 IPv6/IPv4 节点在 IP6.INT 域中的 PTR 记录。

③ 地址选择规则。在从域名到地址的解析过程中，当发起查询的节点获得了与域名相对应的地址集之后，节点必须确定用于从内向外发出的数据包的源地址和目的地址的地址集。在目前仅支持 IPv4 的环境中，这通常不是个问题。但在 IPv4 与 IPv6 共存的环境中，由 DNS 查询所返回的地址集可能会包含多个 IPv4 和 IPv6 的地址。发起查询的主机也至少配置了一个 IPv4 地址及多个 IPv6 地址。决定使用哪种类型的地址，以及地址的范围，对于源和目的地址来说，都遵循着默认的地址选择规则：IPv6 地址优先于 IPv4 地址。

3. 移植到 IPv6

可以确定的是，从 IPv4 移植到 IPv6 必然是一个漫长的过程，一些移植的细节仍然需要确定。一般来说，需要经过以下步骤。

（1）将应用程序升级为与 IP 的协议版本无关。例如，必须将使用 Windows 套接字的应用程序修改为使用的新的应用程序接口的应用程序。

（2）将 DNS 结构升级为支持 IPv6 地址和 PTR 记录。

（3）将主机升级为 IPv6/IPv4 节点。必须将主机升级为支持双 IP 层，即双栈结构。

（4）升级本地 IPv6 路由器的路由结构。必须将路由器升级为支持本地 IPv6 路由及 IPv6 路由协议。

习　题

1. 基于 IP 的企业网络分层架构是如何部署的？
2. 共享介质型网络中是如何解决主机之间的数据冲突的？
3. TCP/IP 模型是如何将通信网络进行分层的？
4. 画图说明应用数据是如何在 TCP/IP 各子层上进行协议封装的？
5. 以太网帧格式主要有哪两类？每种格式分别是如何定义的？
6. 局域网内单播、组播及广播地址是如何标识的？
7. IP 报文的头部格式是如何定义的？各字段又是如何定义的？
8. 无类域间路由是如何实现的？请图示说明。
9. ARP 的工作机理是怎样的？
10. 采用 IPv4 的 Internet 面临的问题是什么？IPv6 是如何解决这些问题的？
11. IPv6 有哪几种地址类型？
12. 试分析 IPv6 的报头结构。
13. 简述如何实现 IPv4 与 IPv6 的共存和移植。

第3章 TCP/IP的原理

课程目标：

- 掌握 TCP/IP 的协议体系；
- 了解 TCP、UDP 的基本原理；
- 掌握 TCP、UDP 的报文结构；
- 掌握 TCP、UDP 的工作原理；
- 熟悉使用抓包工具对 TCP/IP 报文进行抓包分析。

为了减少网络设计的复杂性，通用的做法就是采用分层结构。分层可以把复杂的数据通信过程分解成若干个子过程。不同层次的网络子层可以完成相对独立的通信任务，不同网络子层的相互配合就可以实现复杂的通信任务。前面的章节中我们分析了开放系统互联的 7 层标准模型，这个 7 层模型已成为后续众多不同网络的实际参考。对于不同的网络，层的数量、名字、内容和功能都不尽相同。

TCP/IP 是 Transmission Control Protocol/Internet Protocol 的简写，中文译名为传输控制协议/ 网际协议，又名网络通信协议。TCP/IP 是 Internet 最基本的协议，也是 Internet 国际互联网络的基础，它由网络层的 IP 和运输层的 TCP 组成。TCP/IP 定义了电子设备如何连入因特网，以及数据如何在它们之间传输的标准。协议采用了 4 层的层级结构，每一层都呼叫它的下一层所提供的协议来完成自己的工作需求。通俗而言，TCP 负责发现传输的问题，一有问题就发出信号，要求重新传输，直到所有数据安全正确地传输到目的地，TCP 为它的上层应用提供了相对可靠的通信服务。而 IP 则是一种尽力而为的通信过程，它为因特网的每一台联网设备规定一个地址，根据通信地址的源与目的地实现数据报文的传递，IP 的最大成功之处在于它的灵活性，它只要求物理网络提供最基本的功能，即物理网络可以传输包——IP 数据报，数据报有合理大小，并且不要求完全可靠传递。IP 提供的不可靠、无连接的数据报传送服务使得各种各样的物理网络只要能够提供数据报传输就能够互联，这成为 Internet 在数年间就风靡全球的主要原因。

上一章分析了 IP 的基本原理，本章着重分析 TCP/IP 的传输机制，旨在进一步帮助读者深入理解 IP 的灵活性与 TCP 的可靠性。

3.1 TCP/IP 概述

3.1.1 TCP/IP 的产生背景及特点

1. TCP/IP 的产生背景

传输控制协议/网际协议（TCP/IP）是业界标准的协议组，为跨越 LAN 和 WAN 环境的大规模互联网络设计。如图 3-1 的时间线所示，TCP/IP 始于 1969 年，也就是美国国防部（DoD）委任高级资源计划机构网络（ARPANET）的时间。

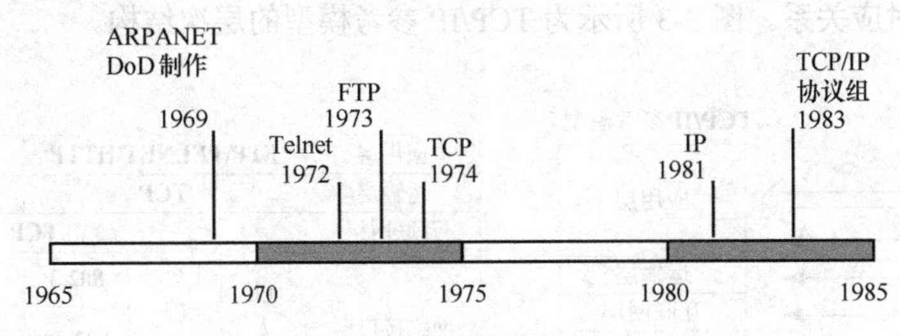

图 3-1 TCP/IP 机制的历史由来

ARPANET 是资源共享实验的结果。其目的是在美国不同地区的各种超级计算机之间提供高速网络通信链路。

早期协议，如 Telnet（用于虚拟终端仿真）和文件传输协议（FTP）是最早开发的，以指定通过 ARPANET 共享信息所需的基本实用程序。随着 ARPANET 在规模和作用范围上的日益扩大，出现了其他两个重要协议。

在 1974 年，传输控制协议（TCP）作为规范草案引入，它描述了如何在网络上建立可靠的、主机对主机的数据传输服务。

在 1981 年，网际协议（IP）以草案形式引入，它描述了如何在互联的网络之间实现寻址的标准及如何进行数据包路由。

1983 年 1 月 1 日，ARPANET 开始对所有的网络通信和基本通信都要求标准使用 TCP 和 IP。从那天开始，ARPANET 逐渐成为众所周知的 Internet，它所要求的协议逐渐变成 TCP/IP 协议组。TCP/IP 协议组在各种 TCP/IP 软件中实现，可用于多种计算机平台，并经常用于建立大的路由专用国际网络。

TCP/IP 是指一整套数据通信协议，其名字是由这些协议中的两个协议组成的，即传输控制协议（Transmission Control Protocol，TCP）和网际协议（Internet Protocol，IP）。虽然还有很多其他协议，但是 TCP 和 IP 显然是两个最重要的协议。

2. TCP/IP 的特点

TCP/IP 有一些重要的特点，以确保在特定的时刻能满足一种重要的需求，即世界范围的数据通信。其特点包括以下几方面。

- 开放式协议标准。可免费使用，且与具体的计算机硬件或操作系统无关。由于它受到如此广泛的支持，因而即使不通过 Internet 通信，利用 TCP/IP 来统一不同的硬件和软件也是很理想的。

- 与物理网络硬件无关。这就允许 TCP/IP 可以将很多不同类型的网络集成在一起，它可以适用于以太网、令牌环网、拨号线、X.25 网络，以及任何其他类型的物理传输介质。
- 通用的寻址方案。该方案允许任何 TCP/IP 设备唯一的寻址整个网络中的任何其他设备，该网络甚至可以像全球 Internet 那样大。
- 各种标准化的高级协议。可广泛而持续地提供多种用户服务。

3.1.2 TCP/IP 的协议体系

TCP/IP 的协议体系和 OSI 参考模型一样，也是一种分层结构。它是由基于硬件层次上的 4 个概念性层次构成，即网络接口层、互联网层、运输层和应用层。图 3-2 所示为 TCP/IP 与 OSI 参考模型的对应关系。图 3-3 所示为 TCP/IP 参考模型的层次结构。

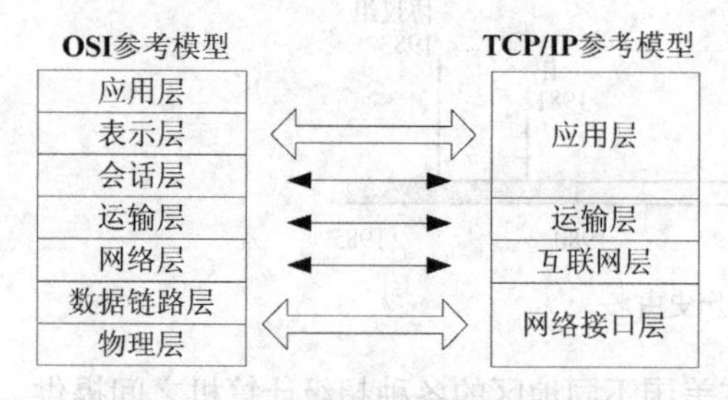

图 3-2 OSI 与 TCP/IP 参考模型对照图

<table>
<tr><td>应用层</td><td colspan="3">FTP\TELNET\HTTP</td><td>SNMP\TFTP\NTP</td></tr>
<tr><td>运输层</td><td colspan="3">TCP</td><td>UDP</td></tr>
<tr><td>互联网层</td><td colspan="4">TCP</td></tr>
<tr><td rowspan="2">网络接口层</td><td rowspan="2">以太网</td><td rowspan="2">令牌环网</td><td>802.3</td><td>HDLC\PPP\FR</td></tr>
<tr><td>802.**</td><td>EIA/TIA232\V35\V21</td></tr>
</table>

图 3-3 TCP/IP 参考模型

在 TCP/IP 参考模型中，去掉了 OSI 参考模型中的会话层和表示层（这两层的功能被合并到应用层实现）。同时将 OSI 参考模型中的数据链路层和物理层合并为网络接口层。下面分别介绍各层的主要功能。

（1）网络接口层

网络接口层也称为数据链路层，它是 TCP/IP 的最底层，但是 TCP/IP 并没有严格定义该层，它只是要求能够提供给其上层——网络层一个访问接口，以便在其上传递 IP 分组。由于这一层次未被定义，所以其具体的实现方法将随着网络类型的不同而不同。

（2）互联网层

互联网层（Internet Layer）俗称 IP 层，它处理机器之间的通信。它接受来自运输层的请求，传输某个具有目的地址信息的分组。该层把分组封装到 IP 数据报中，填入数据报的首部（也称为报头），使用路由算法来选择是直接把数据报发送到目标机还是把数据报发送给路由器，然后把数据报交给下面的网络接口层中的对应网络接口模块。该层还有处理接收到的数据报，检验其正确性，使用路由算法来决定对数据报是在本地进行处理还是继续向前传送的功能。

（3）运输层

在 TCP/IP 模型中，运输层的功能是使源端主机和目标端主机上的对等实体可以进行会话。在运输层定义了两种服务质量不同的协议。即传输控制协议（TCP）和用户数据报协议（User Datagram Protocol，UDP）。TCP 是一个面向连接的、可靠的协议。它将一台主机发出的字节流无差错地发往互联网上的其他主机。在发送端，它负责把上层传送下来的字节流分成报文段并传递给下层。在接收端，它负责把收到的报文进行重组后递交给上层。TCP 还要处理端对端的流量控制，以避免缓慢接收的接收方没有足够的缓冲区接收发送方发送的大量数据。UDP

是一个不可靠的无连接协议，主要适用于不需要对报文进行排序和流量控制的场合。

（4）应用层

TCP/IP 模型将 OSI 参考模型中的会话层和表示层的功能合并到应用层实现。应用层面向不同的网络应用引入了不同的应用层协议。其中，有基于 TCP 的，如文件传输协议（File Transfer Protocol，FTP）、虚拟终端协议（TELNET）、超文本链接协议（Hyper Text Transfer Protocol，HTTP）、简单邮件传输协议（Simple Mail Transport Protocol，SMTP）；也有基于 UDP 的协议，如网络文件系统（Network File System，NFS）、简单网络管理协议（Simple Network Management Protocol，SNMP）、域名系统（Domain Name Server，DNS）及简单文件传输系统（The Trivial File Transfer Protocol，TFTP）。

3.1.3 TCP/IP 常用概念介绍

TCP/IP 的协议体系及其实现中有很多概念和术语，为了方便读者理解后面的内容，本节集中介绍一些最常用的概念与术语。

1. 包

包（packet）是网络上传输的数据片段，也称分组。在计算机网络上，用户数据要按照规定划分为大小适中的若干组，每个组加上包头构成一个包，这个过程称为封装（encapsulation）。网络上使用包为单位传输的目的是更好地实现资源共享和检错、纠错。包是一种统称，在不同的协议不同的层次，包有不同的名字，如 TCP/IP 中，数据链路层的包叫帧（frame），IP 层的包称为 IP 数据报，TCP 层的包常称为 TCP 报文等。应用程序自己也可以设计自己的包类型，如在自己设计的 socket 程序中使用包。

2. 网络字节顺序

由于不同体系结构的计算机存储数据的格式和顺序都不一样，要建立一个独立于任何特定厂家的机器结构或网络硬件的互联网，就必须定义一个数据的表示标准。例如，将一台计算机上的一个 32 位的二进制整数发送到另一台计算机，由于不同的机器上存储整数的字节顺序可能不一样，如 Intel 结构的计算机存储整数是低地址低字节数，即最低存储器地址存放整数的低位字节（叫作小端机，Little Endian），而 Sun Sparc 结构的计算机存储整数是低地址高字节数，即最低存储器地址存放整数的高位字节（叫作大端机，Big Endian），因此，直接把数据按照恒定的顺序发送到另一台机器上时可能会改变数字的值。

为了解决字节顺序的问题，TCP/IP 定义了一种所有机器在互联网分组的二进制字段中必须使用的网络标准字节顺序（network standard byte order）：必须首先发送整数中最高有效字节。因此，网络应用程序都要求遵循一个字节顺序转换规则：“主机字节顺序⟶网络字节顺序⟶主机字节顺序”，即发送方将主机字节顺序的整数转换为网络字节顺序然后发送出去，接收方收到数据后将网络字节顺序的整数转换为自己的主机字节顺序然后处理。

3. 服务、接口、协议

服务、接口、协议是 TCP/IP 体系结构中非常重要的概念，它们贯穿了整个参考模型的始终。

简单地讲，服务是指特定一层提供的功能。例如，网络层提供网络间寻址的功能，我们就可以说它向它的上一层（即运输层）提供了网间寻址服务；反之，也可以说运输层利用了网络层所提供的服务。

接口是上下层次之间调用功能和传输数据的方法。它类似于程序设计中的函数调用，上层通过使用接口定义的方法来方便地使用下层提供的服务。

协议是对等层必须共同遵循的标准。它定义包格式和它们的用途的规则集。大多数包都由包头和信息组成：包头常常包括诸如源和目的地址、包的长度和类型指示符等信息；信息部分可以是原始数据，也可以包含另一个包。一个协议则规范了交换的包的格式、信息的正确顺序及可能需要采取的附加措施。

网络协议是使计算机能够通信的标准。典型的协议规定网络上的计算机如何彼此识别、数据在传输中应采取何种格式、信息一旦到达最终目的地时应如何处理等，协议还规定对遗失的和被破坏的传输或数据包的处理过程。IPX、TCP/IP、DECnet、AppleTalk 都是网络协议的例子。

4．寻址

网络的核心概念是“寻址”。在网络中，一个设备的地址是它的唯一标识。网络地址通常是由数字组成的，具有标准的、已定义好的格式。网络上的所有设备都需要给定一个遵循标准格式的唯一标识，即设备的地址。在一个有路由能力的网络中，地址至少包括两个部分：网络部分（或域部分）和节点部分（或主机部分）。

5．端口号

TCP/UDP 使用 IP 地址标识网上主机，使用端口号来标识应用进程，即 TCP/UDP 用主机 IP 地址和为应用进程分配的端口号来标识应用进程。端口号是 16 位的无符号整数，TCP 的端口号和 UDP 的端口号是两个独立的序列。尽管相互独立，如果 TCP 和 UDP 同时提供某种知名服务，两个协议通常选择相同的端口号。这纯粹是为了使用方便，而不是协议本身的要求。利用端口号，一台主机上多个进程可以同时使用 TCP/UDP 提供的传输服务，并且这种通信是端对端的，它的数据由 IP 传递，但与 IP 数据报的传递路径无关。

端口号的分配是一个重要问题，通常有两种基本分配方式。第一种叫全局分配，这是一种集中控制方式，由一个公认的中央机构根据用户需要进行统一分配，并将结果公布于众。第二种是本地分配，又称动态连接，即进程需要访问运输层服务时，向本地操作系统提出申请，操作系统返回一个本地唯一的端口号，进程再通过合适的系统调用，将自己与该端口号联系起来（绑扎）。TCP/UDP 端口号的分配综合了上述两种方式。TCP/UDP 将端口号分为两部分，少量的作为保留端口，以全局方式分配给服务进程。因此，每一个标准服务器都拥有一个全局公认的端口，即使在不同机器上，其端口号也相同。剩余的为自由端口，以本地方式进行分配。表 3-1 列出了常用的 TCP/UDP 端口号。

表 3-1　　常用端口号列表

端口号	协议	关键词	描述
7	TCP/UDP	ECHO	回送
9	TCP/UDP	DISCARD	丢弃
15	TCP/UDP	—	网络状态程序
20	TCP	FTP-DATA	文件传输协议（数据）

续表

端口号	协议	关键词	描述
21	TCP	FTP	文件传输协议
22	TCP/UDP	SSH	安全 Shell 远程登录协议
23	TCP	TELNET	远程登录
25	TCP	SMTP	简单邮件传输协议
42	TCP/UDP	NAMESERVER	主机名字服务
43	TCP/UDP	NICNAME	Whois
53	TCP/UDP	DOMAIN	域名服务
67	UDP	BOOTPS	引导协议服务
68	UDP	BOOTPC	引导协议客户
69	UDP	TFTP	简单文件传送协议
79	TCP	FINGER	Finger
80	TCP	HTTP	超文本传输协议
101	TCP	HOSTNAME	NIC 主机名字服务
110	TCP	POP3	邮局协议版本 3
123	UDP	NTP	网络时间协议
139	TCP	NETBIOS-SSN	NETBIOS 会话协议
161	UDP	SNMP	简单网络管理协议
162	UDP	—	SNMP 陷阱
443	TCP	HTTPS	安全超文本传输协议
546	TCP	DHCP-CLIENT	动态主机配置协议客户
547	TCP	DHCP-SERVER	动态主机配置协议服务器

3.2 传输控制协议 TCP

TCP 是一种可靠的、面向连接的字节流服务。源主机在传送数据前需要先和目标主机建立连接，然后在此连接上，被编号的数据段按序收发。同时，要求对每个数据段进行确认，保证了可靠性。如果在指定的时间内没有收到目标主机对所发数据段的确认，源主机将再次发送该数据段。TCP 是专门设计用于在不可靠的 Internet 上提供可靠的、端对端的字节流通信的协议。

3.2.1 TCP 的特点

TCP 提供的可靠传输服务有以下 5 个特点。

① 面向数据流：当两个应用程序传输大量数据时，将这些数据当作一个可划分为字节的比特流。在传输时，在接收方收到的字节流与发送方发出的完全一样。

② 虚电路连接：在传输开始之前，接收应用程序和发送应用程序都要与操作系统进行交互，双方操作系统的协议软件模块通过在互联网络上传送报文来进行通信，进行数据传输的

准备与建立连接。通常用“虚电路”这个术语来描述这种连接，因为对应用程序来说这种连接好像是一条专用线路，而实际上是由数据流传输服务提供的可靠的虚拟连接。

③ 有缓冲的传输：使用虚电路服务来发送数据流的应用程序不断地向协议软件提交以字节为单位的数据，并放在缓冲区中。当累积到足够多的数据时，将它们组成大小合理的数据报，再发送到互联网上传输。这样可提高传输效率，减少网络流量。当应用程序传送特别大的数据块时，协议软件将它们划分为适合于传输的较小的数据块，并且保证在接收端收到的数据流与发送的顺序完全相同。

④ 无结构的数据流：TCP/IP 并未区分结构化的数据流。使用数据流服务的应用程序必须在传输数据前就了解数据流的内容，并对其格式进行协商。

⑤ 全双工连接：TCP/IP 流服务提供的连接功能是双向的，这种连接叫作全双工连接。对一个应用程序而言，全双工连接包括了两个独立的、流向相反的数据流，而且这两个数据流之间不进行显式的交互。全双工连接的优点在于底层协议软件能够在与送来数据流方向相反方向的数据流中传输控制信息，这种捎带的方式降低了网络流量。

TCP 采用一种名为“带重传功能的肯定确认（positive acknowledge with retransmission）”的技术作为提供可靠数据传输服务的基础。这项技术要求接收方收到数据之后向源站回送确认信息 ACK。发送方对发出的每个分组都保存一份记录，在发送下一个分组之前等待确认信息。发送方还在送出分组的同时启动一个定时器，并在定时器的定时期满而确认信息还没有到达的情况下重发刚才发出的分组。图 3-4（a）表示带重传功能的肯定确认协议传输数据的情况，图 3-4（b）表示分组丢失引起超时和重传。为了避免由于网络延迟引起迟到的确认和重复的确认，协议规定在确认信息中捎带一个分组的序号，使接收方能正确将分组与确认关联起来。

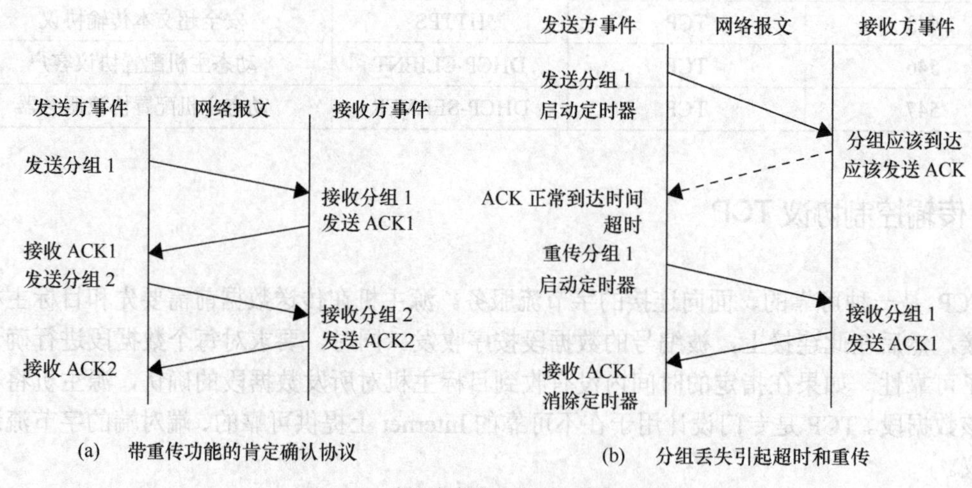

图 3-4 分组肯定确认和超时重传示意图

3.2.2 TCP 报文结构

TCP 报文分为两部分，前面是报头，后面是数据。报头的前 20 字节格式是固定的，后面是可能的选项，数据长度最大为 65535−20−20=65495 字节，其中第一个 20 字节指 IP 头，第二个 20 字节指 TCP 头。不带任何数据的报文也是合法的，一般用于确认和控制报文。TCP 报文格式如图 3-5 所示。每个字段的含义介绍如下。

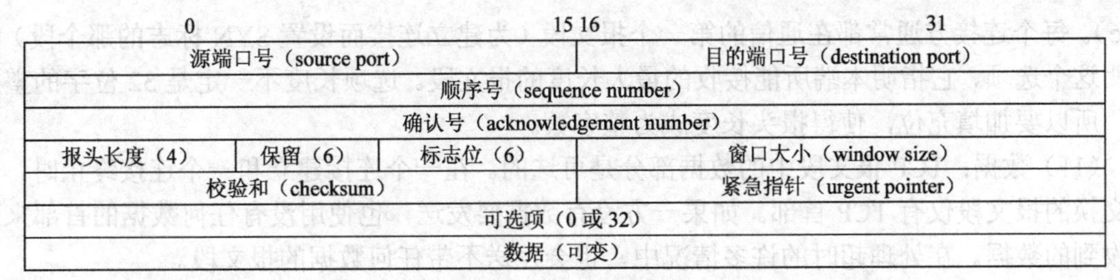

图 3-5　TCP 报头结构

（1）源、目的端口号：各占 16bit。TCP 协议通过使用“端口”来标识源端和目的端的应用进程。端口号可以使用 0～65535 的任何数字。在收到服务请求时，操作系统动态地为客户端的应用程序分配端口号。在服务器端，每种服务在“公认的端口”（well-know port）为用户提供服务。

（2）顺序号：占 32bit。用来标识从 TCP 源端向 TCP 目的端发送的数据字节流，它表示在这个报文段中的第一个数据字节的顺序号。序号到达 $2^{32}-1$ 后又从 0 开始。当建立一个新的连接时，SYN 标志变 1，顺序号字段包含由这个主机选择的该连接的初始顺序号 ISN（Initial Sequence Number）。

（3）确认号：占 32bit。只有 ACK 标志为 1 时，确认号字段才有效。它包含目的端所期望收到源端的下一个数据字节。TCP 为应用层提供全双工服务，这意味数据能在两个方向上独立地进行传输。因此，连接的每一端必须保持每个方向上的传输数据顺序号。

（4）报头长度：占 4bit。给出报头中 32bit 字的数目，它实际上指明数据从哪里开始。需要这个值是因为任选字段的长度是可变的。因为这个字段占 4bit，所以 TCP 最多有 60 字节的首部。若没有任选字段，正常的长度是 20 字节。

（5）保留位：保留给将来使用，目前必须置为 0。

（6）标志位（U、A、P、R、S、F）：占 6bit。它们中的多个可同时被设置为 1，各比特的含义如下。

- URG：为 1 表示紧急指针（urgent pointer）有效，为 0 则忽略紧急指针值。
- ACK：为 1 表示确认号有效，为 0 表示报文中不包含确认信息，忽略确认号字段。
- PSH：为 1 表示是带有 PUSH 标志的数据，指示接收方应该尽快将这个报文段交给应用层而不用等待缓冲区装满。
- RST：用于复位由于主机崩溃或其他原因而出现错误的连接。它还可以用于拒绝非法的报文段和拒绝连接请求。一般情况下，如果收到一个 RST 为 1 的报文，那么一定发生了某些问题。
- SYN：同步序号，为 1 表示连接请求，用于建立连接和使顺序号同步。
- FIN：释放一个连接。为 1 表示发送方已经没有数据发送了，即关闭本方数据流。

（7）窗口大小：占 16bit。此字段用来进行流量控制。单位为字节数，表示从确认号开始，本报文的源方可以接收的字节数，即源方接收窗口大小。窗口大小字段长 16bit，因而窗口大小最大为 65535 字节。

（8）TCP 校验和：占 16bit。对整个 TCP 报文段，即 TCP 头部和 TCP 数据进行校验和计算，并由目的端进行验证。

（9）紧急指针：占 16bit。只有当 URG 标志置 1 时紧急指针才有效。紧急指针是一个正的偏移量，和顺序号字段中的值相加表示紧急数据最后一个字节的序号。TCP 的紧急方式是发送端向另一端发送紧急数据的一种方式。

（10）可选项：占 32bit。最常见的可选字段是最长报文大小，又称为 MSS（Maximum Segment

Size）。每个连接方通常都在通信的第一个报文段（为建立连接而设置 SYN 标志的那个段）中指明这个选项，它指明本端所能接收的最大长度的报文段。选项长度不一定是 32 位字的整数倍，所以要加填充位，使得报头长度成为整字数。

（11）数据：TCP 报文段中的数据部分是可选的。在一个连接建立和一个连接终止时，双方交换的报文段仅有 TCP 首部。如果一方没有数据要发送，也使用没有任何数据的首部来确认收到的数据。在处理超时的许多情况中，也会发送不带任何数据的报文段。

3.2.3 TCP 的流量控制

虽然 TCP 传输过程中具有同时进行双向通信的能力，但由于在接到前一个分组的确认信息之前必须推迟下一个分组的发送，简单肯定确认协议浪费了大量宝贵的网络带宽。为此，TCP 使用滑动窗口的机制来提高网络吞吐量，同时解决端对端的流量控制。

滑动窗口技术是简单的带重传的肯定确认机制的一个更复杂的变形，它允许发送方在等待一个确认信息之前可以发送多个分组。如图 3-6 所示，发送方要发送一个分组序列，滑动窗口协议在分组序列中放置一个固定长度的窗口，然后将窗口内的所有分组都发送出去；当发送方收到对窗口内第一个分组的确认信息时，它可以向后滑动并发送下一个分组；随着确认不断到达，窗口也在不断向后滑动。

在图 3-6（a）中，窗口的初始长度为 8，落在这个窗口内的分组序列都可以依次发送出去。在图 3-6（b）中，当发送端收到来自接收端的关于分组 1 的确认消息后，窗口向后滑动一个分组，9 号分组也能被发送。

滑动窗口协议的效率与窗口大小和网络接收分组的速度有关。图 3-7 表示了一个窗口大小为 3 的滑动窗口协议软件的动作示意图。发送方在收到确认之前就发出了 3 个分组，在收到第一个分组的确认 ACK1 后，又发送了第四个分组。实际上，当窗口大小等于 1 时，滑动窗口协议就等同于简单肯定确认协议。通过增加窗口大小，可以完全消除网络的空闲状态。在稳定的情况下，发送方能以网络传输分组的最快能力来发送分组。

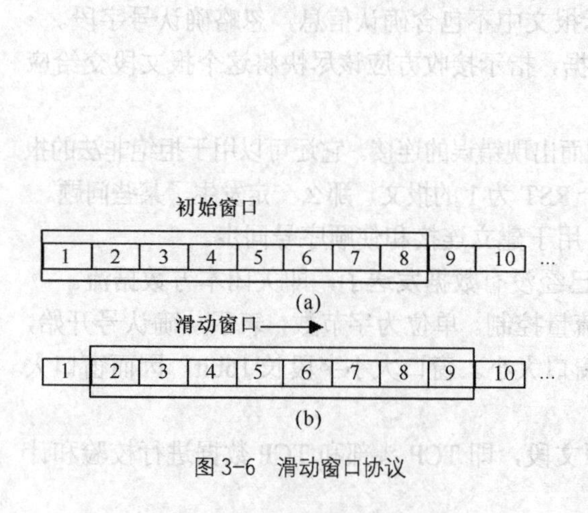

图 3-6　滑动窗口协议

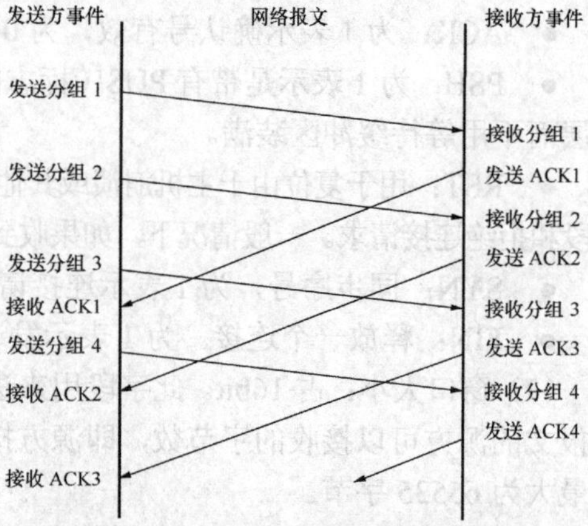

图 3-7　使用窗口大小为 3 的滑动窗口协议传输分组示例

3.2.4 TCP 的建链过程

1. 基本术语

- TCP 连接建立：TCP 的连接建立过程又称为 TCP 3 次握手。首先发送方主机向接收方主机发起一个建立连接的同步（SYN）请求；接收方主机在收到这个请求后向发送方主机回复一个同步/确认（SYN/ACK）应答；发送方主机收到此包后再向接收方主机发送一个确认（ACK），此时 TCP 连接成功建立。

- TCP 连接关闭：发送方主机和目的主机建立 TCP 连接并完成数据传输后，会发送一个将结束标记置 1 的数据包，以关闭这个 TCP 连接，并同时释放该连接占用的缓冲区空间。
- TCP 重置：TCP 允许在传输的过程中突然中断连接，这称为 TCP 重置。
- TCP 数据排序和确认：TCP 是一种可靠传输的协议，它在传输的过程中使用序列号和确认号来跟踪数据的接收情况。
- TCP 重传：在 TCP 的传输过程中，如果在重传超时时间内没有收到接收方主机对某数据包的确认回复，发送方主机就认为此数据包丢失，并再次发送这个数据包给接收方，这称为 TCP 重传。
- TCP 延迟确认：TCP 并不总是在接收到数据后立即对其进行确认，它允许主机在接收数据的同时发送自己的确认信息给对方。
- TCP 数据保护（校验和）：TCP 是可靠传输的协议，它提供校验和计算来实现数据在传输过程中的完整性。

2．TCP 建立连接过程

TCP 会话通过 3 次握手来初始化。3 次握手的目标是使数据段的发送和接收同步。同时也向其他主机表明其一次可接收的数据量（窗口大小），并建立逻辑连接。这 3 次握手的过程可以简述如下。

- 源主机发送一个同步标志位（SYN）置 1 的 TCP 数据段。此段中同时标明初始序号（Initial Sequence Number，ISN）。ISN 是一个随时间变化的随机值。
- 目的主机发回确认数据段，此段中的同步标志位（SYN）同样被置 1，且确认标志位（ACK）也置 1，同时在确认序号字段表明目的主机期待收到源主机下一个数据段的序号（即表明前一个数据段已收到且没有错误）。此外，此段中还包含目的主机的段初始序号。
- 源主机再回送一个数据段，同样带有递增的发送序号和确认序号。

至此为止，TCP 会话的 3 次握手完成。接下来，源主机和目的主机可以互相收发数据。整个过程可用图 3-8 表示。

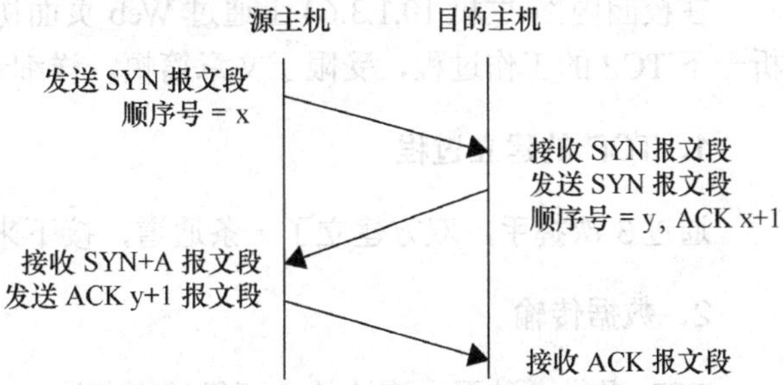

源主机 目的主机
发送 SYN 报文段
顺序号 = x
接收 SYN 报文段
发送 SYN 报文段
顺序号 = y, ACK x+1
接收 SYN+A 报文段
发送 ACK y+1 报文段
接收 ACK 报文段

图 3-8 TCP 建立连接的 3 次握手过程

3．TCP 释放连接过程

建立一个连接需要 3 次握手，而终止一个连接要经过 4 次握手。这是由 TCP 的半关闭（half-close）造成的。既然一个 TCP 连接是全双工（即数据在两个方向上能同时传递）的，因此每个方向必须单独地进行关闭。

TCP 连接的释放需要进行 4 次握手（如图 3-9 所示），步骤如下。

- 源主机发送一个释放连接标志位（FIN）为 1 的数据段发出结束会话请求。
- 目的主机收到一个 FIN，它必须通知应用层另一端已经终止了那个方向的数据传送。发回一个确认，并将应答信号（ACK）设置为收到序号加 1，这样就终止了这个方向的传输。

- 同时目的主机也发出一个数据段，将 FIN 置 1，请求终止本方向的连接。
- 源主机收到 FIN，再回送一个数据段，同样带有递增的确认序号。

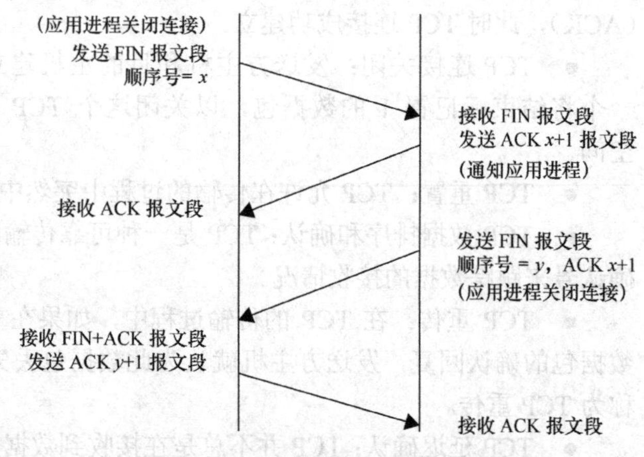

图 3-9　TCP 释放连接的 4 次握手过程

从一方的 TCP 来说，连接的关闭有 3 种情况。

- 本方启动关闭。收到本方应用进程的关闭命令后，TCP 在发送完尚未处理的报文段后，发 FIN=1 的报文段给对方，且 TCP 不再受理本方应用进程的数据发送。在 FIN 以前发送的数据字节，包括 FIN，都需要对方确认，否则要重传。注意 FIN 也占一个顺序号。一旦收到对方对 FIN 的确认及对方的 FIN 报文段，本方 TCP 就对该 FIN 进行确认，再等待一段时间，然后关闭连接。等待是为了防止本方的确认报文丢失，避免对方的重传报文干扰新的连接。
- 对方启动关闭。当 TCP 收到对方发来的 FIN 报文时，发 ACK 确认此 FIN 报文，并通知应用进程连接正在关闭。应用进程将以关闭命令响应。TCP 在发送完尚未处理的报文段后，发一个 FIN 报文给对方 TCP，然后等待对方对 FIN 的确认，收到确认后关闭连接。若对方的确认未及时到达，在等待一段时间后也关闭连接。
- 双方同时启动关闭。连接双方的应用进程同时发关闭命令，则双方 TCP 在发送完尚未处理的报文段后，发送 FIN 报文。各方 TCP 在 FIN 前所发报文都得到确认后，发 ACK 确认它收到的 FIN。各方在收到对方对 FIN 的确认后，同样等待一段时间再关闭连接。这称之为同时关闭（simultaneous close）。

*3.2.5　实例分析

在校园内网-主机 10.1.3.64 上通过 Web 页面访问 www.sina.com.cn，并通过 sniffer 抓包分析一下 TCP 的工作过程，受限于文章篇幅，详细过程查阅随书电子文档。

1．TCP 的建立过程

通过 3 次握手，双方建立了一条通道，接下来就可以进行数据传输了。

2．数据传输

TCP 提供一种面向连接的、可靠的字节流服务。当接收端收到来自发送端的信息时，接受端要发送一条应答信息，表示收到此信息。

3．TCP 终止连接过程

终止一个连接要经过 4 次握手。这是因为一个 TCP 连接是全双工（即数据在两个方向上能同时传递）的，每个方向必须单独地进行关闭。4 次握手实际上就是双方单独关闭的过程。

3.3 用户数据报协议 UDP

3.3.1 UDP 介绍

Internet 的运输层上有两个主要协议，一个无连接的协议和一个面向连接的协议。无连接的协议是 UDP；面向连接的协议是 TCP。本节主要介绍无连接的协议 UDP。

UDP（User Datagram Protocol，用户数据报协议）是一个简单的面向数据报的运输层协议，提供了不可靠的无连接传输服务；进程的每个输出操作都正好产生一个 UDP 数据报，并组装成一份待发送的 IP 数据报。这与面向流字符的协议不同，如 TCP，应用程序产生的全体数据与真正发送的单个 IP 数据报可能没有什么联系。UDP 传输的数据段（segment）是由 8 字节的头和数据域组成，UDP 数据段然后封装成一份 IP 数据报的格式，如图 3-10 所示。

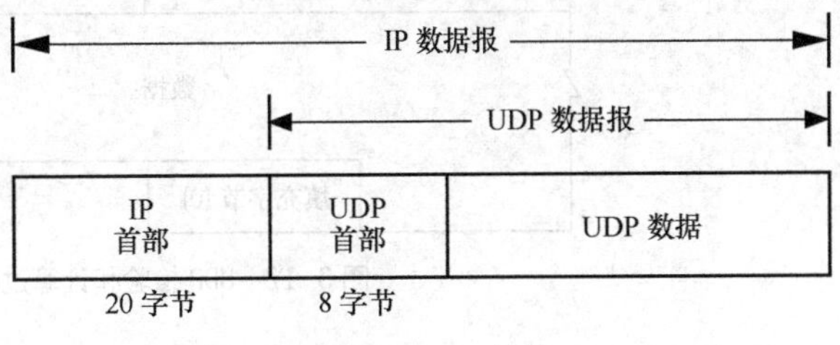

图 3-10 UDP 封装

UDP 不提供可靠性：它把应用程序传给 IP 层的数据发送出去，但是并不保证它们能到达目的地。由于缺乏可靠性，我们似乎觉得要避免使用UDP而使用一种可靠协议，如 TCP。实际上不是如此。

3.3.2 UDP 报文结构

UDP 首部报文结构如图 3-11 所示。

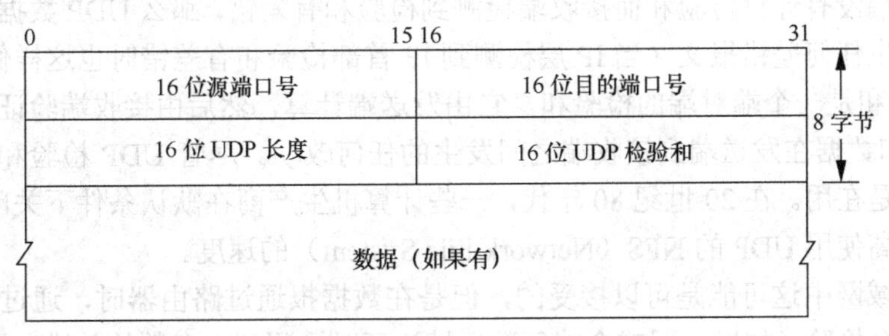

图 3-11 UDP 首部报文结构

端口号表示发送进程和接收进程。

UDP 长度字段指的是 UDP 首部和 UDP 数据的字节长度。该字段的最小值为 8 字节。这个 UDP 长度是有冗余的。IP 数据报长度指的是数据报全长，因此 UDP 数据报长度是全长减去 IP 首部的长度（该值在首部长度字段中指定）。

UDP 检验和覆盖 UDP 首部和 UDP 数据。回想 IP 首部的检验和，它只覆盖 IP 的首部，并不覆盖 IP 数据报中的任何数据。UDP 和 TCP 在首部中都有覆盖它们首部和数据的检验和。UDP 的检验和是可选的，而 TCP 的检验和是必需的。尽管 UDP 检验和的基本计算方法与 IP 首部检验和计算方法相类似（16bit 字的二进制反码和），但是它们之间存在不同的地方。首先，UDP 数据报的长度可以为奇数字节，但是检验和算法是把若干个 16bit 字相加。解决方法是必要时在最后增加填充字节 0，这只是为了检验和的计算（也就是说，可能增加的填充字节不被传送）。其次，UDP 数据报和 TCP 段都包含一个 12 字节长的伪首部，它是为了计算检验和而设置的。伪首部包含 IP 首部一些字段，其目的是让 UDP 两次检查数据是否已经正确到达目的地（例如，IP 没有接受地址不是本主机的数据报，以及 IP 没有把应传给另一高层的数据报传给 UDP）。UDP 数据报中的伪首部格式如图 3-12 所示。

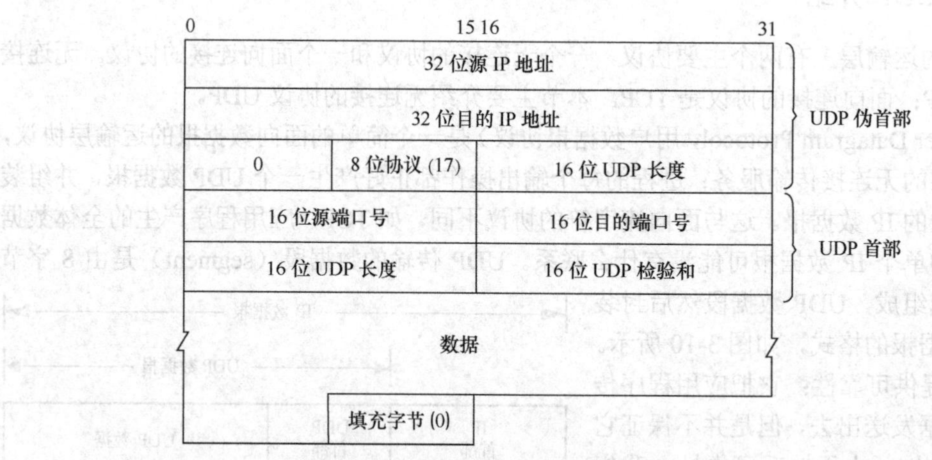

图 3-12　UDP 检验和计算过程中使用的各个字段

在图 3-12 中，我们特地举了一个奇数长度的数据报例子，因而在计算检验和时需要加上填充字节。注意，UDP 数据报的长度在检验和计算过程中出现两次。如果检验和的计算结果为 0，则存入的值为全 1（65535），这在二进制反码计算中是等效的。如果传送的检验和为 0，说明发送端没有计算检验和。

如果发送端没有计算检验和而接收端检测到检验和有差错，那么 UDP 数据报就要被悄悄地丢弃，不产生任何差错报文（当 IP 层检测到 IP 首部检验和有差错时也这样做）。

UDP 检验和是一个端对端的检验和。它由发送端计算，然后由接收端验证。其目的是发现 UDP 首部和数据在发送端到接收端之间发生的任何改动。尽管 UDP 检验和是可选的，但是它们应该总是在用。在 20 世纪 80 年代，一些计算机生产商在默认条件下关闭 UDP 检验和的功能，以提高使用 UDP 的 NFS（Network File System）的速度。

在单个局域网中这可能是可以接受的，但是在数据报通过路由器时，通过对链路层数据帧进行循环冗余检验（如以太网或令牌环数据帧）可以检测到大多数的差错，导致传输失败。不管相信与否，路由器中也存在软件和硬件差错，以致于修改数据报中的数据。如果关闭端对端的 UDP 检验和功能，那么这些差错在 UDP 数据报中就不能被检测出来。另外，一些数据链路层协议（如 SLIP）没有任何形式的数据链路检验和。

Host Requirements RFC 声明，UDP 检验和选项在默认条件下是打开的。它还声明，如果发送端已经计算了检验和，那么接收端必须检验接收到的检验和（如接收到检验和不为 0）。但是，许多系统没有遵守这一点，只是在出口检验和选项被打开时才验证接收到的检验和。

3.3.3　实例分析

以访问 www.sina.com.cn 的 DNS 解析为例，使用抓包软件进行抓包，受限于文章篇幅，详细过程查阅随书电子文档。

实例分析表明 UDP 报文中没有任何与可靠性有关的字段，所以 UDP 是一种不可靠无连接的协议。

习　题

1．写出 TCP/IP 的参考模型结构，并简述每层的含义。
2．简述 TCP/IP 的特点。
3．IP 地址是如何分类的?
4．解释为何要进行 IP 分片及重组。
5．IP 数据报文结构中 TTL 字段有何用处?
6．简单说明 UDP 与 TCP 的区别。
7．TCP 传输服务的可靠性是如何保证的?
8．什么是 TCP 连接建立的 3 次握手？为什么需要 3 次握手?
9．简述 TCP 服务的 5 个特征。

第 4 章 以太网交换技术

课程目标：

- 掌握以太网的基本原理；
- 熟悉 802.3 协议原理；
- 了解以太网交换机的工作原理；
- 掌握生成树协议原理；
- 了解快速生成树协议原理。

IEEE 802.3 定义了 10Mbit/s 的以太网标准，采用载波监听和冲突检测（CSMA / CD）协议，以半双工方式运行。从 20 世纪 80 年代末开始，以太网取得了巨大的成功。以太网是目前应用最广泛的局域网技术，它具有成本低、开放性好等优点。现代工业控制网络中，以太网已经成为企业管理层和生产控制层的主要网络技术，它提供各层之间的无缝连接。以太网已经发展到交换式以太网阶段，可以在源端与目的端之间提供快速的点对点连接，使站点独占带宽完成快速实时的通信。

采用交换技术克服了传统共享式以太网缺点，大大提高了网络性能。采用交换技术，使原来的共享带宽变成了独占带宽，串行传送变成了并行传送，大大提高了网络性能。交换式网络增强网络的可延伸性。采用交换式以太网，当网络的规模增大时，用户实际可用带宽不会减少。将来业务需求增长或新技术出现时，可以用最小的代价换取最高的性能。基于交换技术的虚拟局域网在阻止网段之间的广播数据包时，可充当防火墙的角色。同一虚拟局域网上的工作组成员可以协同工作、共享计算机资源，但是它们不能同其他的逻辑工作组进行通信。随着网络业务的发展，网络系统将变得越来越复杂，越来越庞大，这就要求拥有强有力的网络管理手段，以便合理地调整网络资源，监视网络的状态及控制整个网络的运行。

交换技术从根本上解决了传统共享网络难以解决的网络瓶颈问题，使人们建立逻辑上的虚拟网络的愿望成为现实。

4.1 以太网基本原理

以太网（Ethernet）是 Xerox、Digital Equipment 和 Intel 这 3 家公司开发的局域网组网规范，并于 20 世纪 80 年代初首次出版，称为 DIX1.0。1982 年修改后的版本为 DIX2.0。这 3 家公司将此规范提交给 IEEE 802 委员会，经过 IEEE 成员的修改并通过，变成了 IEEE 的正式标准，并编号为 IEEE 802.3。Ethernet 和 IEEE 802.3 虽然有很多规定不同，但术语 Ethernet 通常认为与 802.3 是兼容的。IEEE 将 802.3 标准提交国际标准化组织（ISO）第一联合技术委员会（JTC1），再次经过修订变成了国际标准。

以太网以其高度灵活，相对简单，易于实现的特点，成为当今最重要的一种局域网建网技术。虽然其他网络技术也曾经被认为可以取代以太网的地位，但是绝大多数的网络管理人员仍然把以太网作为首选的局域网解决方案。为了使以太网更加完善，一些业界主导厂商和标准制定组织不断对以太网规范做出修订和改进，许多制造商提供的产品都能采用通用的软件协议进行通信，使其开放性最好。

4.1.1 以太网的类型

通常我们所说的以太网主要是指以下 3 种不同的局域网技术：

以太网/IEEE 802.3——采用同轴电缆或双绞线作为网络媒体，传输速率达到 10Mbit/s；

100Mbit/s 以太网——又称为快速以太网，采用双绞线作为网络媒体，传输速率达到 100Mbit/s；

1000Mbit/s 以太网——又称为吉比特以太网（千兆以太网），采用光缆或双绞线作为网络媒体，传输速率达到 1000Mbit/s（1Gbit/s）。

4.1.2 IEEE 802 工作组

IEEE 802 又称为 LMSC（LAN /MAN Standards Committee，局域网/城域网标准委员会），致力于研究局域网和城域网的物理层和 MAC 层规范，对应 OSI 参考模型的下两层。

LMSC 执行委员会（Executive Committee）下设工作组（Working Group）、研究组（Study Group）、技术顾问组（Technical Advisory Group）。曾经设立的多个 SG 已经合并到 WG 中，目前活跃的 WG 和 TAG 如下。

802.1：高层局域网协议 Higher Layer LAN Protocols。

802.2：逻辑链路控制 Logical Link Control。

802.3：以太网 Ethernet。

802.4：令牌总线 Token Bus。

802.5：令牌环 Token Ring。

802.11：无线局域网 Wireless LAN。

802.15：无线个域网 Wireless Personal Area Network。

802.16：宽带无线接入 Broadband Wireless Access。

802.17：弹性分组环 Resilient Packet Ring。

802.18：无线管制 Radio Regulatory TAG。

802.19：共存 Coexistence TAG。

802.20：移动宽带无线接入 Mobile Broadband Wireless Access (MBWA)。

802.21：媒质无关切换 Media Independent Handoff。

IEEE 802 下设的不同 WG 研究不同领域的标准，当标准在 IEEE 802 获得通过后，就可以发布。因此，IEEE 802 的技术标准体系与它的 WG 分工是一一对应的。

4.1.3 以太网交换机工作原理

随着企业网络的发展，越来越多的用户需要接入到网络，如图 4-1 所示，交换机提供大量的接入端口能够很好地满足这种需求；同时，交换机的出现彻底解决了困扰早期以太网的冲突问题，极大地提升了以太网的性能；交换机在一定程度上也提高了以太网的安全性。

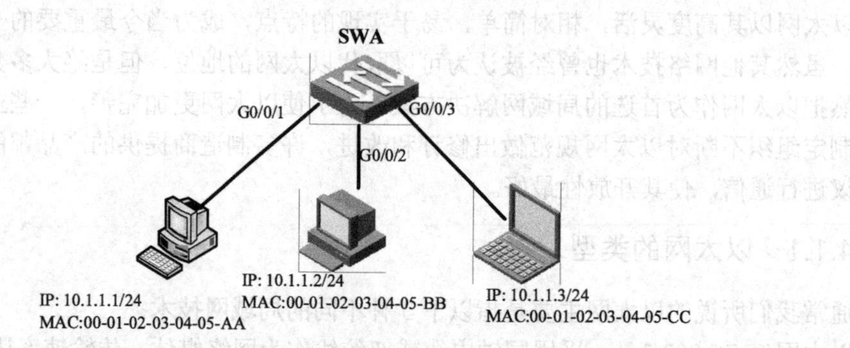

图 4-1 小型交换网络

交换机工作在数据链路层负责对数据帧进行操作处理，交换机根据数据帧的头部信息对数据帧进行转发。

交换机中有一个 MAC 地址表，里面存放了 MAC 地址与交换机端口（Port）的映射关系，MAC 地址表也称为 CAM（Content Addressable Memory）表。

交换机对帧的转发操作行为一共有 3 种：泛洪（flooding），转发（forwarding），丢弃（discarding），如图 4-2 所示。

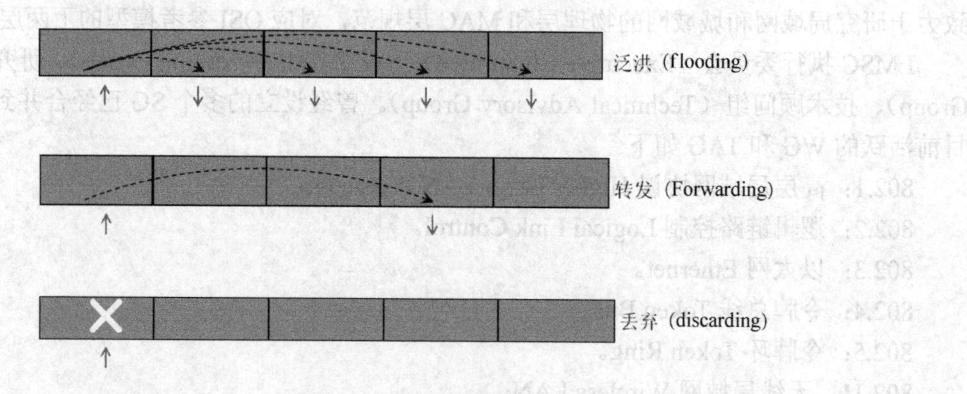

图 4-2 交换机的转发行为

泛洪：交换机把从某一端口进来的帧通过所有其他的端口转发出去（注意，“所有其他的端口”是指除了这个帧进入交换机的那个端口以外的所有端口）。

转发：交换机把从某一端口进来的帧通过另一个端口转发出去（注意，“另一个端口”不能是这个帧进入交换机的那个端口）。

丢弃：交换机把从某一端口进来的帧直接丢弃。

交换机的基本工作原理可以概括地描述如下。

如果进入交换机的是一个单播帧，则交换机会在 MAC 地址表中查找这个帧中的目的 MAC 地址，并按照以下方式进行对照处理。

① 如果查不到这个 MAC 地址，则交换机执行泛洪操作。

② 如果查到了这个 MAC 地址，则比较这个 MAC 地址在 MAC 地址表中对应的端口是不是这个帧进入交换机的那个端口。如果不是，则交换机执行转发操作。如果是，则交换机执行丢弃操作。如果进入交换机的是一个广播帧，则交换机不会去查 MAC 地址表，而是直接

执行泛洪操作。

③ 如果进入交换机的是一个组播帧，则交换机的处理行为比较复杂，在此略去。

交换机还具有学习能力，当一个帧进入交换机后，交换机会检查这个帧的源 MAC 地址，并将该源 MAC 地址与这个帧进入交换机的那个端口进行映射，然后将这个映射关系存放进 MAC 地址表。

初始状态下，交换机并不知道所连接主机的 MAC 地址，此时 MAC 地址表是空白的，如图 4-3 所示，SWA 为初始状态，在收到主机 A 发送的数据帧之前，MAC 地址表中没有任何表项，则初始状态下，交换机 MAC 地址表为空。

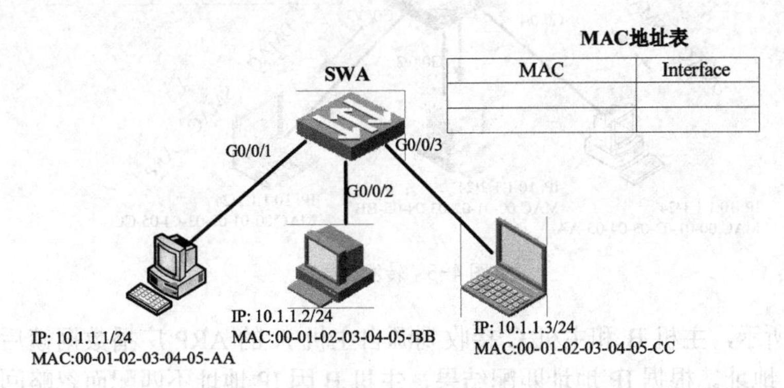

图 4-3 交换机初始状态

交换机收到主机 A 发送的数据帧之后，将收到的数据帧的源 MAC 地址和对应接口记录到 MAC 地址表中。

在随后的过程中，当主机 A 需要发送数据给主机 C 时，如果本地 MAC 地址表中没有关于主机 B 的 MAC 地址信息，主机 A 首先发送 ARP 请求来获取主机 C 的 MAC 地址，此 ARP 请求帧中的目的 MAC 地址是广播地址（FF-FF-FF-FF-FF-FF），源 MAC 地址是自己的 MAC 地址（00-01-02-03-04-AA）。SWA 收到该帧后，会将源 MAC 地址和接收端口（G0/0/1）的映射关系添加到 MAC 地址表中。

默认情况下，X7 系列交换机学习到的 MAC 地址表项的老化时间为 300s。如果在老化时间内再次收到主机 A 发送的数据帧，SWA 中保存的主机 A 的 MAC 地址和 G0/0/1 的映射的老化时间会被刷新。此后，如果交换机收到目的 MAC 地址为 00-01-02-03-04-AA 的数据帧时，都将通过 G0/0/1 端口转发，如图 4-4 所示。

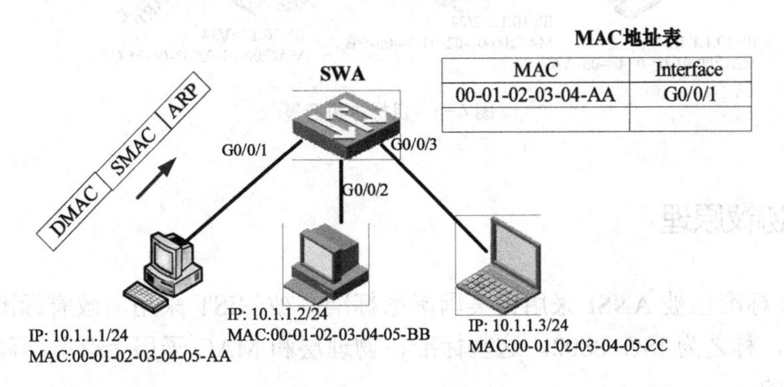

图 4-4 学习 MAC 地址

当数据帧的目的 MAC 地址不在交换机 SWA 中的 MAC 表中，或者目的 MAC 地址为广播地址时，交换机会泛洪该帧。

如图 4-5 所示，主机 A 发送的 ARP 广播数据帧的目的 MAC 地址为广播地址，所以交换机会将此数据帧通过 G0/0/2 和 G0/0/3 端口广播到主机 B 和主机 C。交换机根据 MAC 地址表将目的主机的回复信息单播转发给源主机。

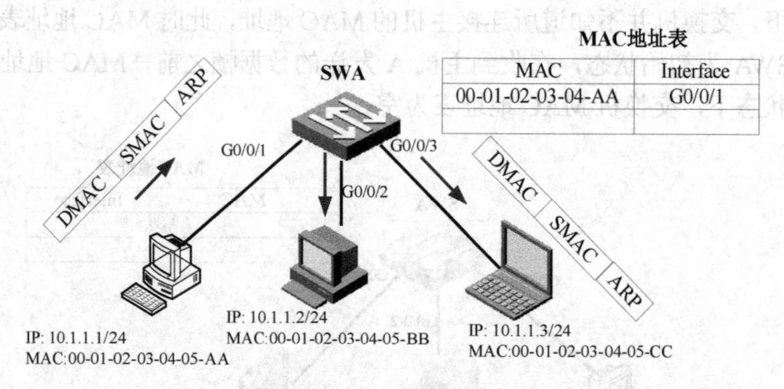

图 4-5　转发数据帧

如图 4-6 所示，主机 B 和主机 C 接收到源自主机 A 的 ARP 广播数据帧后，都会检查该帧的目的地 IP 地址。根据 IP 地址匹配结果，主机 B 因 IP 地址不匹配而忽略回复该帧，主机 C 会处理该帧并发送 ARP 回应，此回复数据帧的目的 MAC 地址为主机 A 的 MAC 地址，源 MAC 地址为主机 C 的 MAC 地址，SWA 收到回复数据帧时，会将该帧的源 MAC 地址和接口的映射关系添加到 MAC 地址表中，如果此映射关系在 MAC 地址表已经存在，则会被刷新。然后 SWA 查询 MAC 地址表，根据帧的目的 MAC 地址找到对应的转发端口后，从 G0/0/1 转发此 ARP 应答数据帧。

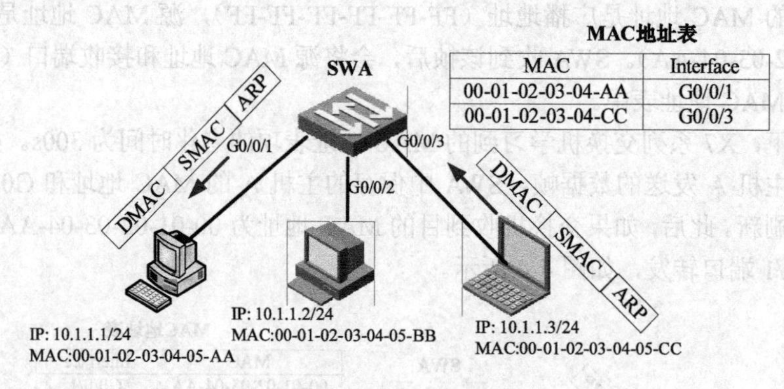

图 4-6　目标主机回复

4.2　802.3 协议原理

IEEE 802 标准已被 ANSI 采用为美国国家标准，被 NIST 采用为政府标准，并且被 ISO 作为国际标准，称之为 ISO 8802。这些标准在物理层和 MAC 子层上有所不同，但在数据链路层上是兼容的。

这些标准分成几个部分。802.1 标准对这组标准做了介绍，并且定义了接口原语；802.2 标准描述了数据链路层的上部，它使用了逻辑链路控制 LLC（Logical Link Control）协议。802.3～802.5 分别描述了 3 个局域网标准，分别是 CSMA/CD、令牌总线和令牌环标准，每一标准均包括物理层和 MAC 子层协议，本节仅介绍 802.3。

4.2.1 载波侦听多路访问协议 CSMA/CD

在局域网中，站点可以检测到其他站点在干什么，从而相应地调整自己的动作。网络站点侦听载波是否存在（即有无传输）并相应动作的协议，被称为载波侦听协议（carrier sense protocol）。下面介绍几种带冲突检测的载波侦听多路访问 CSMA/CD（carrier sense multiple access with collision detection）协议。CSMA/CD 协议是对 ALOHA 协议（一种基于地面无线广播通信而创建、适用于无协调关系的多用户竞争单信道使用权的系统）的改进，它保证在侦听到信道忙时无新站开始发送；站点检测到冲突就取消传送，以太网就是它的一个版本。

IEEE 802.3 或 Ethernet 所用的媒体访问法为带有碰撞检测的载波侦听多路访问（CSMA/CD）。按照这种方法，一个工作站在发送前，首先侦听媒体上是否有活动。所谓活动，是指媒体上有无传输，也就是载波是否存在。如果侦听到有载波存在，工作站便推迟自己的传输。在侦听的结果为媒体空闲时，则立即开始进行传输。在侦听到媒体忙而等待传输情况下，当传输中的帧最后一个数据位通过后，应继续等待至少 9.6μs，以提供适当的帧间间隔，随后便可进行传输。

如果两个工作站同时试图进行传输，将会造成废帧，这种现象称为碰撞，并认为是一种正常现象。因为媒体上连接的所有工作站的发送都基于媒体上是否有载波，所以称为载波侦听多路访问（CSMA）。为保证这种操作机制能够运行，还需要具备检测有无碰撞的机制，这便是碰撞检测（CD）。

也就是说，在一个工作站发送过程中，仍要不断检测是否出现碰撞。出现碰撞的另一种情况是由下述原因造成的，即信号在 LAN 上传播有一定时延。对于粗缆而言，信号在其上的传播速度是光速的 77%。对于细缆，在其上的传播速度为光速的 65%。由于这种传播时延，虽然 LAN 上某一工作站已开始发送，但由于另外一工作站尚未检测到第一站的传输也启动发送，从而造成碰撞。图 4-7 给出了工作站检测碰撞所需的时间，图中标出的数字 1 为工作站发送一个帧（传输单位）所需的时间，数字 0.5 为工作站 A 传输到工作站 B 所需的传播时间。可以看到，工作站 A 检测到碰撞是从 A 到 B 传播时间的 2 倍。

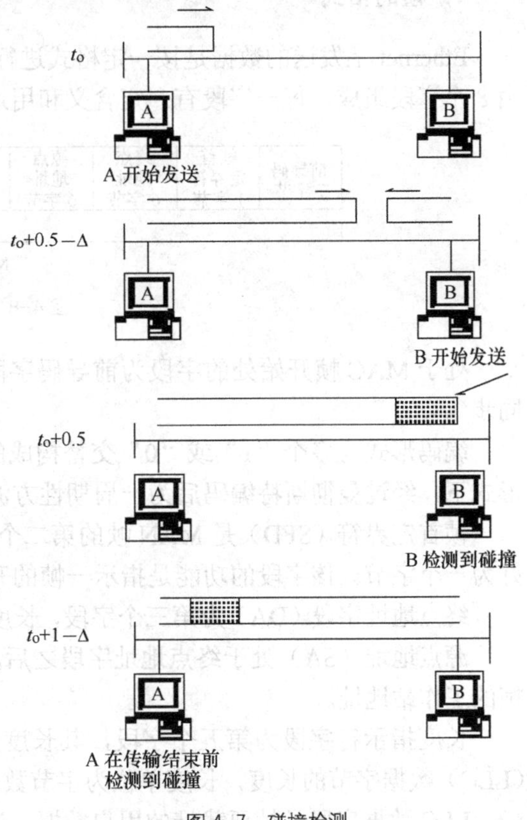

图 4-7 碰撞检测

图 4-7 还表明，帧长度要足以在发完之前就能检测到碰撞，否则碰撞检测就失去意义。因

此，在 IEEE 802.3 标准中定义了一个间隙时间，其大小为住返传播时间与为强化碰撞而有意发送的干扰序列时间之和。这个间隙时间可用来确定最小的 MAN 帧长。

检测到碰撞之后，涉及该次碰撞的站要丢弃各自开始的传输，转而继续发送一种特殊的干扰信号，使碰撞更加严重，以便警告 LAN 上的所有工作站，碰撞出现了！在此之后，两个碰撞的站都采取退避策略，即都设置一个随机间隔时间，另有当此时间间隔期满后才能启动发送。当然如果这两个工作站所选的随机间隔时间相同，碰撞将会继续产生。为避免这种情况的出现，退避时间应为一个服从均匀分布的随机量。同时，由于碰撞产生的重传加大了网络的通信流量，所以当出现多次碰撞后，它应退避一个较长的时间。

截断二进制指数退避（truncated binary exponential backoff）就是基于这种思想提出的。CSMA/CD 媒体访问方法可归纳为下述 4 步。

第一步：如果媒体信道空闲，则可进行发送。

第二步：如果媒体信道有载波（忙），则继续对信道进行侦听。一旦发现空闲，便立即发送。

第三步：如果在发送过程中检测到碰撞，则停止自己的正常发送，转而发送一短暂的干扰信号，强化碰撞信号，使 LAN 上所有站都能知道出现了碰撞。

第四步：发送了干扰信号后，退避一随机时间，重新尝试发送。

4.2.2 MAC 帧

1. 帧的格式

Ethernet 上发送的数据是按一定格式进行的，并将此数据格式称为帧，如图 4-8 所示。帧由 8 个字段组成，每一字段有一定含义和用途。每个字段长度不等，下面分别加以简述。

前导码 7 字节	帧首 定界符 1 字节	终点 地址 6 字节	源点 地址 6 字节	长度 指示符 2 字节	LLC 数据 46~1500 字节	填充 （不定）	帧检验 序列 4 字节

MAC 帧

图 4-8　MAC 帧结构

处于 MAC 帧开始处的字段为前导码字段，由 7 字节组成。其功能是使接收器建立比特同步。

编码形式为多个“1”或“0”交替构成的二进制序列，最后一比特为“0”。在这种编码形式下，经过曼彻斯特编码后为一周期性方波。

帧首定界符（SFD）是 MAN 帧的第二个字段，其编码形式为“10101011”序列，长度刚好为一个字节。该字段的功能是指示一帧的开始。

终点地址字段（DA）为第三个字段，长度为 6 字节。该字段用来指出帧要发往的工作站。

源点地址（SA）处于终点地址字段之后，其长度也为 6 字节。该字段功能是指示发送该帧的工作站地址。

长度指示符字段为第五个字段，其长度为 2 字节，用来指示紧随其后的逻辑链路控制（LLC）数据字节的长度，长度单位为字节数。

LLC 数据字段是帧要载携的用户数据，该数据由 LLC 子层提供或接收。

填充（PAD）字段紧接在LLC之后，用来对LLC数据进行填加，以保证帧有足够长度，适应前面所述的碰撞检测的需要。

帧检验序列（FCS）处于帧的最后，其长度为32bit，用于检验帧在传输过程中有无差错。

2．地址字段

地址字段包括两部分，处于前面的地址字段为终点地址，处于后面的为源点地址。

IEEE 802.3 标准规定，源点地址字段中第一比特恒为“0”，这种规定我们从终点地址的规定中便可获悉。

终点地址字段有较多的规定，原因是一个帧有可能发给某一工作站，也可能发送给一组工作站，还有可能发送给所有工作站，我们将后两种情况分别称为组播和广播。终点地址字段的格式如图4-9所示。当该字段第一比特为“0”时，表示帧要发送给某一工作站，即所谓单站地址。该字段第一比特为“1”时，表示帧发送给一组工作站，即所谓组地址。全“1”的组地址表示广播地址。

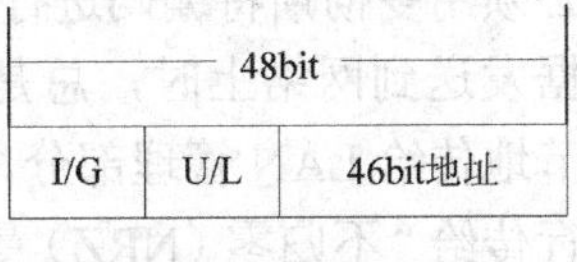

图4-9 地址字段格式

顺便在此指出，帧长除有最小要求外，最长也有限制，这是由于发送站和接收站的缓冲器容量总有一限度，同时如果一个工作站发送的帧太长，将妨碍其他站对媒体的使用。

4.2.3 Ethernet 网卡的结构及传输原理

根据对 CSMA/CD 访问方法的描述，节点网板要执行多种任务，因此，每个网板要有自己的控制器，用以确定何时发送，何时从网络上接受数据，并负责执行802.3所规定的规程，如构成帧、计算帧检验序列、执行编码译码转换等。

1．LAN 管理部分和微处理器

网络电路板（也称网板，网卡或网络适配器）由几部分组成，如图4-10所示。

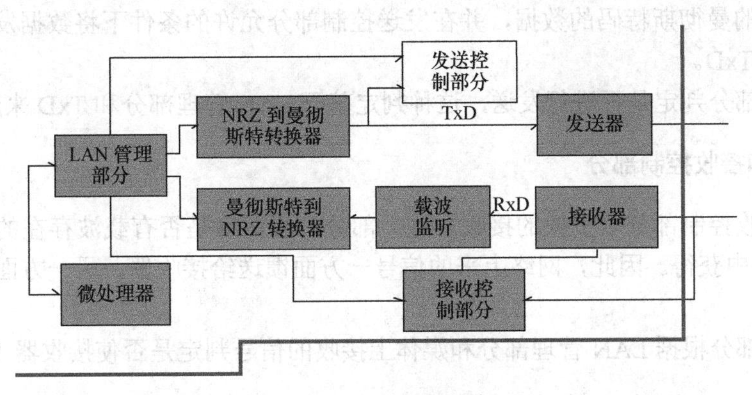

图4-10 网络适配器

LAN 的管理部分是网板的核心，负责执行所有规程和数据处理。微处理器部分包括微处理器芯片，RAM芯片和ROM芯片。这一部分在PC和LAN管理部分间提供链接。当PC有数据要发送时，便中断微处理器部分，并将数据存储在微处理器部分的RAM芯片中，命令它发送数据。微处理器还将来自PC的信号转换为LAN管理部分可接受的格式，随后命令LAN管理部分将数据发送到网络上。微处理监视发送过程，经常访问LAN管理部分，以检查发送是否成功。一旦 PC 准备好从网络上接收帧，它便中断微处理器，并通知它能进行帧的接收。微处理器通过命令 LAN 管理部分开始接收帧来响应。微处理器对帧的接收过程进行监视，一旦接收的帧由 LAN 管理部分处理结束，微处理器便中断 PC，将接收的数据传给 PC。

应该指出，有些网板不含有微处理器部分，在这种情况下，PC 直接控制和监视 LAN 管理部分的工作。

2. 曼彻斯特编译码器

IEEE 802.3 或 Ethernet 规定数据的传输必须用曼彻斯特编码进行。当 PC 希望将数据发送到网络上时，总是以并行方式逐字节地传给 LAN 管理部分，LAN 管理部分串行传给“不归零（NRZ）曼彻斯特编码器”，在这里进行曼彻斯特编码。曼彻斯特的编码过程如图 4-11 所示。NRZ 曼彻斯特编码器收到 NRZ 信号后，将其进行编码进而传给发送器发送。当从网络上接收到曼彻斯特编码时，接收器将其传给曼彻斯特 NRZ 转换器，反转换为 NRZ 信号，这种过程也称为时钟恢复。因此要求很高的精确度。LAN 的质量高低就取决于时钟恢复的精确度。

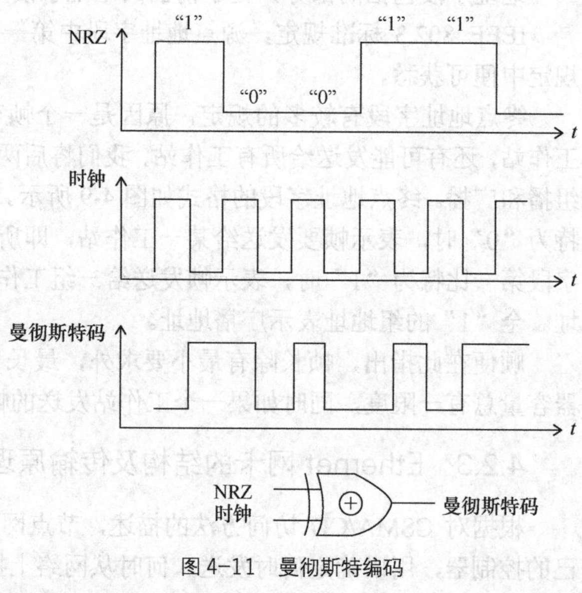

图 4-11 曼彻斯特编码

3. 发送和发送控制部分

发送和发送控制部分负责帧的发送。由图 4-11 可以看出，发送部分接受来自“NRZ 曼彻斯特转换器”的曼彻斯特码的数据，并在发送控制部分允许的条件下将数据发送到媒体，发送的数据称为 TxD。

发送控制部分判定是否进行发送，这种判定基于 LAN 管理部分和 TxD 来进行。

4. 接收和接收控制部分

接收和接收控制部分负责帧的接收。这一部分产生网络是否有载波存在的信号，产生的依据是从 RxD 中获得。因此，网络上来的信号一方面馈送给接收器，另一方面要馈送给接收控制部分。

接收控制部分根据 LAN 管理部分和媒体上接收的信号判定是否使接收器工作。

4.2.4 802.3 协议支持的电缆格式

1. 4 种电缆

第一种是 10Base-5 电缆，它通常被称为“粗以太网（thick ethernet）”电缆，802.3 标准建议为黄色，每隔 2.5m 一个标志，标明分接头插入处，连接处通常采用插入式分接头（vampire tap），将其触针小心地插入到同轴电缆的内芯。名称 10Base-5 表示的意思是：工作速率为

10Mbit/s，采用基带信号，最大支持段长为500m。

第二种电缆是10Base-2，或称为“细以太网（thin ethernet）”电缆，与“粗以太网”相对，并且很容易弯曲。其接头处采用工业标准的BNC连接器组成T型插座，它使用灵活，可靠性高。“细以太网”电缆价格低廉，安装方便，但是使用范围只有200m，并且每个电缆段内只能使用30台机器。

由于寻找电缆故障的麻烦，导致一种新的接线方式的产生，即所有站点均连接到一个中心集线器（hub）上。通常，这些连线是电话公司的双绞线。这种方式被称为10Base-T。这种结构使增添或移去站点变得十分简单，并且很容易检测到电缆故障。10Base-T的缺点是，其电缆的最大有效长度为距集线器100m，即使是高质量的双绞线（五类线），最大长度可能也只有150m。另外，大集线器的价格也较高。尽管如此，由于其易于维护，10Base-T还是应用得越来越广泛。

802.3中可用的第四种电缆连接方式是10Base-F，它采用了光纤。这种方式由于其连接器和终止器的费用而十分昂贵，但是它却有极好的抗干扰性，常用于办公大楼或相距较远的集线器间的连接。

4种不同电缆的比较见表4-1。

表4-1　　4种不同电缆的比较

名称	电缆	最大区间长度/m	节点数/段	优点
10Base-5	粗同轴电缆	500	100	用于主干线路
10Base-2	细同轴电缆	200	30	便宜
10Base-T	双绞线	100	1024	易于维护
10Base-F	光纤	2000	1024	适用于楼宇间

2. 中继器

802.3的每种版本都有一个区间最大电缆长度。为了使网络范围更大，可以用中继器（repeater）连接多根电缆。中继器是一个物理层设备，它双向接收、放大并重发信号。对软件而言，由中继器连接起来的一系列电缆段同单根电缆并无区别（除了中继器产生的一些延迟以外）。一个系统中可拥有多个电缆段和多个中继器，但两个收发器间不得超过2.5km，任意两个收发器间的路径上不得有4个以上的中继器。

4.2.5 网卡与传输媒体的连接

网卡与媒体的连接取决于所用的媒体。在媒体为粗缆情况下，通常使用收发器，在标准中称为MAU。在细缆情况下，使用BNC连接器，没有外加的MAU。在媒体为双绞线的情况下，RJ-45使用连接器通过双绞线与Hub相连。与细缆情况相同，MAU的功能已集成到网板上。

1. 粗缆和细缆下的收发器

收发器或MAU的结构如图4-12所示。来自粗缆的信号馈送给逻辑电路，逻辑电路对此信号进行分析，并根据分析结果确定开关处于上部还是下部。

如果逻辑电路确定网络媒体来的信号是有效的曼彻斯特编码，它便将开关置于上部位置，使外来信号到达网板。网卡检查外来的帧，抽取出终点地址。如果与网卡的地址相符，便接受帧的其余部分。在接收有效信号期间，不允许网卡将数据发往收发器。如果有数据要发送，只能推迟一段时间。

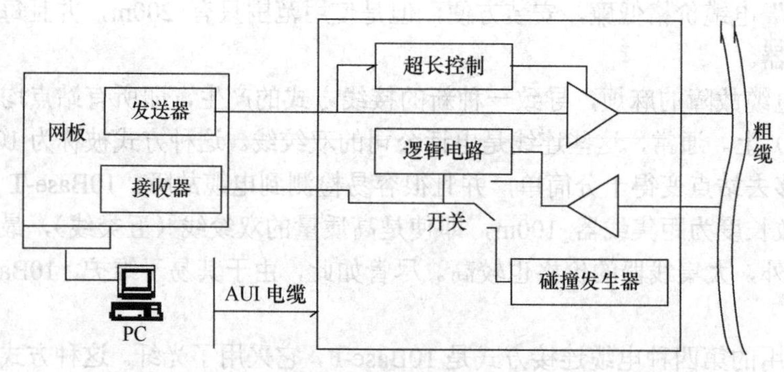

图 4-12　收发器结构

如果逻辑电路检测到违背了曼彻斯特编码规律，便可断定有两个或两个以上的工作站同时发送，于是将开关置于下部位置，将该网卡连接到一个特殊的信号发生器。

该发生器产生特殊信号，即称为碰撞存在信号。碰撞存在信号传送到网卡，网卡据此可断定，网络电缆上存在碰撞。如果该工作站正忙于接收帧时突然收到碰撞信号，则必须放弃帧的接收。

如果逻辑电路部分无信号到达，它便将开关置于上部位置。在此位置时，网卡根据无信号到达便断定网络媒体空闲。如果网卡有数据要发送，则可启动发送，通过收发器进入媒体。

连入网络的每一收发器都将外来信号传送到各自的网卡。

由图 4-12 可以看到，收发器将比特送入电缆的同时，收发器又接收到自己发出的比特，并将其传回网卡。这就是说，网卡发出的比特几乎同时会收回。如果碰巧网络上另一工作站同时向网络发送，电缆上便产生一种混合信号。在这种情况下，收回的信号肯定与发送的信号不一致，于是断定有碰撞存在。停止发送，进入退避阶段。

图 4-12 中左上角的超长控制是为防止工作站独占网络电缆而设计的，其功能是对发出帧长进行计时，一旦到达设定的时限，便发出信号禁止发送器发送。

用细缆构造网络时，由于收发器电路已集成到网卡上，所以不再需要外加的收发器。网卡与细缆相连通过 BNC 阴性 T 连接器来进行。

2．网卡与双绞线的连接

在双绞线网络（10Base-T）环境中，网卡结构除发送器和接收器与粗缆下的网板发送器和接收器不同外，其余部分完全相同，如图 4-12 所示。在 10Base-T 情况下，发送器驱动的是双绞线，而且收发器已集成到网板中，收发器与双绞线的连接是通过 RJ-45 实现的。RJ-45 的结构及 RJ-45 与网卡 MAU 部分的连接如图 4-13 所示。

在构成网络时，网卡通常与 Hub 相连，Hub 与外界的接口也是 RJ-45，使两个 RJ-45 头连接两个 RJ-45 座时，要特别注意收发关系的正确性。要点是发送端与接收端相连，并将极性进行适配。

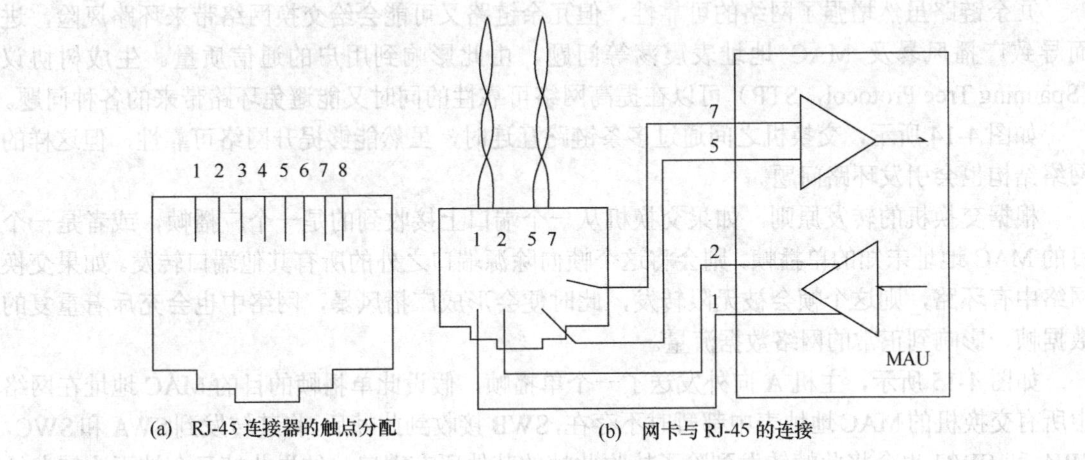

(a) RJ-45 连接器的触点分配　　(b) 网卡与 RJ-45 的连接

图 4-13 RJ-45 连接器

4.2.6 交换式 802.3 局域网

交换式局域网的心脏是一个交换机，在其高速背板上插有 4～32 个插板，每个板上有 1～8 个连接器。大多数情况下，交换机都是通过一根 10Base-T 双绞线与一台计算机相连。

当一个站点想发送一 802.3 帧时，它就向交换机输出一标准帧。插板检查该帧的目的地是否为连接在同一块插板上的另一站点。如果是，就复制该帧。如果不是，该帧就通过高速背板被送向连有目的站点的插板。通常，背板通过采用适当的协议，速率高达 1Gbit/s。

如果一块插板上连接的两个站点同时发送一帧，会如何解决？这取决于插板的构造方式。

一种方式都是插板上的所有端口连在一起形成一个插板上局域网。插板上局域网的冲突检测与处理方式与 CSMA/CD 网络完全一样，并采用二进制后退算法进行重发。采用这种插板，任一时刻每块板上只可能有一个帧发送，但所有插板的发送可以并行进行。通过使用这种方案，每个插板与其他插板独立，属于自己的冲突域（collision domain）。

另一种插板采用了缓冲方式，因此，当有帧到达时，它们首先被缓冲在插板上的 RAM 中。这种方案允许所有端口并行地接受和发送帧。一旦一帧被完全接受，插板就检查接收帧的目的地是同一插板上的另一端口，还是其他插板上的端口。在前一种情况下，帧会被直接发送到目的端口，在后一种情况下，帧必须通过背板发送到正确的插板上。采用这种方案，每一个端口是一个独立的冲突域，因此冲突不会发生。该系统的总吞吐量是 10Base-5 的倍数。

因为交换机只要求每个输入端口接收的是标准 802.3 帧，所以可将它的端口用作集线器。如果所有端口连接的都是集线器，而不是单个站点，交换机就变成了从 802.3 网络到另一 802.3 网络的网桥。

4.3 生成树原理

4.3.1 交换环路引起的问题

随着局域网规模的不断扩大，越来越多的交换机被用来实现主机之间的互连，如果交换机之间仅使用一条链路互连，则可能会出现单点故障，导致业务中断。为了解决此类问题，交换机在互连时一般都会使用冗余链路来实现备份。

冗余链路虽然增强了网络的可靠性，但冗余链路又可能会给交换网络带来环路风险，进而导致广播风暴及 MAC 地址表震荡等问题，由此影响到用户的通信质量。生成树协议（Spanning Tree Protocol，STP）可以在提高网络可靠性的同时又能避免环路带来的各种问题。

如图 4-14 所示，交换机之间通过多条链路互连时，虽然能够提升网络可靠性，但这样的网络结构也会引发环路问题。

根据交换机的转发原则，如果交换机从一个端口上接收到的是一个广播帧，或者是一个目的 MAC 地址未知的单播帧，则会将这个帧向除源端口之外的所有其他端口转发。如果交换网络中有环路，则这个帧会被无限转发，此时便会形成广播风暴，网络中也会充斥着重复的数据帧，影响到正常的网络数据流量。

如图 4-15 所示，主机 A 向外发送了一个单播帧，假设此单播帧的目的 MAC 地址在网络中所有交换机的 MAC 地址表中都暂时不存在，SWB 接收到此帧后，将其转发到 SWA 和 SWC，SWA 和 SWC 也会将此帧转发到除了接收此帧的其他所有端口，结果此帧又会被再次转发给 SWB，这种循环会一直持续，于是便产生了广播风暴。因此环路会引起广播风暴，网络中的主机会收到重复数据帧，从而导致交换机性能急速下降，并会导致业务中断。

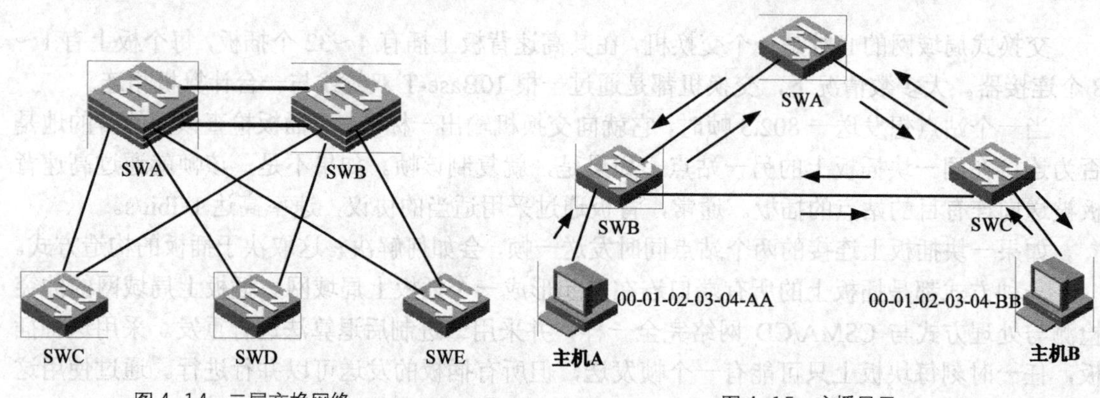

图 4-14　二层交换网络　　　　图 4-15　广播风暴

交换机是根据所接收到的数据帧的源地址和接收端口生成 MAC 地址表项的。在 MAC 地址表信息缺失的情况下，单播帧的发送则会造成 MAC 地址表震荡。

如图 4-16 所示，主机 A 向外发送一个单播帧，假设此单播帧的目的 MAC 地址在网络中所有交换机的 MAC 地址表中都暂时不存在，SWB 收到此数据帧之后，在 MAC 地址表中生成一个 MAC 地址表项，MAC 地址为 00-01-02-03-04-AA，对应端口为 G0/0/3，并将其从 G0/0/1 和 G0/0/2 端口转发。

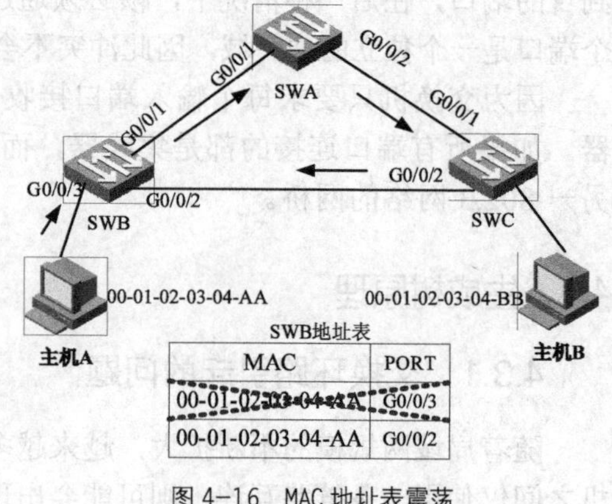

图 4-16　MAC 地址表震荡

SWA 接收到此帧后，由于 MAC 地址表中没有对应此帧目的 MAC 地址的表项，所以 SWA 会将此帧从 G0/0/2 转发出去。

SWC 接收到此帧后，由于 MAC 地址表中也没有对应此帧目的 MAC 地址的表项，所以 SWC 会将此帧从 G0/0/2 端口发送回 SWB，也会发给主机 B。SWB 从 G0/0/2 接口接收到此数据帧之后，会在 MAC 地址表中删除原有的相关表项，生成一个新的表项（更新），MAC地址为00-01-02-03-04-AA，对应端口为G0/0/2。此过程会不断重复，从而导致MAC地址表震荡。

4.3.2 STP原理与配置

由于以太网网桥实现了在不同端口之间的数据转发机制，每一个端口对应的是一个以太网的网段，通过学习每个端口的MAC地址表的方式，网桥只转发不同端口间的通信。但由于网桥依赖运行网络中存在的MAC地址和端口的地址对应表来进行数据的转发，若收到目的地址未知的数据包，只能利用广播的形式来寻址，其后果就是在一个环形网络中造成大量的流量即“广播风暴”，从而导致网络的瘫痪。

为了解决MAC层的“广播风暴”问题，IEEE制定了802.1D的生成树协议（Spanning Tree Protocol），它在防止产生环路的基础上提供路径冗余。生成树协议（STP）是通过生成树算法（Spanning Tree Algorithm，STA）计算出一条到根网桥的无环路路径来避免和消除网络中的环路，它是通过判断网络中存在环路的地方并阻断冗余链路来实现这个目的。通过这种方式，它确保到每个目的地都只有唯一路径，不会产生环路，从而达到管理冗余链路的目的。

为了实现对冗余链路的管理，找出存在的冗余链路，STA在网络中选举根网桥作为依据，跟踪到目的网络的可用路径。若发现存在冗余路径，它将选择最佳路径来进行数据包转发，并阻断其他冗余链路。

STP的主要作用表现在以下两个方面。

① 消除环路：通过阻断冗余链路来消除网络中可能存在的环路。

② 链路备份：当活动路径发生故障时，激活备份链路，及时恢复网络连通性。STP通过阻塞端口来消除环路，并能够实现链路备份的目的。

STP通过构造逻辑意义上的树状结构，旨在用以消除交换网络中的环路。

每个STP网络中，都会存在一个根桥（或根交换机），其他交换机为非根桥。根桥或者根交换机位于整个逻辑树的根部，是STP网络的逻辑中心。非根桥是根桥的下游设备。当现有根桥产生故障时，非根桥之间会交互信息并重新选举根桥，交互的信息被称为BPDU（Bridge Protocol Data Unit）。BPDU中包含交换机在参加生成树计算时的各种参数信息。

如图4-17所示，STP中定义了3种端口角色：指定端口D、根端口R和预备端口A。

指定端口是交换机向所连网段转发配置BPDU的端口，每个网段有且只能有一个指定端口，一般情况下，根桥的每个端口总是指定端口。

根端口是非根交换机去往根桥路径最优的端口，在一个运行 STP 协议的交换机上最多只有一个根端口，但根桥上没有根端口。

如果一个端口既不是指定端口也不是根端口，则此端口为预备端口。预备端口将被阻塞。

每一台交换机启动STP后，都认为自己是根桥，通过生成树收敛计算选举出STP根桥。

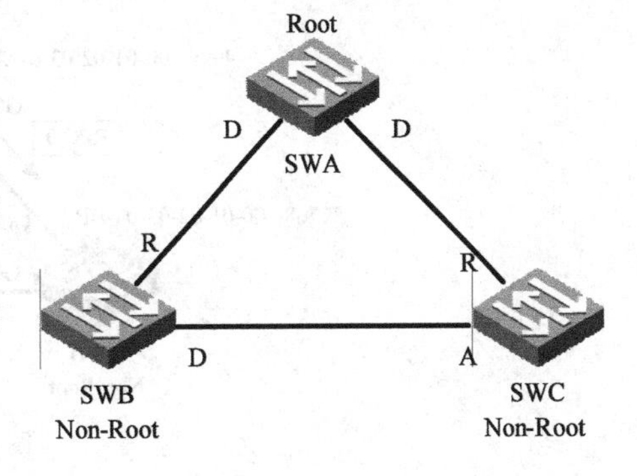

图4-17 STP操作

如图4-18所示，STP根桥的选举依据的是交换机桥ID（Bridge ID），运行STP的每个交换机都会有一个桥ID，桥ID由16位的桥优先级（bridge priority）和48位的MAC地址构成。在STP网络中，桥优先级是可以配置的，取值范围是0～

65535，默认值为 32768，优先级最高的设备（桥 ID 最小）会被选举为根桥。如果优先级相同，则会比较 MAC 地址，MAC 地址越小则越优先。

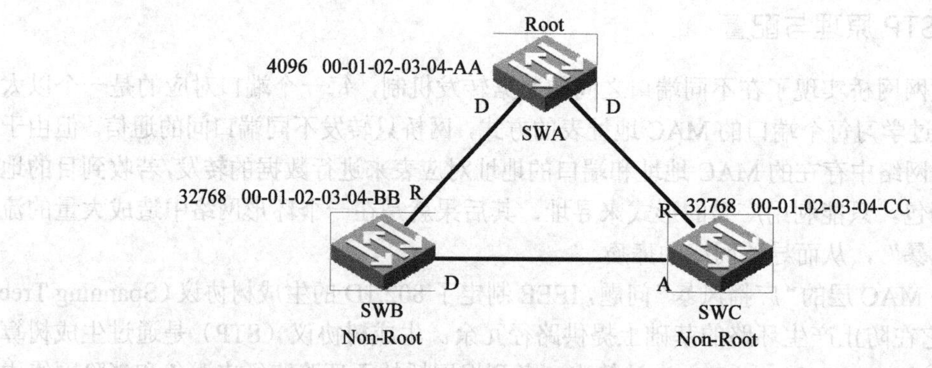

图 4-18 根桥选举

交换机启动后就自动开始进行生成树收敛计算。默认情况下，所有交换机启动时都认为自己是根桥，自己的所有端口都为指定端口，这样 BPDU 报文就可以通过所有端口转发，对端交换机收到 BPDU 报文后，会比较 BPDU 中的根桥 ID 和自己的桥 ID，如果收到的 BPDU 报文中的桥 ID 优先级低，接收交换机会继续通告自己的配置 BPDU 报文给邻居交换机，如果收到的 BPDU 报文中的桥 ID 优先级高，则交换机会修改自己的 BPDU 报文的根桥 ID 字段，宣告新的根桥。

非根交换机在选举根端口时的依据分别是该端口的根路径开销、对端 BID（Bridge ID）、对端 PID（Port ID）和本端 PID。

如图 4-19 所示，交换机的每个端口都有一个端口开销（port cost）参数，此参数表示该端口发送数据时的开销值，即出端口的开销。STP 认为从一个端口接收数据是没有开销的，端口的开销和链路带宽有关，带宽越宽，开销越小。从一个非根桥到达根桥的路径可能有多条，每一条路径都有一个总的开销值，此开销值是该路径上所有出端口的端口开销总和，即根路径开销 RPC（Root Path Cost）。非根桥根据根路径开销来确定到达根桥的最短路径，并生成无环树状网络。根桥的根路径开销是 0。

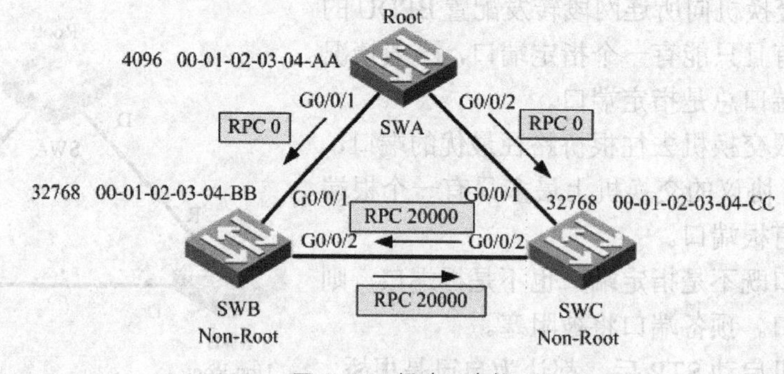

图 4-19 根端口选举

一般情况下，企业网络中会存在多厂商的交换设备，华为 X7 系列交换机支持多种 STP 的路径开销计算标准，提供最大程度的兼容性。默认情况下，华为 X7 系列交换机使用 IEEE 802.1t 标准来计算路径开销。

运行 STP 交换机的每个端口都有一个端口 ID，端口 ID 由端口优先级和端口号构成，端口优先级取值范围是 0～240，步长为 16，即取值必须为 16 的整数倍，默认情况下，端口优先级是 128，端口 ID（Port ID）可以用来确定端口角色。

每个非根桥都要选举一个根端口，根端口是距离根桥最近的端口，这个最近的衡量标准是靠累计根路径开销来判定的，即累计根路径开销最小的端口就是根端口，端口收到一个 BPDU 报文后，抽取该 BPDU 报文中累计根路径开销字段的值，加上该端口本身的路径开销即为累计根路径开销。如果有两个或两个以上的端口计算得到的累计根路径开销相同，那么选择收到发送者 BID 最小的那个端口作为根端口。如果两个或两个以上的端口连接到同一台交换机上，则选择发送者端口 ID 最小的那个端口作为根端口。如果两个或两个以上的端口通过 Hub 连接到同一台交换机的同一个接口上，则选择本交换机的这些端口中的端口 ID 最小的作为根端口。

未被选举为根端口或指定端口的端口为预备端口，将会被阻塞。

如图 4-20 所示，在网段上抑制其他端口（无论是自己的还是其他设备的）发送 BPDU 报文的端口，就是该网段的指定端口。每个网段都应该有一个指定端口，根桥的所有端口都是指定端口（除非根桥在物理上存在环路）。

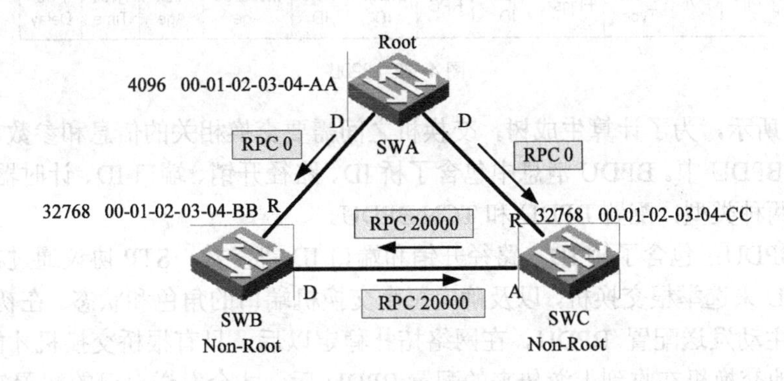

图 4-20 指定端口选举

指定端口的选举也是首先比较累计根路径开销，累计根路径开销最小的端口就是指定端口。如果累计根路径开销相同，则比较端口所在交换机的桥 ID，所在桥 ID 最小的端口被选举为指定端口。如果通过累计根路径开销和所在桥 ID 选举不出来，则比较端口 ID，端口 ID 最小的被选举为指定端口。

网络收敛后，只有指定端口和根端口可以转发 BPDU 数据，其他端口为预备端口，被阻塞，不能转发数据，只能够从所连网段的指定交换机接收到 BPDU 报文，并以此来监视链路的状态。

STP 的端口状态迁移机制，运行 STP 协议的设备上端口状态有 5 种，如图 4-21 所示。

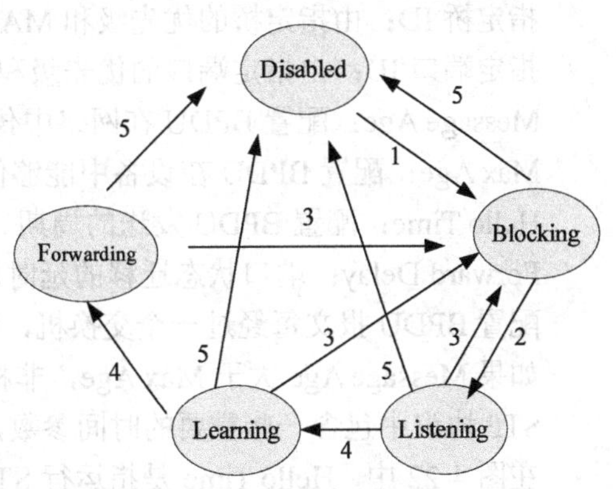

图 4-21 端口状态转换

Forwarding：转发状态。端口既可转发用户流量也可转发 BPDU 报文，只有根端口或指定端口才能进入 Forwarding 状态。

Learning：学习状态。端口可根据收到的用户流量构建 MAC 地址表，但不转发用户流量。增加 Learning 状态是为了防止临时环路。

Listening：侦听状态。端口可以转发 BPDU 报文，但不能转发用户流量。

Blocking：阻塞状态。端口仅仅能接收并处理 BPDU，不能转发 BPDU，也不能转发用户流量。此状态是预备端口的最终状态。

Disabled：禁用状态。端口既不处理和转发 BPDU 报文，也不转发用户流量。

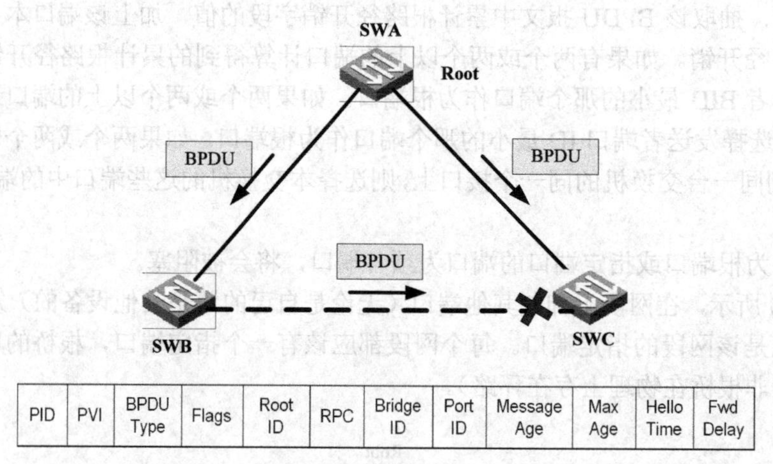

PID	PVI	BPDU Type	Flags	Root ID	RPC	Bridge ID	Port ID	Message Age	Max Age	Hello Time	Fwd Delay

图 4-22 BPDU

如图 4-22 所示，为了计算生成树，交换机之间需要交换相关的信息和参数，这些信息和参数被封装在 BPDU 中。BPDU 消息中包含了桥 ID、路径开销、端口 ID、计时器等重要参数。

BPDU 有两种类型：配置 BPDU 和 TCN BPDU。

① 配置 BPDU：包含了桥 ID、路径开销和端口 ID 等参数，STP 协议通过在交换机之间传递配置 BPDU 来选举根交换机，以及确定每个交换机端口的角色和状态。在初始化过程中，每个交换机都主动发送配置 BPDU。在网络拓扑稳定以后，只有根桥交换机才能主动发送配置 BPDU，其他交换机在收到上游传来的配置 BPDU 后，才会发送自己的配置 BPDU。

②TCNBPDU：是指下游交换机感知到拓扑发生变化时向上游发送的拓扑变化通知。

配置 BPDU 中包含了足够的信息来保证设备完成生成树计算，其中重要的信息如下。

根桥 ID：由根桥的优先级和 MAC 地址组成，每个 STP 网络中有且仅有一个根。

根路径开销：到根桥的最短路径开销。

指定桥 ID：由指定桥的优先级和 MAC 地址组成。

指定端口 ID：由指定端口的优先级和端口号组成。

Message Age：配置 BPDU 在网络中传播的生存期。

Max Age：配置 BPDU 在设备中能够保存的最大生存期。

Hello Time：配置 BPDU 发送的周期。

Forward Delay：端口状态迁移的延时。

配置 BPDU 报文每经过一个交换机，Message Age 都加 1。

如果 Message Age 大于 Max Age，非根桥会丢弃该配置 BPDU。

STP 协议中包含一些重要的时间参数，这里举例说明如下。

在图 4-22 中，Hello Time 是指运行 STP 协议的设备发送配置 BPDU 的时间间隔，用于检测链路是否存在故障。交换机每隔 Hello Time 时间会向周围的交换机发送配置 BPDU 报文，以确认链路是否存在故障，当网络拓扑稳定后，该值只有在根桥上修改才有效。

如图 4-23 所示，Message Age：如果配置 BPDU 是根桥发出的，则 Message Age 为 0，否则，Message Age 是从根桥发送到当前桥接收到 BPDU 的总时间，包括传输延时等。实际实现中，配置 BPDU 报文每经过一个交换机，Message Age 增加 1。

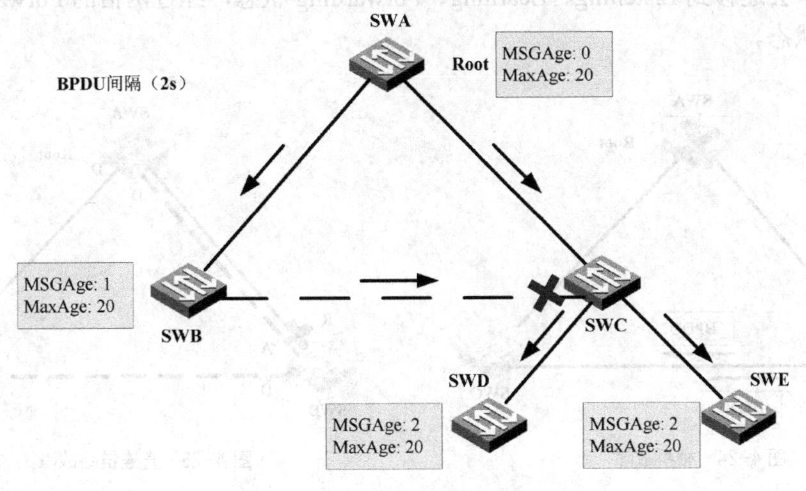

图 4-23 计时器

Max Age 是指 BPDU 报文的老化时间，可在根桥上通过命令人为改动这个值。Max Age 通过配置 BPDU 报文的传递，可以保证 Max Age 在整网中一致，非根桥设备收到配置 BPDU 报文后，会将报文中的 Message Age 和 Max Age 进行比较：如果 Message Age 小于等于 Max Age，则该非根桥设备会继续转发配置 BPDU 报文，如果 Message Age 大于 Max Age，则该配置 BPDU 报文将被老化掉，该非根桥设备将直接丢弃该配置 BPDU，并认为是网络直径过大，导致了根桥连接失败。

STP 计算步骤如下。

① 确定根网桥：选择网桥优先级最高的网桥，如果优先级相同则比较网桥的 MAC 地址，MAC 地址最小的网桥被选为根网桥。

② 确定指定端口和指定网桥：物理网段中根路径代价最小的端口为指定端口，指定端口所在的网桥为指定网桥。当根路径代价相同时，先比较网桥 ID；如果网桥 ID 相同，再比较端口 ID。根网桥是与它相连的所有物理网段的指定网桥。

③ 确定根端口：网桥中根路径代价最低的端口为该网桥的根端口，如果根路径代价相同则比较端口 ID。

④ 确定阻塞端口：除了指定端口和根端口，其他端口都设置为阻塞端口。

⑤ 确定转发端口：即指定端口和根端口。

4.3.3 STP 拓扑变化

如图 4-24 所示，在稳定的 STP 拓扑里，非根桥会定期收到来自根桥的 BPDU 报文，如果根桥发生了故障，停止发送 BPDU 报文，下游交换机就无法收到来自根桥的 BPDU 报文，如果下游交换机一直收不到 BPDU 报文，Max Age 定时器就会超时（Max Age 的默认值为 20s），从而导致已经收到的 BPDU 报文失效，此时，非根交换机会互相发送配置 BPDU 报文，重新选举新的根桥。根桥故障会导致 50s 左右的恢复时间，恢复时间约等于 Max Age 加上两倍的 Forward Delay 收敛时间。

如图 4-25 所示，SWA 和 SWB 使用了两条平行链路互连，其中一条是主用链路，另外一条是备份链路。生成树正常收敛之后，如果 SWB 检测到根端口的链路发生物理故障，则其 Alternate 端口会迁移到 Listening、Learning、Forwarding 状态，经过两倍的 Forward Delay 后恢复到转发状态。

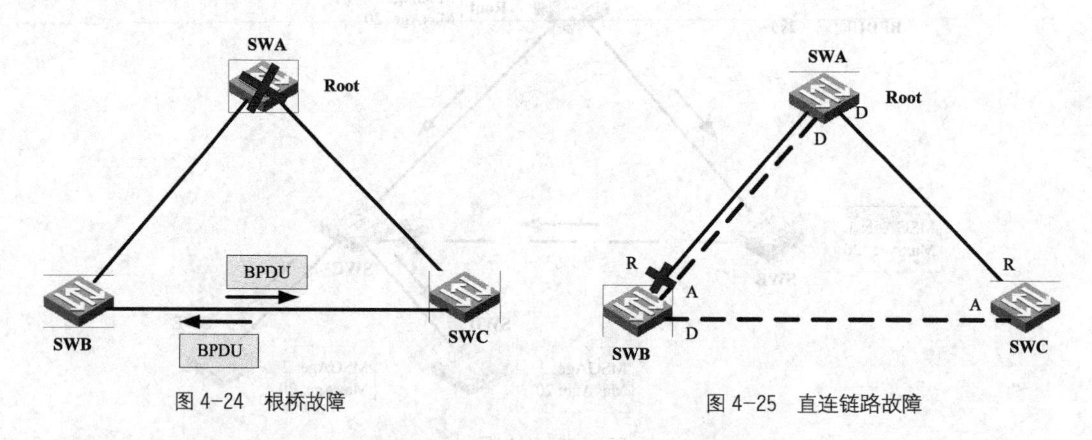

图 4-24　根桥故障　　　　图 4-25　直连链路故障

SWB 检测到直连链路物理故障后，会将预备端口转换为根端口。

SWB 的预备端口会在 30s 后恢复到转发状态。

如图 4-26 所示，SWB 与 SWA 之间的链路发生了某种故障（非物理层故障），SWB 因此一直收不到来自 SWA 的 BPDU 报文，此时，SWB 会认为根桥 SWA 不再有效，于是开始发送 BPDU 报文给 SWC，通知 SWC 自己作为新的根桥，SWC 也会继续从原根桥接收 BPDU 报文，因此会忽略 SWB 发送的 BPDU 报文。由于 SWC 的 Alternate 端口再也不能收到包含原根桥 ID 的 BPDU 报文，其 Max Age 定时器超时后，SWC 会切换 Alternate 端口为指定端口，并且转发来自其根端口的 BPDU 报文给 SWB，SWB 放弃宣称自己是根桥，并开始收敛端口为根端口。非直连链路故障后，由于需要等待 Max Age 加上两倍的 Forward Delay 时间，端口需要大约 50s 才能恢复到转发状态。

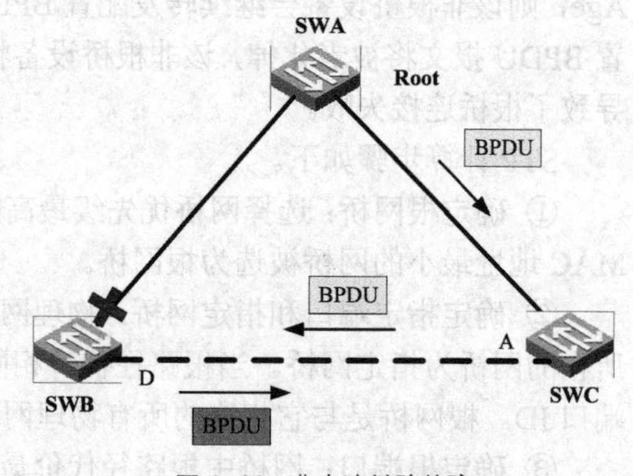

图 4-26　非直连链路故障

因此，非直连链路故障后，SWC 的预备端口恢复到转发状态大约需要 50s。

在交换网络中，交换机依赖 MAC 地址表转发数据帧，默认情况下，MAC 地址表项的老化时间是 300s，如果生成树拓扑发生变化，交换机转发数据的路径也会随着发生改变，此时 MAC 地址表中未及时老化掉的表项会导致数据转发错误（如图 4-27 所示），因此在拓扑发生变化后需要及时更新 MAC 地址表项。

如图 4-28 所示，SWB 中的 MAC 地址表项定义了通过端口 GigabitEthernet 0/0/3 可以到达主机 A，通过端口 GigabitEthernet 0/0/1 可以到达主机 B。由于 SWC 的根端口产生故障，导致生成树拓扑重新收敛，在生成树拓扑完成收敛之后，从主机 A 到主机 B 的帧仍然不能到达目的地，这是因为MAC地址表项老化时间是300s，主机A发往主机B的帧到达SWB后，SWB会继续通过端口 GigabitEthernet 0/0/1 转发该数据帧。为解决这一矛盾，需要根桥交换机在BPDU消息中的TC位来通知其他交换机加速老化现有的MAC地址表项。

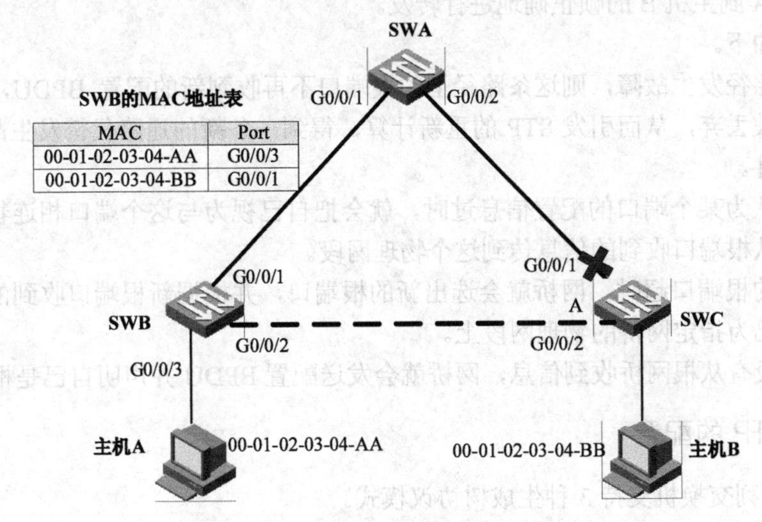

MAC	Port
00-01-02-03-04-AA	G0/0/3
00-01-02-03-04-BB	G0/0/1

图4-27　拓扑改变导致MAC地址表错误

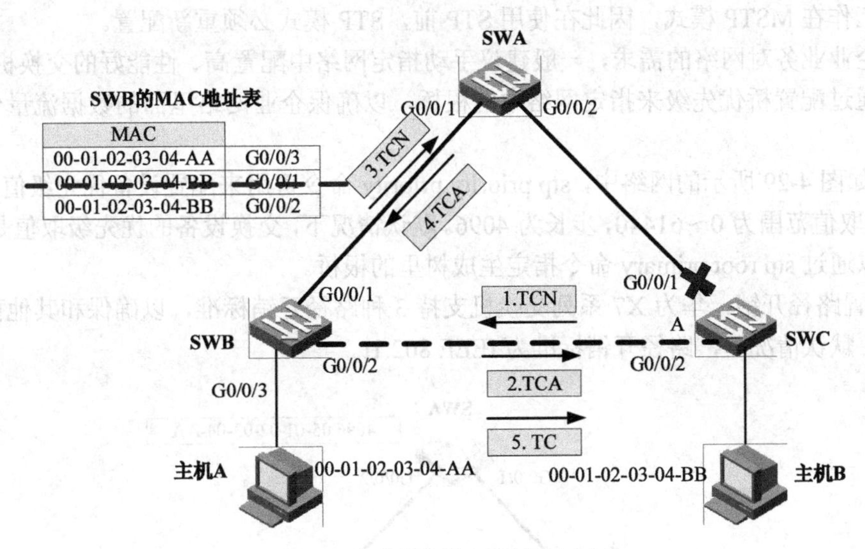

MAC	
00-01-02-03-04-AA	G0/0/3
00-01-02-03-04-BB	G0/0/1
00-01-02-03-04-BB	G0/0/2

图4-28　拓扑改变导致MAC地址表变化

拓扑变化过程中，根桥通过下游设备发送的TCN BPDU报文获知生成树拓扑里发生了故障。根桥交换机把配置BPDU报文中的Flags的TC位设置为1后发送，通知下游设备把MAC地址表项的老化时间由默认的300s修改为Forwarding Delay的时间（默认为15s）。

拓扑变更及MAC地址表项更新的具体过程如下。

① SWC感知到网络拓扑发生变化后，会不间断地向SWB发送TCN BPDU报文。

② SWB收到SWC发来的TCN BPDU报文后，会把配置BPDU报文中的Flags的TCA位设置1，然后发送给SWC，告知SWC停止发送TCN BPDU报文。

③ SWB向根桥转发TCN BPDU报文。

④ SWA 把配置 BPDU 报文中的 Flags 的 TC 位设置为 1 后发送，通知下游设备把 MAC 地址表项的老化时间由默认的 300s 修改为 Forwarding Delay 的时间（默认为 15s）。

最多等待 15s 之后，SWB 中的错误映射关系会被自动清除。此后，SWB 就能通过 G0/0/2 端口把从主机 A 到主机 B 的帧正确地进行转发。

STP 计算如下。

如果某条路径发生故障，则这条路径上的根端口不再收到新的配置 BPDU，旧的 BPDU 将会因超时而被丢弃，从而引发 STP 的重新计算，得到一条新的通路代替发生故障的链路恢复网络的连通性。

如果网桥认为某个端口的配置信息过时，就会把自己视为与这个端口相连物理网段的指定网桥，并把从根端口收到的信息传到这个物理网段。

如果网桥的根端口超时，网桥就会选出新的根端口，并根据新根端口收到的数据配置信息发送到以自己为指定网桥的物理网段上。

如果网桥没有从根网桥收到信息，网桥就会发送配置 BPDU 并声明自己是根网桥。

4.3.4 STP 的配置

华为 X7 系列交换机支持 3 种生成树协议模式。

stp mode {mstp|stp|rstp}命令用来配置交换机的生成树协议模式，默认情况下，华为 X7 系列交换机工作在 MSTP 模式，因此在使用 STP 前，STP 模式必须重新配置。

基于企业业务对网络的需求，一般建议手动指定网络中配置高、性能好的交换机为根桥。

可以通过配置桥优先级来指定网络中的根桥，以确保企业网络里面的数据流量使用最优路径转发。

1）在如图 4-29 所示的网络中，stp priority priority 命令可用来配置设备优先级值，priority 值为整数，取值范围为 0～61440，步长为 4096。默认情况下，交换设备的优先级取值是 32768，另外，可以通过 stp root primary 命令指定生成树里的根桥。

2）配置路径开销：华为 X7 系列交换机支持 3 种路径开销标准，以确保和其他商用设备保持兼容。默认情况下，路径开销标准为 IEEE 802.1t。

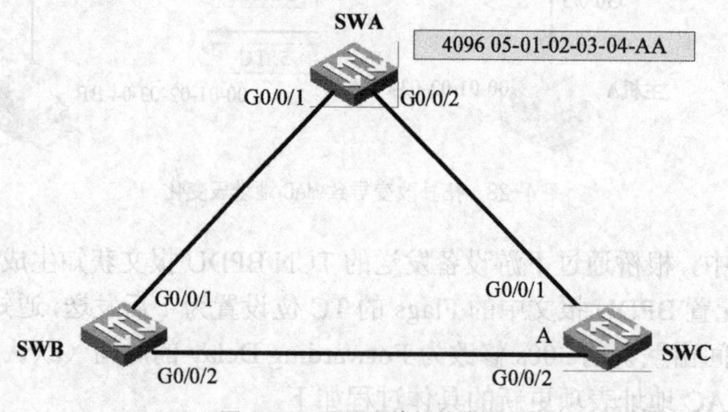

图 4-29　配置交换机优先级

stp pathcost-standard { dot1d-1998 | dot1t | legacy }命令用来配置指定交换机上路径开销值的标准。

每个端口的路径开销也可以手动指定，此 STP 路径开销控制方法需谨慎使用，手动指定端口的路径开销可能会生成次优生成树拓扑。

stp cost cost 命令取决于路径开销计算方法：

使用华为的私有计算方法时，cost 取值范围是 1～200000；

使用 IEEE 802.1d 标准方法时，cost 取值范围是 1～65535；

使用 IEEE 802.1t 标准方法时，cost 取值范围是 1～200000000；

3）配置验证：display stp 命令用来检查当前交换机的 STP 配置。

命令输出中信息介绍如下。

CIST Bridge 参数标识指定交换机当前桥 ID，包含交换机的优先级和 MAC 地址。

Bridge Times 参数标识 Hello 定时器、Forward Delay 定时器、Max Age 定时器的值。

CIST Root/ERPC 参数标识根桥 ID 及此交换机到根桥的根路径开销。

display stp 命令显示交换机上所有端口信息；display stp interface interface 命令显示交换机上指定端口信息，其他一些信息还包括端口角色、端口状态，以及使用的保护机制等。

4.4 RSTP 原理与配置

IEEE 意识到原始 802.1D 生成树协议的融合特性与现代化的交换网络和应用相比是有差距的，为此设计了一种全新的 802.1w 快速生成树协议（RSTP），以解决 802.1D 的融合问题。IEEE 802.1w RSTP 的特点是将许多增值生成树扩展特性融入原始 802.1D 中，如 Portfast、Uplinkfast 和 Backbonefast。通过利用一种主动的网桥到网桥握手机制取代 802.1D 根网桥中定义的计时器功能，IEEE 802.1w 协议提供了交换机（网桥）、交换机端口（网桥端口）或整个 LAN 的快速故障恢复功能。通过将生成树“hello”作为本地链接保留的标志，RSTP 改变了拓扑结构的保留方式。这种做法使原始 802.1Dfwd-delay 和 max-age 计时器主要成为冗余设备，目前主要用于备份，以保持协议的正常运营。

除了下面章节中列举的新概念外，RSTP 引入了新的 BPDU 处理和新的拓扑结构变更机制。每个网桥每次“hello time”都会生成 BPDU，即使它不从根网桥接收时也是如此。BPDU 起着网桥间保留信息的作用。如果一个网桥未能从相邻网桥收到 BPDU，它就会认为已与该网桥失去连接，从而实现更快速的故障检测和融合。

在 RSTP 中，拓扑结构变更只在非边缘端口转入转发状态时发生。丢失连接——例如，端口转入阻塞状态，不会像 802.1D 一样引起拓扑结构变更。802.1w 的拓扑结构变更通知（TCN）功能不同于 802.1D，它减少了数据的溢流。在 802.1D 中，TCN 被单播至根网桥，然后组播至所有网桥。802.1DTCN 的接收使网桥将转发表中的所有内容快速失效，而无论网桥转发拓扑结构是否受到影响。相形之下，RSTP 则通过明确地告知网桥，溢出除了经由 TCN 接收端口了解到的内容外的所有内容，优化了该流程。TCN 行为的这一改变极大地降低了拓扑结构变更过程中 MAC 地址的溢出量。

4.4.1 RSTP 的特性

STP 协议虽然能够解决环路问题，但是收敛速度慢，影响了用户通信质量。如果 STP 网络的拓扑结构频繁变化，网络也会频繁失去连通性，从而导致用户通信频繁中断。IEEE 于 2001 年发布的 802.1w 标准定义了快速生成树协议 RSTP（Rapid SpanningTree Protocol），RSTP 在 STP 基础上进行了改进，实现了网络拓扑快速收敛。

RSTP 使用了 P/A（Proposal/Agreement）机制保证链路及时协商，从而有效避免收敛计时器在生成树收敛前超时。在如图 4-30 所示的交换网络中，P/A 过程可以从根桥向下游级联传递。

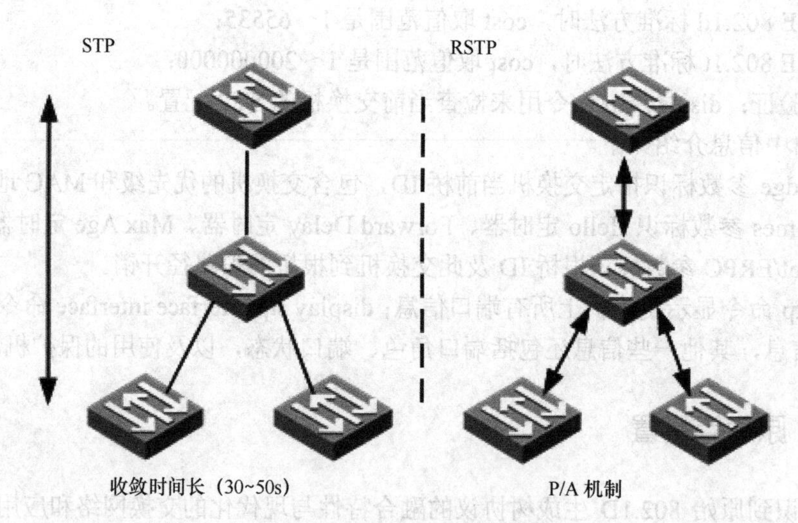

图 4-30　STP 与 RSTP 性能对比

图 4-31 中，运行 RSTP 的交换机使用了两个不同的端口角色来实现冗余备份。当到根桥的当前路径出现故障时，作为根端口的备份端口，Alternate 端口提供了从一个交换机到根桥的另一条可切换路径，Backup 端口作为指定端口的备份，提供了另一条从根桥到相应 LAN 网段的备份路径。当一个交换机和一个共享媒介设备（如 Hub）建立两个或者多个连接时，可以使用 Backup 端口，同样，当交换机上两个或者多个端口和同一个 LAN 网段连接时，也可以使用 Backup 端口。

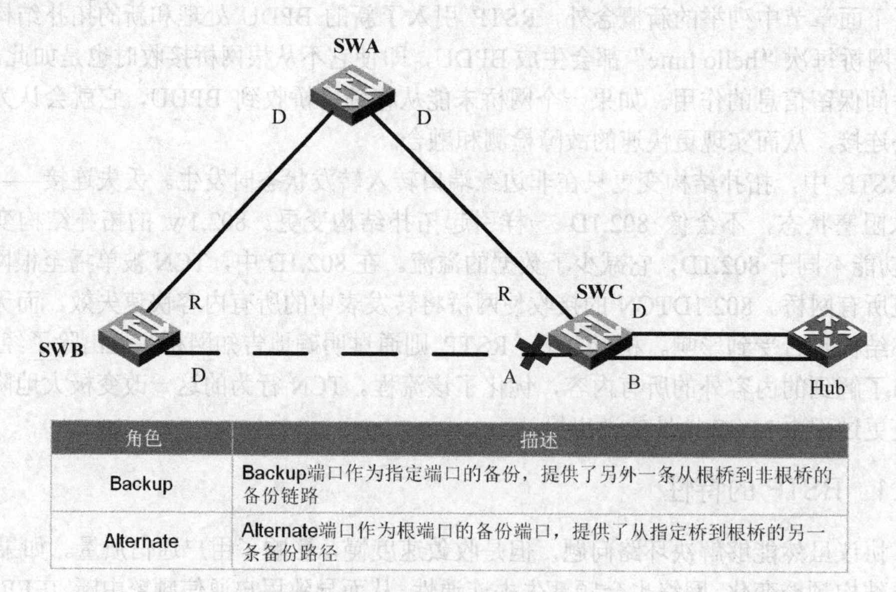

角色	描述
Backup	Backup端口作为指定端口的备份，提供了另外一条从根桥到非根桥的备份链路
Alternate	Alternate端口作为根端口的备份端口，提供了从指定桥到根桥的另一条备份路径

图 4-31　RSTP 端口角色

如图 4-32 所示，在 RSTP 里，位于网络边缘的指定端口被称为边缘端口，边缘端口一般与用户终端设备直接连接，不与任何交换设备连接，边缘端口不接收配置 BPDU 报文，不参与 RSTP 运算，可以由 Disabled 状态直接转到 Forwarding 状态，且不经历时延，就像在端口上将 STP 禁用了一样。但是，一旦边缘端口收到配置 BPDU 报文，就丧失了边缘端口属性，成为普通 STP 端口，并重新进行生成树计算，从而引起网络震荡。

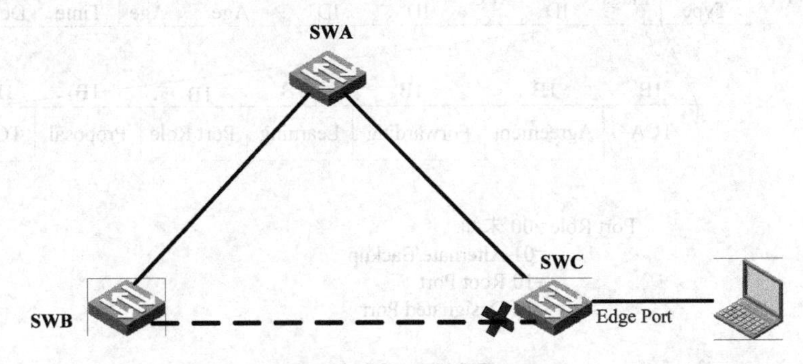

图 4-32 RSTP 边缘端口

RSTP 把原来 STP 的 5 种端口状态简化成了 3 种：

Discarding 状态，端口既不转发用户流量也不学习 MAC 地址；

Learning 状态，端口不转发用户流量但是学习 MAC 地址；

Forwarding 状态，端口既转发用户流量又学习 MAC 地址。

RSTP 端口状态见表 4-2。

表 4-2　　STP 与 RSTP 端口状态比较

STP	RSTP	端口角色
Disabed	Discarding	Disable
Blocking	Discarding	Alternate、Backup 端口
Listening	Discarding	根端口、指定端口
Learning	Learning	根端口、指定端口
Forwarding	Forwarding	根端口、指定端口

从图 4-33 可以看出，除了部分参数不同，RSTP 使用了类似 STP 的 BPDU 报文，即 RST BPDU 报文。BPDU Type 用来区分 STP 的 BPDU 报文和 RST (Rapid Spanning Tree) BPDU 报文。STP 的配置 BPDU 报文的 BPDU Type 值为 0 (0x00)，TCN BPDU 报文的 BPDU Type 值为 128 (0x80)，RST BPDU 报文的 BPDU Type 值为 2 (0x02)，STP 的 BPDU 报文的 Flags 字段中只定义了拓扑变化 TC（Topology Change）标志和拓扑变化确认 TCA（Topology Change Acknowledgment）标志，其他字段保留。在 RST BPDU 报文的 Flags 字段里，还使用了其他字段，包括 P/A 进程字段和定义端口角色及端口状态的字段，Forwarding，Learning 与 Port Role 表示发出 BPDU 的端口的状态和角色。

非根桥设备无论是否接收到根桥发送的配置 BPDU，都会按照 Hello Timer 规定的时间间隔发送配置 BPDU。

STP 中，当网络拓扑稳定后，根桥按照 Hello Timer 规定的时间间隔发送配置 BPDU 报文，其他非根桥设备在收到上游设备发送过来的配置 BPDU 报文后，才会触发发出配置 BPDU 报文，此方式使得 STP 协议计算复杂且缓慢。RSTP 对此进行了改进，即在拓扑稳定后，无论非根桥设备是否接收到根桥传来的配置 BPDU 报文，非根桥设备都会仍然按照 Hello Timer 规定的时间间隔发送配置 BPDU，该行为完全由每台设备自主进行。

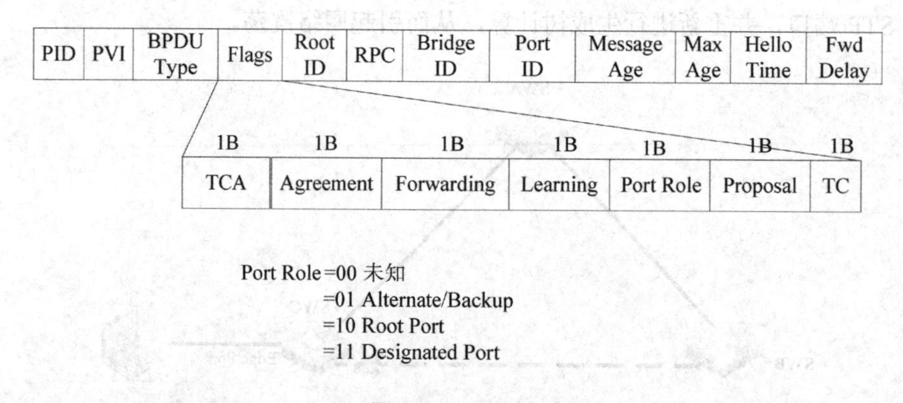

图 4-33 RST BPDU

如图 4-34 所示，RSTP 收敛遵循 STP 基本原理。网络初始化时，网络中所有的 RSTP 交换机都认为自己是“根桥”，并设置每个端口为指定端口，此时，端口为 Discarding 状态。

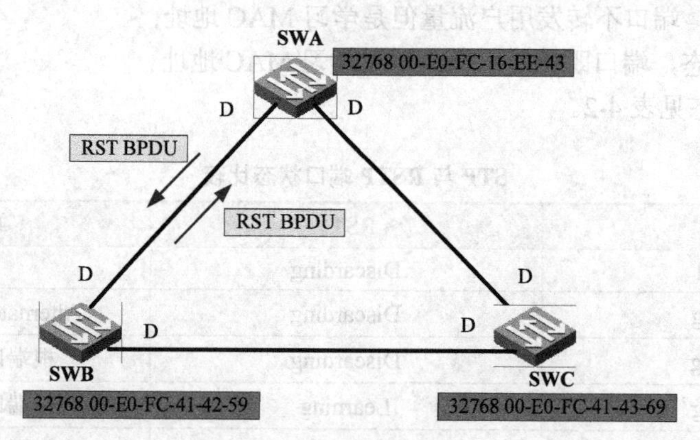

图 4-34 RSTP 收敛过程（一）

每个认为自己是“根桥”的交换机生成一个 RST BPDU 报文来协商指定网段的端口状态，此 RST BPDU 报文的 Flags 字段里面的 Proposal 位需要置位，当一个端口收到 RST BPDU 报文时，此端口会比较收到的 RST BPDU 报文和本地的 RST BPDU 报文，如果本地的 RST BPDU 报文优于接收的 RST BPDU 报文，则端口会丢弃接收的 RST BPDU 报文，并发送 Proposal 置位的本地 RST BPDU 报文来回复对端设备。

SWB 收到了更优的 RST BPDU，于是停止发送 RST BPDU，并开始执行同步。

如图 4-35 所示，交换机使用同步机制来实现端口角色协商管理。当收到 Proposal 置位并且优先级高的 BPDU 报文时，接收交换机必须设置所有下游指定端口为 Discarding 状态。如果下游端口是 Alternate 端口或者边缘端口，则端口状态保持不变。本例说明了下游指定端口暂时迁移到 Discarding 状态的情形，因此，P/A 进程中任何帧转发都将被阻止。

阻塞所有非边源端口之后，SWB 将会发送一个 Agreement 置位的 RST BPDU。

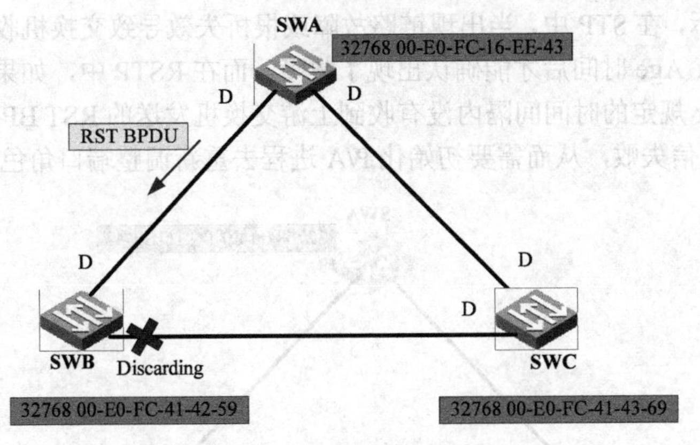

图 4-35　RSTP 收敛过程（二）

如图 4-36 所示，当确认下游指定端口迁移到 Discarding 状态后，设备发送 RST BPDU 报文回复上游交换机发送的 Proposal 消息，在此过程中，端口已经确认为根端口，因此 RST BPDU 报文 Flags 字段里面设置了 Agreement 标记位和根端口角色。

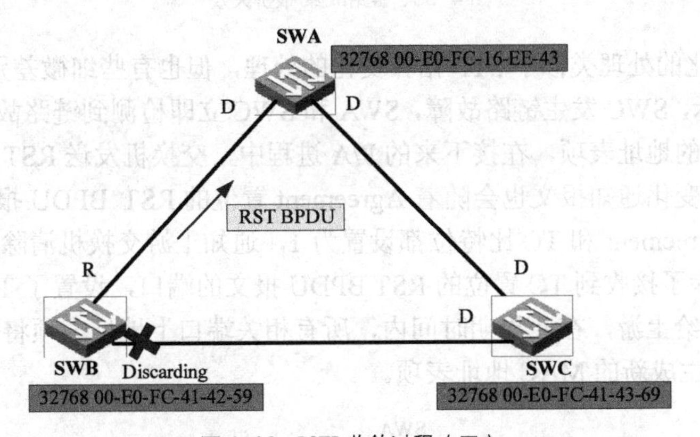

图 4-36　RSTP 收敛过程（三）

P/A 进程向下游继续传递，SWB 和 SWC 会继续进行收敛。

如图 4-37 所示，在 P/A 进程的最后阶段，上游交换机收到 Agreement 置位的 RST BPDU 报文后，指定端口立即从 Discarding 状态迁移为 Forwarding 状态，然后下游网段开始使用同样的 P/A 进程协商端口角色。

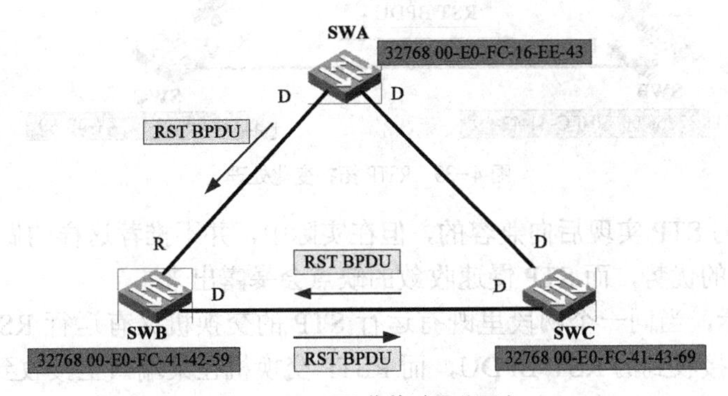

图 4-37　RSTP 收敛过程（四）

如图 4-38 所示，在 STP 中，当出现链路故障或根桥失效导致交换机收不到 BPDU 时，交换机需要等待 Max Age 时间后才能确认出现了故障，而在 RSTP 中，如果交换机的端口在连续 3 次 Hello Timer 规定的时间间隔内没有收到上游交换机发送的 RST BPDU，便会确认本端口和对端端口的通信失败，从而需要初始化 P/A 进程去重新调整端口角色。

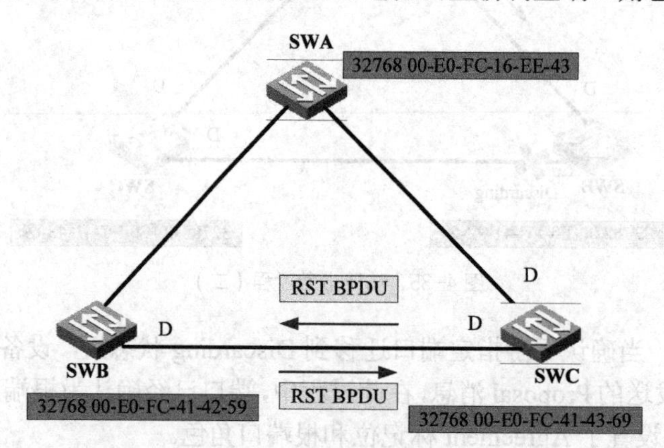

图 4-38 链路故障/根桥失效

RSTP 拓扑变化的处理类似于 STP 拓扑变化的处理，但也有些细微差别。

如图 4-39 所示，SWC 发生链路故障，SWA 和 SWC 立即检测到链路故障，并清除连接此链路的所有端口上的地址表项，在接下来的 P/A 进程中，交换机发送 RST BPDU 报文开始协商端口状态，拓扑变化通知报文也会随着 Agreement 置位的 RST BPDU 报文一起转发。RST BPDU 报文里，Agreement 和 TC 比特位都设置为 1，通知上游交换机清除所有其他端口上的 MAC 地址表项，除了接收到 TC 置位的 RST BPDU 报文的端口，设置了 TC 位的 RST BPDU 报文周期性地转发给上游，在此周期时间内，所有相关端口上地址表项将会清除，端口上根据新的 RSTP 拓扑生成新的 MAC 地址表项。

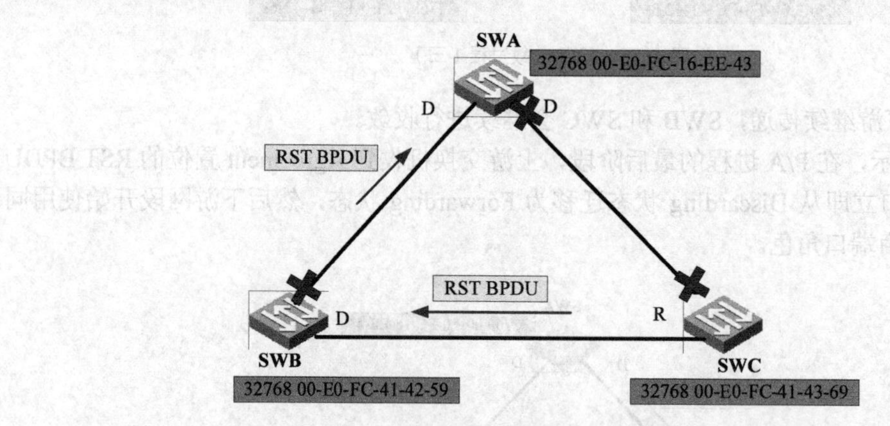

图 4-39 RSTP 拓扑变化处理

RSTP 是可以与 STP 实现后向兼容的，但在实际中，并不推荐这样的做法，原因是 RSTP 会失去其快速收敛的优势，而 STP 慢速收敛的缺点会暴露出来。

如图 4-40 所示，当同一个网段里既有运行 STP 的交换机又有运行 RSTP 的交换机时，STP 交换机会忽略接收到的 RST BPDU，而 RSTP 交换机在某端口上接收到 STP BPDU 时，会等待两个 Hello Time 时间之后，把自己的端口转换到 STP 工作模式，此后便发送 STP BPDU，这样就实现了兼容性操作。

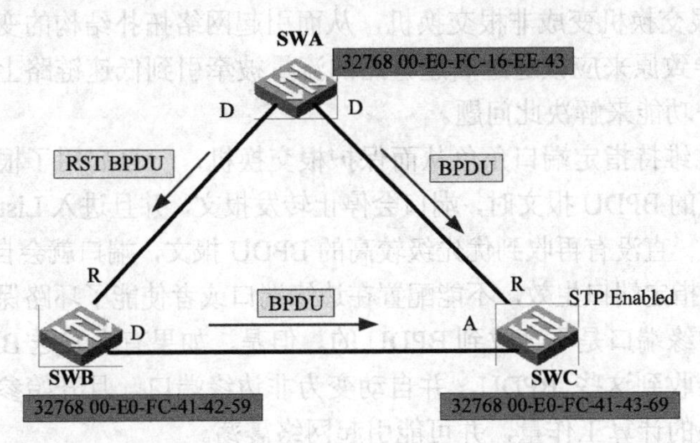

图 4-40 STP 兼容

4.4.2 RSTP 基本配置

在 Sx7 交换机上，可以使用 stp mode rstp 命令来配置交换机工作在 RSTP 模式。

stp mode rstp 命令在系统视图下执行，此命令必须在所有参与快速生成树拓扑计算的交换机上配置。

display stp 命令可以显示 RSTP 配置信息和参数，根据显示信息可以确认交换机是否工作在 RSTP 模式。

如图 4-41 所示，边缘端口完全不参与 STP 或 RSTP 计算。边缘端口的状态要么是 Disabled，要么是 Forwarding。终端上电工作后，它就直接由 Disabled 状态转到 Forwarding 状态，终端下电后，它就直接由 Forwarding 状态转到 Disabled 状态。

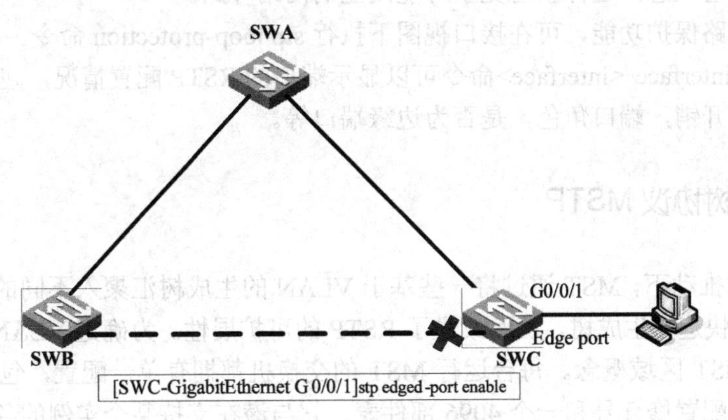

图 4-41 配置边缘端口

交换机所有端口默认为非边缘端口。

stp edged-port enable 命令用来配置交换机的端口为边缘端口，它是一个针对某一具体端口的命令。

stp edged-port default 命令用来配置交换机的所有端口为边缘端口。

stp edged-port disable 命令用来将边缘端口的属性去掉，使之成为非边缘端口，它也是一个针对某一具体端口的命令。

需要注意的是，华为 Sx7 系列交换机运行 STP 时也可以使用边缘端口设置。

由于错误配置根交换机或网络中的恶意攻击，根交换机有可能会收到优先级更高的BPDU 报文，使得根交换机变成非根交换机，从而引起网络拓扑结构的变动。这种不合法的拓扑变化，可能会导致原来应该通过高速链路的流量被牵引到低速链路上，造成网络拥塞，交换机提供了根保护功能来解决此问题。

根保护功能通过维持指定端口角色从而保护根交换机，一旦启用了根保护功能的指定端口收到了优先级更高的 BPDU 报文时，端口会停止转发报文，并且进入 Listening 状态，经过一段时间后，如果端口一直没有再收到优先级较高的 BPDU 报文，端口就会自动恢复到原来的状态。根保护功能仅在指定端口生效，不能配置在边缘端口或者使能了环路保护功能的端口上。

正常情况下，边缘端口是不会收到 BPDU 的。但是，如果有人发送 BPDU 来进行恶意攻击时，边缘端口就会收到这些 BPDU，并自动变为非边缘端口，且开始参与网络拓扑计算，从而会增加整个网络的计算工作量，并可能引起网络震荡。

为防止上述情况的发生，我们可以使用 BPDU 保护功能。使能 BPDU 保护功能后的交换机的边缘端口在收到 BPDU 报文时，会立即关闭该端口，并通知网络管理系统。被关闭的边缘端口只能通过管理员手动进行恢复。

如需使能 BPDU 保护功能，可在系统视图下执行 stp bpdu-protection 命令。

交换机通过从上游交换机持续收到 BPDU 报文来维护根端口和阻塞端口的状态。当由于链路拥塞或者单向链路故障时，交换机不能收到上游交换机发送的 BPDU 报文，交换机重新选择根端口，最初的根端口会变成指定端口，阻塞端口进入 Forwarding 状态，这就有可能导致网络环路。

交换机提供了环路保护功能来避免这种环路的产生，环路保护功能使能后，如果根端口不能收到上游交换机发送的 BPDU 报文，则向网管发出通知信息，根端口会被阻塞，阻塞端口仍然将保持阻塞状态，这样就避免了可能发生的网络环路。

如需使能环路保护功能，可在接口视图下执行 stp loop-protection 命令。

display stp interface <interface>命令可以显示端口的 RSTP 配置情况，包括端口状态，端口优先级，端口开销，端口角色，是否为边缘端口等。

*4.5　多生成树协议 MSTP

在 MSTP 的推动下，MST 通过将一些基于 VLAN 的生成树汇聚入不同的实例，并且每实例只运行一个（快速）生成树，从而改进了 RSTP 的可扩展性。为确定 VLAN 实例的相关性，802.1s 引入了 MST 区域概念。每台运行 MST 的交换机都拥有单一配置，包括一个字母数字式配置名、一个配置修订号和一个 4096 部件表，它与潜在支持某个实例的各 4096 VLAN 相关联。作为公共 MST 区域的一部分，一组交换机必须共享相同的配置属性。重要的是，配置属性不同的交换机会被视为位于不同的区域。

为确保一致的 VLAN 实例映射，协议需要识别区域的边界。因此，区域的特征都包括在BPDU 中。交换机必须了解它们是否像邻居一样位于同一区域，因此会发送一份 VLAN 实例映射表摘要，以及修订号和名称。当交换机接收到 BPDU 后，它会提取摘要，并将其与自身的计算结果进行比较。为避免出现生成树环路，如果两台交换机在 BPDU 中所接收的参数不一致，负责接收 BPDU 的端口就会被宣布为边界端口。

IEEE 802.1s 引入了 IST（内部生成树）概念和 MST 实例。IST 是一种 RSTP 实例，它扩展了MST区域内的802.1D单一生成树。IST连接所有MST网桥，并从边界端口发出，作为贯穿整个网桥域的虚拟网桥。MST实例（MSTI）是一种仅存在于区域内部的RSTP实例。它可以默认运行RSTP，无需额外配置。不同于IST的是，MSTI在区域外既不与BPDU交互，也不发送BPDU。

RSTP和MSTP都能够与传统生成树协议互操作。但是，当与传统网桥交互时，802.1w的快速融合优势就会失去。

为保留与基于802.1D网桥的向后兼容性，IEEE 802.1s网桥在其端口上接听802.1D格式的BPDU。如果收到了802.1D BPDU，端口会采用标准802.1D行为，以确保兼容性。例如，在图4-42中，交换机A上的“P4”端口一旦在至少两倍的“hello time”中检测到PVST+BPDU，它就会发送PVST+BPDU。要说明的是，如果PVST+网桥从网络中删除后，交换机A就无法发现拓扑结构变更，需要人工重启协议移植。

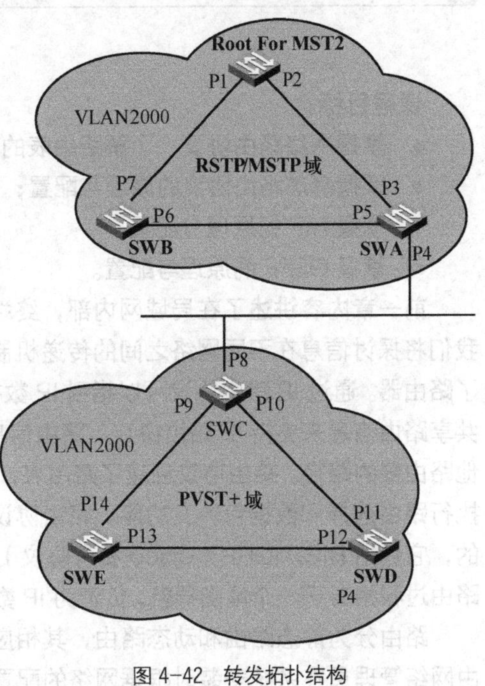

图4-42 转发拓扑结构

图4-42介绍了应用于VLAN 2000的转发拓扑结构，它映射至RSTP/MSTP区域中的MST #2。用于IST和MST #2的根交换机驻留于RSTP/MSTP区域内。MSTI BPDU并未发送至边界端口“P4”外，只有IST BPDU是如此。通过在PVST+域所有现用VLAN上复制ISTP BPDU，MST区域模拟了PVST+邻居。然后，PVST+域接收IST上发送的BPDU，并选择交换机B作为VLAN 2000的根交换机（注：交换机B是IST的根。）

如果PVST+域中出现拓扑结构变更，在传统云中生成的相应的拓扑结构变化通知（TCN）BPDI将由IST在MST域中处理，不致影响MST转发拓扑结构。为了避免可能导致环路的错误配置，强烈建议为MST域中的PVST+实例（即IST根）配置根交换机。

习　题

1．简述载波侦听多路访问的基本过程。
2．列举IEEE 802工作组主要协议的名称和编号。
3．以太网交换机的工作原理是怎样的？
4．CSMA/CD所约定的媒体访问规则是怎样的？
5．以太帧格式及其关键字段的含义是怎样的？
6．生成树协议的原理是怎样的？STP的两个主要作用是什么？
7．详述生成树建立过程中的计算步骤是怎样的。
8．说明实现以太网链路层冗余备份有哪些方法。
9．图示说明STP是如何适应网络拓扑变化的。
10．RSTP的工作原理是怎样的？

第5章 路由协议

课程目标：

- 掌握网络路由协议，了解路由表的组成；
- 掌握静态路由协议的原理与配置；
- 掌握 RIP 的原理与配置；
- 掌握 OSPF 的原理与配置。

前一章内容讲述了在局域网内部，终端通过交换方式实现了信息的共享与传递。在本章中，我们将探讨信息在不同网络之间的传递机制。为了解决这一问题，人们在不同网络的交界处部署了路由器。通过 IP 路由协议可以指引 IP 数据报文在网络中的传递，而路由协议通过在路由器之间共享路由信息来支持 IP 路由协议。路由信息在相邻路由器之间传递，可确保所有路由器知道到其他路由器的路径。路由协议创建了路由表，描述了网络拓扑结构；IP 路由协议与路由器协同工作，执行路由选择和数据包转发功能。路由协议主要运行于路由器上，路由协议是用来确定到达路径的，它包括 RIP，IGRP（Cisco 私有协议），EIGRP（Cisco 私有协议），OSPF，IS-IS，BGP。路由过程相当于一个地图导航，负责为 IP 数据报文传递寻找路径的作用，路由协议工作在网络层。

路由分为静态路由和动态路由，其相应的路由表称为静态路由表和动态路由表。静态路由表由网络管理员在系统安装时根据网络的配置情况预先设定，网络结构发生变化后由网络管理员手工修改路由表。动态路由随网络运行情况的变化而变化，路由器根据路由协议提供的功能自动计算数据传输的最佳路径，由此得到动态路由表。

路由协议作为 TCP/IP 协议族中重要成员之一，其选路过程实现质量会影响整个网络的效率。

5.1 IP 路由基础

5.1.1 自治系统与路由选路

以太网交换机工作在数据链路层，用于在网络内进行数据转发，而企业网络的拓扑结构一般会比较复杂，不同的部门或者总部和分支可能处在不同的网络中，此时就需要使用路由器来连接不同的网络，实现不同网络之间的数据转发。

自治系统（Autonomous System，AS）：由同一个管理机构管理、使用统一路由策略的路由器的集合。

如图 5-1 所示，一般我们可以把一个企业网络视为一个自治系统 AS。根据 RFC1030 的定义，自治系统是由一个单一实体管辖的网络，这个实体可以是一个互联网服务提供商，或者是一个大型组织机构。自治系统内部遵循一个单一且明确的路由策略，最初，自治系统内部只考虑运行单个路由协议，随着网络的发展，一个自治系统内也可以支持同时运行多种路由协议。

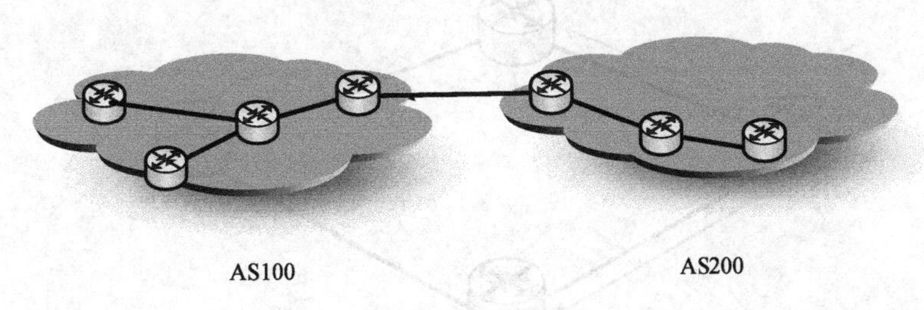

图 5-1 自治系统

一个 AS 通常由多个不同的局域网组成，以企业网络为例，各个部门可以属于不同的局域网，或者各个分支机构和总部也可以属于不同的局域网。局域网内的主机可以通过交换机来实现相互通信，不同局域网之间的主机相互通信通过路由器来实现。路由器工作在 TCP/IP 协议的网络层，路由器隔离了广播域，相应端口则可视为对应局域网的网关，路由器规划出到达目的网络的最优路径，最终实现报文在不同网络间的转发。

如图 5-2 所示，RTA 和 RTB 把整个网络分成了 3 个不同的局域网，每个局域网为一个广播域。LAN1 内部的主机直接可以通过交换机实现相互通信，LAN2 内部的主机之间也是如此，但是，LAN1 内部的主机与 LAN2 内部的主机之间则必须要通过路由器 RTA 与 RTB 才能实现相互通信。

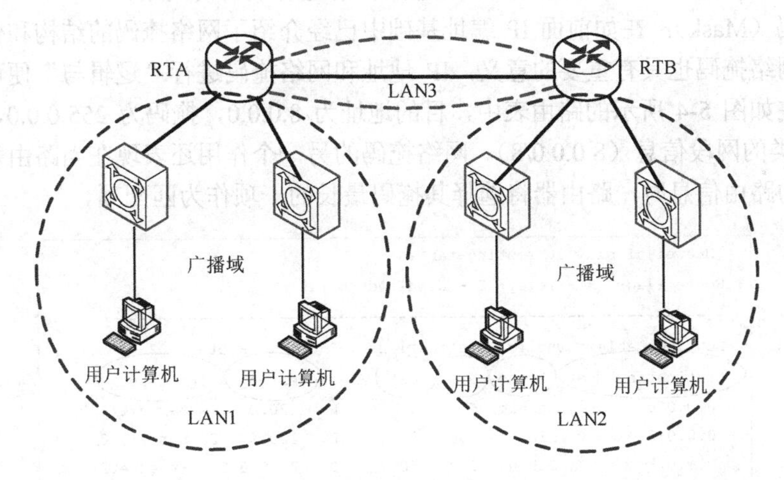

图 5-2 LAN 和广播域

路由器收到数据包后，会根据数据包中的目的 IP 地址选择一条最优的路径，并将数据包转发到下一个路由器，路径上最后的路由器负责将数据包转送至目的主机。数据包在网络上的传输就好像是体育运动中的接力赛一样，每一个路由器负责将数据包按照最优的路径向下一跳路由器进行转发，通过多个路由器一站一站的接力，最终将数据包通过最优路径转发到目的地。

在如图 5-3 所示的网络中，从源路由器发送数据至目的路由器有两条路径可以选择，那么该如何选路呢？路由器能够决定数据报文的转发路径，如果有多条路径可以到达目的地，则路由器会根据路由策略进行计算来决定最佳下一跳，计算原则因所使用的路由协议不同而不同。

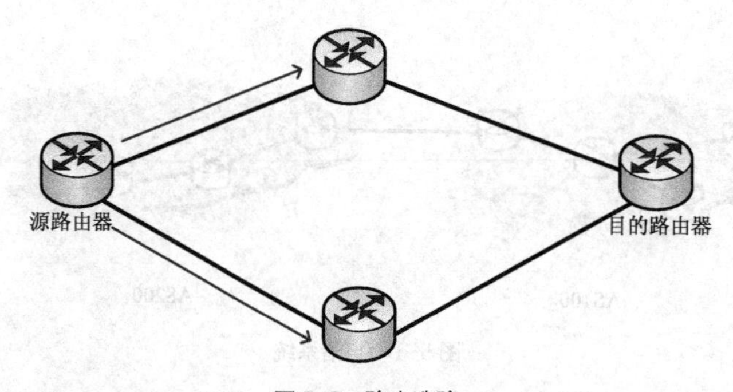

图 5-3　路由选路

当然，有时候由于实施了一些特别的路由策略，报文实际路径也未必是最佳的。

5.1.2　IP 路由表

路由器转发数据包的关键依据是路由表中，每个路由器中都维持着一张路由表，表中每条路由项都指明了数据包要到达某网络或某主机应通过路由器的哪个物理接口发送，以及可到达该路径的哪个下一跳路由器，或者直接指示出可以到达的目的网络。路由表中包含了下列关键项。

目标地址（Destination）：用来标识 IP 包的目的地址或目的网络。

网络掩码（Mask）：在如前面 IP 编址基础中已经介绍了网络掩码的结构和作用。同样，在路由表中网络掩码也具有重要的意义，IP 地址和网络掩码进行“逻辑与”便可得到相应的网段信息。在如图 5-4 所示的路由表中，目的地址为 8.0.0.0，掩码为 255.0.0.0，相与后便可得到一个 A 类的网段信息（8.0.0.0/8）。网络掩码的另一个作用还表现在当路由表中有多条目的地址相同的路由信息时，路由器将选择其掩码最长的一项作为匹配项。

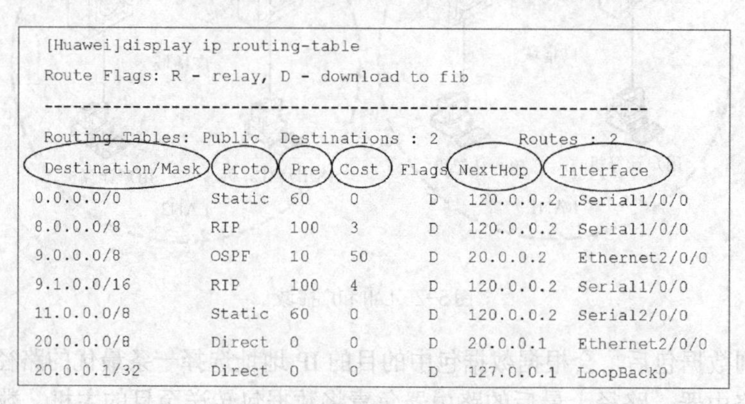

[Huawei]display ip routing-table

Route Flags: R - relay, D - download to fib

Routing Tables: Public　Destinations : 2　　Routes : 2

Destination/Mask	Proto	Pre	Cost	Flags	NextHop	Interface
0.0.0.0/0	Static	60	0	D	120.0.0.2	Serial1/0/0
8.0.0.0/8	RIP	100	3	D	120.0.0.2	Serial1/0/0
9.0.0.0/8	OSPF	10	50	D	20.0.0.2	Ethernet2/0/0
9.1.0.0/16	RIP	100	4	D	120.0.0.2	Serial1/0/0
11.0.0.0/8	Static	60	0	D	120.0.0.2	Serial2/0/0
20.0.0.0/8	Direct	0	0	D	20.0.0.1	Ethernet2/0/0
20.0.0.1/32	Direct	0	0	D	127.0.0.1	LoopBack0

图 5-4　路由表的构成

输出接口（Interface）：指明 IP 包将从该路由器的哪个接口转发出去。

下一跳 IP 地址（NextHop）：指明 IP 包所经由的下一个路由器的接口地址。

如图 5-5 所示，根据路由数据来源的不同，路由表中的路由通常可分为以下 3 类。

① 链路层协议发现的路由（也称为接口路由或直连路由）。
② 由网络管理员手工配置的静态路由。
③ 动态路由协议发现的路由。

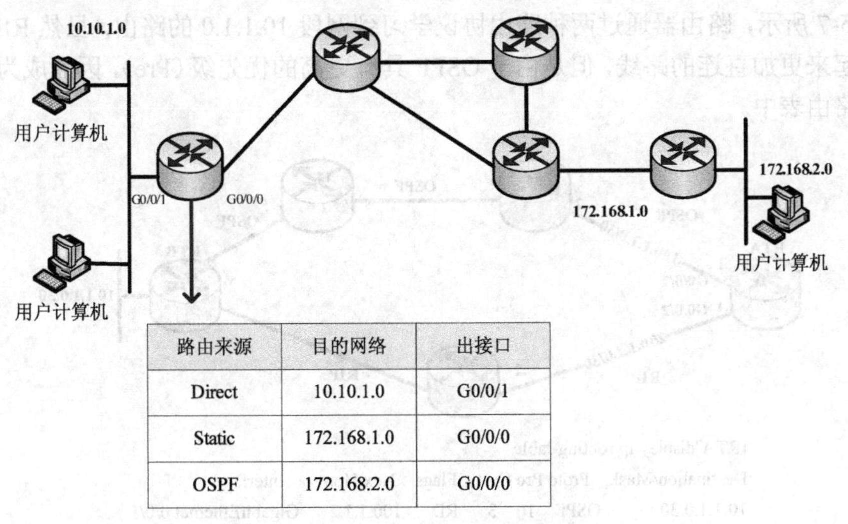

路由来源	目的网络	出接口
Direct	10.10.1.0	G0/0/1
Static	172.168.1.0	G0/0/0
OSPF	172.168.2.0	G0/0/0

图 5-5 路由表建立

5.1.3 路由器转发数据原则

路由器在转发数据时，需要选择路由表中的最优路径，当数据报文到达路由器时，路由器首先提取出报文中的目的 IP 地址，然后查找路由表，将报文目的 IP 地址与路由表中相关表项中的掩码字段做“与”操作，“与”操作后的结果跟路由表该表项的目的 IP 地址比较，相同则匹配上，否则就不匹配。如果存在多个路由表项与之匹配，路由器会选择掩码最长的匹配项。

如图 5-6 所示，路由表中有两个表项到达目的网段 10.10.10.0，下一跳地址都是 20.10.10.2。如果要将报文转发至网段 10.10.10.1，则 10.10.10.0/30 符合最长匹配原则。

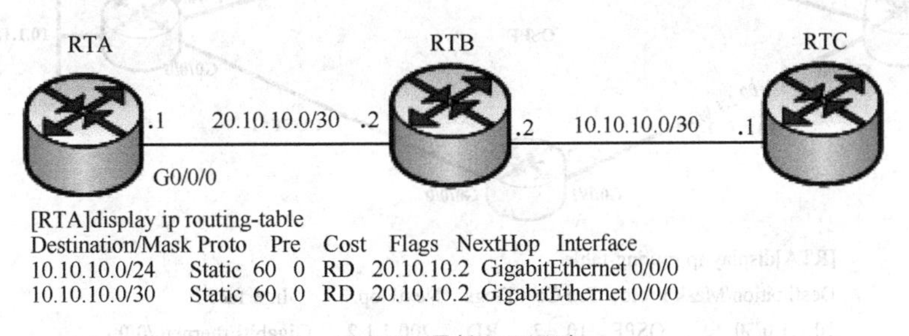

图 5-6 最长匹配原则

路由器可以通过多种不同协议学习到去往同一目的网络的路由，当这些路由都符合最长匹配原则时，必须决定哪个路由优先。每个路由协议都有一个协议优先级（取值越小、优先级越高），华为数通设备协议优先级标准见表 5-1。当存在多个可达路由信息时，选择最高优先级的路由作为最佳路由。

表 5-1　　不同协议的协议优先级

路由类型	Direct	OSPF	Static	RIP
距离优先级	0	10	60	100

如图 5-7 所示，路由器通过两种路由协议学习到网段 10.1.1.0 的路由，虽然 RIP 协议提供了一条看起来更加直连的路线，但是由于 OSPF 具有更高的优先级（Pre），因而成为优选路由，并被加入路由表中。

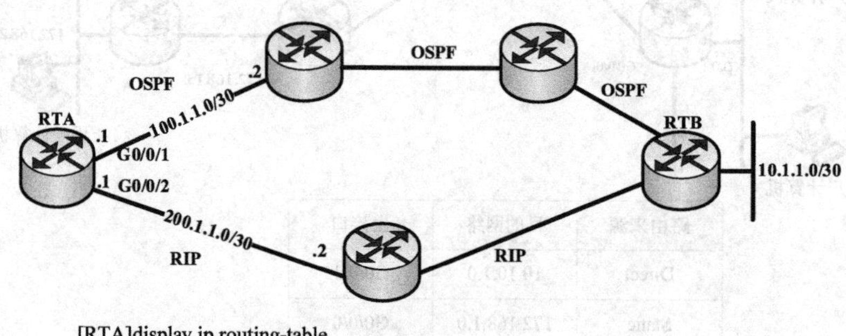

图 5-7　路由优先级

如果不同路由的协议优先级一致，此时路由器无法用优先级来判断最优路由，则可使用度量值（metric）来决定需要加入路由表的路由。

一些常用的度量值有跳数，带宽，时延，代价，负载，可靠性等。跳数是指到达目的地所通过的路由器数目；带宽是指链路的信道容量，高速链路开销（度量值）较小。

metric 值越小，路由越优先。在如图 5-8 所示的网络中，RTA 到目的网络的度量值 metric=1+1=2 的路由是到达目的地的最优路由，其表项可以在路由表中找到。

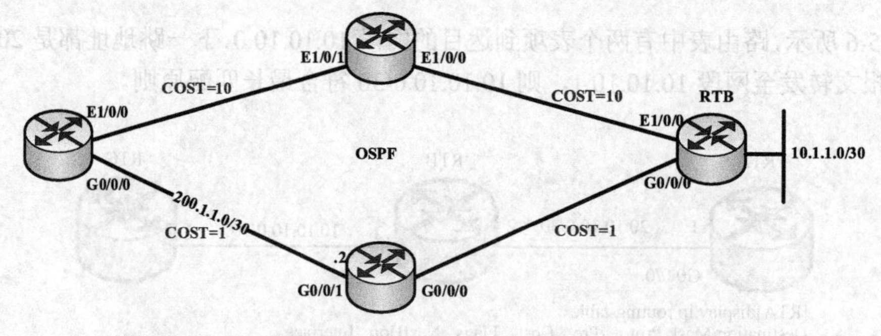

图 5-8　路由度量

路由器收到一个数据包后，会检查其目的 IP 地址，然后查找路由表，查找到匹配的路由表项之后，路由器会根据该表项所指示的出接口信息和下一跳信息将数据包转发出去，具体过程如图 5-9 所示。

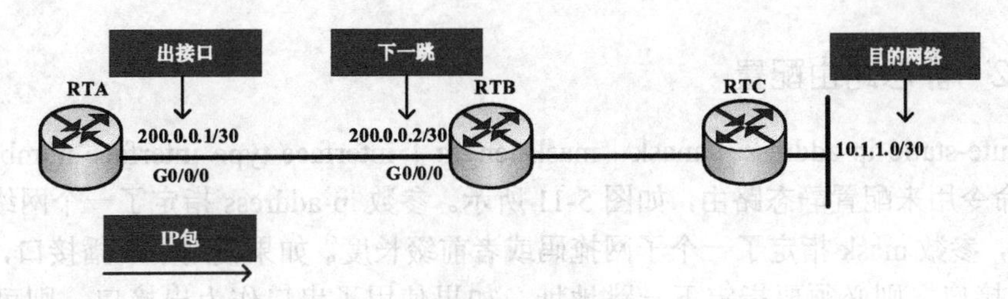

图 5-9 路由器转发数据包

5.2 静态路由基础

5.2.1 静态路由介绍

静态路由是指由用户或网络管理员手工配置的路由信息。当网络的拓扑结构或链路的状态发生变化时，网络管理员需要手工去修改路由表中相关的静态路由信息。静态路由信息在默认情况下是私有的，不会传递给其他的路由器；网络管理员也可以通过对路由器进行设置使之成为共享的。静态路由一般适用于比较简单的网络环境，在一个相对简单的环境中，网络管理员能够清楚地了解网络的拓扑结构，便于设置正确的路由信息。

例如，在一个支持DDR（Dial-on-Demand Routing）的网络中，拨号链路只在需要时才拨通，因此不能为动态路由信息表提供路由信息的变更情况。在这种情况下，网络适合使用静态路由。

静态路由配置简单，已广泛应用于网络中，静态路由还可以实现负载均衡和路由备份。学习静态路由是进一步深入理解其他路由协议的基础，掌握好静态路由的应用与配置是非常必要的。

依赖于管理员手动配置和维护，静态路由配置简单，无需像动态路由那样占用路由器的CPU资源来计算和分析路由更新。

静态路由的缺点在于，当网络拓扑发生变化时，静态路由不会自动适应拓扑改变，而是需要管理员手动进行调整。

静态路由一般适用于结构简单的网络，在复杂网络环境中，一般会使用动态路由协议来生成动态路由。不过从管理网络的角度来说，即使是在复杂网络环境中，合理地配置一些静态路由也可以简化网络的管理，并改善网络的性能。如图5-10所示，由于上层设备数据配置不会过多改变，在网关侧配置静态路由可以更好地改善这个网络的性能。

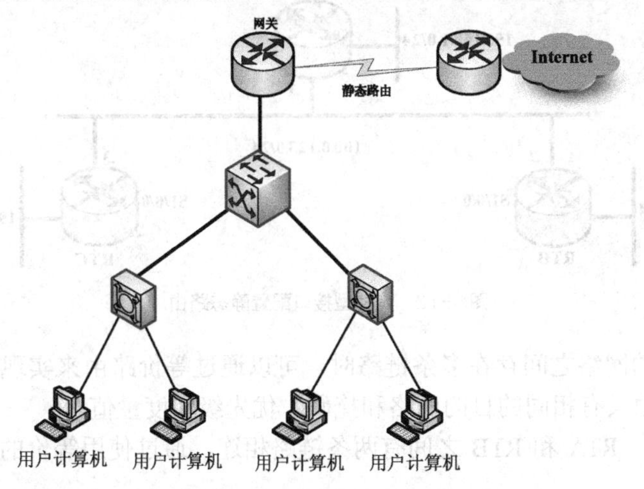

图 5-10 静态路由应用场景

5.2.2 静态路由配置

Ip route-static ip-address { mask | mask-length } interface-type interface-number [nexthop-address]命令用来配置静态路由，如图 5-11 所示。参数 ip-address 指定了一个网络或者主机的目的地址，参数 mask 指定了一个子网掩码或者前缀长度。如果使用了广播接口，如以太网接口作为出接口，则必须要指定下一跳地址；如果使用了串口作为出接口，则可以通过参数 interface-type 和 interface-number（如 Serial 1/0/0）来配置出接口，此时不必指定下一跳地址。

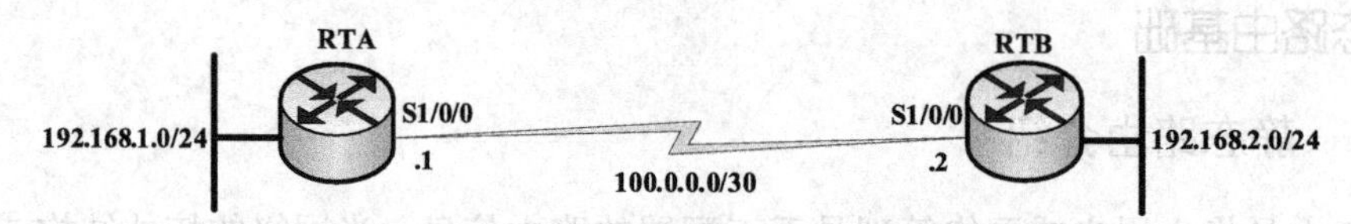

[RTB]ip route-static 192.168.1.0 255.255.255.0 100.0.0.1
[RTB]ip route-static 192.168.1.0 255.255.255.0 Serial 1/0/0

图 5-11　静态路由配置

在为图 5-11 中的串行网络配置静态路由时，可以只指定下一跳地址或只指定出接口。例如，华为 ARG3 系列路由器中，串行接口默认封装 PPP 协议，对于这种类型的接口，静态路由的下一跳地址就是与接口相连的对端接口的地址，所以在串行网络中配置静态路由时可以只配置出接口。

以太网属于广播类型网络，不同于前面所述的串行网络，在以太网中配置静态路由，必须明确指定下一跳地址。

如图 5-12 所示，在广播型的接口（如以太网接口）上配置静态路由时，必须要指定下一跳地址。以太网中同一网络可能连接了多台路由器，如果在配置静态路由时只指定了出接口，则路由器无法将报文转发到正确的下一跳。在图 5-12 中，RTA 需要将数据转发到 192.168.2.0/24 网络，在配置静态路由时，需要明确指定下一跳地址为 100.0.123.2，否则，RTA 将无法将报文转发到 RTB 所连接的 192.168.2.0/24 网络，因为 RTA 不知道应该通过 RTB 还是 RTC 才能到达目的地。

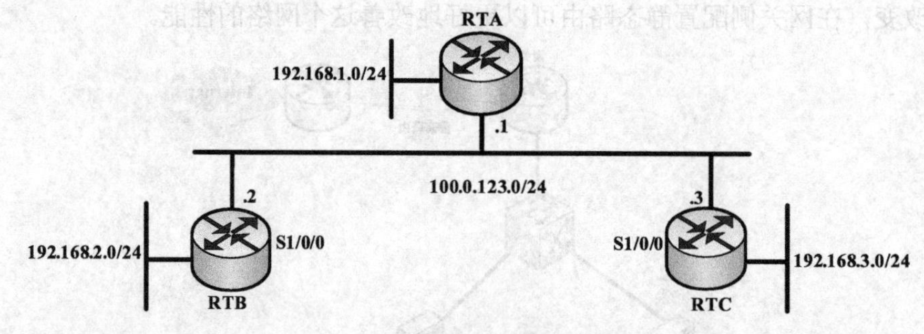

图 5-12　广播型接口配置静态路由

当源网络和目的网络之间存在多条链路时，可以通过等价路由来实现流量负载（负荷）分担。这些等价路由具有相同的目的网络和掩码、优先级和度量值。

如图 5-13 所示，RTA 和 RTB 之间有两条链路相连，通过使用等价的静态路由来实现流量负载分担。

在RTB上配置了两条静态路由，它们具有相同的目的IP地址和子网掩码、优先级（都为60）、路由开销（都为0），但下一跳不同。在RTB需要转发数据给RTA时，就会使用这两条等价静态路由将数据进行负载分担。在RTA上也应该配置对应的两条等价的静态路由。

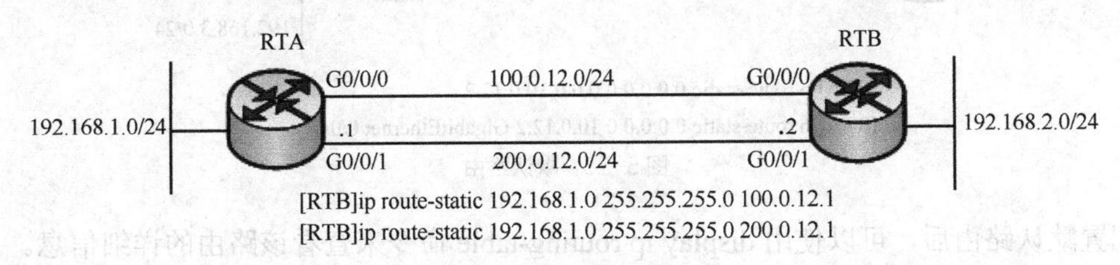

图5-13　负载分担

在配置完静态路由之后，可以使用display ip routing-table命令来验证配置结果。

在配置多条静态路由时，可以修改静态路由的优先级，使一条静态路由的优先级高于其他静态路由，从而实现静态路由的备份，也叫浮动静态路由。浮动静态路由（备份路由）在网络中主路由失效的情况下，会加入到路由表并承担数据转发业务。

如图5-14所示，RTB上配置了两条静态路由，正常情况下，这两条静态路由是等价的，通过配置preference 100，使第二条静态路由的优先级要低于第一条（值越大优先级越低），路由器只把优先级最高的静态路由加入到路由表中，当加入到路由表中静态路由出现故障时，优先级低的静态路由才会加入到路由表并承担数据转发业务。

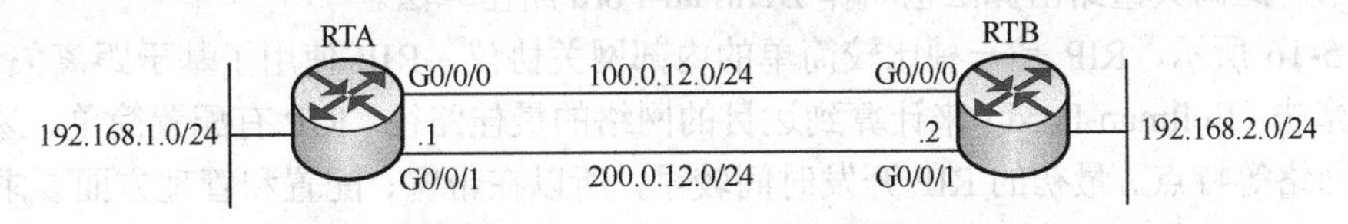

图5-14　路由备份

在主链路正常情况下，只有主路由会出现在路由表中。从display ip routing-table命令的显示信息中可以查证，通过修改静态路由优先级实现了浮动静态路由，正常情况下，路由表中应该显示两条有相同目的地、但不同下一跳和出接口的等价路由。由于修改了优先级，回显中只有一条默认优先级为60的静态路由，另一条静态路由的优先级是100，该路由优先级低，所以不会显示在路由表中。

当主用静态路由出现物理链路故障或者接口故障时，该静态路由不能再提供到达目的地的路径，所以在路由表中会被删除，此时，浮动静态路由会被加入到路由表，以保证报文能够从备份链路成功转发到目的地。在主用静态路由的物理链路恢复正常后，主用静态路由会重新被加入到路由表，并且数据转发业务会从浮动静态路由切换到主用静态路由，而浮动静态路由会在路由表中再次被隐藏。

当路由表中没有与报文的目的地址匹配的表项时，设备可以选择默认路由作为报文的转发路径。在路由表中，默认路由的目的网络地址为0.0.0.0，掩码也为0.0.0.0。如图5-15所示，RTA使用默认路由转发到达未知目的地址的报文，默认静态路由的默认优先级也是60。在路由选择过程中，默认路由会被最后匹配。

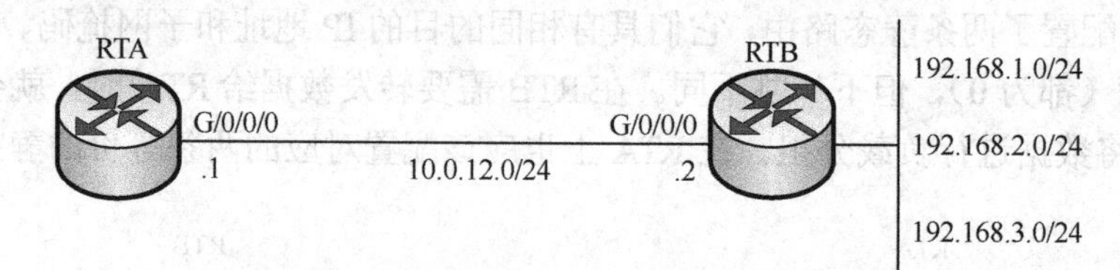

图 5-15 默认路由

配置默认路由后，可以使用 display ip routing-table 命令来查看该路由的详细信息。

5.3 距离矢量路由协议——RIP

5.3.1 RIP 基本介绍

RIP 是路由信息协议（Routing Information Protocol）的简称，它是一种基于距离矢量（distance-vector）算法的协议，使用跳数作为度量来衡量到达目的网络的距离。RIP 主要应用于规模较小的网络中。距离矢量路由算法在一个路由中根据到达目的网络的路径距离长短来形成一棵最短路径生成树。距离矢量路由算法号召每个路由器在每次更新时发送它的整个路由表，但是仅仅给它的邻居。距离矢量路由算法倾向于路由循环，但是比链路状态路由算法计算更简单。距离矢量路由算法也叫作 Bellman-Ford 路由算法。

如图 5-16 所示，RIP 是一种比较简单的内部网关协议，RIP 使用了基于距离矢量的贝尔曼—福特算法（Bellman-Ford）来计算到达目的网络的最佳路径。RIP 有配置简单、易于维护、适合小型网络等特点。最初的 RIP 开发时间较早，所以在带宽、配置和管理方面要求也较低，因此，RIP 主要适合于规模较小的网络中。

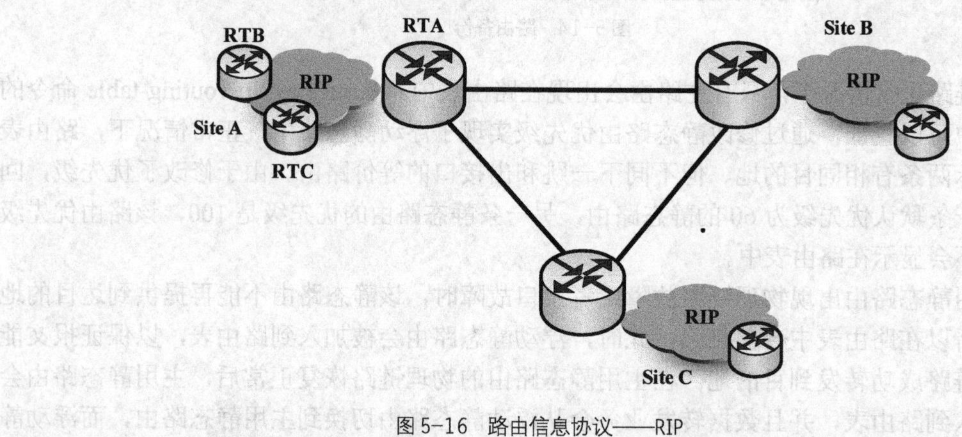

图 5-16 路由信息协议——RIP

早期 RIP 定义的相关参数比较少。它不支持 VLSM 和 CIDR，也不支持认证功能。

如图 5-17 所示，路由器启动时，路由表中只会包含直连路由，运行 RIP 之后，路由器会发送 Request 报文，用来请求邻居路由器的 RIP 路由，运行 RIP 的邻居路由器收到该 Request 报文后，会根据自己的路由表，生成 Response 报文进行回复，路由器在收到 Response 报文后，会将相应的路由添加到自己的路由表中。

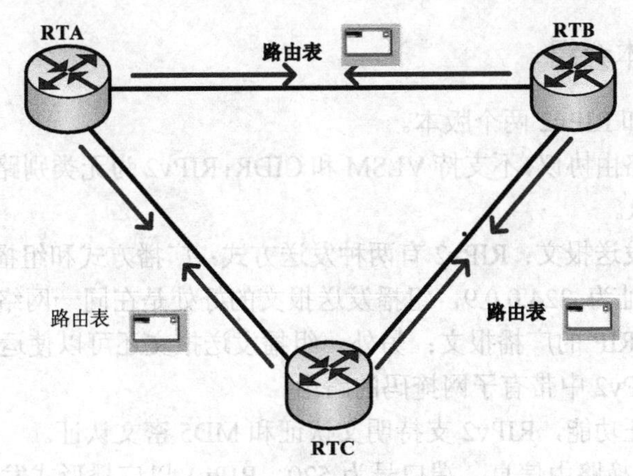

图 5-17　RIP 工作原理

RIP 网络稳定以后，每个路由器会周期性地向邻居路由器通告自己的整张路由表中的路由信息，默认周期为 30s，邻居路由器根据收到的路由信息刷新自己的路由表。

RIP 使用跳数作为度量值来衡量到达目的网络的距离。在 RIP 中，路由器到与它直接相连网络的跳数为 0，每经过一个路由器后跳数加 1，为限制收敛时间，RIP 规定跳数的取值范围为 0～15 的整数，大于 15 的跳数被定义为无穷大，即目的网络或主机不可达。

路由器从某一邻居路由器收到路由更新报文时，将根据以下原则更新本路由器的 RIP 路由表。

① 对于本路由表中已有的路由项，当该路由项的下一跳是该邻居路由器时，不论度量值将增大或是减少，都更新该路由项（度量值相同时只将其老化定时器清零。路由表中的每一路由项都对应了一个老化定时器，当路由项在 180s 内没有任何更新时，定时器超时，该路由项的度量值变为不可达）。

② 当该路由项的下一跳不是该邻居路由器时，如果度量值将减少，则更新该路由项。

③ 对于本路由表中不存在的路由项，如果度量值小于 16，则在路由表中增加该路由项。

某路由项的度量值变为不可达后，该路由会在 Response 报文中发布 4 次（120s），然后从路由表中清除。

在图 5-18 中，路由器 RTA 通过两个接口学习路由信息，每条路由信息都有相应的度量值，到达目的网络的最佳路由就是通过这些度量值计算出来的。

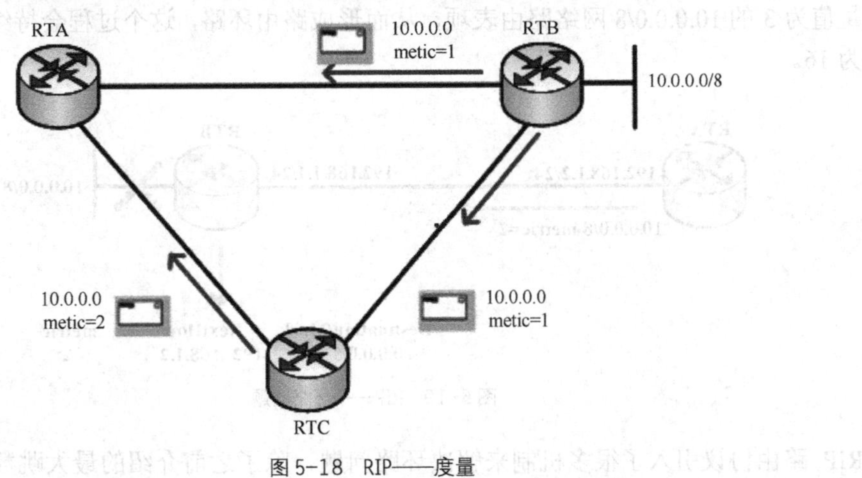

图 5-18　RIP——度量

5.3.2 RIP 版本介绍

RIP 包括 RIPv1 和 RIPv2 两个版本。

RIPv1 为有类别路由协议，不支持 VLSM 和 CIDR；RIPv2 为无类别路由协议，支持 VLSM，支持路由聚合与 CIDR。

RIPv1 使用广播发送报文；RIPv2 有两种发送方式：广播方式和组播方式，默认是组播方式。RIPv2 的组播地址为 224.0.0.9，组播发送报文的好处是在同一网络中那些没有运行 RIP 的网段可以避免接收 RIP 的广播报文；另外，组播发送报文还可以使运行 RIPv1 的网段避免错误地接收和处理 RIPv2 中带有子网掩码的路由。

RIPv1 不支持认证功能，RIPv2 支持明文认证和 MD5 密文认证。

RIP 通过 UDP 交换路由信息，端口号为 520，RIPv1 以广播形式发送路由信息，目的 IP 地址为广播地址 255.255.255.255。

一个 RIP 路由更新消息中最多可包含 25 条路由表项，每个路由表项都携带了目的网络的地址和度量值，整个 RIP 报文大小限制为不超过 504 字节，如果整个路由表的更新消息超过该大小，需要发送多个 RIPv1 报文。

RIPv2 在 RIPv1 基础上进行了扩展，因此其报文格式沿袭 RIPv1 的定义，不同的字段如下：AFI、Route tag、Subnet Mask、Next Hop。

RIPv2 支持对协议报文进行认证，认证方式有明文认证和 MD5 认证两种。

早期的 RIPv2 只支持简单明文认证，安全性低，因为明文认证密码串可以很轻易地截获。随着对 RIP 安全性的需求越来越高，RIPv2 引入了加密认证功能，开始是通过支持 MD5 认证（RFC2082）来实现，后来通过支持 HMAC-SHA-1 认证（RFC2082）进一步增强了安全性。

5.3.3 RIP 环路解决方式与配置

在图 5-19 中，RIP 网络正常运行时，RTA 会通过 RTB 学习到 10.0.0.0/8 网络的路由，度量值为 1，一旦路由器 RTB 的直连网络 10.0.0.0/8 产生故障，RTB 会立即检测到该故障，并认为该路由不可达，此时，RTA 还没有收到该路由不可达的信息，于是会继续向 RTB 发送度量值为 2 的通往 10.0.0.0/8 的路由信息，RTB 会学习此路由信息，认为可以通过 RTA 到达 10.0.0.0/8 网络，此后，RTB 发送的更新路由表又会导致 RTA 路由表的更新，RTA 会新增一条度量值为 3 的 10.0.0.0/8 网络路由表项，从而形成路由环路，这个过程会持续下去，直到度量值为 16。

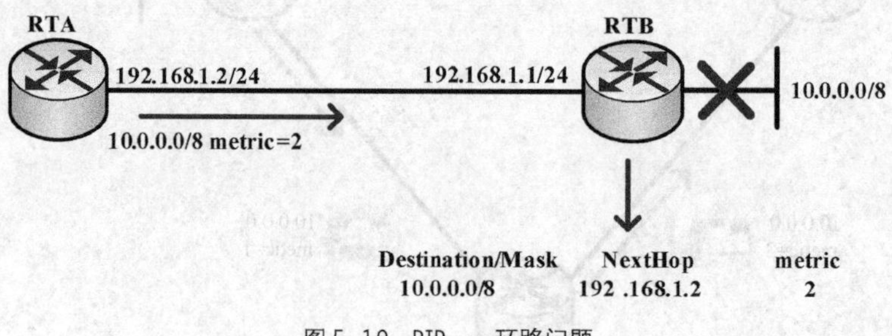

图 5-19 RIP——环路问题

RIP 路由协议引入了很多机制来解决环路问题，除了之前介绍的最大跳数，还有水平分割机制。水平分割机制的原理是：路由器从某个接口学习到的路由，不会再从该接口发出去，从而规避了错误路由信息的产生。在图 5-20 中，RTA 从 RTB 学习到的 10.0.0.0/8 网络的路由项以后，不会再从 RTA 的接收接口重新通告给 RTB，由此避免了路由环路的产生。

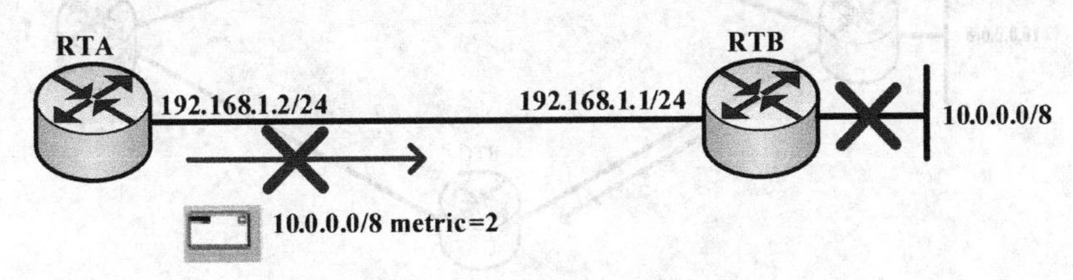

图 5-20　环路避免——水平分割

RIP 的环路防范机制还包括毒性反转，毒性反转机制的实现可以使错误路由立即超时。配置了毒性反转之后，RIP 从某个接口学习到路由之后，发回给邻居路由器时会将该路由的跳数设置为 16，利用这种方式，可以清除对方路由表中的无用路由。在图 5-21 中，指向 10.0.0.0/8 的路由故障时，RTB 向 RTA 通告了度量值为 1 的 10.0.0.0/8 路由，RTA 在通告给 RTB 时将该路由度量值设为 16，RTB 便不会认为可以通过 RTA 到达 10.0.0.0/8 网络，因此就可以避免路由环路的产生。

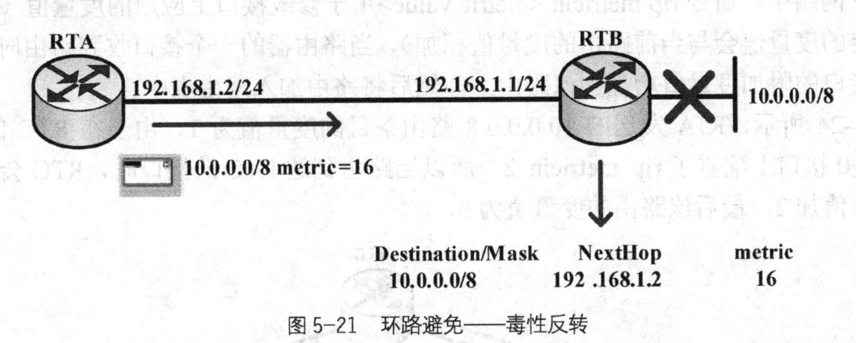

图 5-21　环路避免——毒性反转

默认情况下，一台 RIP 路由器每 30s 会发送一次路由表更新给邻居路由器。若在这一更新周期内及时将网络路由更新信息发布给邻居可加速网络收敛时间，这是另一种环路避免方法——触发更新。

在图 5-22 中，当本地路由信息发生变化时，触发更新功能允许路由器立即发送触发更新报文给邻居路由器，来通知路由信息更新，而不需要等待更新定时器超时，从而加速了网络收敛。

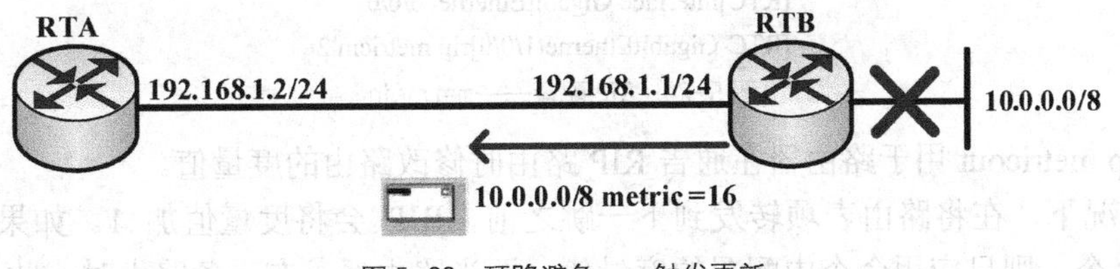

图 5-22　环路避免——触发更新

如图 5-23 所示，在配置 RIP 时，使用 rip [process-id]命令使能 RIP 进程，该命令中，process-id 指定了 RIP 进程 ID。如果未指定 process-id，命令将使用 1 作为默认进程 ID。

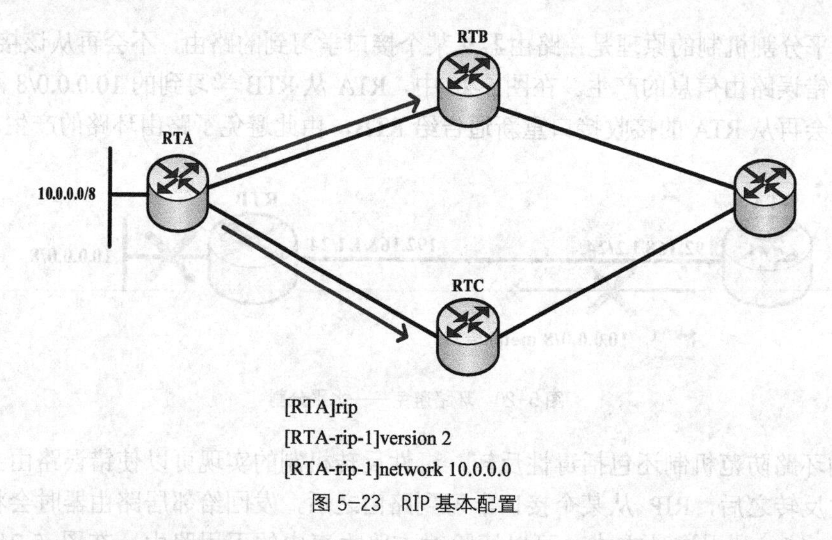

图 5-23 RIP 基本配置

命令 version 2 可用于使能 RIPv2 以支持扩展能力，如支持 VLSM、认证等。

network <network-address>命令可用于在 RIP 中通告网络，network-address 必须是一个自然网段的地址，只有处于此网络中的接口，才能进行 RIP 报文的接收和发送。

在 RIP 网络中，命令 rip metricin <metric value>用于修改接口上应用的度量值（注意：该命令所指定的度量值会与当前路由的度量值相加），当路由器的一个接口收到路由时，路由器会首先将接口的附加度量值增加到该路由上，然后将路由加入路由表中。

如图 5-24 所示，RTA 发送的 10.0.0.0/8 路由条目的度量值为 1，由于在 RTC 的 GigabitEthernet0/0/0 接口上配置了 rip metricin 2，所以当路由到达 RTC 的接口时，RTC 会将该路由条目的度量值加 2，最后该路由的度量值为 3。

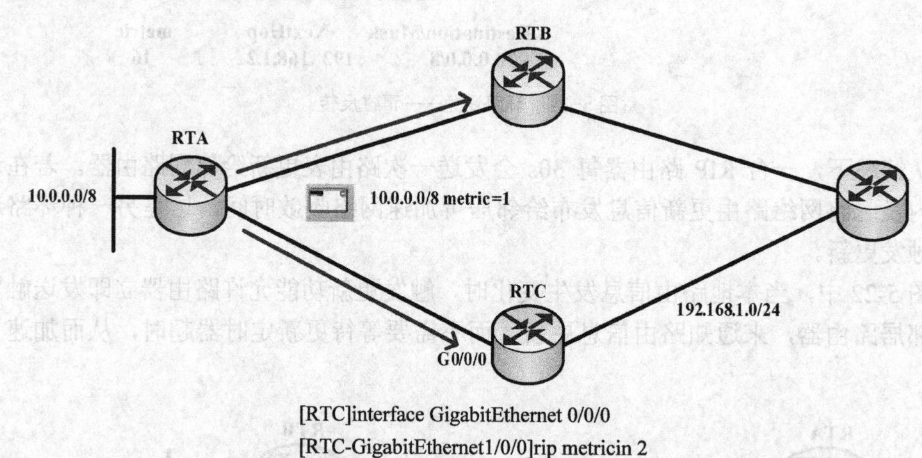

图 5-24 RIP 配置——metricin

命令 rip metricout 用于路由器在通告 RIP 路由时修改路由的度量值。

一般情况下，在将路由表项转发到下一跳之前，RIP 会将度量值加 1。如果配置了 rip metricout 命令，则只应用命令中配置的度量值。即当路由器发布一条路由时，此命令配置的度量值会在发布该路由之前附加在这条路由上，但本地路由表中的度量值不会发生改变。

如图 5-25 所示中，默认情况下，RTA 发送的 10.0.0.0/8 路由条目的度量值为 1，但是，由于在 RTA 的 GigabitEthernet0/0/0 接口上配置了 rip metricout 2，所以 RTA 会将该路由条目的度量值设置为 2，然后发送给 RTC。

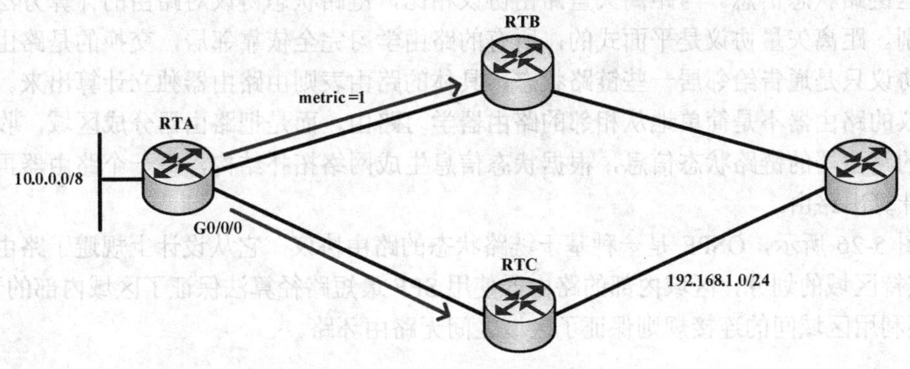

图 5-25 RIP 配置——metricout

水平分割和毒性反转都是基于每个接口来配置的，默认情况下，每个接口都启用了 rip split-horizon 命令（NBMA 网络除外）以防止路由环路。华为 ARG3 系列路由器不支持同时配置水平分割和毒性反转，因此当一个接口上同时配置了水平分割和毒性反转时，只有毒性反转生效。

命令 display rip <process_id> interface <interface> verbose 用来确认路由器接口的 RIP 配置。命令显示中会显示相关 RIP 参数，包括 RIP 版本及接口上是否应用了水平分割和毒性反转。

命令 rip output 用于配置允许一个接口发送 RIP 更新消息，如果想要禁止指定接口发送 RIP 更新消息，可以在接口上运行命令 undo rip output，默认情况下，ARG3 系列路由器允许接口发送 RIP 报文。企业网络中，可以通过运行命令 undo rip output 来防止连接外网的接口发布内部路由。

rip input 命令用来配置允许指定接口接收 RIP 报文。默认情况下，接口可以接收 RIP 报文。

undo rip input 命令用来禁止指定接口接收 RIP 报文，运行命令 undo rip input 之后，该接口所收到的 RIP 报文会被立即丢弃。

命令 display rip 可以比较全面地显示路由器上的 RIP 信息，包括全局参数及部分接口参数。例如，该命令可以显示哪些接口上执行了 silent-interface 命令。

5.4 链路状态路由协议——OSPF

5.4.1 OSPF 原理介绍

RIP 是一种基于距离矢量算法的路由协议，存在着收敛慢、易产生路由环路、可扩展性差等问题，目前已逐渐被 OSPF 取代。

开放式最短路径优先 OSPF（Open Shortest Path First）协议是 IETF 定义的一种基于链路状态的内部网关路由协议。这种链路状态路由选择协议是基于 Edsger Dijkstra 的最短路径优先（SPF）算法。它比距离矢量路由协议复杂得多，但基本功能和配置却很简单，甚至算法也容易理解。路由器的链路状态的信息称为链路状态，包括网络类型（如以太网链路或串行点对点链路）、该链路的开销、接口的 IP 地址和子网掩码、该链路上的所有的相邻路由器。

链路状态路由协议是层次式的，网络中的路由器并不向邻居传递“路由项”，而是通告给邻居一些链路状态信息。与距离矢量路由协议相比，链路状态协议对路由的计算方法有着本质的差别。距离矢量协议是平面式的，所有的路由学习完全依靠邻居，交换的是路由项。链路状态协议只是通告给邻居一些链路状态，具体的路由表则由路由器独立计算出来。运行该路由协议的路由器不是简单地从相邻的路由器学习路由，而是把路由器分成区域，收集区域的所有的路由器的链路状态信息，根据状态信息生成网络拓扑结构，每一个路由器再根据拓扑结构计算出路由。

如图 5-26 所示，OSPF 是一种基于链路状态的路由协议，它从设计上规避了路由环路。OSPF 支持区域的划分，区域内部的路由器使用 SPF 最短路径算法保证了区域内部的无环路，OSPF 还利用区域间的连接规则保证了区域之间无路由环路。

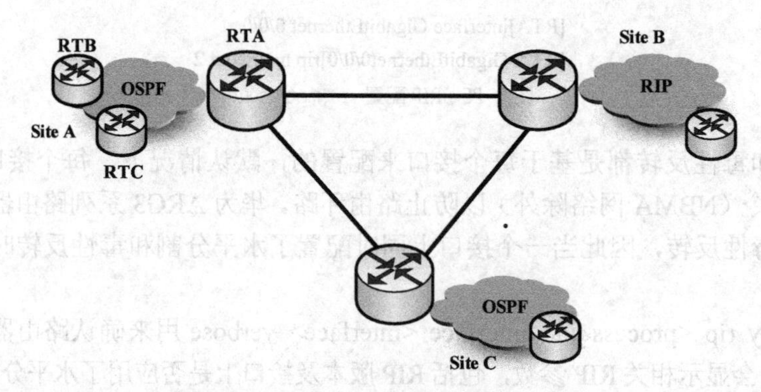

图 5-26 OSPF 协议网络

OSPF 支持触发更新，能够快速检测并通告自治系统内的拓扑变化。

OSPF 可以解决网络扩容带来的问题。当网络上路由器越来越多，路由信息流量急剧增长的时候，OSPF 可以将每个自治系统划分为多个区域，并限制每个区域的范围。它这种分区域的特点，使得 OSPF 特别适用于大中型网络。OSPF 还可以同其他协议（如多协议标记切换协议 MPLS）同时运行来支持地理覆盖很广的网络。

OSPF 可以提供认证功能，OSPF 路由器之间的报文可以配置成必须经过认证才能进行交换。总之，OSPF 具有无环路、收敛快、扩展性好、支持认证等特点。

如图 5-27 所示，OSPF 要求每台运行 OSPF 的路由器都了解整个网络的链路状态信息，这样才能计算出到达目的地的最优路径。OSPF 的收敛过程由链路状态公告 LSA（Link State Advertisement）泛洪开始。LSA 中包含了路由器已知的接口 IP 地址、掩码、开销和网络类型等信息。收到 LSA 的路由器根据 LSA 提供的信息建立自己的链路状态数据库 LSDB（Link State Database），并在 LSDB 的基础上使用 SPF 算法进行运算，建立起到达每个网络的最短路径树，最后，通过最短路径树得出到达目的网络的最优路由，并将其加入到 IP 路由表中。

如图 5-28 所示，OSPF 报文封装在 IP 报文中，协议号为 89。

OSPF 有 5 种报文类型，每种报文都使用相同的 OSPF 报文头。

Hello 报文：最常用的一种报文，用于发现、维护邻居关系，并在广播和非广播多址接入 NBMA（None-Broadcast Multi-Access）类型的网络中选举指定路由器 DR（Designated Router）和备份指定路由器 BDR（Backup Designated Router）。

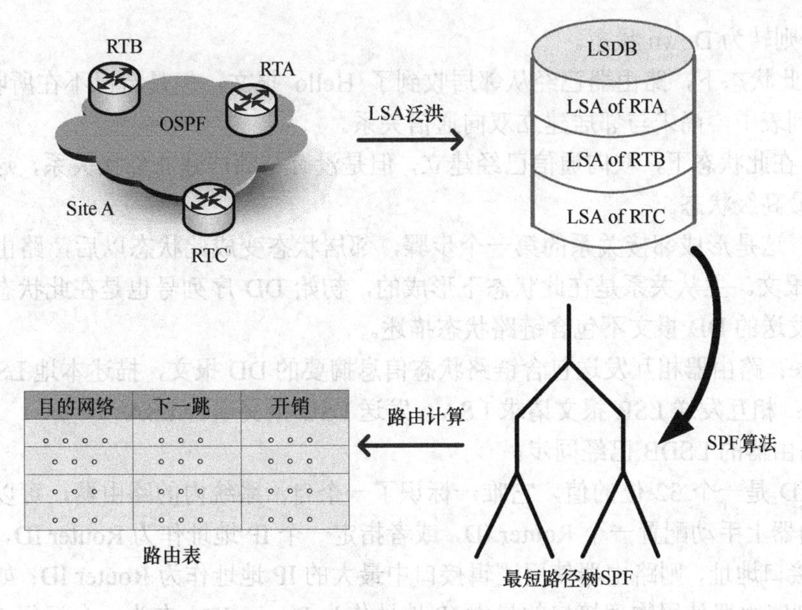

图 5-27　OSPF 原理

图 5-28　OSPF 报文格式

DD 报文：两台路由器进行 LSDB 数据库同步时，用 DD 报文来描述自己的 LSDB。DD 报文的内容包括 LSDB 中每一条 LSA 的头部（LSA 的头部可以唯一标识一条 LSA）。LSA 头部只占一条 LSA 的整个数据量的一小部分，所以，这样就可以减少路由器之间的协议报文流量。

LSR 报文：两台路由器互相交换过 DD 报文之后，知道对端的路由器有哪些 LSA 是本地 LSDB 所缺少的，这时需要发送 LSR 报文向对方请求缺少的 LSA，LSR 只包含了所需要的 LSA 的摘要信息。

LSU 报文：用来向对端路由器发送所需要的 LSA。

LSACK 报文：用来对接收到的 LSU 报文进行确认。

5.4.2　邻居与邻接关系

邻居（Neighbor）：OSPF 路由器启动后，便会通过 OSPF 接口向外发送 Hello 报文用于发现邻居，收到 Hello 报文的 OSPF 路由器会检查报文中所定义的一些参数，如果双方的参数一致，就会彼此形成邻居关系。

邻接（Adjacency）：形成邻居关系的双方不一定都能形成邻接关系，这要根据网络类型而定，只有当双方成功交换 DD 报文，并能交换 LSA 之后，才形成真正意义上的邻接关系。

路由器在发送 LSA 之前必须先发现邻居并建立邻接关系。邻居和邻接关系建立的过程机制含如下的状态信息。

Down：这是邻居的初始状态，表示没有从邻居收到任何信息。

Attempt：此状态只在 NBMA 网络上存在，表示没有收到邻居的任何信息，但是已经周期性向邻居发送报文，发送间隔为 Hello Interval，如果 Router Dead Interval 间隔内未收到邻居的

Hello 报文，则转为 Down 状态。

Init：在此状态下，路由器已经从邻居收到了 Hello 报文，但是自己不在所收到的 Hello 报文的邻居列表中，尚未与邻居建立双向通信关系。

2-Way：在此状态下，双向通信已经建立，但是没有与邻居建立邻接关系，这是建立邻接关系以前的最高级状态。

ExStart：这是形成邻接关系的第一个步骤，邻居状态变成此状态以后，路由器开始向邻居发送 DD 报文。主从关系是在此状态下形成的，初始 DD 序列号也是在此状态下决定的。在此状态下发送的 DD 报文不包含链路状态描述。

Exchange：路由器相互发送包含链路状态信息摘要的 DD 报文，描述本地 LSDB 的内容。

Loading：相互发送 LSR 报文请求 LSA，发送 LSU 报文通告 LSA。

Full：路由器的 LSDB 已经同步。

Router ID 是一个 32 位的值，它唯一标识了一个自治系统内的路由器，可以为每台运行 OSPF 的路由器上手动配置一个 Router ID，或者指定一个 IP 地址作为 Router ID，如果设备存在多个逻辑接口地址，则路由器使用逻辑接口中最大的 IP 地址作为 Router ID；如果没有配置逻辑接口，则路由器使用物理接口的最大 IP 地址作为 Router ID。在为一台运行 OSPF 的路由器配置新的 Router ID 后，可以在路由器上通过重置 OSPF 进程来更新 Router ID，通常建议手动配置 Router ID，以防止 Router ID 因为接口地址的变化而改变。

运行 OSPF 的路由器之间需要交换链路状态信息和路由信息，在交换这些信息之前，路由器之间首先需要建立邻接关系。

如图 5-29 所示，RTA 通过以太网连接了 3 个路由器，所以 RTA 有 3 个邻居，但不能说 RTA 有 3 个邻接关系。

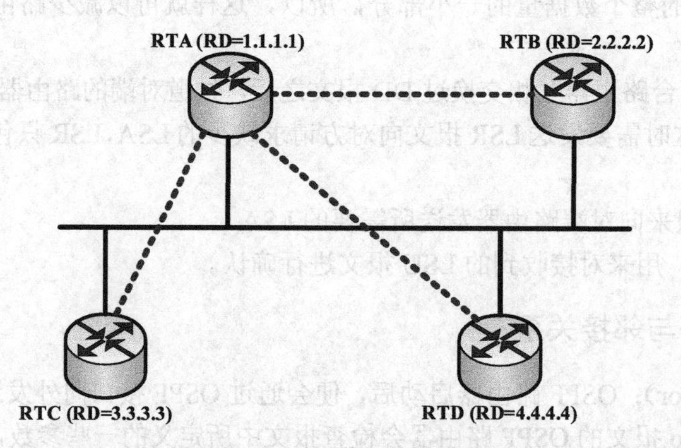

图 5-29 Router ID、邻居和邻接

OSPF 的邻居发现过程是基于 Hello 报文来实现的，Hello 报文中的重要字段解释如下。

Network Mask：发送 Hello 报文的接口的网络掩码。

Hello Interval：发送 Hello 报文的时间间隔，单位为 s。

Options：标识发送此报文的 OSPF 路由器所支持的可选功能。具体的可选功能已超出这里的讨论范围，可查阅相关的文献。

Router Priority：发送 Hello 报文的接口的 Router Priority，用于选举 DR 和 BDR。

Router Dead Interval：失效时间，如果在此时间内未收到邻居发来的 Hello 报文，则认为邻居失效；单位为 s，通常为 4 倍 Hello Interval。

Designated Router：发送Hello报文的路由器所选举出的DR的IP地址，如果设置为0.0.0.0，表示未选举 DR 路由器。

Backup Designated Router：发送 Hello 报文的路由器所选举出的 BDR 的 IP 地址，如果设置为 0.0.0.0，表示未选举 BDR。

Neighbor：邻居的 Router ID 列表，表示本路由器已经从这些邻居收到了合法的 Hello 报文。

如果路由器发现所接收的合法 Hello 报文的邻居列表中有自己的 Router ID，则认为已经和邻居建立了双向连接，表示邻接关系已经建立。

验证一个接收到的 Hello 报文是否合法包括：

如果接收端口的网络类型是广播型，点对多点或者NBMA，所接收的Hello报文中Network Mask 字段必须和接收端口的网络掩码一致，如果接收端口的网络类型为点对点类型或者是虚连接，则不检查 Network Mask 字段；

所接收的 Hello 报文中 Hello Interval 字段必须和接收端口的配置一致；

所接收的 Hello 报文中 Router Dead Interval 字段必须和接收端口的配置一致；

所接收的 Hello 报文中 Options 字段中的 E-bit（表示是否接收外部路由信息）必须和相关区域的配置一致。

路由器在建立完成邻接关系之后，便开始进行数据库同步，具体过程如如图 5-30 所示。

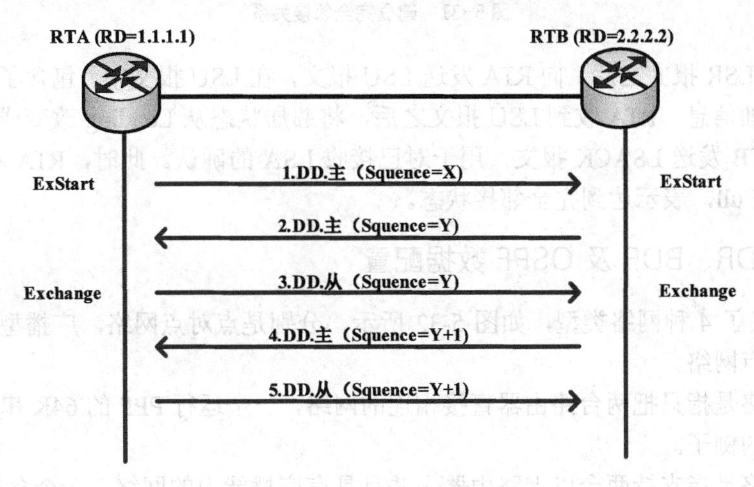

图 5-30 数据库同步

邻居状态变为 ExStart 以后，RTA 向 RTB 发送第一个 DD 报文，在这个报文中，DD 序列号被设置为 X（假设），RTA 宣告自己为主路由器。

RTB 也向 RTA 发送第一个 DD 报文，在这个报文中，DD 序列号被设置为 Y（假设），RTB 也宣告自己为主路由器，由于 RTB 的 Router ID 比 RTA 的大，所以 RTB 应当为真正的主路由器。

RTA 发送一个新的 DD 报文，在这个新的报文中包含 LSDB 的摘要信息，序列号设置为 RTB 在步骤 2 里使用的序列号，因此 RTB 将邻居状态改变为 Exchange。

邻居状态变为 Exchange 以后，RTB 发送一个新的 DD 报文，该报文中包含 LSDB 的描述信息，DD 序列号设为 Y+1（上次使用的序列号加 1）。

即使 RTA 不需要新的 DD 报文描述自己的 LSDB，但是作为从路由器，RTA 需要对主路由器 RTB 发送的每一个 DD 报文进行确认，所以，RTA 向 RTB 发送一个内容为空的 DD 报文，序列号为 Y+1。

发送完最后一个 DD 报文之后，RTA 将邻居状态改变为 Loading；RTB 收到最后一个 DD 报文之后，改变状态为 Full（假设 RTB 的 LSDB 是最新最全的，不需要向 RTA 请求更新）。

如图 5-31 所示，邻居状态变为 Loading 之后，RTA 开始向 RTB 发送 LSR 报文，请求那些在 Exchange 状态下通过 DD 报文发现的，而且在本地 LSDB 中没有的链路状态信息。

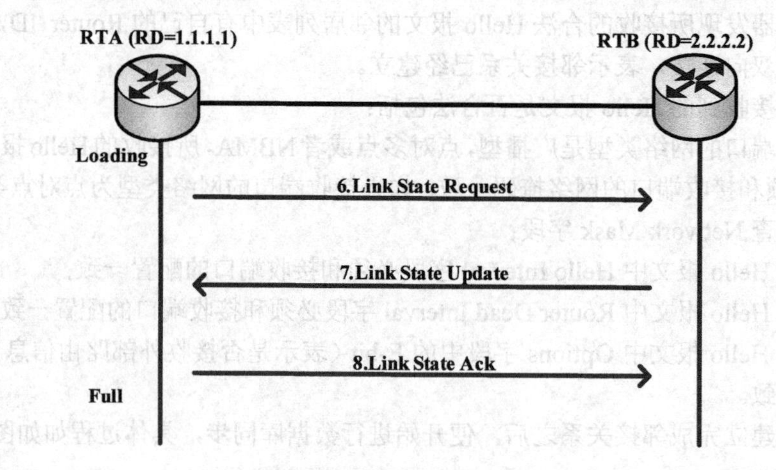

图 5-31　建立完全邻接关系

RTB 收到 LSR 报文之后，向 RTA 发送 LSU 报文，在 LSU 报文中，包含了那些被请求的链路状态的详细信息。RTA 收到 LSU 报文之后，将邻居状态从 Loading 改变成 Full。

RTA 向 RTB 发送 LSACK 报文，用于对已接收 LSA 的确认。此时，RTA 和 RTB 之间的邻居状态变成 Full，表示达到完全邻接状态。

*5.4.3　DR、BDR 及 OSPF 数据配置

OSPF 定义了 4 种网络类型，如图 5-32 所示，分别是点对点网络，广播型网络，NBMA 网络和点对多点网络。

点对点网络是指只把两台路由器直接相连的网络，一个运行 PPP 的 64K 串行线路就是一个点对点网络的例子。

广播型网络是指支持两台以上路由器，并且具有广播能力的网络，一个含有 3 台路由器的以太网就是一个广播型网络的例子。

OSPF 可以在不支持广播的多路访问网络上运行，此类网络包括在 hub-spoke 拓扑上运行的帧中继（FR）和异步传输模式（ATM）网络，这些网络的通信依赖于虚电路。OSPF 定义了两种支持多路访问的网络类型：非广播多路访问网络（NBMA）和点对多点网络（Point To Multi-Points）。

NBMA：在 NBMA 网络上，OSPF 模拟在广播型网络上的操作，但是每个路由器的邻居需要手动配置，NBMA 方式要求网络中的路由器组成全连接。

P2MP：将整个网络看成是一组点对点网络。对于不能组成全连接的网络，应当使用点对多点方式，例如，只使用 PVC 的不完全连接的帧中继网络。

在广播和NBMA网络中，任何一台路由器的路由变化都能导致多次传递，浪费资源。为了解决这个问题，OSPF协议定义了选择路由器（DR）和备份选择路由器（BDR），除DR和BDR之外的路由器称为DR Other。所有的路由器都发送LSA，但是只有DR、BDR和DR other建立连接关系，所有路由器只将信息发送给DR，由DR将LSA广播出去，BDR是DR的备份，在选取DR的同时也选取BDR，BDR也和本网段内所有的路由器建立邻接关系并且交换路由信息。当DR失效后，BDR将成为DR。除DR和BDR之外的路由器（称为DR Other）之间将不再建立邻接关系，也不再交换任何路由信息。这样就减少了广播网和NBMA网络上各路由器之间邻接关系的数量。

DR和BDR可以减少邻接关系的数量，从而减少链路状态信息及路由信息的交换次数，这样可以节省带宽，降低对路由器处理能力的压力，一个既不是DR也不是BDR的路由器只与DR和BDR形成邻接关系，并交换链路状态信息及路由信息，这样就大大减少了大型广播型网络和NBMA网络中的邻接关系数量，在没有DR的广播网络上，邻接关系的数量可以根据公式$n(n-1)/2$计算出，n代表参与OSPF的路由器接口的数量。

BDR在DR发生故障时接管业务，一个广播网络上所有路由器都必须同BDR建立邻接关系。

如图5-33所示，在邻居发现完成之后，路由器会根据网段类型进行DR选举，在广播和NBMA网络上，路由器会根据参与选举的每个接口的优先级进行DR选举，优先级取值范围为0～255，值越高越优先。默认情况下，接口优先级为1，如果一个接口优先级为0，那么该接口将不会参与DR或者BDR的选举，如果优先级相同时，则比较Router ID，值越大越优先被选举为DR。

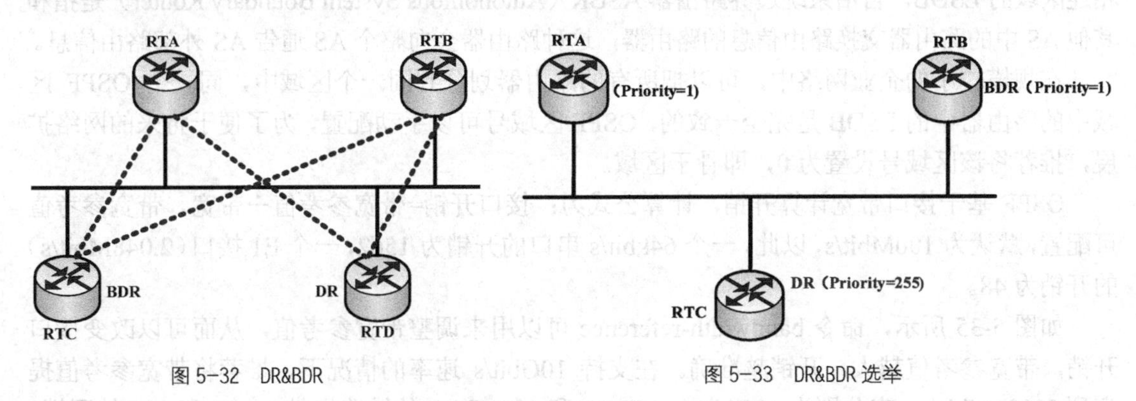

图5-32 DR&BDR　　图5-33 DR&BDR选举

为了给DR做备份，每个广播和NBMA网络上还要选举一个BDR，BDR也会与网络上所有的路由器建立邻接关系。

为了维护网络上邻接关系的稳定性，如果网络中已经存在DR和BDR，则新添加进该网络的路由器不会成为DR和BDR。不管该路由器的Router Priority是否最大，如果当前DR发生故障，则当前BDR自动成为新的DR，网络中重新选举BDR；如果当前BDR发生故障，则DR不变，重新选举BDR，这种选举机制的目的是保持邻接关系的稳定，使拓扑结构的改变对邻接关系的影响尽量小。

如图5-34所示，OSPF支持将一组网段组合在一起，这样的一个组合称为一个区域。划分OSPF区域可以缩小路由器的LSDB规模，减少网络流量。区域内的详细拓扑信息不向其他区域发送，区域间传递的是抽象的路由信息，而不是详细的描述拓扑结构的链路状态信息，每个区域都有自己的LSDB，不同区域的LSDB是不同的，路由器会为每一个自己所连接到的区域维护一个单独的 LSDB。由于详细链路状态信息不会被发布到区域以外，因此 LSDB 的规模大大缩小了。

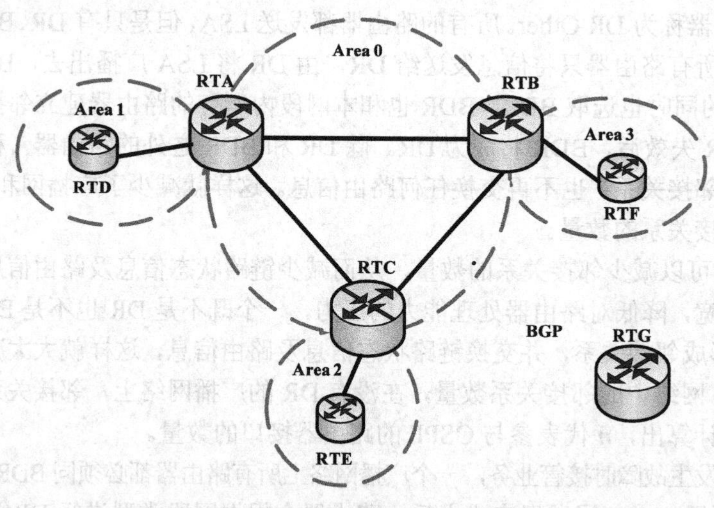

图 5-34　OSPF 区域

Area 0 为骨干区域，为了避免区域间路由环路，非骨干区域之间不允许直接相互发布路由信息，因此，每个区域都必须连接到骨干区域。

运行在区域之间的路由器叫作区域边界路由器 ABR（Area Boundary Router），它包含所有相连区域的 LSDB。自治系统边界路由器 ASBR（Autonomous System Boundary Router）是指和其他 AS 中的路由器交换路由信息的路由器，这种路由器会向整个 AS 通告 AS 外部路由信息。

在规模较小的企业网络中，可以把所有的路由器划分到同一个区域中，同一个 OSPF 区域中的路由器中的 LSDB 是完全一致的，OSPF 区域号可以手动配置，为了便于将来的网络扩展，推荐将该区域号设置为 0，即骨干区域。

OSPF 基于接口带宽计算开销，计算公式为：接口开销=带宽参考值÷带宽。带宽参考值可配置，默认为 100Mbit/s，以此，一个 64kbit/s 串口的开销为 1562，一个 E1 接口（2.048Mbit/s）的开销为 48。

如图 5-35 所示，命令 bandwidth-reference 可以用来调整带宽参考值，从而可以改变接口开销，带宽参考值越大，开销越准确。在支持 10Gbit/s 速率的情况下，推荐将带宽参考值提高到 10000Mbit/s，来分别为 10Gbit/s、1Gbit/s 和 100Mbit/s 的链路提供 1、10 和 100 的开销。注意，配置带宽参考值时，需要在整个 OSPF 网络中统一进行调整。

另外，还可以通过 ospf cost 命令来手动为一个接口调整开销，开销值范围是 1～65535，默认值为 1。

```
[RTA]interface GigabitEthernet 0/0/0
[RTA- GigabitEthernet0/0/0]ospf cost 20
[RTB]ospf
[RTB-ospf-1]bandwidth-reference 10000
```

图 5-35　OSPF 开销

如图 5-36 所示，在配置 OSPF 时，需要首先使能 OSPF 进程。

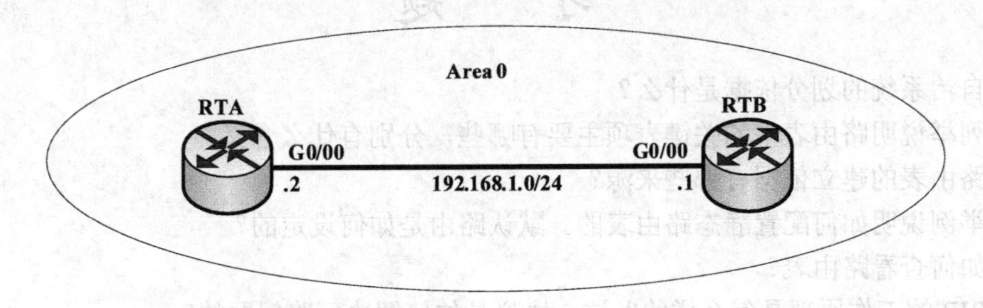

[RTA]ospf router-id 1.1.1.1
[RTA-ospf-1]area 0
[RTA-ospf-1-area-0.0.0.0]network 192.168.1.0 0.0.0.255

图 5-36 OSPF 配置

命令 ospf [process id]用来使能 OSPF，在该命令中可以配置进程 ID，如果没有配置进程 ID，则使用 1 作为默认进程 ID。

命令 ospf [process id] [router-id <router-id>]既可以使能 OSPF 进程，还同时可以用于配置 Router ID，在该命令中，router-id 代表路由器的 ID。

命令 network 用于指定运行 OSPF 协议的接口，在该命令中需要指定一个反掩码。反掩码中，“0”表示此位必须严格匹配，“1”表示该地址可以为任意值。

使用命令 display ospf peer 可以用于查看邻居相关的属性，包括区域、邻居的状态、邻接协商的主从状态，以及 DR 和 BDR 情况。

如图 5-37 所示，OSPF 支持简单认证及加密认证功能，加密认证对潜在的攻击行为有更强的防范性；OSPF 认证可以配置在接口或区域上，配置接口认证方式的优先级高于区域认证方式。接口或区域上都可以运行 ospf authentication-mode { simple [[plain] <plain-text> | cipher <cipher-text>] | null } 命令来配置简单认证，参数 plain 表示使用明文密码，参数 cipher 表示使用密文密码，参数 null 表示不认证。

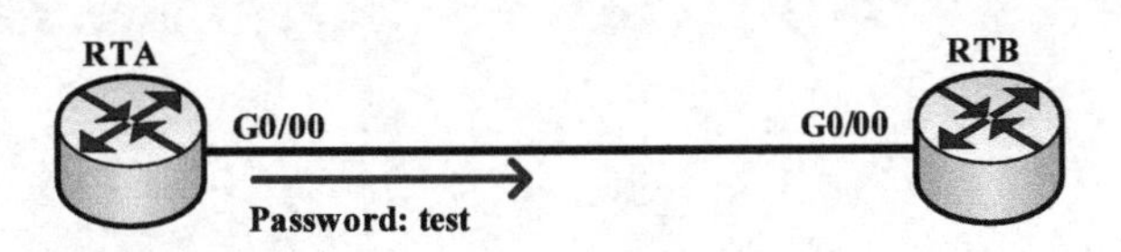

[RTA]interface GigabitEthernet0/0/0
[RTA-GigabitEthernet0/0/0]ospf authentication-mode md5 1 huawei

图 5-37 OSPF 认证

命令 ospf authentication-mode { md5 | hmac-md5 } [key-id { plain <plain-text >| [cipher] <cipher-text>}] 用于配置加密认证，MD5 是一种保证链路认证安全的加密算法，参数 key-id 表示接口加密认证中的认证密钥 ID，它必须与对端上的 key-id 一致。

在启用认证功能之后，可以在终端上进行调试来查看认证过程。

debugging ospf packet 命令用来指定调试 OSPF 报文，然后便可以查看认证过程，以确定认证配置是否成功。

习　题

1．自治系统的划分依据是什么？
2．列举说明路由表中的关键表项主要有哪些，分别有什么含义。
3．路由表的建立依据有哪些来源？
4．举例说明如何配置静态路由表的。默认路由是如何设定的？
5．如何查看路由表？
6．RIP 的工作原理是怎么样的？这一协议是如何解决环路问题的？
7．举例说明 OSPF 的邻居发现过程是如何进行的。
8．OSPF 中是如何实现数据库同步的？

第6章 企业级交换网络的部署

课程目标：

- 掌握企业级交换网络的基本架构；
- 熟悉链路聚合技术的原理与实现方法；
- 掌握 VLAN 技术的基本原理；
- 掌握 VLAN 端口的分类与划分；
- 掌握 VLAN 间路由的实现方法；
- 了解 GARP 的原理与实现；
- 熟悉 VLAN 的部署方法。

在信息化应用日趋普及的今天，组建企业内部网络已经是企业生产经营与管理必不可少的一部分，建立高速稳定、安全、智能的企业办公网络则是组建中小型企业局域网的核心。本章在第 4、第 5 两章基础上，阐述如何使用业界流行的核心层—汇聚层—分布层 3 层结构设计以实现中小型企业网络的合理部署。本章首先分析了企业信息网络的体系架构与业务需求，随后介绍了链路聚合技术及其配置实现，深入分析了虚拟局域网（VLAN）技术的原理与实现手段。通过本章的学习，有助于进一步学习面向企业应用的交换网络技术。

6.1 企业网络系统解决方案

随着业务的不断发展，企业对网络的要求也在不断提高，仅仅提供数据传输的基础网络已经不能满足企业业务发展的需求，如今的企业网络需要针对不同业务，提供不同的网络服务，还需要通过配置策略来应对越来越多的内部和外部的安全威胁，以保障企业网络的安全，因此，扩展现有的企业网络变得越来越有必要。

6.1.1 企业网络的体系结构

企业需要具备一个完整的网络解决方案，才能支撑各种各样的业务运转。随着业务不断发展，对企业对网络的各种需求也在不断增加，例如，用户密度可能在短时间内快速增加，用户需要移动办公，此外企业还需要有效地管理网络中不同的业务流量。企业网络的建设与管理正是围绕着上述问题展开的。

企业网络架构如图 6-1 所示。

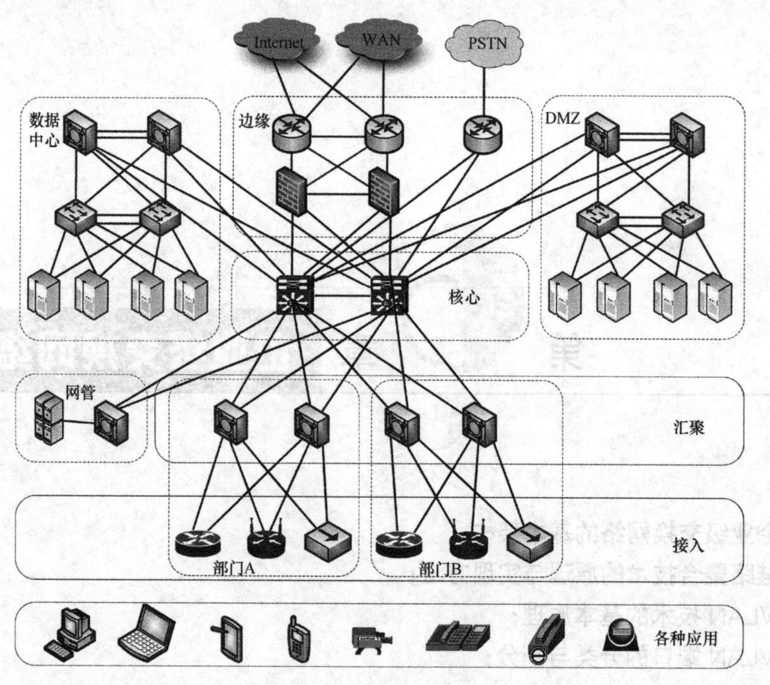

图 6-1 企业网络架构

根据目前的网络技术发展态势，一般地需要将企业网络在逻辑上分为不同的区域：接入、汇聚、核心区域、数据中心区域、DMZ 区域、企业边缘、网络管理区域等。为进一步规范网络管理的手段，此类网络均使用了一个 3 层的网络架构，包括核心层，汇聚层，接入层。将网络分为 3 层架构有诸多优点：每一层都有各自独立而特定的功能；使用模块化的设计，便于定位错误与排查网络故障，简化网络拓展和维护；可以适时隔离一个网络区域的拓扑变化，避免影响其他区域。此解决方案能够支持各种应用对网络的需求，包括高密度的用户接入、移动办公、VoIP、视频会议和视频监控的使用等，满足了客户对于可扩展性、可靠性、安全性、可管理性的需求。

如图 6-2 所示，企业网络通过与电信服务供应商的网络建立连接，可进一步支撑移动办公和分支机构网络的互联，移动办公的合法用户只要能够接入网络，就可以在任何时间、任何地点访问到企业内部网络。

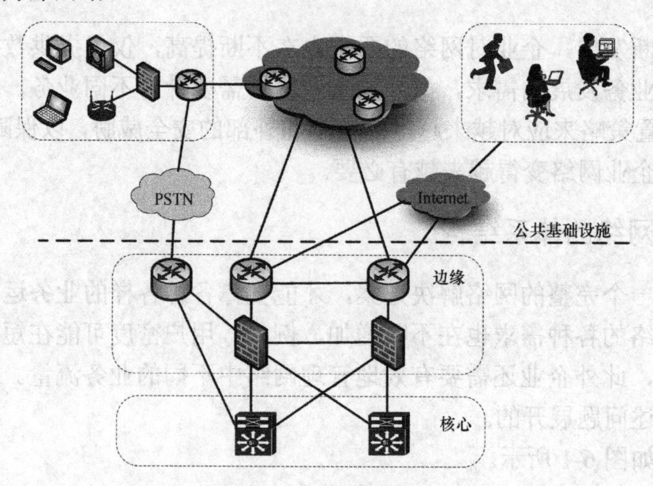

图 6-2 扩展企业网络

6.1.2 企业网络的业务需求

提升企业网络运作效率，就需要进一步优化网络设计，在网络中使用冗余架构，可以尽可能地保证无论任何设备或链路发生故障，用户业务都不会被影响。如图 6-3 所示的双节点冗余设计作为企业网络设计的一部分，增强了网络可靠性。但是，网络冗余不能过度使用，因为太多的冗余节点难以维护，并且增加了整体的管理开销。

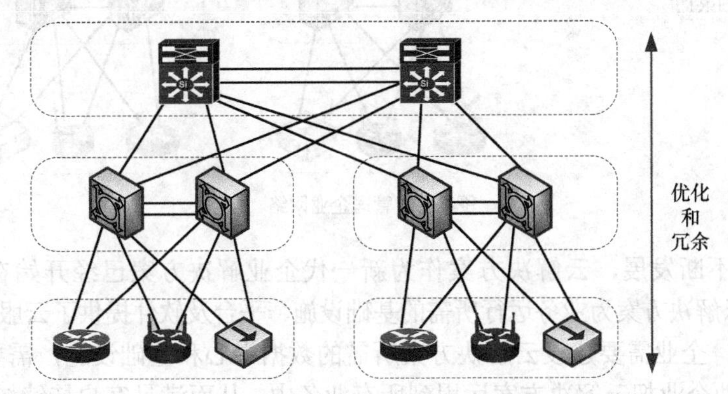

图 6-3 提升企业网络性能

随着企业网络的向外连接与扩展，网络安全在企业网络管理中变得日益重要。TCP/IP 协议簇在建立之初并没有周全地考虑到安全问题。如图 6-4 所示，为保障企业网络安全，企业网络亟需能够应对内外两种安全威胁的解决方案，用来对抗 IP 网络中日益增长的安全威胁。网络安全解决方案应该能够覆盖终端安全管理，业务安全控制，网络攻击防护 3 大方面。

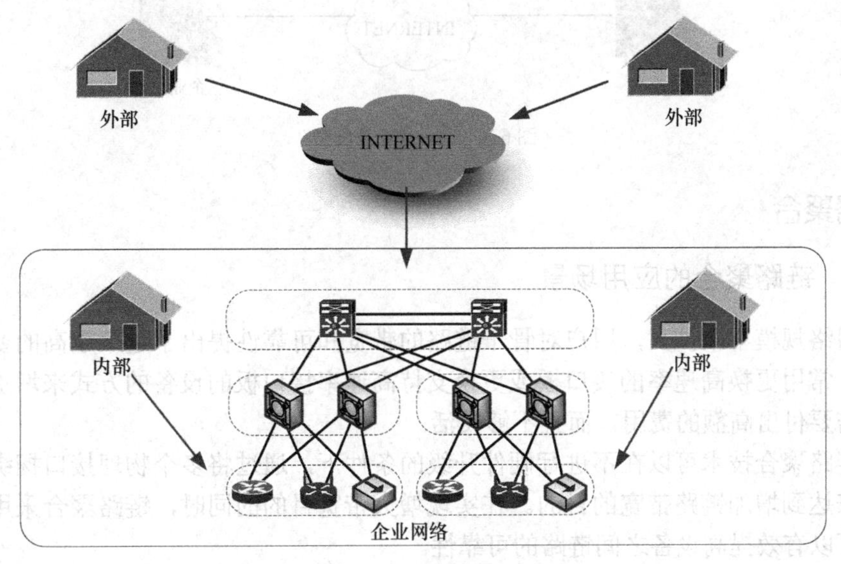

图 6-4 保障企业网络安全

作为一个完善的网管系统，应该可实现企业资源、服务和用户的统一管理，并且允许它们进行智能互动，如图 6-5 所示。此外，网络管理软件还能够管理众多厂商的设备，如不但可支持华为、华三、思科和中兴的网络通信设备，还要能够兼容 IBM、惠普和 Sun Microsystems

等公司开发的 IT 数据设备。

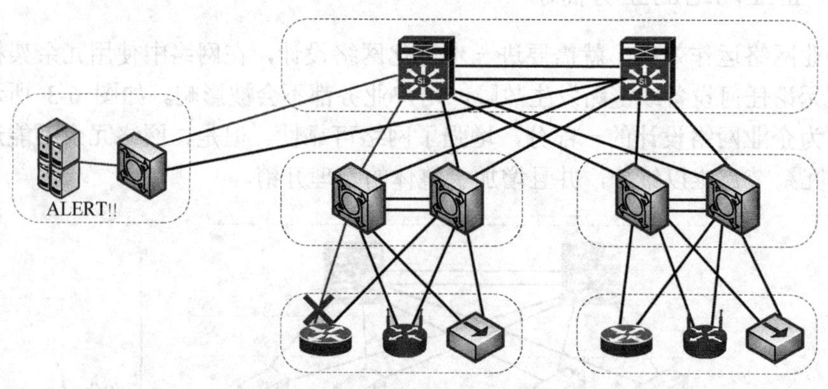

图 6-5 管理企业网络

随着行业的不断发展，云解决方案作为新一代企业解决方案已经开始在业界部署（如图 6-6 所示）。云解决方案为业务运行所需的基础设施、平台及软件提供了云服务，以此来满足每个客户的需求，企业需要建设云解决方案所需的数据中心和基础设施，需要使用虚拟化和存储等技术，推动企业把云解决方案运用到所有业务中，从而满足客户持续增长的业务需求。

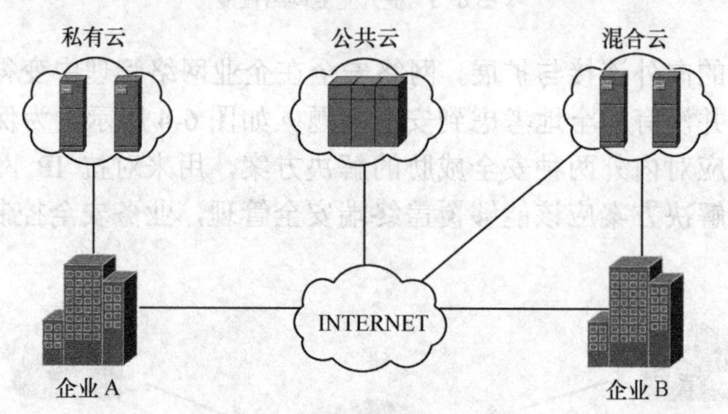

图 6-6 下一代企业网络

6.2 链路聚合

6.2.1 链路聚合的应用场景

随着网络规模不断扩大，用户对骨干链路的带宽和可靠性提出了越来越高的要求，在传统技术中，常用更换高速率的接口板或更换支持高速率接口板的设备的方式来增加带宽，但这种方案需要付出高额的费用，而且不够灵活。

采用链路聚合技术可以在不进行硬件升级的条件下，通过将多个物理接口捆绑为一个逻辑接口，来达到增加链路带宽的目的。在实现增大带宽目的的同时，链路聚合采用备份链路的机制，可以有效提高设备之间链路的可靠性。

在企业网络中，所有设备的流量在转发到其他网络前都会汇聚到核心层，再由核心区设备转发到其他网络，或者转发到外网，因此，在核心层设备负责数据的高速交换时，容易发生拥塞。在核心层部署链路聚合，可以提升整个网络的数据吞吐量，解决拥塞问题。如图 6-7 所示，两台核心交换机 SWA 和 SWB 之间通过两条成员链路互相连接，通过部署链路聚合，可以确保SWA和SWB之间的链路不会产生拥塞。

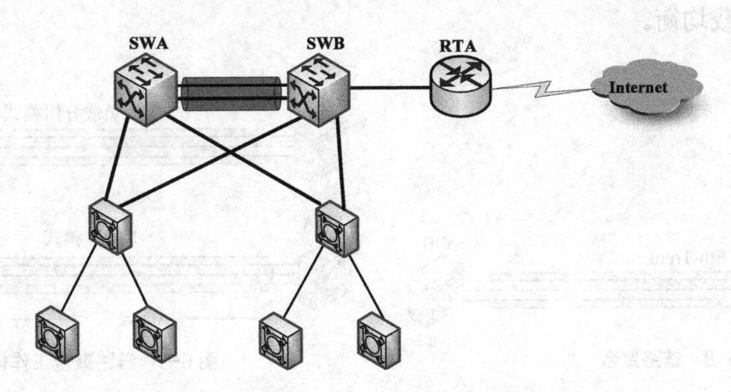

图 6-7 链路聚合的应用场景

6.2.2 链路聚合的原理

链路聚合使得逻辑链路的带宽增加了大约（*n*–1）倍，这里，*n*为聚合的路数。另外，聚合后，可靠性大大提高，因为*n*条链路中只要有一条可以正常工作，则这个链路就可以工作。除此之外，链路聚合可以实现负载均衡，因为通过链路聚合连接在一起的两个（或多个）交换机（或其他网络设备），通过内部控制，也可以合理地将数据分配在被聚合连接的设备上，实现负载分担。

因为通信负载分布在多个链路上，所以链路聚合有时称为负载平衡，但是负载平衡作为一种数据中心技术，利用该技术可以将来自客户机的请求分布到两个或更多的服务器上。聚合有时被称为反复用或 IMUX。如果多路复用是将多个低速信道合成为一个单个的高速链路的聚合，那么反复用就是在多个链路上的数据“分散”，它允许以某种增量尺度配置分数带宽，以满足带宽要求，链路聚合也称为中继。

如图 6-8 所示，链路聚合是把两台设备之间的多条物理链路聚合在一起，当作一条逻辑链路来使用，这两台设备可以是一对路由器，一对交换机，或者是一台路由器和一台交换机，一条聚合链路可以包含多条成员链路，在ARG3系列路由器和X7系列交换机上默认最多为8条。

链路聚合能够提高链路带宽，理论上，通过聚合几条链路，一个聚合口的带宽可以扩展为所有成员口带宽的总和，这样就有效地增加了逻辑链路的带宽。

链路聚合为网络提供了高可靠性，配置了链路聚合之后，如果一个成员接口发生故障，该成员口的物理链路会把流量切换到另一条成员链路上。

链路聚合还可以在一个聚合口上实现负载均衡，一个聚合口可以把流量分散到多个不同的成员口上，通过成员链路把流量发送到同一个目的地，将网络产生拥塞的可能性降到最低。

如图 6-9 所示，链路聚合包含两种模式：手动负载均衡模式和静态 LACP（Link Aggregation Control Protocol）模式。

手工负载分担模式下，Eth-Trunk 的建立、成员接口的加入由手工配置，没有链路聚合控制协议的参与，该模式下所有活动链路都参与数据的转发，平均分担流量，因此称为负载分担模式，如果某条活动链路故障，链路聚合组自动在剩余的活动链路中平均分担流量。当需要在两个直连设备间提供一个较大的链路带宽而设备又不支持 LACP 协议时，可以使用手工负载分担模式。ARG3 系列路由器和 X7 系列交换机可以基于目的 MAC 地址，源 MAC 地址，或者基于源 MAC 地址和目的 MAC 地址，源 IP 地址，目的 IP 地址，或者基于源 IP 地址和目的 IP 地址进行负载均衡。

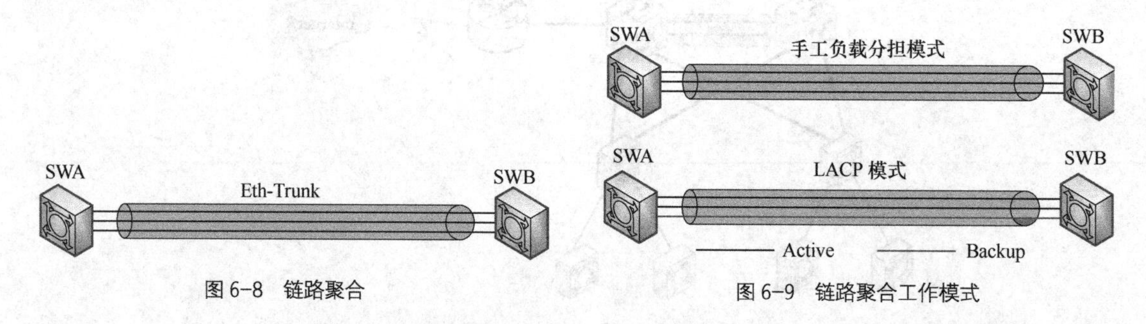

图 6-8　链路聚合　　图 6-9　链路聚合工作模式

而在静态 LACP 模式中，链路两端的设备相互发送 LACP 报文，协商聚合参数，协商完成后，两台设备确定活动接口和非活动接口，在静态 LACP 模式中，需要手动创建一个 Eth-Trunk 口，并添加成员口，LACP 协商选举活动接口和非活动接口，静态 LACP 模式也叫 M:N 模式，M 代表活动成员链路，用于在负载均衡模式中转发数据，N 代表非活动链路，用于冗余备份，如果一条活动链路发生故障，该链路传输的数据被切换到一条优先级最高的备份链路上，这条备份链路转变为活动状态。

两种链路聚合模式的主要区别是：在静态 LACP 模式中，一些链路充当备份链路，而在手动负载均衡模式中，所有的成员口都处于转发状态。

在一个聚合端口中，聚合链路两端的物理口（即成员口）的所有参数必须一致，包括物理口的数量，传输速率，双工模式和流量控制模式。

如图 6-10 所示，数据流在聚合链路上传输，数据顺序必须保持不变，一个数据流可以看作一组 MAC 地址和 IP 地址相同的帧。例如，两台设备间的 Telnet 或 FTP 连接可以看作一个数据流，如果未配置链路聚合，只是用一条物理链路来传输数据，那么一个数据流中的帧总是能按正确的顺序到达目的地；配置了链路聚合后，多条物理链路被绑定成一条聚合链路，一个数据流中的帧通过不同的物理链路传输，如果第一个帧通过一条物理链路传输，第二个帧通过另外一条物理链路传输，这样一来同一数据流的第二个数据帧就有可能比第一个数据帧先到达对端设备，从而产生接收数据包乱序的情况。

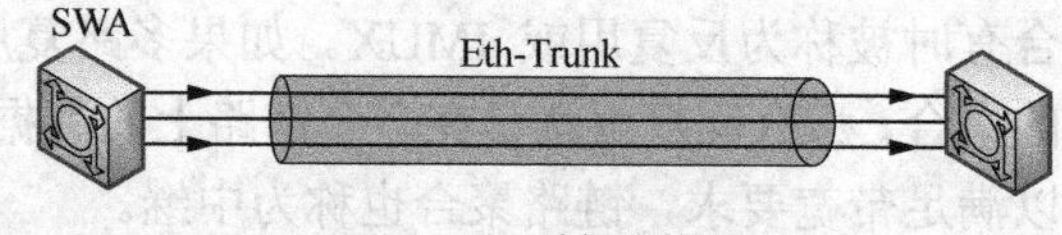

图 6-10　数据流控制

为了避免这种情况的发生，Eth-Trunk 采用逐流负载分担的机制，这种机制把数据帧中的地址通过 HASH 算法生成 HASH-KEY 值，然后根据这个数值在 Eth-Trunk 转发表中寻找对应的出接口。不同的 MAC 或 IP 地址，HASH 得出的 HASH-KEY 值不同，从而出接口也就不同，这样既保证了同一数据流的帧在同一条物理链路转发，又实现了流量在聚合组内各物理链路上的负载分担，即逐流的负载分担。逐流负载分担能保证包的顺序，但不能保证带宽利用率。

负载分担的类型主要包括以下几种，用户可以根据具体应用选择不同的负载分担类型。

① 根据报文的源 MAC 地址进行负载分担。

② 根据报文的目的 MAC 地址进行负载分担。

③ 根据报文的源 IP 地址进行负载分担。

④ 根据报文的目的 IP 地址进行负载分担。

⑤ 根据报文的源MAC地址和目的MAC地址进行负载分担。

⑥ 根据报文的源IP地址和目的IP地址进行负载分担。

⑦ 根据报文的VLAN、源物理端口等对L2、IPv4、IPv6和MPLS报文进行增强型负载分担。

6.2.3 链路聚合的数据配置

如图6-11所示，通过执行interface Eth-Trunk <trunk-id>命令配置链路聚合。这条命令创建了一个Eth-Trunk口，并且进入该Eth-Trunk口视图。

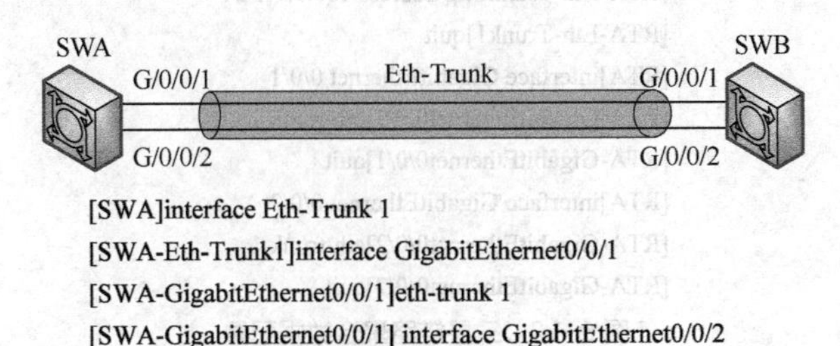


```
[SWA]interface Eth-Trunk 1
[SWA-Eth-Trunk1]interface GigabitEthernet0/0/1
[SWA-GigabitEthernet0/0/1]eth-trunk 1
[SWA-GigabitEthernet0/0/1] interface GigabitEthernet0/0/2
[SWA-GigabitEthernet0/0/2]eth-trunk 1
```

图6-11 二层链路聚合数据配置

trunk-id用来唯一标识一个Eth-Trunk口，该参数的取值可以是0～63之间的任何一个整数，如果指定的Eth-Trunk口已经存在，执行interface eth-trunk命令会直接进入该Eth-Trunk口视图。

配置Eth-Trunk口和成员口，需要注意以下规则。

① 只能删除不包含任何成员口的Eth-Trunk口。

② 把接口加入Eth-Trunk口时，二层Eth-Trunk口的成员口必须是二层接口，三层Eth-Trunk口的成员口必须是三层接口。

③ 一个Eth-Trunk口最多可以加入8个成员口。

④ 加入Eth-Trunk口的接口必须是hybrid接口（默认的接口类型）。

⑤ 一个Eth-Trunk口不能充当其他Eth-Trunk口的成员口。

⑥ 一个以太接口只能加入一个Eth-Trunk口，如果把一个以太接口加入另一个Eth-Trunk口，必须先把该以太接口从当前所属的Eth-Trunk口中删除。

⑦ 一个Eth-Trunk口的成员口类型必须相同，例如，一个快速以太口（FE口）和一个吉比特（千兆）以太口（GE口）不能加入同一个Eth-Trunk。

⑧ 位于不同接口板（LPU）上的以太口可以加入同一个Eth-Trunk口，如果一个对端接口直接和本端Eth-Trunk口的一个成员口相连，该对端接口也必须加入一个Eth-Trunk口，否则两端无法通信。

⑨ 如果成员口的速率不同，速率较低的接口可能会拥塞，报文可能会被丢弃。

⑩ 接口加入Eth-Trunk口后，Eth-Trunk口学习MAC地址，成员口不再学习。

执行display interface eth-trunk <trunk-id>命令，可以确认两台设备间是否已经成功实现链路聚合，也可以使用这条命令收集流量统计数据，定位接口故障。

如果Eth-Trunk口处于Up状态，表明接口正常运行。如果接口处于Down状态，表明所有成员口物理层发生故障。如果管理员手动关闭端口，接口处于Administratively Down状态，可以通过接口状态的改变发现接口故障，所有接口正常情况下都应处于Up状态。

如图 6-12 所示，如果要在路由器上配置三层链路聚合，需要首先创建 Eth-Trunk 接口，然后在 Eth-Trunk 逻辑口上执行 undo portswitch 命令，把聚合链路从二层转为三层链路，执行 undo portswitch 命令后，可以为 Eth-Trunk 逻辑口分配一个 IP 地址。

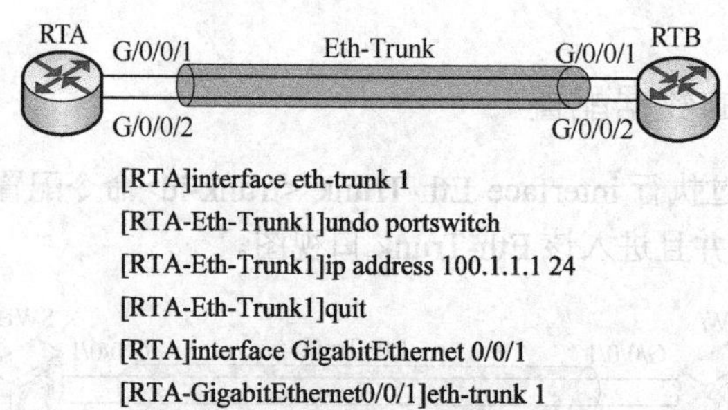


```
[RTA]interface eth-trunk 1
[RTA-Eth-Trunk1]undo portswitch
[RTA-Eth-Trunk1]ip address 100.1.1.1 24
[RTA-Eth-Trunk1]quit
[RTA]interface GigabitEthernet 0/0/1
[RTA-GigabitEthernet0/0/1]eth-trunk 1
[RTA-GigabitEthernet0/0/1]quit
[RTA]interface GigabitEthernet 0/0/2
[RTA-GigabitEthernet0/0/2]eth-trunk 1
[RTA-GigabitEthernet0/0/2]quit
```

图 6-12　三层链路聚合数据配置

6.3　VLAN 原理和配置

6.3.1　VLAN 的基本原理

首先随着网络中计算机的数量越来越多，传统的以太网络开始面临冲突严重、广播泛滥及安全性无法保障等各种问题。

IEEE 于 1999 年颁布了用于标准化 VLAN 实现方案的 802.1Q 协议标准草案。VLAN 技术的出现，使得管理员根据实际应用需求，把同一物理局域网内的不同用户逻辑地划分成不同的广播域，每一个 VLAN 都包含一组有着相同需求的计算机工作站，与物理上形成的 LAN 有着相同的属性。由于它是从逻辑上划分，而不是从物理上划分，所以同一个 VLAN 内的各个工作站没有限制在同一个物理范围中，即这些工作站可以在不同物理 LAN 网段。由 VLAN 的特点可知，一个 VLAN 内部的广播和单播流量都不会转发到其他 VLAN 中，从而有助于控制流量、减少设备投资、简化网络管理、提高网络的安全性。

综上可知，VLAN（Virtual Local Area Network）即虚拟局域网，是将一个物理的局域网在逻辑上划分成多个广播域的技术，通过在交换机上配置 VLAN，可以实现在同一个 VLAN 内的用户进行二层互访，而不同 VLAN 间的用户被二层隔离，这样既能够隔离广播域，又能够提升网络的安全性。

如图 6-13 所示，早期的局域网 LAN 技术是基于总线状结构的，它存在以下主要问题。

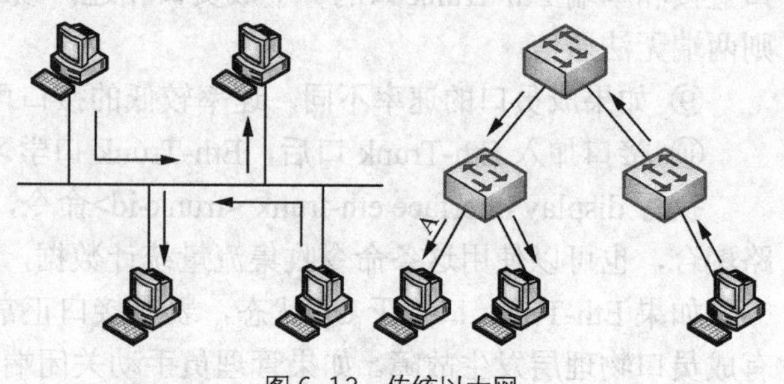

图 6-13　传统以太网

① 若某时刻有多个节点同时试图发送消息，那么它们将产生冲突。

② 从任意节点发出的消息都会被发送到其他节点，形成广播。

③ 所有主机共享一条传输通道，无

法控制网络中的信息安全。

这种网络构成了一个冲突域，网络中计算机数量越多，冲突越严重，网络效率越低，同时，该网络也是一个广播域，当网络中发送信息的计算机数量越多时，广播流量将会耗费大量带宽。因此，传统局域网不仅面临冲突域太大和广播域太大两大难题，而且无法保障传输信息的安全。

为了扩展传统LAN，以接入更多计算机，同时避免冲突的恶化，出现了网桥和二层交换机，它们能有效隔离冲突域。网桥和交换机采用交换方式将来自入端口的信息转发到出端口上，克服了共享网络中的冲突问题，但是，采用交换机进行组网时，广播域和信息安全问题依旧存在。

为限制广播域的范围，减少广播流量，需要在没有二层互访需求的主机之间进行隔离。路由器是基于3层IP地址信息来选择路由和转发数据的，其连接两个网段时可以有效抑制广播报文的转发，但成本较高。因此，人们设想在物理局域网上构建多个逻辑局域网，即VLAN。

VLAN可以将一个物理局域网在逻辑上划分成多个广播域，也就是多个VLAN。VLAN技术部署在数据链路层，用于隔离二层流量，同一个VLAN内的主机共享同一个广播域，它们之间可以直接进行二层通信，而VLAN间的主机属于不同的广播域，不能直接实现二层互通，这样，广播报文就被限制在各个相应的VLAN内，同时也提高了网络安全性。

如图6-14所示，原本属于同一广播域的主机被划分到了两个VLAN中，即VLAN 1和VLAN 2。VLAN内部的主机可以直接在二层互相通信，VLAN 1和VLAN 2之间的主机无法直接实现二层通信。

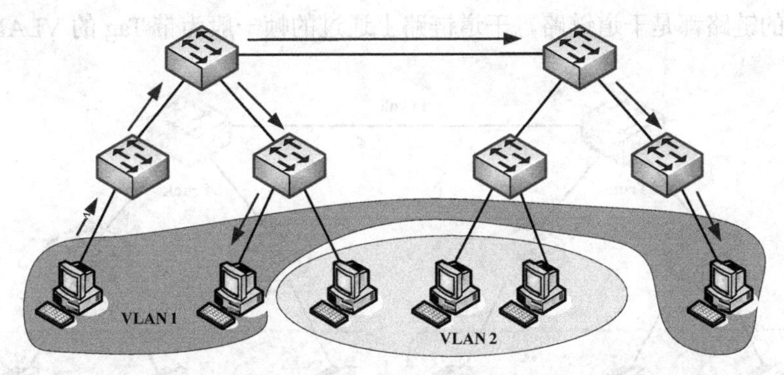

图6-14 VLAN的使用

图6-15所示为VLAN的帧格式，VLAN标签长4字节，直接添加在以太网帧头中。

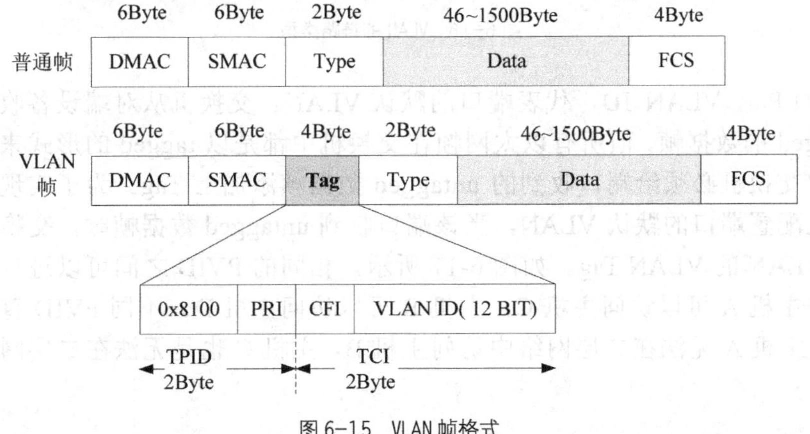

图6-15 VLAN帧格式

TPID：Tag Protocol Identifier，2 字节，固定取值，0x8100，是 IEEE 定义的新类型，表明这是一个携带 802.1Q 标签的帧。如果不支持 802.1Q 的设备收到这样的帧，会将其丢弃。

TCI：Tag Control Information，2 字节。帧的控制信息，详细说明如下。

① Priority：3bit，表示帧的优先级，取值范围为 0～7，值越大优先级越高。当交换机阻塞时，优先发送优先级高的数据帧。

② CFI：Canonical Format Indicator，1bit。CFI 表示 MAC 地址是否是经典格式，CFI 为 0 说明是经典格式，CFI 为 1 表示为非经典格式，用于区分以太网帧、FDDI（Fiber Distributed Digital Interface）帧和令牌环网帧。在以太网中，CFI 的值为 0。

③ VLAN Identifier：VLAN ID，12bit。在 X7 系列交换机中，可配置的 VLAN ID 取值范围为 0～4095，但是 0 和 4095 在协议中规定为保留的 VLAN ID，不能给用户使用。

在现有的交换网络环境中，以太网的帧有两种格式：没有加上 VLAN 标记的标准以太网帧（untagged frame）；有 VLAN 标记的以太网帧（tagged frame）。

VLAN 链路分为两种类型：Access 链路和 Trunk 链路。

接入链路（Access Link）：连接用户主机和交换机的链路称为接入链路。如图 6-16 所示，图中主机和交换机之间的链路都是接入链路。

干道链路（Trunk Link）：连接交换机和交换机的链路称为干道链路。如图 6-16 所示，图中交换机之间的链路都是干道链路，干道链路上通过的帧一般为带 Tag 的 VLAN 帧。

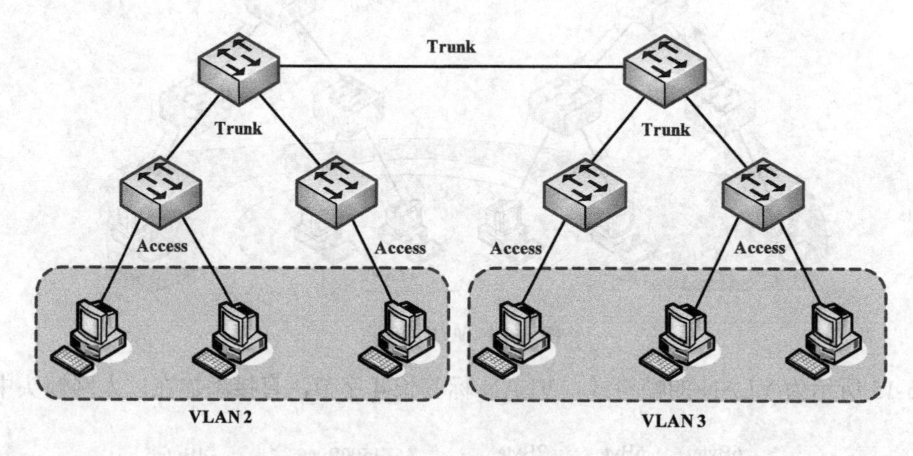

图 6-16　VLAN 的链路类型

PVID 即 Port VLAN ID，代表端口的默认 VLAN。交换机从对端设备收到的帧有可能是 untagged 的数据帧，但所有以太网帧在交换机中都是以 tagged 的形式来被处理和转发的，因此交换机必须给端口收到的 untagged 数据帧添加上 Tag。为了实现此目的，必须为交换机配置端口的默认 VLAN，当该端口收到 untagged 数据帧时，交换机将给它加上该默认 VLAN 的 VLAN Tag。如图 6-17 所示，相同的 PVID 之间可以进行数据通信，也就是图中主机 A 可以访问主机 C，主机 B 可以访问主机 D。不同 PVID 直接数据被二层隔离，则主机 A 无法在二层网络中访问主机 B，主机 C 也是无法在二层网络中访问主机 D。

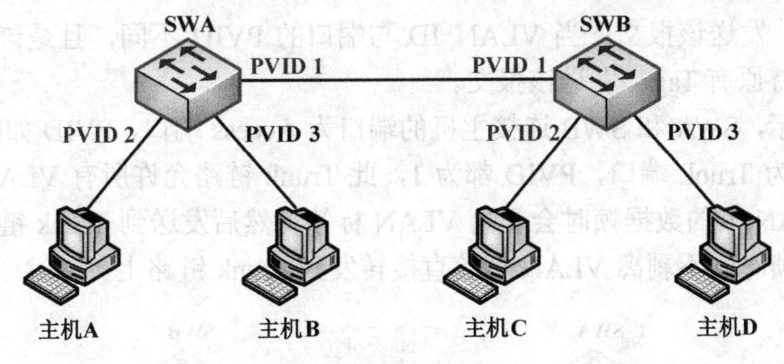

图 6-17 VLAN 的 PVID

6.3.2 VLAN 的端口类型与划分

Access 端口是交换机上用来连接用户主机的端口，它只能连接接入链路，并且只能允许唯一的 VLAN ID 通过本端口。

Access 端口收发数据帧的规则如下。

① 如果该端口收到对端设备发送的帧是 untagged（不带 VLAN 标签），交换机将强制加上该端口的 PVID；如果该端口收到对端设备发送的帧是 tagged（带 VLAN 标签），交换机会检查该标签内的 VLAN ID：当 VLAN ID 与该端口的 PVID 相同时，接收该报文，当 VLAN ID 与该端口的 PVID 不同时，丢弃该报文。

② Access 端口发送数据帧时，总是先剥离帧的 Tag，然后再发送，Access 端口发往对端设备的以太网帧永远是不带标签的帧。

如图 6-18 所示，交换机的 G0/0/1，G0/0/2，G0/0/3 端口分别连接 3 台主机，都配置为 Access 端口。主机 A 把数据帧（未加标签）发送到交换机的 G0/0/1 端口，再由交换机发往其他目的地，收到数据帧之后，交换机根据端口的 PVID 给数据帧打上 VLAN 标签 10，然后决定从 G0/0/3 端口转发数据帧，G0/0/3 端口的 PVID 也是 10，与 VLAN 标签中的 VLAN ID 相同，交换机移除标签，把数据帧发送到主机 C，连接主机 B 的端口的 PVID 是 2，与 VLAN 10 不属于同一个 VLAN，因此此端口不会接收到 VLAN 10 的数据帧。

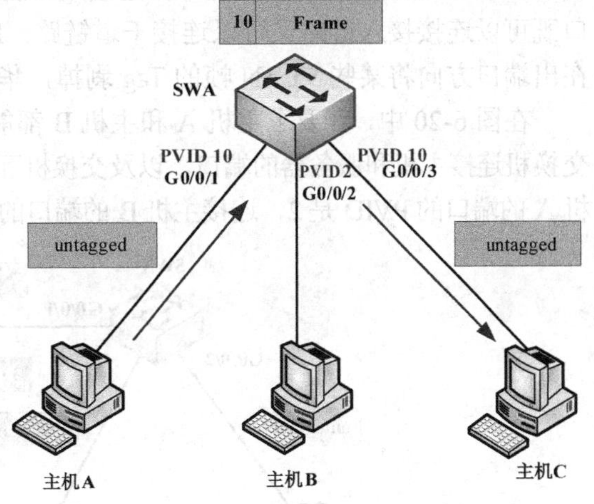

图 6-18 Access 端口

Trunk 端口是交换机上用来和其他交换机连接的端口，它只能连接干道链路。Trunk 端口允许多个 VLAN 的帧（带 Tag 标记）通过。

Trunk 端口收发数据帧的规则如下。

① 当接收到对端设备发送的不带 Tag 的数据帧时，会添加该端口的 PVID。如果 PVID 在允许通过的 VLAN ID 列表中，则接收该报文，否则丢弃该报文。当接收到对端设备发送的带 Tag 的数据帧时，检查 VLAN ID 是否在允许通过的 VLAN ID 列表中，如果 VLAN ID 在接口允许通过的 VLAN ID 列表中，则接收该报文，否则丢弃该报文。

② 端口发送数据帧时，当 VLAN ID 与端口的 PVID 相同，且是该端口允许通过的 VLAN

ID 时，去掉 Tag，发送该报文；当 VLAN ID 与端口的 PVID 不同，且是该端口允许通过的 VLAN ID 时，保持原有 Tag，发送该报文。

如图 6-19 所示，SWA 和 SWB 连接主机的端口为 Access 端口，PVID 如图所示，SWA 和 SWB 互连的端口为 Trunk 端口，PVID 都为 1，此 Trunk 链路允许所有 VLAN 的流量通过，当 SWA 转发 VLAN 1 的数据帧时会剥离 VLAN 标签，然后发送到 Trunk 链路上。而在转发 VLAN 20 的数据帧时，不剥离 VLAN 标签直接转发到 Trunk 链路上。

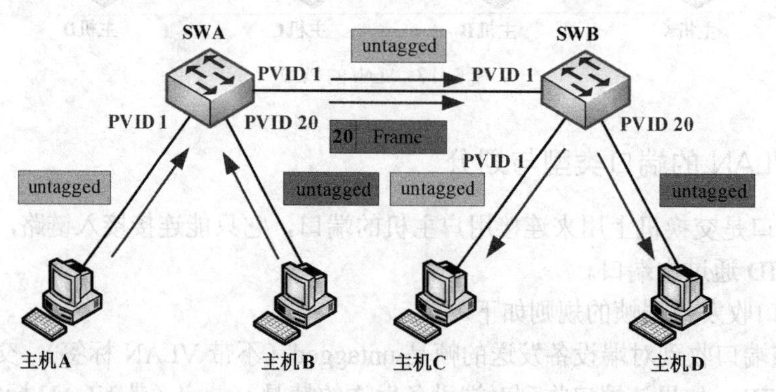

图 6-19 Trunk 端口

Access 端口发往其他设备的报文，都是 untagged 数据帧，而 Trunk 端口仅在一种特定情况下才能发出 untagged 数据帧，其他情况发出的都是 tagged 数据帧。

Hybrid 端口是交换机上既可以连接用户主机，又可以连接其他交换机的端口。Hybrid 端口既可以连接接入链路又可以连接干道链路。Hybrid 端口允许多个 VLAN 的帧通过，并可以在出端口方向将某些 VLAN 帧的 Tag 剥掉，华为设备默认的端口类型是 Hybrid。

在图 6-20 中，若要求主机 A 和主机 B 都能访问服务器，但它们之间不能互相访问，此时交换机连接主机和服务器的端口，以及交换机互连的端口都配置为 Hybrid 类型，交换机连接主机 A 的端口的 PVID 是 2，连接主机 B 的端口的 PVID 是 3，连接服务器的端口的 PVID 是 100。

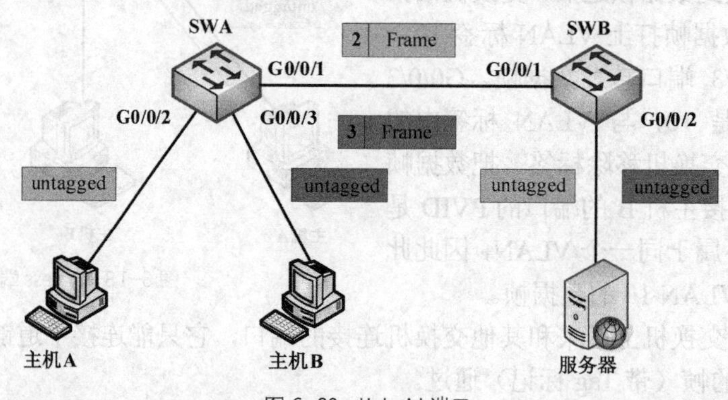

图 6-20 Hybrid 端口

Hybrid 端口收发数据帧的规则如下。

① 当接收到对端设备发送的不带 Tag 的数据帧时，会添加该端口的 PVID。如果 PVID 在允许通过的 VLAN ID 列表中，则接收该报文，否则丢弃该报文。当接收到对端设备发送的带 Tag 的数据帧时，检查 VLAN ID 是否在允许通过的 VLAN ID 列表中，如果 VLAN ID 在接口允许通过的 VLAN ID 列表中，则接收该报文，否则丢弃该报文。

② Hybrid 端口发送数据帧时，将检查该接口是否允许该 VLAN 数据帧通过，如果允许通过，则可以通过命令配置发送时是否携带 Tag。

配置 port hybrid tagged vlan vlan-id 命令后，接口发送该 vlan-id 的数据帧时，不剥离帧中的 VLAN Tag，直接发送，该命令一般配置在连接交换机的端口上。

配置 port hybrid untagged vlan vlan-id 命令后，接口在发送 vlan-id 的数据帧时，会将帧中的 VLAN Tag 剥离掉再发送出去，该命令一般配置在连接主机的端口上。

在图 6-21 中，介绍了主机 A 和主机 B 发送数据给服务器的情况，在 SWA 和 SWB 互连的端口上配置了 port hybrid tagged vlan 2 3 100 命令后，SWA 和 SWB 之间的链路上传输的都是带 Tag 标签的数据帧，在 SWB 连接服务器的端口上配置了 port hybrid untagged vlan 2 3，主机 A 和主机 B 发送的数据会被剥离 VLAN 标签后转发到服务器。

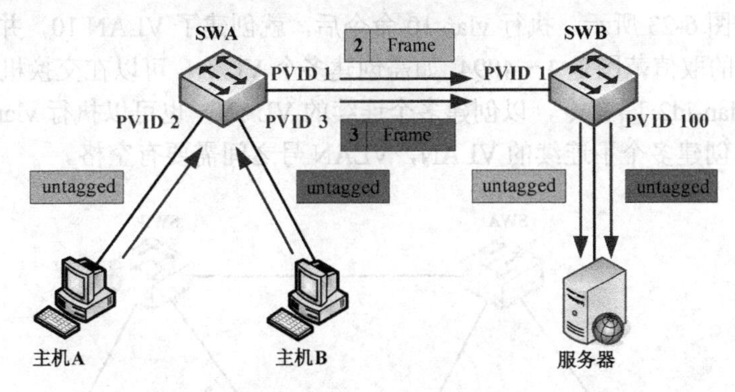

图 6-21 Hybrid 端口收发数据

VLAN 的划分包括如下 5 种方法（如图 6-22 所示）。

基于端口划分：根据交换机的端口编号来划分 VLAN，通过为交换机的每个端口配置不同的 PVID，来将不同端口划分到 VLAN 中。初始情况下，X7 系列交换机的端口处于 VLAN 1 中。此方法配置简单，但是当主机移动位置时，需要重新配置 VLAN。

基于 MAC 地址划分：根据主机网卡的 MAC 地址划分 VLAN。此划分方法需要网络管理员提前配置网络中的主机 MAC 地址和 VLAN ID 的映射关系。如果交换机收到不带标签的数据帧，会查找之前配置的 MAC 地址和 VLAN 映射表，根据数据帧中携带的 MAC 地址来添加相应的 VLAN 标签。在使用此方法配置 VLAN 时，即使主机移动位置也不需要重新配置 VLAN。

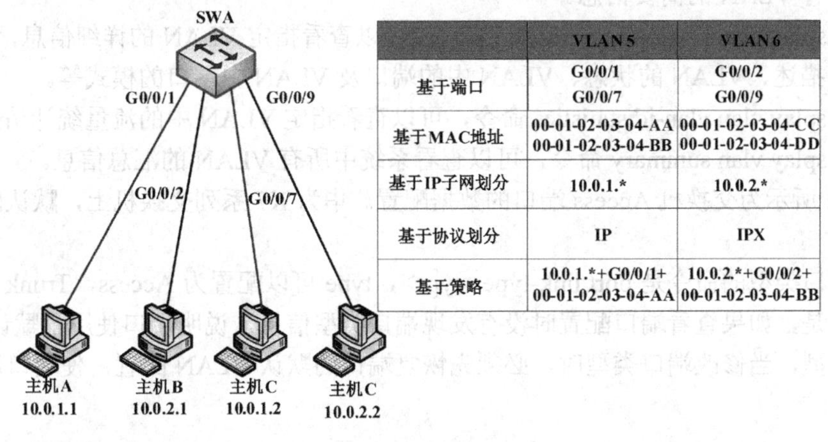

	VLAN 5	VLAN 6
基于端口	G0/0/1 G0/0/7	G0/0/2 G0/0/9
基于MAC地址	00-01-02-03-04-AA 00-01-02-03-04-BB	00-01-02-03-04-CC 00-01-02-03-04-DD
基于IP子网划分	10.0.1.*	10.0.2.*
基于协议划分	IP	IPX
基于策略	10.0.1.*+G0/0/1+ 00-01-02-03-04-AA	10.0.2.*+G0/0/2+ 00-01-02-03-04-BB

图 6-22 VLAN 划分方法

基于 IP 子网划分：交换机在收到不带标签的数据帧时，根据报文携带的 IP 地址给数据帧添加 VLAN 标签。

基于协议划分：根据数据帧的协议类型（或协议族类型）、封装格式来分配 VLAN ID。网络管理员需要首先配置协议类型和 VLAN ID 之间的映射关系。

基于策略划分：使用几个条件的组合来分配 VLAN 标签，这些条件包括 IP 子网、端口和 IP 地址等。只有当所有条件都匹配时，交换机才为数据帧添加 VLAN 标签。另外，针对每一条策略都是需要手工配置的。

6.3.3 VLAN 的基本配置

在交换机上划分 VLAN 时，需要首先创建 VLAN。在交换机上执行 vlan <vlan-id>命令，创建 VLAN。如图 6-23 所示，执行 vlan 10 命令后，就创建了 VLAN 10，并进入了 VLAN 10 视图。VLAN ID 的取值范围是 1～4094，如需创建多个 VLAN，可以在交换机上执行 vlan batch { vlan-id1 [to vlan-id2] }命令，以创建多个连续的 VLAN，也可以执行 vlan batch { vlan-id1 vlan-id2 }命令，创建多个不连续的 VLAN，VLAN 号之间需要有空格。

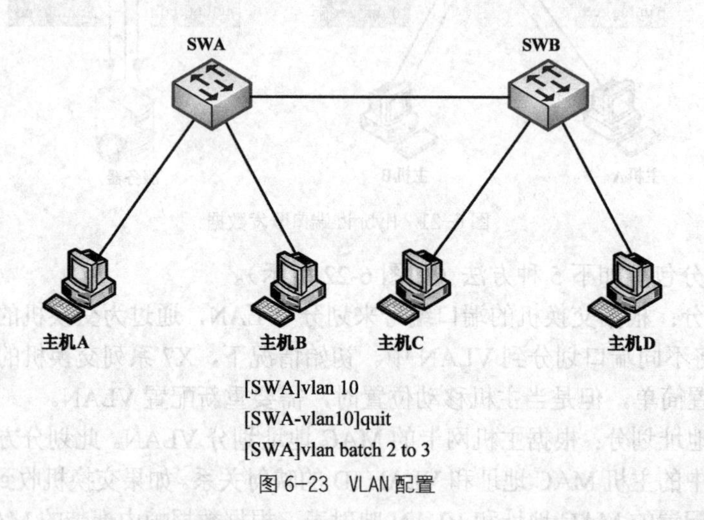

图 6-23 VLAN 配置

创建 VLAN 后，可以执行 display vlan 命令验证配置结果，如果不指定任何参数，则该命令将显示所有 VLAN 的简要信息。

执行 display vlan [vlan-id [verbose]]命令，可以查看指定 VLAN 的详细信息，包括 VLAN ID、类型、描述、VLAN 的状态、VLAN 中的端口及 VLAN 中端口的模式等。

执行 display vlan vlan-id statistics 命令，可以查看指定 VLAN 中的流量统计信息。

执行 display vlan summary 命令，可以查看系统中所有 VLAN 的汇总信息。

图 6-24 所示为交换机 Access 端口的数据配置。华为 X7 系列交换机上，默认的端口类型是 Hybrid。

配置端口类型的命令是 port link-type <type>，type 可以配置为 Access，Trunk 或 Hybrid。需要注意的是，如果查看端口配置时没有发现端口类型信息，说明端口使用了默认的 Hybrid 端口链路类型，当修改端口类型时，必须先恢复端口的默认 VLAN 配置，使端口属于默认的 VLAN 1。

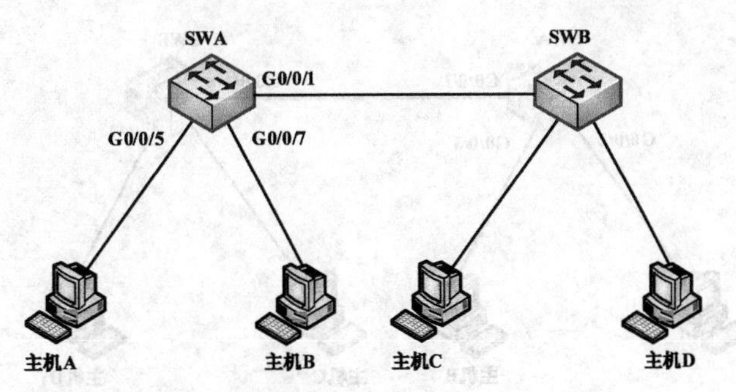


```
[SWA]interface GigabitEthernet 0/0/5
[SWA-GigabitEthernet0/0/5]port link-type access
[SWA-GigabitEthernet0/0/5] interface GigabitEthernet 0/0/7
[SWA-GigabitEthernet0/0/7]port link-type access
```

图 6-24　Access 端口配置

如图 6-25 所示，可以使用两种方法把端口加入到 VLAN。

第一种方法是进入到 VLAN 视图，执行 port <interface>命令，把端口加入 VLAN。

第二种方法是进入到接口视图，执行 port default <vlan-id>命令，把端口加入 VLAN，vlan-id 是指端口要加入的 VLAN。

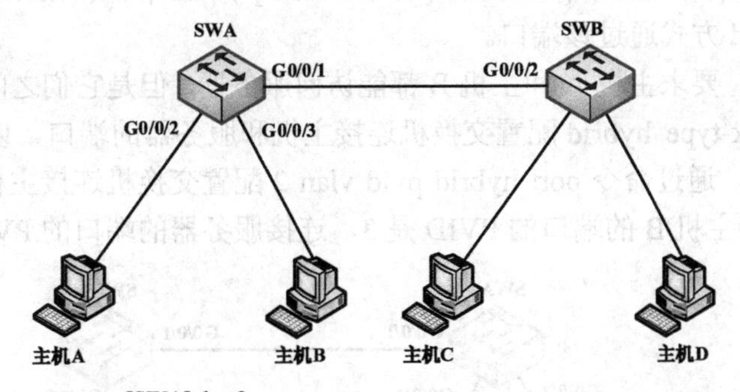


```
[SWA]vlan 2
[SWA-VLAN 2]port GigabitEthernet 0/0/2
[SWA-VLAN 2]quit
[SWA]interface GigabitEthernet 0/0/3
[SWA- GigabitEthernet 0/0/3]port default vlan 3
```

图 6-25　添加端口到 VLAN

配置 Trunk 时，应先使用 port link-type trunk 命令修改端口的类型为 Trunk，然后再配置 Trunk 端口允许哪些 VLAN 的数据帧通过。

执行 port trunk allow-pass vlan { { vlan-id1 [to vlan-id2] } | all }命令，可以配置端口允许的 VLAN，all 表示允许所有 VLAN 的数据帧通过。

执行 port trunk pvid vlan vlan-id 命令，可以修改 Trunk 端口的 PVID，修改 Trunk 端口的 PVID 之后，需要注意：默认 VLAN 不一定是端口允许通过的 VLAN，只有使用命令 port trunk allow-pass vlan { { vlan-id1 [to vlan-id2] } | all }允许默认 VLAN 数据通过，才能转发默认 VLAN 的数据帧。交换机的所有端口默认允许 VLAN 1 的数据通过。

如图 6-26 所示，将 SWA 的 G0/0/1 端口配置为 Trunk 端口，该端口 PVID 默认为 1。配置 port trunk allow-pass vlan 2 3 命令之后，该 Trunk 允许 VLAN 2 和 VLAN 3 的数据流量通过。

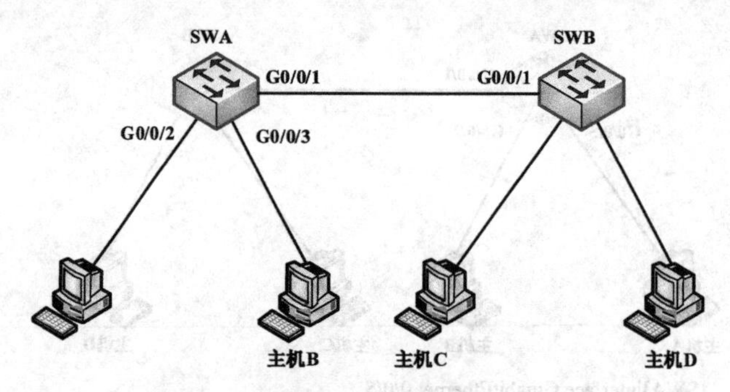

[SWA-GigabitEthernet 0/0/1]port link-type trunk

[SWA-GigabitEthernet 0/0/1]port trunk allow-pass vlan 2 3

图 6-26 Trunk 端口配置

port link-type hybrid 命令的作用是将端口的类型配置为 Hybrid，默认情况下，X7 系列交换机的端口类型是 Hybrid。因此，只有在把 Access 口或 Trunk 口配置成 Hybrid 时，才需要执行此命令。

port hybrid tagged vlan{ { vlan-id1 [to vlan-id2] } | all }命令用来配置允许哪些 VLAN 的数据帧以 tagged 方式通过该端口。

port hybrid untagged vlan { { vlan-id1 [to vlan-id2] } | all }命令用来配置允许哪些 VLAN 的数据帧以 untagged 方式通过该端口。

如图 6-27 所示，要求主机 A 和主机 B 都能访问服务器，但是它们之间不能互相访问。此时通过命令 port link-type hybrid 配置交换机连接主机和服务器的端口，以及交换机互连的端口都为 Hybrid 类型，通过命令 port hybrid pvid vlan 2 配置交换机连接主机 A 的端口的 PVID 是 2。类似地，连接主机 B 的端口的 PVID 是 3，连接服务器的端口的 PVID 是 100。

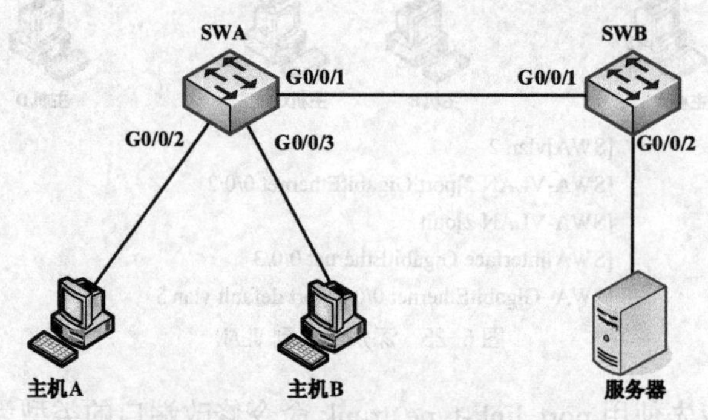

[SWA-GigabitEthernet 0/0/1]port link-type hybrid

[SWA-GigabitEthernet 0/0/1]port hybrid tagged vlan 2 3 100

[SWA-GigabitEthernet 0/0/2]port hybrid pvid vlan 2

[SWA-GigabitEthernet 0/0/2]port hybrid untagged vlan 2 100

[SWA-GigabitEthernet 0/0/3]port hybrid pvid vlan 3

[SWA-GigabitEthernet 0/0/3]port hybrid untagged vlan 3 100

图 6-27 Hybrid 端口配置

通过在 G0/0/1 端口下使用命令 port hybrid tagged vlan 2 3 100，配置 VLAN 2，VLAN 3 和 VLAN 100 的数据帧在通过该端口时都携带标签。在 G0/0/2 端口下使用命令 port hybrid untagged vlan 2 100，配置 VLAN 2 和 VLAN 100 的数据帧在通过该端口时都不携带标签。在 G0/0/3 端口下使用命令 port hybrid untagged vlan 3 100，配置 VLAN 3 和 VLAN 100 的数据帧

在通过该端口时都不携带标签。

如图 6-28 所示，在 SWB 上继续进行配置，在 G0/0/1 端口下使用命令 port link-type hybrid 配置端口类型为 Hybrid。

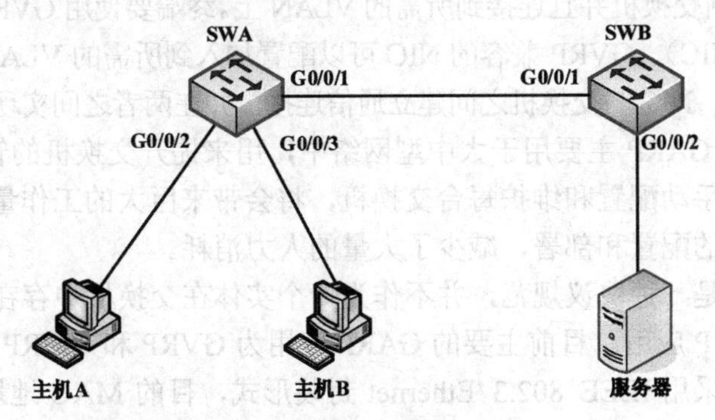

图 6-28　Hybrid 端口配置续

在 G0/0/1 端口下使用命令 port hybrid tagged vlan 2 3 100，配置 VLAN 2，VLAN 3 和 VLAN 100 的数据帧在通过该端口时都携带标签。

在 G0/0/2 端口下使用命令 port hybrid untagged vlan 2 3 100，配置 VLAN 2，VLAN 3 和 VLAN 100 的数据帧在通过该端口时都不携带标签。

随着 IP 网络的融合，TCP/IP 网络可以为高速上网 HSI（High Speed Internet）业务、VoIP（Voice over IP）业务、IPTV（Internet Protocol Television）业务提供服务。

语音数据在传输时需要具有比其他业务数据更高的优先级，以减少传输过程中可能产生的时延和丢包现象。为了区分语音数据流，可在交换机上部署 Voice VLAN 功能，把 VoIP 的电话流量进行 VLAN 隔离，并配置更高的优先级，从而能够保证通话质量。限于文章篇幅，详细配置过程见随书附件。

＊6.4　GARP 和 GVRP

6.4.1　GARP 与 GVRP 的工作原理

GARP（Generic Attribute Registration Protocol）全称是通用属性注册协议，它为处于同一个交换网内的交换机之间提供了一种分发、传播、注册某种信息（VLAN 属性、组播地址等）的手段。

GVRP 是 GARP 的一种具体应用或实现，主要用于维护设备动态 VLAN 属性，通过 GVRP 协议，一台交换机上的 VLAN 信息会迅速传播到整个交换网络，GVRP 实现了 LAN 属性的动态分发、注册和传播，从而减少了网络管理员的工作量，也能保证 VLAN 配置的正确性。

GVRP 中采用了 GID 和 GIP，这两部分分别提供了用于基于 GARP 应用程序的通用状态机制描述和通用信息传播机制。GVRP 只运行在 802.1Q 干线链路上，GVRP 通过剪除干线链路，使得只有活动 VLAN 才在干线连接上传输，在 GVRP 为干线添加一个 VLAN 之前，它首先要收到来自交换机的 Join 信息，GVRP 更新信息和计时器都是可以改变的，GVRP 端口有多种运行模式，从而控制它们裁剪 VLAN 的方式。GVRP 能够为 VLAN 数据库动态添加和管理 VLAN。换句话说，GVRP 支持设备之间 VLAN 信息的传播服务，在 GVRP 中，能够手工配置一台交换机的 VLAN 信息，该网络中的其他所有交换机能够动态了解那些 VLAN 的情况。终端节点可以接入任何交换机并且连接到所需的 VLAN 上。终端要使用 GVRP 就需要安装 GVRP 兼容的网络接口卡（NIC）。GVRP 兼容的 NIC 可以配置加入到所需的 VLAN 上，然后接入一个 GVRP-enabled 交换机，NIC 与交换机之间建立通信连接，并在两者之间实现了 VLAN 连通性。

如图 6-29 所示，GARP 主要用于大中型网络中，用来提升交换机的管理效率，在大中型网络中，如果管理员手动配置和维护每台交换机，将会带来巨大的工作量，使用 GARP 可以自动完成大量交换机的配置和部署，减少了大量的人力消耗。

GARP 本身仅仅是一种协议规范，并不作为一个实体在交换机中存在，遵循 GARP 协议的应用实体称为 GARP 应用。目前主要的 GARP 应用为 GVRP 和 GMRP。

GARP 协议报文采用 IEEE 802.3 Ethernet 封装形式，目的 MAC 地址为多播 MAC 地址 01-80-C2-00-00-21。GARP 使用 PDU 包含的消息定义属性，根据属性类型字段和属性列表识别消息，属性列表中包含多个属性，每个属性包含属性长度、属性事件和属性值字段。

交换机可以静态创建 VLAN，也可以动态通过 GVRP 获取 VLAN 信息。手动配置的 VLAN 是静态 VLAN，通过 GVRP 创建的 VLAN 是动态 VLAN。GVRP 传播的 VLAN 注册信息包括本地手工配置的静态注册信息和来自其他交换机的动态注册信息。

如图 6-30 所示，所有交换机及互连的接口都已经启用 GVRP 协议，各交换机之间相连的端口均为 Trunk 端口，并配置为允许所有 VLAN 的数据通过。

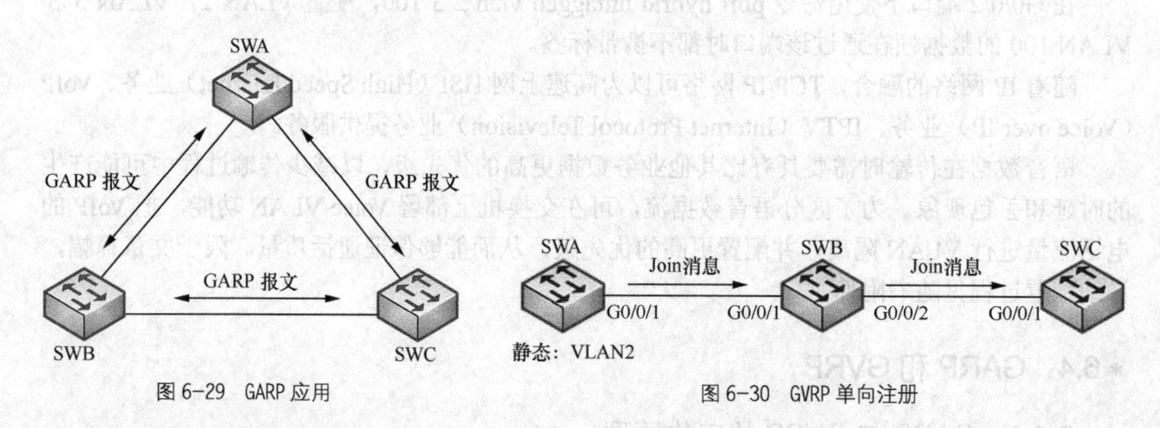

图 6-29 GARP 应用

图 6-30 GVRP 单向注册

在 SWA 上手动创建 VLAN 2 之后，SWA 的 G0/0/1 端口会注册此 VLAN，并发送声明给 SWB。SWB 的 G0/0/1 端口接收到由 SWA 发来的声明后，会在此端口注册 VLAN 2，然后从 G0/0/2 发送声明给 SWC。SWC 的 G0/0/1 收到声明后也会注册 VLAN 2。通过此过程就完成了 VLAN 2 从 SWA 向其他交换机的单向注册。只有注册了 VLAN 2 的端口，才可以接收和转发 VLAN 2 的数据，没有注册 VLAN 2 的端口会丢弃 VLAN 2 的数据，如 SWB 的 G0/0/2 端口没有收到 VLAN 2 的 Join 消息，不会注册 VLAN 2，就不能接收和转发 VLAN 2 的数据。

为使 VLAN 2 流量可以双向互通，还需要进行 SWC 到 SWA 方向的 VLAN 属性的注册过程。

如图 6-31 所示，如果所有交换机都不再需要 VLAN 2，可以在 SWA 上手动删除 VLAN 2，则 GVRP 会通过发送 Leave 消息，注销 SWB 和 SWC 上 G0/0/1 端口的 VLAN 2 信息。

为了彻底删除所有设备上的 VLAN 2，需要进行 VLAN 属性的双向注销。GVRP 的注册模式包括 Normal、Fixed 和 Forbidden。

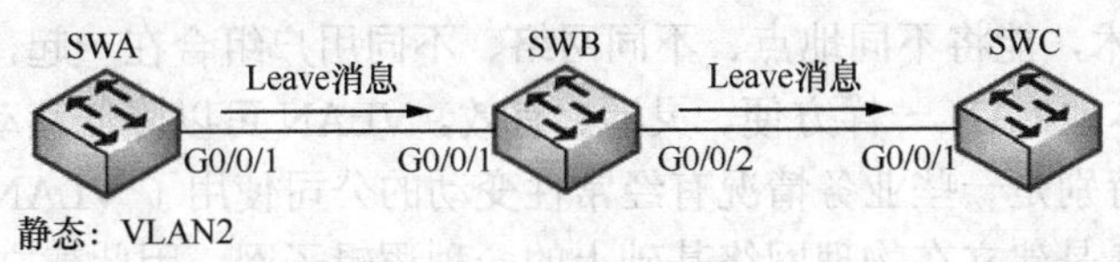

图 6-31　GVRP 单向注销

6.4.2　GVRP 的基本配置

配置 GVRP 时必须先在系统视图下使能 GVRP，然后在接口视图下使能 GVRP。

在全局视图下执行 gvrp 命令，全局使能 GVRP 功能。

在接口视图下执行 gvrp 命令，在端口上使能 GVRP 功能。

执行 gvrp registration <mode>命令，配置端口的注册模式，可以配置为 Normal、Fixed 和 Forbidden。默认情况下，接口的注册模式为 Normal 模式。

执行 display gvrp status 命令，验证 GVRP 的配置，可以查看交换机是否使能了 GVRP。执行 display gvrp statistics 命令，可以查看 GVRP 中活动接口的信息。

6.5　VLAN 间路由

6.5.1　VLAN 路由的应用场景

VLAN（Virtual Local Area Network）的中文名为“虚拟局域网”。虚拟局域网将一组位于不同物理网段上的用户在逻辑上划分成一个局域网内，在功能和操作上与传统 LAN 基本相同，可以提供一定范围内终端系统的互联。VLAN 与传统的 LAN 相比，具有以下优势。

减少移动和改变的代价，即所说的动态管理网络，也就是当一个用户从一个位置移动到另一个位置是，他的网络属性不需要重新配置，而是动态的完成，这种动态管理网络给网络管理者和使用者都带来了极大的好处。一个用户，无论他到哪里，他都能不做任何修改地接入网络，这种前景是非常美好的。当然，并不是所有的 VLAN 定义方法都能做到这一点。

虚拟工作组使用 VLAN 的最终目标就是建立虚拟工作组模型。例如，在企业网中，同一个部门的就好像在同一个 LAN 上一样，很容易互相访问，交流信息，同时，所有的广播包也都限制在该虚拟 LAN 上，而不影响其他 VLAN 的人。一个人如果从一个办公地点换到另外一个地点，而他仍然在该部门，那么该用户的配置无需改变；同时，如果一个人虽然办公地点没有变，但他更换了部门，那么只需网络管理员更改一下该用户的配置即可。这个功能的目标就是建立一个动态的组织环境，当然，这只是一个理想的目标，要实现它，还需要一些其他方面的支持。

限制网络上的广播，将网络划分为多个 VLAN 可减少参与广播风暴的设备数量。LAN 分段可以防止广播风暴波及整个网络。VLAN 可以提供建立防火墙的机制，防止交换网络的过量广播。使用 VLAN，可以将某个交换端口或用户赋于某一个特定的 VLAN 组，该 VLAN 组可以在一个交换网中或跨接多个交换机，在一个 VLAN 中的广播不会送到 VLAN 之外，同样，相邻的端口不会收到其他 VLAN 产生的广播，这样可以减少广播流量，释放带宽给用户应用，减少广播的产生。

增强局域网的安全性，含有敏感数据的用户组可与网络的其余部分隔离，从而降低泄露机密信息的可能性。不同 VLAN 内的报文在传输时是相互隔离的，即一个 VLAN 内的用户不能和其他 VLAN

内的用户直接通信。如果不同 VLAN 要进行通信，则需要通过路由器或三层交换机等三层设备。

借助 VLAN 技术，能将不同地点、不同网络、不同用户组合在一起，形成一个虚拟的网络环境，就像使用本地 LAN 一样方便、灵活、有效。VLAN 可以降低移动或变更工作站地理位置的管理费用，特别是一些业务情况有经常性变动的公司使用了 VLAN 后，这部分管理费用大大降低。VLAN 是建立在物理网络基础上的一种逻辑子网，因此建立 VLAN 需要相应的支持 VLAN 技术的网络设备。当网络中的不同 VLAN 间进行相互通信时，需要路由的支持，这时就需要增加路由设备——要实现路由功能，既可采用路由器，也可采用三层交换机来完成，同时还严格限制了用户数量。

如图 6-32 所示，因为不同 VLAN 之间的主机是无法实现二层通信的，所以必须通过三层路由才能将报文从一个 VLAN 转发到另外一个 VLAN。

解决 VLAN 间通信问题的第一种方法是：在路由器上为每个 VLAN 分配一个单独的接口，并使用一条物理链路连接到二层交换机上。当 VLAN 间的主机需要通信时，数据会经由路由器进行三层路由，并被转发到目的 VLAN 内的主机，这样就可以实现 VLAN 之间的相互通信。

然而，随着每个交换机上 VLAN 数量的增加，这样做必然需要大量的路由器接口，而路由器的接口数量是极其有限的。并且，某些 VLAN 之间的主机可能不需要频繁进行通信，如果这样配置的话，会导致路由器的接口利用率很低，因此，实际应用中一般不会采用这种方案来解决 VLAN 间的通信问题。

解决 VLAN 间通信问题的第二种方法是：在交换机和路由器之间仅使用一条物理链路连接。在交换机上，把连接到路由器的端口配置成 Trunk 类型的端口，并允许相关 VLAN 的帧通过，在路由器上需要创建子接口，逻辑上把连接路由器的物理链路分成了多条。一个子接口代表了一条归属于某个 VLAN 的逻辑链路，配置子接口时，需要注意以下几点。

必须为每个子接口分配一个 IP 地址。该 IP 地址与子接口所属 VLAN 位于同一网段。

需要在子接口上配置 802.1Q 封装，来剥掉和添加 VLAN Tag，从而实现 VLAN 间互通。

在子接口上执行命令 arp broadcast enable，使能子接口的 ARP 广播功能。

如图 6-33 所示，主机 A 发送数据给主机 B 时，RTA 会通过 G0/0/1.1 子接口收到此数据，然后查找路由表，将数据从 G0/0/1.2 子接口发送给主机 B，这样就实现了 VLAN 2 和 VLAN 3 之间的主机通信。

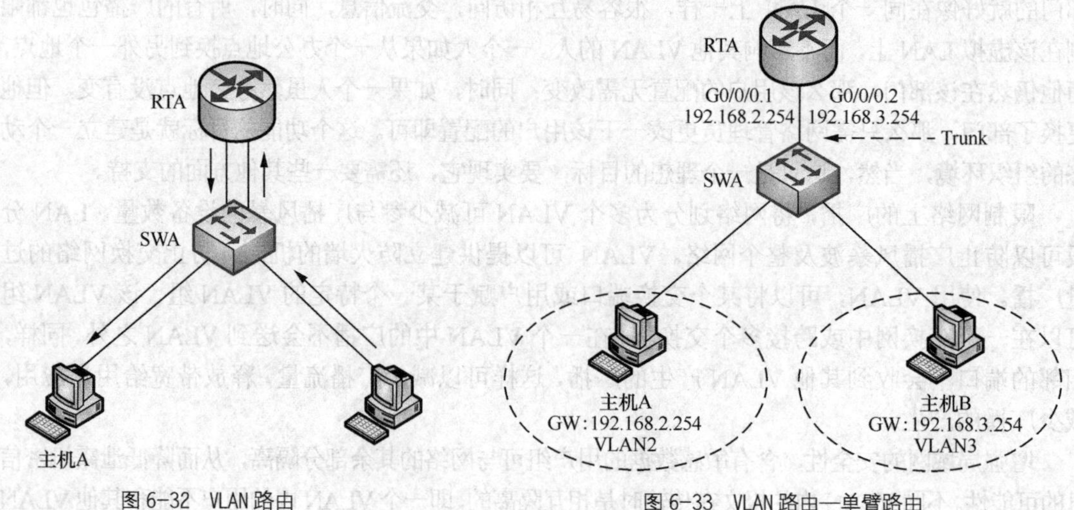

图 6-32 VLAN 路由

图 6-33 VLAN 路由—单臂路由

如图 6-34 所示，解决 VLAN 间通信问题的第三种方法是：在三层交换机上配置 VLANIF 接口来实现 VLAN 间路由。如果网络上有多个 VLAN，则需要给每个 VLAN 配置一个 VLANIF 接口，并给每个 VLANIF 接口配置一个 IP 地址。用户设置的默认网关就是三层交换机中 VLANIF 接口的 IP 地址。

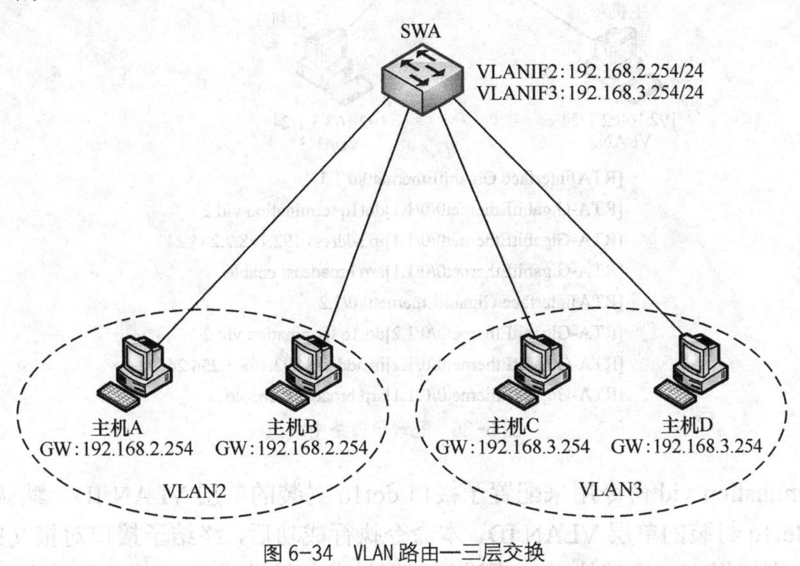

图 6-34　VLAN 路由—三层交换

6.5.2　VLAN 路由的基本配置

在图 6-35 中，执行 port link-type trunk 命令，配置 SWA 的 G0/0/1 端口为 Trunk 类型的端口。执行 port trunk allow-pass vlan 2 3 命令，配置 SWA 的 G0/0/1 端口允许 VLAN 2 和 VLAN 3 的数据通过。

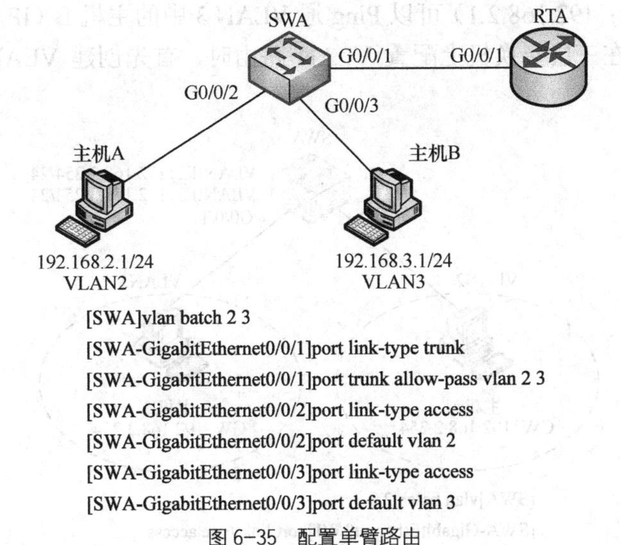


```
[SWA]vlan batch 2 3
[SWA-GigabitEthernet0/0/1]port link-type trunk
[SWA-GigabitEthernet0/0/1]port trunk allow-pass vlan 2 3
[SWA-GigabitEthernet0/0/2]port link-type access
[SWA-GigabitEthernet0/0/2]port default vlan 2
[SWA-GigabitEthernet0/0/3]port link-type access
[SWA-GigabitEthernet0/0/3]port default vlan 3
```

图 6-35　配置单臂路由

在图 6-36 中，interface interface-type interface-number.sub-interface number 命令用来创建子接口。sub-interface number 代表物理接口内的逻辑接口通道。

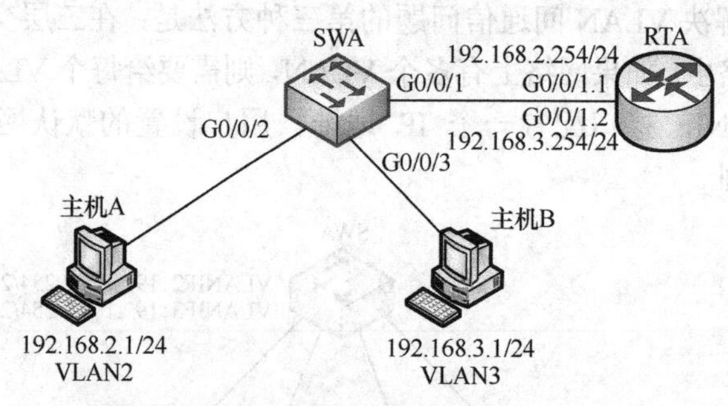


```
[RTA]interface GigabitEthernet0/0/1.1
[RTA-GigabitEthernet0/0/1.1]dot1q termination vid 2
[RTA-GigabitEthernet0/0/1.1]ip address 192.168.2.254 24
[RTA-GigabitEthernet0/0/1.1]arp broadcast enable
[RTA]interface GigabitEthernet0/0/1.2
[RTA-GigabitEthernet0/0/1.2]dot1q termination vid 2
[RTA-GigabitEthernet0/0/1.2]ip address 192.168.3.254 24
[RTA-GigabitEthernet0/0/1.1]arp broadcast enable
```

图 6-36　配置单臂路由续

dot1q termination vid 命令用来配置子接口 dot1q 封装的单层 VLAN ID，默认情况，子接口没有配置 dot1q 封装的单层 VLAN ID，本命令执行成功后，终结子接口对报文的处理如下：接收报文时，剥掉报文中携带的 Tag 后进行三层转发，转发出去的报文是否带 Tag 由出接口决定，发送报文时，将相应的 VLAN 信息添加到报文中再发送。

arp broadcast enable 命令用来使能终结子接口的 ARP 广播功能，默认情况下，终结子接口没有使能 ARP 广播功能，终结子接口不能转发广播报文，在收到广播报文后它们直接把该报文丢弃，为了允许终结子接口能转发广播报文，可以通过在子接口上执行此命令。

如图 6-37 所示，配置完成单臂路由后，可以使用 Ping 命令来验证主机之间的连通性，VLAN 2 中的主机 A（IP 地址：192.168.2.1）可以 Ping 通 VLAN 3 中的主机 B（IP 地址：192.168.3.1）。

在图 6-37 中，在三层交换机上配置 VLAN 路由时，首先创建 VLAN，并将端口加入到 VLAN 中。

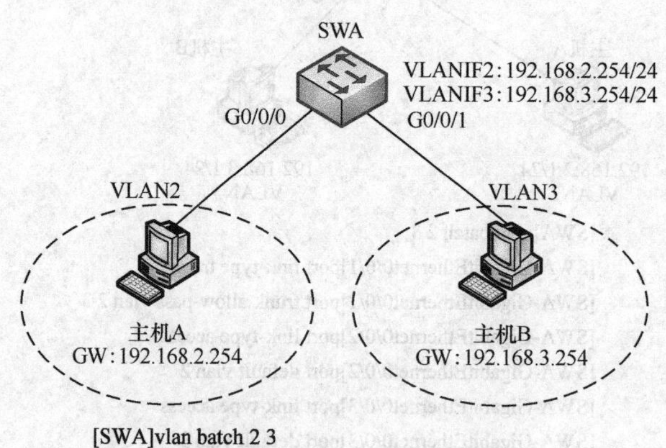


```
[SWA]vlan batch 2 3
[SWA-GigabitEthernet0/0/1]port link-type access
[SWA-GigabitEthernet0/0/1]port default vlan 2
[SWA-GigabitEthernet0/0/2]port link-type access
[SWA-GigabitEthernet0/0/2] port default vlan 3
```

图 6-37　配置三层交换

如图 6-38 所示，interface vlanif vlan-id 命令用来创建 VLANIF 接口，并进入到 VLANIF 接口视图，vlan-id 表示与 VLANIF 接口相关联的 VLAN 编号，VLANIF 接口的 IP 地址作为主机的网关 IP 地址，和主机的 IP 地址必须位于同一网段。

配置三层交换后，可以用 Ping 命令验证主机之间的连通性，VLAN 2 中的主机 A（IP 地址：192.168.2.254）可以 Ping 通 VLAN 3 中的主机 B（IP 地址：192.168.3.254）。

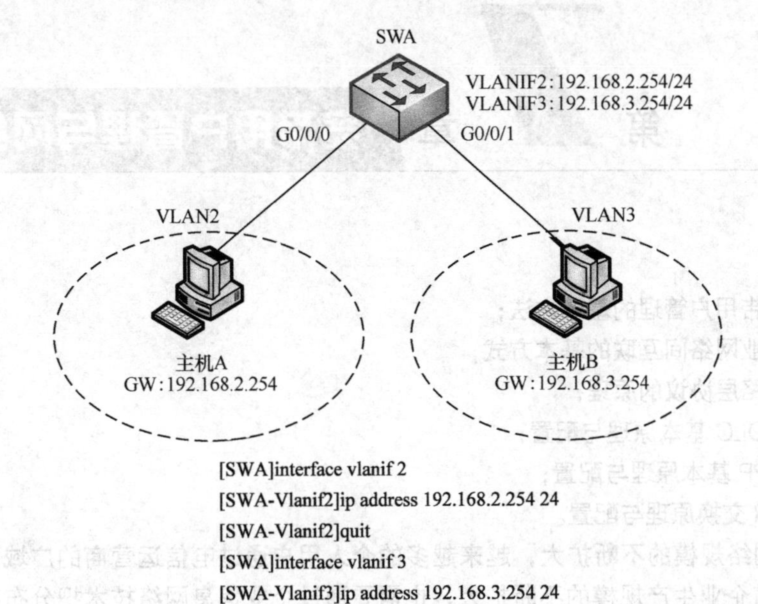

图 6-38 配置三层交换续

习 题

1. 企业网络在逻辑上可分为哪些区域？各个区域的特点是什么？
2. 图示说明链路聚合的原理是什么。
3. 两种链路聚合模式的主要区别是什么？
4. 负荷分担的类型主要有哪些？
5. VLAN 技术的基本原理是什么？
6. VLAN 帧格式中的关键字段有哪些？详细说明这些字段的含义。
7. VLAN 端口的类型主要有哪些？各自有什么特点？
8. VLAN 配置过程的技术要点是什么？
9. GARP 与 GVRP 的基本原理是什么？
10. 举例说明如何实现 VLAN 间路由。

第7章 宽带用户管理与网络互联

课程目标：

- 熟悉宽带用户管理的基本方法；
- 掌握企业网络间互联的基本方式；
- 熟悉链路层协议的原理；
- 掌握 HDLC 基本原理与配置；
- 掌握 PPP 基本原理与配置；
- 掌握 FR 交换原理与配置。

随着互联网络规模的不断扩大，越来越多的个人用户通过电信运营商的广域网接入互联网络。另外，随着企业生产规模的不断扩大，也需要通过企业信息网络技术把分布在不同地域的企业分支机构连接在一起。这种跨越地域限制的网络互联手段必然需要借助于成熟的电信运营网络。在实际的网络应用环境中，不同的网络运营商为用户提供了形式多样的网络接入技术方案，它们的广域网配置和局域网不同，彼此之间的网络也未必完全一样。因此，跨越现有广域网的互联技术通过不断演进，逐渐形成了以点对点线路连接方式为主的广域网连接技术手段。不论是路由器到路由器的线路连接，还是主机到路由器的连接，类似于局域网的数据链路协议，在广域网线路连接的过程中需要一种点对点的数据链路协议，以完成数据成帧、错误控制及其他数据链路层的功能。

高级数据链路控制（HDLC）是一种面向比特的控制协议，其最大特点是对任何一种比特流，均可以实现透明的传输。点对点协议（PPP）是面向字符的控制协议，是在 SLIP 基础上发展起来的。PPP 支持同步和异步串行连接，支持多种网络层协议。帧中继（FR）又称快速分组交换。FR 网络将数据流控制、差错检验和校正等功能要求交给端对端操作的更高层协议去执行，有效提高了数据传输和交换速度。FR 在数据通信中得到了广泛的应用。

本章主要阐述家庭用户与企业用户接入互联网的方式与方法，介绍了宽带用户管理的基本方法，说明了以 HDLC、PPP 及 FR 为代表的技术是如何跨越广域网实现企业网络的互联。通过本章的学习，有助于进一步学习企业网络互联的各种技术方案。

7.1 宽带用户管理协议

7.1.1 PPPoE 原理

1. PPPoE 概述

PPPoE 提供了在广播式的网络（如以太网）中多台主机连接到远端的访问集中器（我们对目前能完成上述功能的设备为宽带接入服务器）上的一种标准。在这种网络模型中，我们不难看出所有用户的主机都需要能独立的初始化自已的 PPP 协议栈，而且通过 PPP 本身所具有的一些特点，能实现在广播式网络上对用户进行计费和管理。为了能在广播式的网络上建立、维持各主机与访问集中器之间点对点的关系，那么就需要每个主机与访问集中器之间能建立唯一的点对点的会话。

PPPoE 共包括两个阶段，即 PPPoE 的发现阶段（PPPoE Discovery Stage）和 PPPoE 的会话阶段（PPPoE Session Stage）。当一个主机希望能够开始一个 PPPoE 会话时，它首先会在广播式的网络上寻找一个访问集中器，当然可能网络上会存在多个访问集中器时，对于主机而言则会根据各访问集中器（Access Concentration，AC）所能提供的服务或用户预先的一些配置来进行相应选择。当主机选择完了所需要的访问集中器后，就开始和访问集中器建立一个 PPPoE 会话进程。在这个过程中，访问集中器会为每一个 PPPoE 会话分配一个唯一的进程 ID，会话建立起来后就开始了 PPPoE 的会话阶段，在这个阶段中已建立好点对点连接的双方（这种点对点的结构与 PPP 不一样，它是一种逻辑上的点对点关系）就采用 PPP 来交换数据报文，从而完成一系列 PPP 的过程，最终将在这点对点的逻辑通道上进行网络层数据报的传送。

2. PPP 原理

要介绍 PPPoE，就不得不先介绍一下点对点协议 PPP。PPP 封装提供了不同网络层协议同时通过统一链路的多路技术。人们精心设计 PPP 封装，使其保有对常用支持硬件的兼容性。PPP 封装用于消除多协议 datagrams 的歧义。封装需要帧同步以确定封装的开始和结束。PPP 封装的概要如图 7-1 所示。

协议8/16bit	信息	PADDING

图 7-1 PPP 封装概要图

链路控制协议（LCP）：为了在一个很宽广的环境内能足够方便的使用，PPP 提供了 LCP。LCP 用于就封装格式选项自动达成一致，处理数据包大小的变化，探测 looped-back 链路和其他普通的配置错误，以及终止链路。提供的其他可选设备有对链路中同等单元标识的认证和当链路功能正常或链路失败时的动作。

网络控制协议：点对点连接可能和当前的一族网络协议产生许多问题。例如，基于电路交换的点对点连接（如拨号模式服务），分配和管理 IP 地址，即使在 LAN 环境中，也非常困难。这些问题由一族网络控制协议（NCP）来处理，每一个协议管理着各自的网络层协议的特殊需求。

为了通过 PPP 链路建立通信，PPP 链路的每一端必须首先发送 LCP 包，以便设定和测试数据链路。在链路建立之后，peer 才可以被认证。然后，PPP 必须发送 NCP 包，以便选择和设定一个或多个网络层协议。一旦每个被选择的网络层协议都被设定好了，来自每个网络层协议的 datagrams 就能在链路上发送了。链路将保持通信的设定不变，直到外在的 LCP 和 NCP 关闭链路，或者是发生一些外部事件的时候（如休止状态的定时器期满或者网络管理员干涉）。

在设定、维持和终止点对点链路的过程里，PPP 链路经过以下几个阶段。

（1）LINK DEAD 阶段

链路一定开始并结束于这个阶段。当一个外部事件（如载波侦听或网络管理员设定）指出物理层已经准备就绪时，PPP 将进入链路建立阶段。在这个阶段，LCP 自动机器将处于初始状态，向链路建立阶段的转换将给 LCP 自动机器一个 Up 事件信号。

（2）链路建立阶段

LCP 用于交换配置信息包，建立连接。一旦一个配置成功信息包被发送且被接收，就完成了交换，进入了 LCP 开启状态。在这个阶段接收的任何非 LCP 包必须被丢弃。收到 LCP 配置要求能使链路从网络层协议阶段或者认证阶段返回到链路建立阶段。

（3）认证阶段

在一些链路上，在允许网络层协议包交换之前，链路的一端可能需要另一端去认证它。如果一次过程希望 peer 根据某一特定的认证协议来认证，那么它必须在链路建立阶段要求使用那个认证协议。认证应该尽可能在链路建立后立即进行认证。如果认证失败，认证者应该跃迁到链路终止阶段。在这一阶段里，只有链路控制协议、认证协议，和链路质量监视协议的包是被允许的。在该阶段里接收到的其他的包必须被丢弃。

（4）网络层协议阶段

一旦 PPP 完成了前面的阶段，每一个网络层协议（如 IP，IPX，或 AppleTalk）必须被适当的网络控制协议（NCP）分别设定。每个 NCP 可以随时被打开和关闭。当一个 NCP 处于 Opened 状态时，PPP 将携带相应的网络层协议包。当相应的 NCP 不处于 Opened 状态时，任何接收到的被支持的网络层协议包都将被丢弃。

（5）链路终止阶段

PPP 可以在任意时间终止链路。引起链路终止的原因很多：载波丢失、认证失败、链路质量失败、空闲周期定时器期满或者管理员关闭链路。LCP 用交换 Terminate 包的方法终止链路。当链路正被关闭时，PPP 通知网络层协议，以便它们可以采取正确的行动。交换 Terminate 包之后，应该通知物理层断开连接，以便强制链路终止，尤其当认证失败时。Terminate-Request（终止-要求）的发送者，在收到 Terminate-Ack（终止-允许）后，或者在重启计数器期满后，应该断开连接。收到 Terminate-Request 的一方应该等待另一端去切断，在发出 Terminate-Request 后，至少也要经过一个 Restart-time（重启时间）才允许断开。PPP 应该前进到链路死亡阶段。在该阶段收到的任何非 LCP 包，必须被丢弃。

PPP 的 LCP 包主要包含以下几种类型。

- 链路配置包，用于建立和配置链路（Configure-Request，Configure-Ack，Configure-Nak。和 Configure-Reject）。
- 链路结束包用于结束一个链路（Terminate-Request 和 Terminate-Ack）。
- 链路维护包用于管理和调试一个链路（Code-Reject，Protocol-Reject，Echo-Request，Echo-Reply 和 Discard-Request）。

3. PPPoE

PPPoE 分为两个阶段：Discovery（地址发现）阶段和 PPP 会话阶段。当某个主机希望发起一个 PPPoE 会话时，它必须首先执行 Discovery 来确定对方的以太网 MAC 地址，并建立起一个 PPPoE 会话标识符 SESSION_ID。虽然 PPP 定义的是端对端的对等关系，Discovery 却是天生的一种客户端-服务器关系。在 Discovery 的过程中，主机（作为客户端）发现某个访问集中器（Access Concentrator，作为服务器，如 BRAS），根据网络的拓扑结构，可能主机能够跟不止一个的访问集中器通信。Discovery 阶段允许主机发现所有的访问集中器并从中选择一个。当 Discovery 阶段成功完成之后，主机和访问集中器两者都具备了用于在以太网上建立点对点连接所需的所有信息。Discovery 阶段保持无状态（stateless）直到建立起一个 PPP 会话。一旦 PPP 会话建立，主机和访问集中器两者都必须为一个 PPP 虚拟接口分配资源。

Discovery 阶段由 4 个步骤组成。完成之后通信双方都知道了 PPPoE SESSION_ID 及对方以太网地址，它们共同定义了唯一的 PPPoE 会话。这些步骤包括：主机广播一个会话发起数据包请求建立链路，一个或多个访问集中器发送提供服务数据包，主机发送单播会话请求数据包及选中的访问集中器发送确认数据包。当主机接收到该确认数据包后，它就可以进入 PPP 会话阶段。访问集中器发送确认数据包后，它就可以进入到 PPP 会话阶段。Discovery 阶段所有的以太网帧的 ETHER_TYPE 域都设置为 0x8863。PPPoE 的协议过程如图 7-2 所示。

（1）PPPoE Active Discovery Initiation 数据包（PADI）

主机发送 DESTINATION_ADDR 为广播地址的 PADI 数据包，CODE 域设置为 0x09，SESSION_ID 域必须设置为 0x0000。PADI 数据包必须包含且仅包含一个 TAG_TYPE 为 Service-Name 的 TAG，以表明主机请求的服务，以及任意数目的其他类型的 TAG。整个 PADI 数据包（包括 PPPoE 头部）不允许超过 1484 字节，以留足空间让中继代理（向数据包中）增加类型为 Relay-Session-Id 的 TAG。

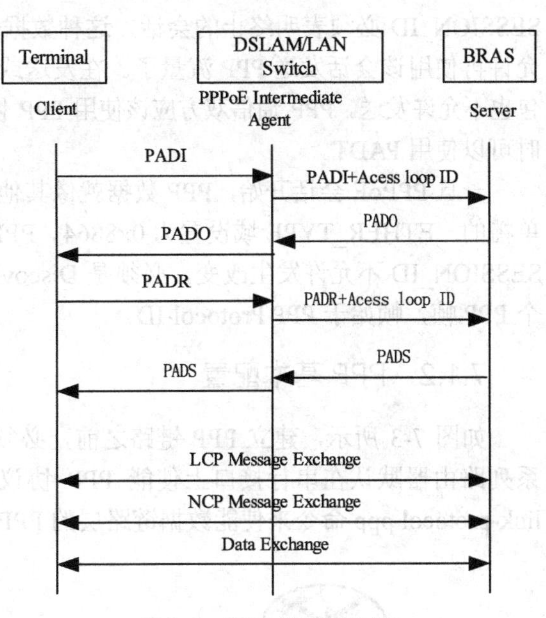

图 7-2　PPPoE 协议交互过程

（2）PPPoE Active Discovery Offer 数据包（PADO）

如果访问集中器能够为收到的 PADI 请求提供服务，它将通过发送一个 PADO 数据包来做出应答。DESTINATION_ADDR 为发送 PADI 的主机的单播地址，CODE 域为 0x07，SESSION_ID 域必须设置为 0x0000。PADO 数据包必须包含一个类型为 AC-Name 的 TAG（包含了访问集中器的名字），与 PADI 中相同的 Service-Name，以及任意数目的类型为 Service-Name 的 TAG，表明访问集中器提供的其他服务。如果访问集中器不能为 PADI 提供服务，则不允许用 PADO 做响应。

（3）PPPoE Active Discovery Request 数据包（PADR）

由于 PADI 是广播的，主机可能收到不止一个 PADO，它将审查接收到的所有 PADO，并从中选择一个。可以根据其中的 AC-Name 或 PADO 所提供的服务来做出选择，然后主机向选中的访问集中器发送一个 PADR 数据包，其中，DESTINATION_ADDR 域设置为发送 PADO

的访问集中器的单播地址，CODE 域设置为 0x19，SESSION_ID 必须设置为 0x0000。PADR 必须包含且仅包含一个 TAG_TYPE 为 Service-Name 的 TAG，表明主机请求的服务，以及任意数目其他类型的 TAG。

（4）PPPoE Active Discovery Session-confirmation 数据包（PADS）

当访问集中器收到一个 PADR 数据包，它就准备开始一个 PPP 会话。它为 PPPoE 会话创建一个唯一的 SESSION_ID，并用一个 PADS 数据包来给主机做出响应。DESTINATION_ADDR 域为发送 PADR 数据包的主机的单播以太网地址，CODE 域设置为 0x65，SESSION_ID 必须设置为所创建好的 PPPoE 会话标识符。PADS 数据包包含且仅包含一个 TAG_TYPE 为 Service-Name 的 TAG，表明访问集中器已经接受的该 PPPoE 会话的服务类型，以及任意数目的其他类型的 TAG。如果访问集中器不喜欢 PADR 中的 Service-Name，那么它必须用一个带有类型为 Service-Name-Error 的 TAG（以及任意数目的其他 TAG 类型）的 PADS 来做出应答。这种情况下，SESSION_ID 必须设置为 0x0000。

（5）PPPoE Active Discovery Terminate 数据包（PADT）

这种数据包可以在会话建立以后的任意时刻发送，表明 PPPoE 会话已经终止。它可以由主机或访问集中器发送，DESTINATION_ADDR 域为单播以太网地址，CODE 域设置为 0xa7，SESSION_ID 必须表明终止的会话，这种数据包不需要任何 TAG。当收到 PADT 以后，就不允许再使用该会话发送 PPP 流量了。在发送或接收到 PADT 后，即使是常规的 PPP 结束数据包也不允许发送。PPP 通信双方应该使用 PPP 协议自身来结束 PPPoE 会话，但在无法使用 PPP 时可以使用 PADT。

一旦 PPPoE 会话开始，PPP 数据就像其他 PPP 封装一样发送。所有的以太网数据包都是单播的。ETHER_TYPE 域设置为 0x8864。PPPoE 的 CODE 必须设置为 0x00。PPPoE 会话的 SESSION_ID 不允许发生改变，必须是 Discovery 阶段所指定的值。PPPoE 的 payload 包含一个 PPP 帧，帧始于 PPP Protocol-ID。

7.1.2　PPP 基本配置

如图 7-3 所示，建立 PPP 链路之前，必须先在串行接口上配置链路层协议。华为 ARG3 系列路由器默认在串行接口上使能 PPP 协议，如果接口运行的不是 PPP 协议，需要运行 link-protocol ppp 命令来使能数据链路层的 PPP 协议。

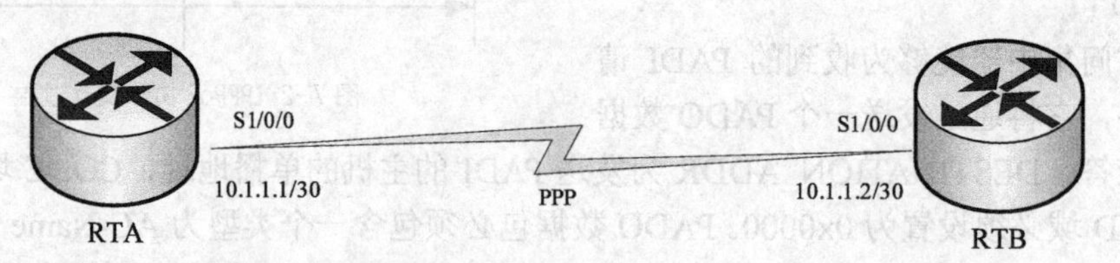


```
[RTA]interface Serial 1/0/0
[RTA-Serial1/0/0]link-protocol ppp
Warning:The encapsulation protocol of the link will be changed.
Continue? [Y/N]:y
[RTA-Serial1/0/0]ip address 10.1.1.1 255.255.255.252
```

图 7-3　PPP 的基本配置

LCP 协商完成后，认证方要求被认证方使用 PAP 进行认证。PAP 认证的工作原理较为简单，PAP 认证协议为两次握手认证协议，密码以明文方式在链路上发送。

相应地，CHAP 认证过程则需要 3 次报文的交互。为了匹配请求报文和回应报文，报文中含有 Identifier 字段，一次认证过程所使用的报文均使用相同的 Identifier 信息。使用 CHAP 认证方式时，被认证方的密码是被加密后才进行传输的，这样就极大地提高了安全性。

IP 地址协商包括两种方式：静态配置协商和动态配置协商。

详细的配置过程如下。

如图 7-4 所示，local-user huawei password cipher admin 命令用于创建一个本地用户，用户名为“huawei”，密码为“admin”，关键字“cipher”表示密码信息在配置文件中被加密。

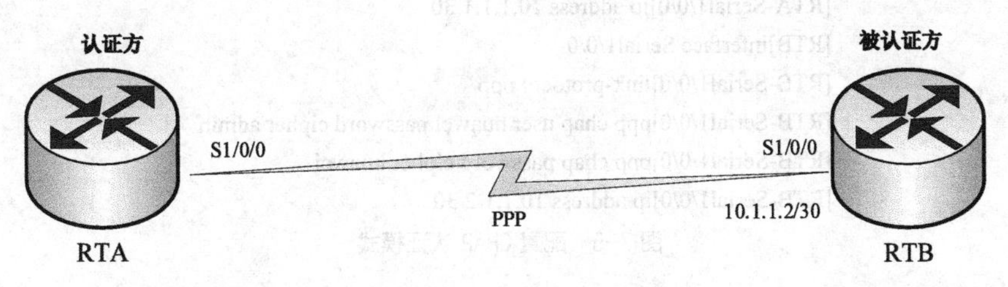


```
[RTA]aaa
[RTA-aaa]local-user huawei password cipher admin
[RTA-aaa] local-user huawei service-type ppp
[RTA]interface Serial1/0/0
[RTA-Serial1/0/0]link-protocol ppp
[RTA-Serial1/0/0]ppp authentication-mode pap
[RTA-Serial1/0/0]ip address 10.1.1.1 30
[RTB]interface Serial1/0/0
[RTB-Serial1/0/0]link-protocol ppp
[RTB-Serial1/0/0]ppp pap local-user huawei password cipher admin
[RTB-Serial1/0/0]ip address 10.1.1.2 30
```

图 7-4 PAP 认证

local-user huawei service-type ppp 命令用于设置用户“huawei”为 PPP 用户。

ppp authentication-mode pap 命令用于在认证方开启 PAP 认证的功能，即要求对端使用 PAP 认证。

ppp pap local-user huawei password cipher admin 命令用于在被认证方配置 PAP 使用的用户名和密码信息。

如图 7-5 所示，local-user huawei password cipher huawei 命令用于创建一个本地用户，用户名为“huawei”，密码为“admin”；关键字“cipher”表示密码信息在配置文件中加密保存。

local-user huawei service-type ppp 命令用于设置用户“huawei”为 PPP 用户。

ppp authentication-mode chap 命令用于在认证方开启 CHAP 认证的功能，即要求对端使用 CHAP 认证。

ppp chap user huawei 命令用于在被认证方设置 CHAP 使用的用户名为“huawei”。

ppp chap password cipher huawei 命令用于在被认证方设置 CHAP 使用的密码为“huawei”。

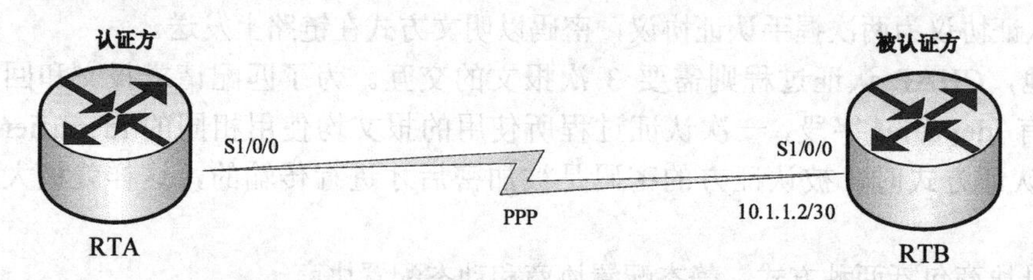


```
[RTA]aaa
[RTA-aaa]local-user huawei password cipher huawei
[RTA-aaa] local-user huawei service-type ppp
[RTA]interface Serial1/0/0
[RTA-Serial1/0/0]link-protocol ppp
[RTA-Serial1/0/0]ppp authentication-mode chap
[RTA-Serial1/0/0]ip address 10.1.1.1 30
[RTB]interface Serial1/0/0
[RTB-Serial1/0/0]link-protocol ppp
[RTB-Serial1/0/0]ppp chap user huawei password cipher admin
[RTB-Serial1/0/0]ppp chap password cipher huawei
[RTB-Serial1/0/0]ip address 10.1.1.2 30
```

图 7-5　配置 CHAP 认证模式

7.1.3　动态主机配置协议 DHCP

1．协议原理

动态主机配置协议（Dynamic Host Configuration Protocol，DHCP）在 TCP/IP 网络上使客户机获得配置信息的协议，它是基于 BOOTP（Bootstrap Protecol），并在 BOOTP 的基础上添加了自动分配可用网络地址等功能。这两个协议可以通过一些机制互操作。

DHCP 向网络主机提供配置参数，它由两个基本部分组成：一部分是向网络主机传送专用的配置信息，另一部分是给主机分配网络地址。DHCP 是基于客户/服务器模式的，这种模式下，专门指定的主机分配网络地址，传送网络配置参数给需要的网络主机，被指定的主机称为服务器。我们以后将提供 DHCP 服务的主机称为服务器，把接收信息的主机称为客户。不能随便谁都可以成为 DHCP 服务器，这需要管理员进行人为指定。网络中硬件和软件的多样性，使得任何一台主机随便响应 DHCP 请求的问题得到了解决。如果有一台机器可以随便响应的话，它也无法给用户提供正确的配置参数，而配置 TCP/IP 的参数又那么多，因此使得这种任意的响应成了不可能的事情。

DHCP 支持 3 种 IP 地址分配方法。第一种是自动分配，DHCP 给用户分配一个永久的 IP 地址。第二种是动态分配，在这种情况下，用户可以取得一个 IP 地址，但是是有时间限制的。第三种是手工分配，在这种方法下，用户的 IP 地址是由管理员手工指定的，这种情况下，DHCP 服务器只需要将这个指定的 IP 地址传送给用户即可。至于用什么样的分配方法，不同的网络各不相同。

动态分配是唯一一种允许自动重用地址的机制。因此，这种方法对于临时上网用户，而且网络的 IP 地址资源又不是多得没法用的时候特别有用。而手工指定对于管理不希望使用动态 IP 地址的用户十分方便，不会因为手工指定而和 DHCP 冲突或和别的已经分配的地址冲突。

这里的关键希望大家能够理解，DHCP 是一种相对集中式的管理方式。

DHCP 信息包的格式是基于 BOOTP 包格式的，这使得 BOOTP 客户可以访问 DHCP 服务器。DHCP 中使用了 BOOTP 的转发代理，这样就避免了在每个物理网段都设一个 DHCP 服务器的情况。

DHCP 是用于向客户传送配置信息的，客户从 DHCP 服务器那里获得配置信息后，应该可以和 Internet 上任何一台主机通信。在初始化一台主机时，并不需要配置所有 TCP/IP 协议栈参数，客户和服务器可以通过一种商讨机制先决定传送哪些参数。DHCP 允许（不要求）客户参数配置不直接与 IP 协议相关。

有一些名词需要解释一下，DHCP 客户和 DHCP 服务器已经在前面说过了，这里就不再说明了。BOOTP 转发代理或转发代理是一台 Internet 主机或路由器，它用于在 DHCP 客户和 DHCP 服务器间传送配置信息。绑定是一些配置参数，它至少应该包括 IP 地址，绑定由 DHCP 服务器管理。

2. DHCP 的设计目标

（1）DHCP 应该是一种机制而不是策略，它必须允许本地系统管理员控制配置参数，本地系统管理员应该能够对所希望管理的资源进行有效管理。

（2）客户不需要进行手工配置，客户应该在不参与的情况下发现合适于本地机的配置参数，并利用这些参数加以配置。

（3）不需要对单个客户配置网络。在通常情况下，网络管理员没有必须输入任何预先设计好的用户配置参数。

（4）DHCP 不需要在每个子网上要一个服务器。为了经济的原因，DHCP 服务器必须可以和路由器、BOOTP 转发代理一起工作。

（5）DHCP 客户必须可能对多个 DHCP 服务器提供的服务做出响应。出于网络稳定与安全的考虑，有时需要为网络加入多个 DHCP 服务器。

（6）DHCP 必须静态配置，而且必须以现存的网络协议实现。

（7）DHCP 必须能够和 BOOTP 转发代理互操作。

（8）DHCP 必须能够为现有的 BOOTP 客户提供服务。

下面几个设计目标是对于网络层参数的设计而言的，在网络层参数上，DHCP 必须可以做到以下几点。

（9）不允许有几个客户同时使用一个网络地址。

（10）在 DHCP 客户重新启动后，仍然能够保留它原先的配置参数，如果可能，客户应该被指定为相同的配置参数。

（11）在 DHCP 服务器重新启动后，仍然能够保留客户的配置参数，如果可能，即使 DHCP 机制重新启动，也应该能够为客户分配原有的配置参数。

（12）能够为新加入的客户自动提供配置参数。

（13）支持对特定客户永久固定分配网络地址。

3. DHCP 的工作流程

DHCP 服务的工作流程如下。

（1）发现阶段（discover），即 DHCP 客户机寻找 DHCP 服务器的阶段。DHCP 客户机以广播方式（因为 DHCP 服务器的 IP 地址对于客户机来说是未知的）发送 DHCPdiscover 发现信息来寻找DHCP服务器，即向地址255.255.255.255发送特定的广播信息。网络上每一台安装了TCP/IP的主机都会接收到这种广播信息，但只有DHCP服务器才会做出响应。

（2）提供阶段（offer），即DHCP服务器提供IP地址的阶段。在网络中接收到DHCPdiscover发现信息的DHCP服务器都会做出响应，它从尚未出租的IP地址中挑选一个分配给DHCP客户机，向DHCP客户机发送一个包含出租的IP地址和其他设置的DHCPoffer提供信息。

（3）选择阶段（request），即DHCP客户机选择某台DHCP服务器提供的IP地址的阶段。如果有多台DHCP服务器向DHCP客户机发来的DHCPoffer提供信息，则DHCP客户机只接受第一个收到的DHCPoffer提供信息，然后它就以广播方式回答一个DHCPrequest请求信息，该信息中包含向它所选定的DHCP服务器请求IP地址的内容。之所以要以广播方式回答，是为了通知所有的DHCP服务器，它将选择某台DHCP服务器所提供的IP地址。

（4）确认阶段（ack），即DHCP服务器确认所提供的IP地址的阶段。当DHCP服务器收到DHCP客户机回答的DHCPrequest请求信息之后，它便向DHCP客户机发送一个包含它所提供的IP地址和其他设置的DHCPack确认信息，告诉DHCP客户机可以使用它所提供的IP地址，然后DHCP客户机便将其TCP/IP与网卡绑定。另外，除DHCP客户机选中的服务器外，其他的DHCP服务器都将收回曾提供的IP地址。

（5）重新登录。以后DHCP客户机每次重新登录网络时，就不需要再发送DHCPdiscover发现信息了，而是直接发送包含前一次所分配的IP地址的DHCPrequest请求信息。当DHCP服务器收到这一信息后，它会尝试让DHCP客户机继续使用原来的IP地址，并回答一个DHCPack确认信息。如果此IP地址已无法再分配给原来的DHCP客户机使用时（如此IP地址已分配给其他DHCP客户机使用），则DHCP服务器给DHCP客户机回答一个DHCPnack否认信息。当原来的DHCP客户机收到此DHCPnack否认信息后，它就必须重新发送DHCPdiscover发现信息来请求新的IP地址。

（6）更新租约。DHCP服务器向DHCP客户机出租的IP地址一般都有一个租借期限，期满后DHCP服务器便会收回出租的IP地址。如果DHCP客户机要延长其IP租约，则必须更新其IP租约。DHCP客户机启动时和IP租约期限过一半时，DHCP客户机都会自动向DHCP服务器发送更新其IP租约的信息。

7.1.4 RADIUS协议概述和宽窄带拨号过程

1. RADIUS协议概述和宽窄带拨号过程

（1）协议概述

随着整个社会信息化进程的不断推进，互联网在中国得到迅猛的发展，越来越多的人开始上网。根据中国互联网信息中心（CNNIC）统计，截至2006年7月，中国网民数量已经超过1.23亿人。在如此庞大的Internet用户群体中，通过宽窄带拨号上网的用户占到其中的80%以上。无论通过宽带还是窄带拨号上网，有一个协议在拨号认证计费过程中起着关键作用，这就是RADIUS协议。

对于运营商来讲，一方面必须可以对合法用户进行身份验证，另一方面还必须对上网的用户进行准确计费。目前，几乎所有的宽带和窄带接入服务器都能够支持RADIUS协议，因此，运营商的认证、计费系统可以真正地做到与接入服务器（本部分所涉及接入服务器均包含宽、窄带接入服务器）无关了。

RADIUS 协议即远程认证接入用户服务（Remote Authentication Dial In User Service），它最初由 Livingston 公司开发，作为一种 Client/Server（客户端/服务器）模式的安全协议使用。后来由 Merit 大学进行了功能的扩展，逐渐成为了一种接入 Internet 的认证/计费协议。RADIUS 具有安全性好、扩展灵活、易于管理等特点，同时还具有很强的记账功能。IETF 在 1997 年 1 月份发布了由 Livingston、Merit、Daydreamer3 家起草的关于 RADIUS 的 RFC：RFC2058、RFC2059，后修改为 RFC2138、RFC2139，在 2000 年又推出了新的版本 RFC2865 和 RFC2866。

（2）宽窄带拨号的过程

宽窄带用户上网基本原理是一致的，只是在用户侧连接时，窄带拨号是用户 Modem 与接入服务器的 Modem 拨通，而宽带则是用户 Modem（ADSL 拨号方式）或计算机（LAN 拨号方式）与宽带接入服务器直接建立起 PPP 连接。

宽窄带拨号上网示意图如图 7-6 所示。用户拨号上网主要分为 3 个阶段。

- 用户侧的Modem或用户计算机与接入服务器(或接入服务器的Modem)建立起PPP连接。
- 用户将账号名、口令密码发送给接入服务器，接入服务器将此信息发送到 RADIUS 服务器进行身份验证。
- 验证通过后，用户侧计算机将得到 IP 地址，并得到相应的权限(如PPP方式、Terminal方式等)，连接进入 Internet。

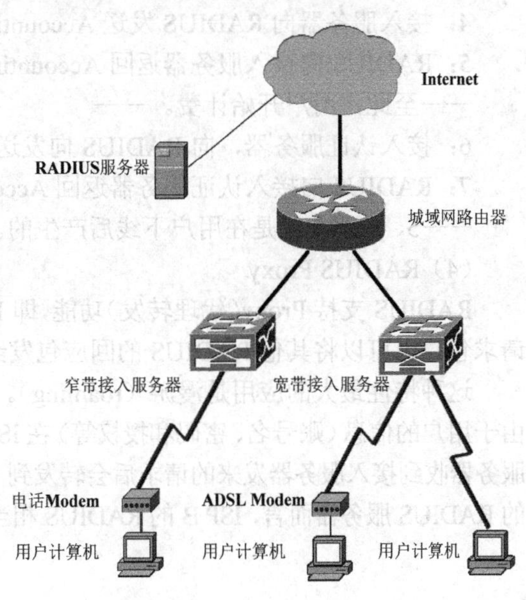

图 7-6 宽窄带用户上网示意图

RADIUS 协议在后面两个阶段即认证和授权阶段发挥作用。

对于运营商，当用户上网时应该能够准确记录开始时间，当用户因 Modem 掉线、线路故障或用户主动挂断等原因下网时，应该能够准确客观记录结束时间，此外还能够记录用户的 IP 地址、vlan-id 或 pvc 号等审计信息，以供查询之用，这些都由 RADIUS 协议来完成。

（3）RADIUS 协议的工作过程

RADIUS 协议分为两个部分：认证（RFC2865）和计费（RFC2866）。RADIUS 是一种 Client/Server 模式的集中式系统。它将接入服务器作为 Client 端，将 RADIUS 软件运行的服务器作为 Server 端，服务器上集中存放用户的资料（如账号名、密码等），因而无论用户连接到任何一个 NAS 都可以正常的认证计费。接入服务器上要指定 RADIUS 服务器的 IP 地址，以找到相应的服务器；客户端与服务器端之间通过设置相同的公用密钥来确保双方的相互信任关系，如果有未经 RADIUS 确认的接入服务器将认证/计费数据包发送过来，RADIUS 将会把它丢弃掉（discard）。

RADIUS 协议的协商过程如图 7-7 所示。图中：

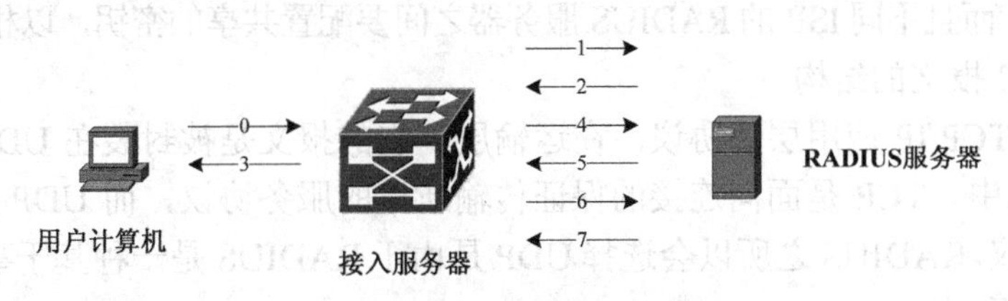

图 7-7 RADIUS 协议的协商过程

0：用户将账号名、口令传送到接入服务器；

1：接入服务器向 RADIUS 发送 Access-Request 报文；

2：当用户认证通过时，RADIUS 返回 Access-Accept 包，失败时返回 Access-Reject 包；

3：RADIUS 返回给用户信息，如认证通过包含 IP 地址、DNS 服务器配置等信息，如认证失败则返回失败提示；

——至此，用户上网认证过程结束。——

4：接入服务器向 RADIUS 发送 Accounting-Request-Start 包；

5：RADIUS 向接入服务器返回 Accounting-Response 包；

——至此，用户开始计费。——

6：接入认证服务器，向 RADIUS 向发送 Accounting-Request-Stop 包；

7：RADIUS 向接入认证服务器返回 Accounting-Response 包。

——5、6 两个包是在用户下线后产生的。——

（4）RADIUS Proxy

RADIUS 支持 Proxy（代理转发）功能，即 RADIUS 可以转发由接入服务器发来的 RADIUS 请求包，也可以将其他 RADIUS 的回应包发给接入服务器。

这种特性最大的应用是漫游（roaming）。当 ISP A 的用户通过 ISP B 的接入设备上网时，由于用户的信息（账号名、密码和授权等）在 ISP A 的 RADIUS 服务器上，因此 ISP B 的 RADIUS 服务器收到接入服务器发来的请求后会转发到 ISP A 的 RADIUS 服务器进行认证，此时对 ISP A 的 RADIUS 服务器而言，ISP B 的 RADIUS 相当于一个接入服务器。漫游的示意图如图 7-8 所示。

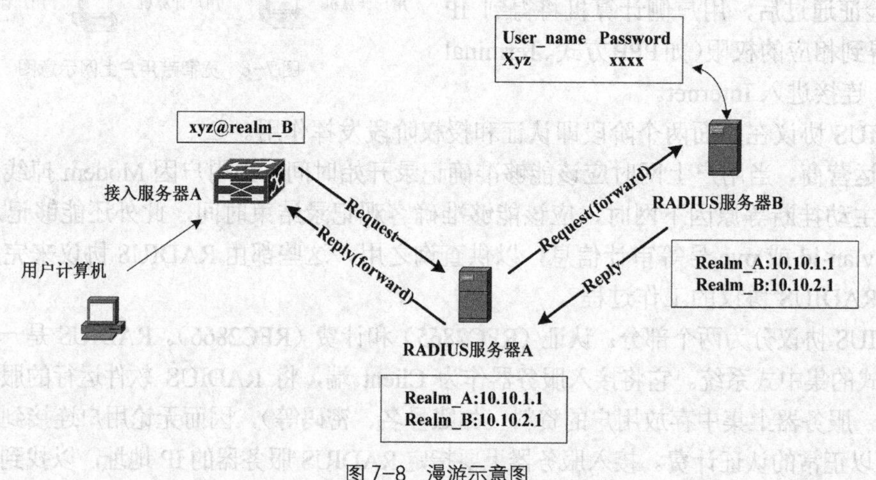

图 7-8 漫游示意图

区分用户在哪个 RADIUS 服务器上的方法一般是当漫游时，账号名加后缀——@漫游域名，RADIUS 服务器会将不同的漫游域名解析成为不同的 RADIUS 服务器的 IP 地址，从而能够正确转发数据包。而且不同 ISP 的 RADIUS 服务器之间要配置共享的密钥，以相互确认身份。

（5）RADIUS 报文的结构

RADIUS 是 TCP/IP 应用层的协议，在运输层，它的报文是被封装在 UDP 报文中的，进而才封装进 IP 包中。TCP 是面向连接的保证传输质量的服务协议，而 UDP 则是面向无连接的数据报服务协议。RADIUS 之所以会选择 UDP 是由于 RADIUS 是一种基于事务（transaction）的应用，具体如下。

- RADIUS可以定义两个认证服务器，Primary和Secondary，如果首选服务器宕机，可以将数据报转到第二服务器上。
- RADIUS对实时性要求高，用户端需要在最快的时间得到响应，在极端情况下，RADIUS并不需要对丢失的数据做检测，这样并不需要TCP的可靠传输，而且TCP的建链和拆链需要较长的时延。
- UDP协议简化了系统实现的复杂程度。
- 在接入服务器上也有相关的重传机制来保障数据包的传送。

2. RADIUS计费协议

用户通过认证后，从RADIUS服务器或接入服务器的IP Pool获取IP地址，可以连接进入Internet。接入服务器在收到Access-Accept后，向RADIUS服务器发出Account-Request请求计费开始，RADIUS服务器在收到后记录在本地，然后返回一个Account-Reply进行确认。在接入服务器发送的Account-Request包中，包含用户账号名、IP地址和流量等信息，RADIUS服务器通过处理本地的记录，可以计算出用户的使用费用。

3. RADIUS的应用

RADIUS作为一种Internet拨号认证、计费协议已经得到了广泛应用。利用RADIUS的特性，ISP还可以为用户提供其他多种服务。

（1）限制用户连接（对用户进行唯一性限制）

ISP对用户提供包月上网的资费政策是非常有吸引力的，但同时会存在用户将账号扩展给其他人公用的可能性，这样会对ISP造成很大的损失。因此，ISP可以对用户的接入进行唯一性限制。

① 限制单账号上网。当RADIUS服务器认证一个账号后，在用户信息数据库中将有一个标志位置位，每次新的Access-Request来时，RADIUS会取出其中的账号名，判断数据库中其标志字段的情况，如果被置位，则用户不允许接入；如果未被置位，则可以接入并将其标志位置位。

②将账号与接入点绑定。账号与接入点绑定分为两种情况。

- 窄带拨号时，用户接入端有电话号码，在RADIUS接收到一个Access-Reqeust时，取出其中的Calling-Session-Id字段，查找数据库中该账号预先设置的主叫电话号码，如果匹配，则用户认证通过；如果不匹配，则拒绝接入。
- 宽带拨号时，用户端不会送主叫电话号码，但是每个用户都会有一个vlan-id或者pvc号，这个数据可以作为用户认证的接入点信息。当用户的Access-Request发送到RADIUS时，取出其中标示vlan-id或pvc号的字段（一般包含在NAS-port字段中），与预先设置的vlan-id或pvc号相比较。如果匹配，则用户认证通过；否则，拒绝接入。

（2）漫游认证

利用RADIUS的Proxy功能，不同的ISP可以成立（或加入）漫游组织，组织中的ISP用户可以在不同的ISP接入设备覆盖地区上网，同时ISP可以对用户进行准确计费，账单仍然产生于开户地，由开户地收取费用并结算给接入用户的地区ISP。

（3）VPDN应用

对于拨号VPN（VPDN），不同的接入服务器可能需要RADIUS服务器认证时返回不同的属性，以供接入服务器使用。目前常用的 VPDN 网络中，用户接入到的接入服务器充当 LAC（L2TP Access Concentrator，L2TP 接入集中器），通过区分用户域名接入到 LNS（L2TP Network Server，L2TP 网络服务器）上，由 LNS 向 RADIUS 发送 RADIUS 认证协议，RADIUS 服务器根据配置的信息，返回给 LNS 特定的属性（一般通过 Vendor Specific Attribute 字段返回），使用户接入到特定的 VPN 网络中。

（4）上网卡业务

如同电话卡，上网卡在用户上网时间耗尽时必须实时将用户断线。利用 RADIU 的 Session-Timeout 属性可以实现该功能。每次用户认证通过后，卡计费系统计算出此用户剩余的上网时长（s），在返回 Access-Accept 包中将 Session-Timeout 属性置为此值，接入服务器得到这个属性后，自动递减，归零时将用户强制离线。

（5）用户与 IP 地址绑定

对于拨号用户，可以为其指定账号专用的 IP 地址，即将账号与 IP 地址绑定。利用 RADIUS 属性中的 Framed-IP-Address 和 Framed-IP-Netmask 字段，在 Access-Accept 包返回给接入服务器时，将该字段置为在 RADIUS 上预先设置的 IP 地址及其网络掩码字段。接入服务器收到该包后，按照字段中的值给用户分配 IP 地址，将用户接入到网络中。

7.1.5 端口绑定技术

为了防止账号泄露和滥用，我们需要对用户端口与账号进行绑定。端口绑定的含义是：将用户账号与用户上网的物理线路端口信息在运营支撑数据库中做相应的数据关联（绑定），从而控制宽带用户账号登录时的接入地点。根据绑定的范围分为一对一端口绑定和宽范围端口绑定。

① 一对一端口绑定：针对 IP 上联的 DSLAM 主要推荐 3 种端口绑定的技术方案：PPPoE+、DHCP OPTION82 和 VLAN STACKING；对于 ATM 上联 DSLAM 设备，可以采用 PVC 方式。

② 宽范围端口绑定：把用户账号滥用限制在一定范围内，缩小账号被滥用的范围。

根据绑定的具体形式有：

- 宽范围 VLAN 绑定：按账号属性或端口位置划分 VLAN，把账号和 VLAN 绑定，限制账号跨 VLAN 使用，但同 VLAN 内账号使用不受限制；
- 和设备端口绑定：用户账号和 DSLAM/LAN 交换机上行口、BAS 端口或网关绑定，限制跨端口或网关使用，网关方式多用于 LAN 接入或用 DHCP+WEB/DHCP+方式认证的用户。

1. 一对一端口绑定技术的方式

（1）PPPoE+

① 工作原理。DSLAM 或二层交换机作为 PPPoE Intermediate Agent 来监视 PPPoE 发现阶段的协议包，对于用户发出的 PADI 和 PADR，加入一个 PPPoE 标签，这个标签中包含用户端口信息；如果 BAS 发出的 PADO 和 PADS 也包含 PPPoE 标签，则 DSLAM 或二层交换机去除这个标签，再向用户发送。BAS 获取 DSL 的线路 ID。

在 TAG-VALUE 的第一个 4 字节的值是 vendor ID，这里的值是 0x00000DE9，在代理电路（agent circuit）ID 子选项可插入用户的端口信息，可包括机架号、机框号、子框号、槽号和端口号等信息。

② 优缺点。PPPoE+方案是针对采用 PPPoE 方式认证的宽带接入用户。

- 优点：它是在原有协议基础上进行了扩充，无额外协议交互过程，不需要进行配置，方便理解和实现；采用软件的方式，实现效率高，对用户业务没有影响。
- 缺点：DSLAM 或二层交换机需要解析修改 PPPoE 发现阶段报文；由于 LAN 接入网二层交换机级联数多，PPPoE+不适用于 LAN 接入方式；部分现网 DSLAM 和 BAS 设备不支持，存在互通问题。

（2）DHCP OPTION82

① 工作原理。本方案是利用 OPTION82 字段来填充用户端口信息，主要是针对基于 DHCP 认证方式的用户。

在 DHCP 应用中，DSLAM 或二层交换机在每一个 DHCP DISCOVER 和 DHCP REQUEST 插入“中继代理信息选项”，即“OPTION 82”。在代理信息选项字段包含一系列由 Subopt/ Len/ Value 组成的子信息。在代理电路 ID 子选项可插入用户的端口信息，可包括机架号、机框号、子框号、槽号和端口号等信息。

② 优缺点。DHCP OPTION82 的技术主要是针对采用 DHCP 认证方式的宽带接入用户。

- 优点：DHCP OPTION82 是在原有协议基础上进行了扩充，无额外协议交互过程，不需要进行配置，方便理解和实现；采用软件的方式，实现效率高，对用户业务没有影响。
- 缺点：DSLAM 或二层交换机需要解析修改 DHCP 报文；由于 LAN 接入网二层交换机级联数多，DHCP OPTION82 不适用于 LAN 接入方式；部分现网 DSLAM 和 BAS 设备不支持，存在互通问题。

（3）VLAN STACKING

① 工作原理。VLAN STACKING 实现是在 802.1Q 协议标签前再次封装 802.1Q 协议标签，其中一层标识用户系统网络（customer network），一层标识业务运营网络（service provider network），将其扩展实现用户线路标识。带有 Q-in-Q VLAN tag 标签的以太帧格式中，C-VLAN ID 表示用户网络以太帧的 VLAN ID；P-VLAN ID 表示运营商网络以太帧的 VLAN ID。P-VLAN Tag 标签是嵌在以太网目的 MAC 地址和源 MAC 地址之后。每个 P-VLAN Tag 标签包含：

- P-EtherType 域通常使用除 OX8100h 之外的数值，表明这一个 P-VLAN Tag 标签不是一个标准的 IEEE 802.1Q VLAN Tag 标签；
- P-VLAN CoS 域包含 3 位，支持 8 个级别的优先级；
- P-VLAN ID 域包含 12 位，可支持 4096 个 VLAN 实例；
- P-CFI 域设定为零。

VLAN STACKING 应用到 ADSL 接入网络实现方式如下。基于 ADSL 接入端口，设置端口属性，可以工作在 VLAN STACKING 模式或普通模式。当端口工作在 VLAN STACKING 模式时，输入的 Untag 报文在 DSLAM 或其上联的以太网交换机入口处上统一打两层 VLAN 输出，其中外层 VLAN 标识 DSLAM，这样不同的 DSLAM 在二层之间相互隔离；内层 VLAN 用作用户认证，不同的端口与不同的 VLAN 绑定，两层 VLAN 组合标识用户。BAS 认证用户通过两层 VLAN 来实现，既解决了 4K 个 VLAN 限制的问题，又解决了 DSLAM 标识的问题。对于 LAN 接入方式，统一规划内层和外层 VLAN，给用户分配内层 VLAN 标签，在局端汇聚侧分配外层标签。

② 优缺点。VLAN STACKING 方案对现在主要使用的两种认证方式都适用。

● 优点：没有协议交互过程，不需要任何配置；不仅实现了用户端口识别，同时可对用户业务实现逻辑隔离；相比单层 VLAN 方式，VLAN STACKING 扩展了 4K 个 VLAN，不仅可节约宽带接入汇聚设备的端口，而且 VLAN ID 的分配更加灵活；同时适用于 ADSL 和 LAN 接入方式。

● 缺点：二层 VLAN 统一规划，同时要求运营商二层网络必须支持二层 VLAN tag，对设备要求比较高，需要 DSLAM、以太网交换机和 BAS 设备支持；报文有效载荷降低，同时可能造成分片、重组；协议扩展性不强，不支持用户其他控制属性；不能直接体现出设备、端口的物理位置。

（4）VLAN 方式

① 工作原理。运营商利用 4K 个 VLAN ID 让每一个用户独享一个 VLAN，VLAN 终结在 BAS 上面。

② 优缺点。

● 优点：在原有认证方式中没有增加新的协议交互过程；不仅实现了用户端口识别，同时可对用户业务实现逻辑隔离。

● 缺点：目前，宽带接入网架构实现每用户每 VLAN 较困难，需要对接入网进行改造，包括增加 BAS 的端口数量，减少 BAS 单端口下带的用户数，减少接入设备的汇聚；现网许多楼宇交换机不支持 VLAN；4K 个 VLAN 数目无法满足未来业务发展的需要；协议扩展性不强，不支持用户其他控制属性；不能直接体现出设备、端口的物理位置。

（5）PVC 方式

① 工作原理。主要是针对 ATM 上联的 DSLAM 设备所带的用户，运营商给不同的用户分配不同的 VPI 和 VCI，从而保证了账号与物理端口的绑定。

② 优缺点。

● 优点：在原有认证方式中没有增加新的协议交互过程；实施起来相对便捷，对设备改动小。

● 缺点：使用具有局限性，仅适用于 ATM 上联的 DSLAM 网络模式，现网中这种模式较少，并且不建议再购置 ATM 上联的 DSLAM 设备；不能直接体现出设备、端口的物理位置。

（6）解决端口绑定的问题

端口绑定技术用于解决账号泄露和滥用问题，存在以下优缺点。

① 优点：

● 完全杜绝账号共享和盗用的问题；

● 能够反查到账号登录的物理位置，有利于跟踪非法活动；

● 不会增加用户的使用费用。

② 缺点：

● 用户账号不能实现随意的漫游，在两账号（接入账号与增值业务账号）合二为一的情况下，不利于用户对增值业务的灵活使用；

● 需要对现网设备及网络架构进行改造和升级，实施难度大。

2．网络部署原则

（1）技术应用原则

① 首先通过认证系统和支撑系统的配合实现每个账号同时只有一个用户可以接入，即实

现唯一性。

② 分步实施网络改造和设备升级，通过账号的绑定逐步缩小账号能被滥用的范围，由宽范围的绑定最终过渡到账号与端口一对一绑定的准确绑定。

③ 宽范围的绑定方式：建议以VLAN限制方式为主，也可考虑BAS端口、网关限制方式；建议宽范围账号滥用限制在32个端口范围内，对于汇聚层数较多的接入网络，宽范围账号滥用不超过64个端口。

④ 一对一端口绑定方式：

- 对ADSL接入用户：根据网络结构和网络设备情况，从PPPoE+、DHCP OPTION82或VLAN嵌套3种技术中进行选择；
- 对LAN接入用户建议使用VLAN嵌套；
- 目前需要进行城域网改造的地市，建议改造后，应具备VLAN嵌套功能。

⑤ 按照规范统一宽带接入设备的编号和端口信息上报的格式。

（2）设备配置要求

① BAS、DSLAM支持端口识别技术和VLAN STACKING。

② 楼宇交换机应支持远程网管和VLAN，VLAN ID可（1～4094）灵活配置。

③ 城域网汇聚交换机应支持VLAN STACKING。

④ RADIUS用户数据信息应根据采用的端口识别技术方案做相应配合更改。

⑤ BAS增加上报用户物理端口功能后，设备整体性能不应降低。

7.2 HDLC原理与配置

HDLC是一种面向比特的同步协议，全称为高级数据链路控制规程（High Level Data Link Control）。HDLC是面向比特的数据链路控制协议的典型代表，该协议不依赖于任何一种字符编码集；数据报文可透明传输，用于实现透明传输的“0比特插入法”易于硬件实现；全双工通信，有较高的数据链路传输效率；所有帧采用CRC检验，对信息帧进行顺序编号，可防止漏收或重发，传输可靠性高；HDLC协议簇中的协议都是运行于同步串行线路之上，HDLC传输功能与处理功能分离，具有较大的灵活性。

7.2.1 HDLC的工作原理

如图7-9所示，串行链路普遍用于广域网中，串行链路中定义了两种数据传输方式：异步和同步。异步传输是以字节为单位来传输数据，并且需要采用额外的起始位和停止位来标记每个字节的开始和结束。起始位为二进制值0，停止位为二进制值1。在这种传输方式下，开始和停止位占据发送数据的相当大的比例，每个字节的发送都需要额外的开销。

同步传输是以帧为单位来传输数据，在通信时需要使用时钟来同步本端和对端的设备通信。DCE即数据通信设备，它提供了一个用于同步DCE设备和DTE设备之间数据传输的时钟信号。DTE即数据终端设备，它通常使用DCE产生的时钟信号。

如图7-10所示，HighLevel Data Link Control，高级数据链路控制，简称HDLC，是一种面向比特的链路层协议。ISO制定的HDLC是一种面向比特的通信规则。HDLC传送的信息单位为帧，作为面向比特的同步数据控制协议的典型，HDLC具有如下特点：

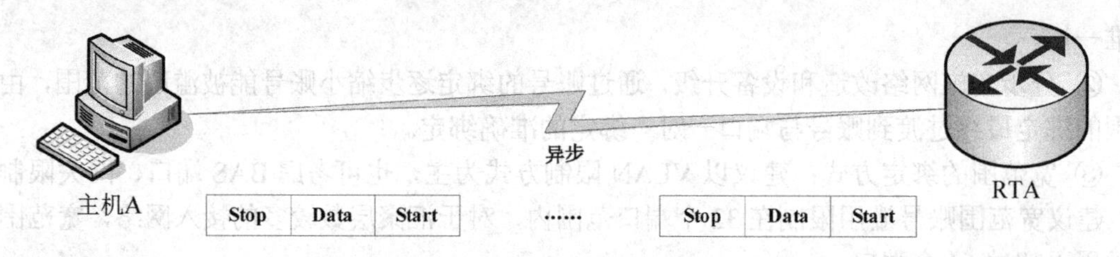

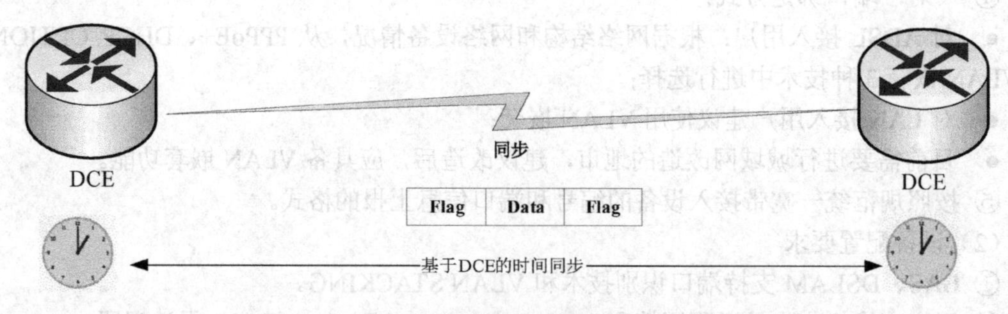

图 7-9　串行链路的数据传输方式

（1）协议不依赖于任何一种字符编码集；

（2）数据报文可透明传输，用于透明传输的“0 比特插入法”易于硬件实现；

（3）全双工通信，不必等待确认可连续发送数据，有较高的数据链路传输效率；

（4）所有帧均采用 CRC 校验，并对信息帧进行编号，可防止漏收或重收，传输可靠性高；

（5）传输控制功能与处理功能分离，具有较大的灵活性和较完善的控制功能。

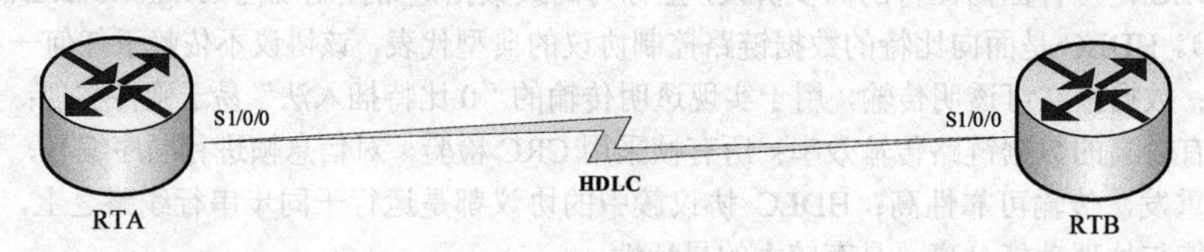

图 7-10　HDLC 协议应用

如图 7-11 所示，完整的 HDLC 帧由标志字段（F）、地址字段（A）、控制字段（C）、信息字段（I）、帧校验序列字段（FCS）等组成。

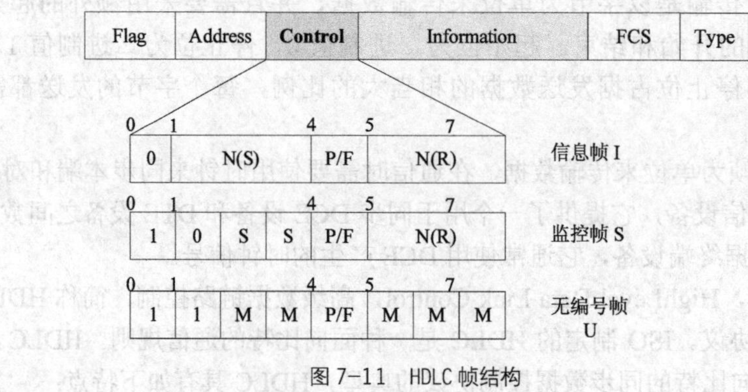

图 7-11　HDLC 帧结构

标志字段为 01111110，用以标志帧的开始与结束，也可以作为帧与帧之间的填充字符。

地址字段携带的是地址信息。

控制字段用于构成各种命令及响应，以便对链路进行监视与控制。发送方利用控制字段来通知接收方来执行约定的操作；相反，接收方用该字段作为对命令的响应，报告已经完成的操作或状态的变化。

信息字段可以包含任意长度的二进制数，其上限由 FCS 字段或通信节点的缓存容量来决定，目前用得较多的是 1000～2000bit，而下限可以是 0，即无信息字段。监控帧中不能有信息字段。

帧检验序列字段可以使用 16 位 CRC 对两个标志字段之间的内容进行校验。

HDLC 有 3 种类型的帧。

（1）信息帧（I 帧）用于传送有效信息或数据，通常简称为 I 帧。

（2）监控帧（S 帧）用于差错控制和流量控制，通常称为 S 帧。S 帧的标志是控制字段的前两个比特为“10”。S 帧不带信息字段，只有 6 字节即 48 比特（bit）。

（3）无编号帧（U 帧）简称 U 帧。U 帧用于提供对链路的建立、拆除及多种控制功能。

*7.2.2　HDLC 的基本配置

如图 7-12 所示，用户只需要在串行接口视图下运行 link-protocol hdlc 命令就可以使能接口的 HDLC 协议。华为设备上的串行接口默认运行 PPP 协议，用户必须在串行链路两端的端口上配置相同的链路协议，双方才能通信。

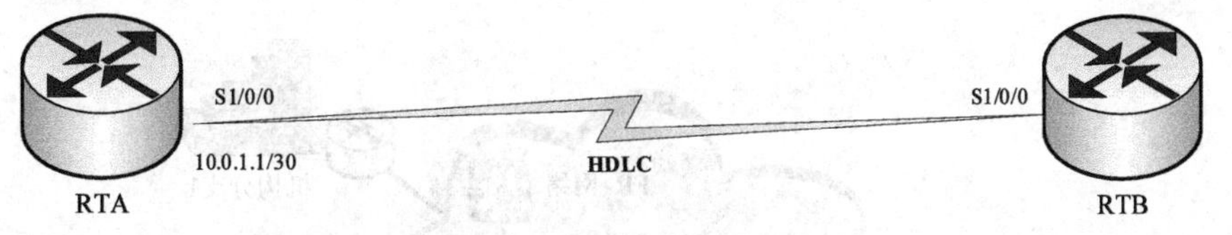


```
[RTA]interface Serial 1/0/0
[RTA-Serial1/0/0]link-protocol hdlc
Warning:The encapsulation protocol of the link will be changed.
Continue? [Y/N]:y
[RTA-Serial1/0/0]ip address 10.0.1.1 255.255.255.252
```

图 7-12　HDLC 基本配置

在实际的 HDLC 链路应用场景下，为了节约 IP 地址的占用，常常采用 HDLC 接口地址借用技术。因为一个接口如果没有 IP 地址就无法生成路由，也就无法转发报文，接口地址借用允许一个没有 IP 地址的接口从其他接口借用 IP 地址，可以避免一个接口独占 IP 地址，节省 IP 地址资源。一般建议借用 loopback 接口的 IP 地址，因为这类接口总是处于活跃（active）状态，因而能提供稳定可用的 IP 地址。

如图 7-13 所示，在 RTA 的 S1/0/0 接口配置完接口地址借用之后，还需要在 RTA 上配置静态路由，以使 RTA 能够转发数据到 10.1.1.0/24 网络。

执行 display ip interface brief 命令可以查看路由器接口简要信息，如果有 IP 地址被借用，该 IP 地址会显示在多个接口上，说明借用 loopback 接口的 IP 地址成功。

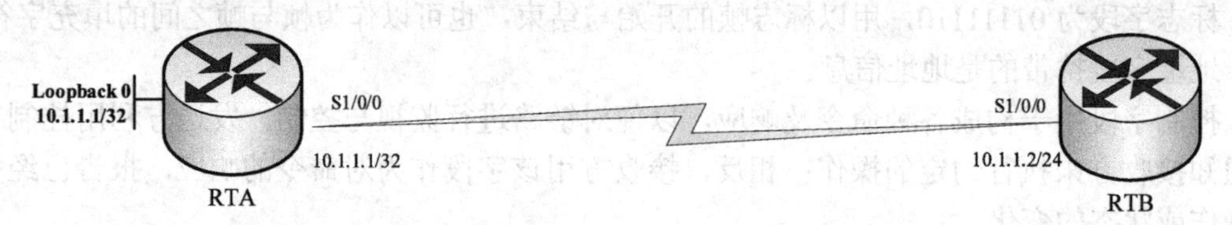


```
[RTA]interface Serial 1/0/0
[RTA-Serial1/0/0]link-protocol hdlc
Warning:The encapsulation protocol of the link will be changed.
Continue? [Y/N]:y
[RTA-Serial1/0/0]ip address unnumbered interface loopBack 0
[RTA]ip route-static 10.1.1.0/24 Serial 1/0/0
```

图 7-13 HDLC 接口地址借用

7.3 帧中继原理与配置

7.3.1 帧中继的工作原理

帧中继（Frame Relay，FR）技术是在 OSI 第二层（数据链路层）上用简化的方法传送和交换数据单元的一种技术。它是一种面向连接的数据链路技术，为提供高性能和高效率数据传输进行了技术简化，它靠高层协议进行差错校正，并充分利用了当今光纤和数字网络技术。总之，FR 是一种用于构建中等高速报文交换式广域网的技术，同时它也是由国际电信联盟通信标准化组和美国国家标准化学会制定的一种标准。当企业网络需要使用帧中继技术与运营商网络相连时，管理员也需要了解帧中继的工作原理，并具备相应的故障处理能力。帧中继的应用场景如图 7-14 所示。

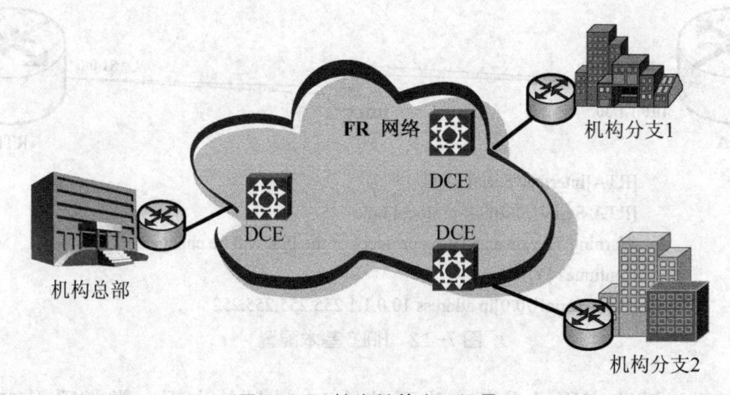

图 7-14 帧中继的应用场景

PPP、HDLC、X.25、FR、ATM 都是常见的广域网技术。PPP 和 HDLC 是一种点对点连接技术，而 X.25、FR 和 ATM 则属于分组交换技术。

X.25 协议主要是描述如何在 DTE 和 DCE 之间建立虚电路、传输分组、建立链路、传输数据、拆除链路、拆除虚电路，同时进行差错控制、流量控量、情况统计等。

帧中继协议是一种简化了 X.25 的广域网协议，它在控制层面上提供了虚电路的管理、带宽管理和防止阻塞等功能。与传统的电路交换相比，它可以对物理电路实行统计时分复用，即在一个物理连接上可以复用多个逻辑连接，实现了带宽的复用和动态分配，有利于多用户、多速率的数据传输，充分利用了网络资源。

帧中继工作在 OSI 参考模型的数据链路层。与 X.25 协议相比，帧中继的一个显著的特点是将分组交换网中差错控制、确认重传、流量控制、拥塞避免等处理过程进行了简化，缩短了处理时间，提高了数字传输通道的利用率。新的技术诸如 MPLS 等的大量涌现，使得帧中继网络的部署逐渐减少，如果企业不得不使用运营商的帧中继网络服务，则企业管理员必须具备在企业边缘路由器上配置和维护帧中继的能力。

如图 7-15 所示，帧中继网提供了用户设备（如路由器和主机等）之间进行数据通信的能力。

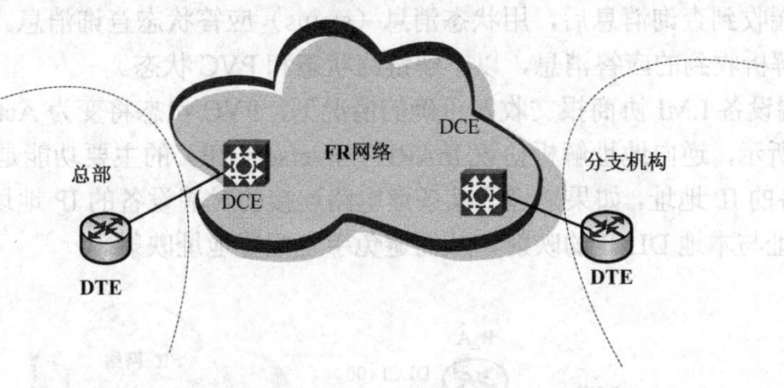

图 7-15 帧中继网络

用户设备被称作数据终端设备 DTE（Data Terminal Equipment）。

为用户设备提供接入的设备，属于网络设备，被称为数据电路终结设备 DCE（Data Circuit-terminating Equipment）。

如图 7-16 所示，帧中继是一种面向连接的技术，在通信之前必须建立连接，DTE 之间建立的连接称为虚电路。帧中继虚电路有两种类型：PVC 和 SVC。

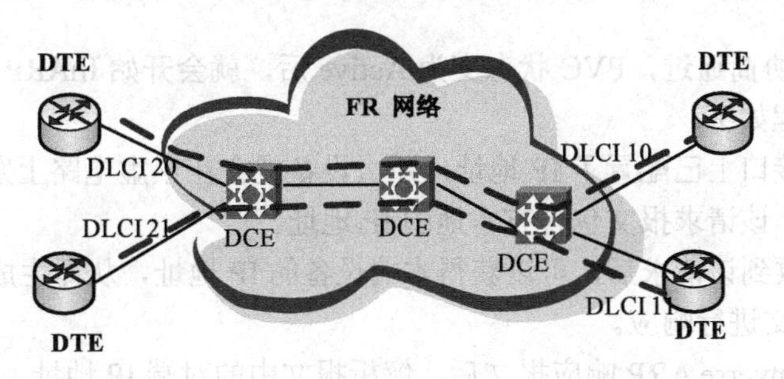

图 7-16 虚电路

（1）永久虚电路 PVC（Permanent Virtual Circuit）：是指给用户提供的固定的虚电路，该虚电路一旦建立，则永久生效，除非管理员手动删除。PVC 一般用于两端之间频繁的、流量稳定的数据传输。目前在帧中继中使用最多的方式是永久虚电路方式。

（2）交换虚电路 SVC（Switched Virtual Circuit）：是指通过协议自动分配的虚电路。在通信结束后，该虚电路会被自动取消 。一般突发性的数据传输多用 SVC。

帧中继协议是一种统计复用协议，它能够在单一物理传输线路上提供多条虚电路，每条虚电路采用数据链路连接标识符 DLCI（Data Link Connection Identifier）来进行标识，DLCI 只在本地接口和与之直接相连的对端接口有效，不具有全局有效性，即在帧中继网络中，不同的物理接口上相同的 DLCI 并不表示是同一个虚电路。用户可用的 DLCI 的取值范围是 16～1022，其中 1007～1022 是保留 DLCI。

如图 7-17 所示，PVC 方式下，不管是网络设备还是用户设备都需要知道 PVC 的当前状态。监控 PVC 状态的协议叫本地管理接口 LMI（Local Management Interface），LMI 协议通过状态查询报文和状态应答报文维护帧中继的链路状态和 PVC 状态。LMI 用于管理 PVC，包括 PVC 的增加、删除，PVC 链路完整性检测，PVC 的状态等。

LMI 协商过程如下。

（1）DTE 端定时发送状态查询消息（status enquiry）。

（2）DCE 端收到查询消息后，用状态消息（status）应答状态查询消息。

（3）DTE 解析收到的应答消息，以了解链路状态和 PVC 状态。

（4）当两端设备 LMI 协商报文收发正确的情况下，PVC 状态将变为 Active 状态。

如图 7-18 所示，逆向地址解析协议 InARP（Inverse ARP）的主要功能是获取每条虚电路连接的对端设备的 IP 地址，如果知道了某条虚电路连接的对端设备的 IP 地址，在本地就可以生成对端 IP 地址与本地 DLCI 的映射，从而避免手工配置地址映射。

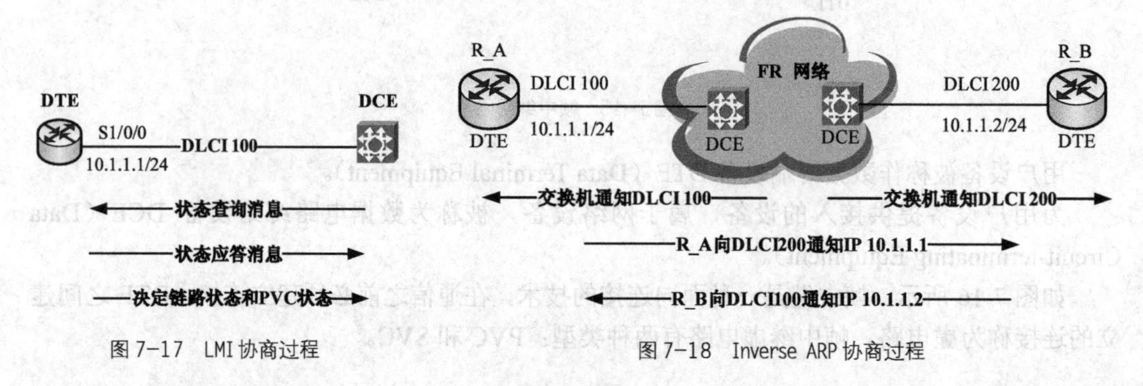

图 7-17 LMI 协商过程　　图 7-18 Inverse ARP 协商过程

当帧中继 LMI 协商通过，PVC 状态变为 Active 后，就会开始 InARP 协商过程。

InARP 协商过程如下。

（1）如果本地接口上已配置了 IP 地址，那么设备就会在该虚电路上发送 Inverse ARP 请求报文给对端设备，该请求报文包含有本地的 IP 地址。

（2）对端设备收到该请求后，可以获得本端设备的 IP 地址，从而生成地址映射，并发送 Inverse ARP 响应报文进行响应。

（3）本端收到 Inverse ARP 响应报文后，解析报文中的对端 IP 地址，也生成地址映射。

图 7-18 中，RTA 会生成地址映射（10.1.1.2<-->DLCI 100），RTB 会生成地址映射（10.1.1.1<-->DLCI 200）。

经过 LMI 和 InARP 协商后，帧中继接口的协议状态将变为 Up 状态，并且生成了对端 IP 地址的映射，这样 PVC 上就可以承载 IP 报文了。

为了减少路由环路的产生，路由协议的水平分割机制不允许路由器把从一个接口接收到的路由更新信息再从该接口发送出去。水平分割机制虽然可以减少路由环路的产生，但有时也会影响网络的正常通信。如图 7-19 所示，RTD 想通过 RTA 转发路由信息给 RTC，但由于开启了水平分割，RTA 无法通过 S1/0/0 接口向 RTC 转发 RTD 的路由信息。

子接口可以解决水平分割带来的问题，一个物理接口可以包含多个逻辑子接口，每一个子接口使用一个或多个 DLCI 连接到对端的路由器。如图 7-20 所示，RTA 通过子接口 S1/0/0.3 接收到来自 RTD 的路由信息，然后将此信息通过子接口 S1/0/0.2 转发给 RTC。

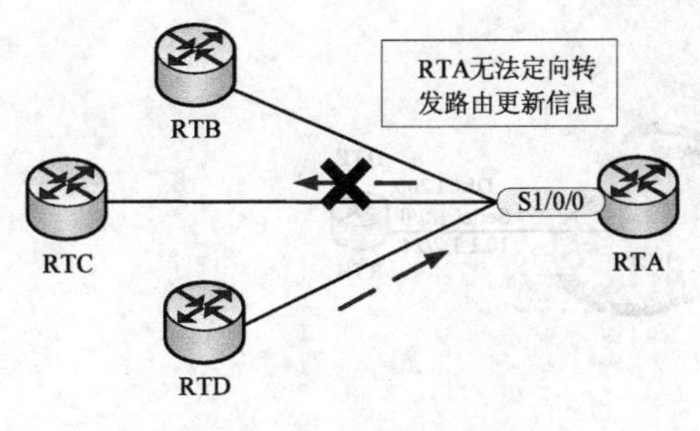

图 7-19　帧中继和水平分割

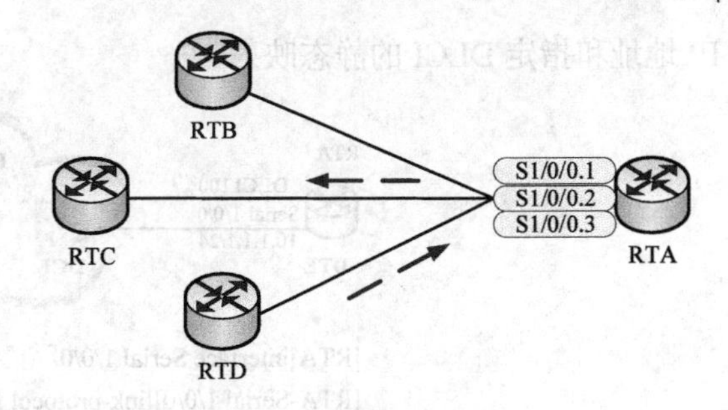

图 7-20　帧中继子接口

帧中继的子接口分为两种类型。

点对点子接口：用于连接单个远端设备。一个子接口只配一条 PVC，不用配置静态地址映射就可以唯一地确定对端设备。

点对多点子接口：用于连接多个远端设备。一个子接口上配置多条 PVC，每条 PVC 都和它相连的远端协议地址建立地址映射，这样不同的 PVC 就可以到达不同的远端设备。

7.3.2　帧中继的基本配置

如图 7-21 所示，link-protocol fr 命令用来指定接口链路层协议为帧中继协议。当封装帧中继协议时，默认情况下，帧的封装格式为 IETF。

```
[RTA]interface Serial 1/0/0
[RTA-Serial 1/0/0]link-protocol fr
Warning:The encapsulation protocol of the link will be changed.
Continue? [Y/N]:y
[RTA-Serial 1/0/0]fr interface-type dte
[RTA-Serial 1/0/0]fr inarp
```

图 7-21　帧中继配置——动态映射

fr interface-type { dce | dte }命令用来设置帧中继接口类型。默认情况下，帧中继接口类型为 DTE。在实际应用中，DTE 接口只能和 DCE 接口直连，如果把设备用作帧中继交换机，则帧中继接口类型应该为 DCE。

fr inarp 命令用来使能帧中继逆向地址解析功能。默认情况下，该功能已被使能。

display fr pvc-info 命令可以用来查看帧中继虚电路的配置情况和统计信息。在显示信息中，DLCI 表示虚电路的标识符，USAGE 表示此虚电路的来源，LOCAL 表示 PVC 是本地配置的，如果是 UNUSED，则表示 PVC 是从 DCE 侧学习来的。status 表示虚电路状态，可能的取值有：active：表示虚电路处于激活状态；inactive：表示虚电路处于未激活状态；InARP 表示是否使能 InARP 功能。

如图 7-22 所示，fr map ip [destination-address [mask] dlci-number]命令用来配置一个目的

IP 地址和指定 DLCI 的静态映射。

```
[RTA]interface Serial 1/0/0
[RTA-Serial 1/0/0]link-protocol fr
Warning:The encapsulation protocol of the link will be changed.
Continue? [Y/N]:y
[RTA-Serial 1/0/0]fr interface-type dte
[RTA-Serial 1/0/0]undo fr inarp
[RTA-Serial 1/0/0]fr map ip 10.1.1.2 100
```

图 7-22　帧中继配置——静态映射

如果 DCE 侧设备配置静态地址映射，DTE 侧启动动态地址映射功能，则 DTE 侧不需要再配置静态地址映射也可实现两端互通。反之，如果 DCE 配置动态地址映射，DTE 配置静态地址映射，则不能实现互通。

fr map ip [destination-address [mask] dlci-number] broadcast 命令用来配置该映射上可以发送广播报文。

display fr map-info 命令用来显示帧中继地址映射表，可以显示当前设备上目的 IP 地址和 DLCI 的映射关系，status 表示地址映射的状态。

* 7.4　ATM 网络

7.4.1　ATM 网络基本原理

当今的通信网络正在经历着一个飞速发展的时代，随着高速电信技术的到来，自 20 世纪 80 年代起，很多新业务陆续出现，它们通常包括话音、数据、图像和视频，带宽从 1Mbit/s 直到 155Mbit/s 甚至更高的速率。这些新的业务的通信量很多具有突发性，换言之，用户有时保持沉默，然后在短期内突然以高速发送大量数据，在短期内需要高得多的带宽。在某些情况下，这些通信应用是面向连接的，即用户在信息交换之前需要建立连接。在这种情况下，对于多媒体业务而言，单一的用户可能同时需要多条信道。而在应用端广泛存在另一种面向无连接的应用，如电子邮件和其他 LAN 类型的数据通信。

在高速技术开始发展的过程中，为了适应新业务的要求，通过单一、集成的接口在公用网或专用网提供不同的业务，国际标准化组织 CCITT 开始制定新的标准。在早期，标准组织考虑使用同步传输模式（STM）承载的可能性。STM 的发送器通过周期性的帧发送数据，每帧由若干个时隙组成，每个时隙在呼叫的整个期间内分配给一个特定的应用。一般的帧格式如图 7-23 所示，其中每个帧用一个明显的同步模式开始。在 STM 中，即使时隙并没有信息要发送，帧及其携带的所有时隙也将周期性地出现在链路上。

从 STM 帧结构上可以看出，STM 的帧是周期性传送数据的，因而 STM 的带宽使用效率依赖于用户的需要，当用户的通信量具有间歇性时，将导致带宽利用率大大降低。要求 STM 动态分配不同数量的时隙来满足突发性通信量对带宽的需求非常困难。鉴于上述限制，CCITT

提出了一种新的传输模式——异步传输模式（Asynch ronous Transfer Mode，ATM）来作为综合宽带业务的传输模式。在这种传输模式下，没有如图 7-23 所示的那种周期性帧的概念，而是使用被称为“信元”的固定长度的块传输数据。用户无论何时需要发送数据，只要根据所要求的带宽发送相应数量的信元即可，换句话说，某个用户信息的各个信元不需要周期性地在网络中传递。这使得 ATM 交换机避免了 STM 协议固有的时隙动态分配的复杂性，特别适合高带宽和低时延的业务应用。

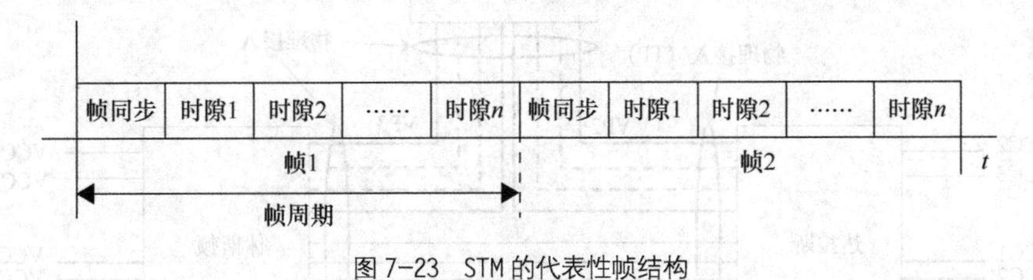

图 7-23 STM 的代表性帧结构

异步传输模式 ATM 是一种分组交换和复用技术。虽然术语“异步”出现在其描述中，但与“异步传送过程”毫不相干，所谓的“异步”是指链路上的带宽占用是根据用户通信情况动态变化的，来自某用户信息的各个信元不需要周期性出现。

ATM 采用固定长度的分组，即信元来发送信息，信元共有 53 字节，分为两个部分。前面 5 字节为信头，主要完成寻址的功能；后面的 48 字节为信息段，用来装载来自不同用户，不同业务的信息。话音、数据、图像等所有的数字信息都要经过切割，封装成统一格式的信元在网中传递，并在接收端恢复成所需格式。

完整的 ATM 协议栈如图 7-24 所示。最上面方框中的高层协议是特定的应用，如应用层标准的文件传输协议。ATM 适配层（AAL）将上层的分组“适配”到下层的 ATM 层。虽然每种业务的细节可能不尽相同，但是通过适配层可以为上层分组附加标头、标尾和填充字节，并将分组分割成为固定长度的 ATM 信元。该层下面的一层称为 ATM 层，ATM 层可认为是链路层协议。但在某些方面，ATM 层又和其他链路层协议有所区别。例如，一般链路层协议的帧长度是可变的。而 ATM 中的信元长度固定为 53 字节。最下面一层是物理层。

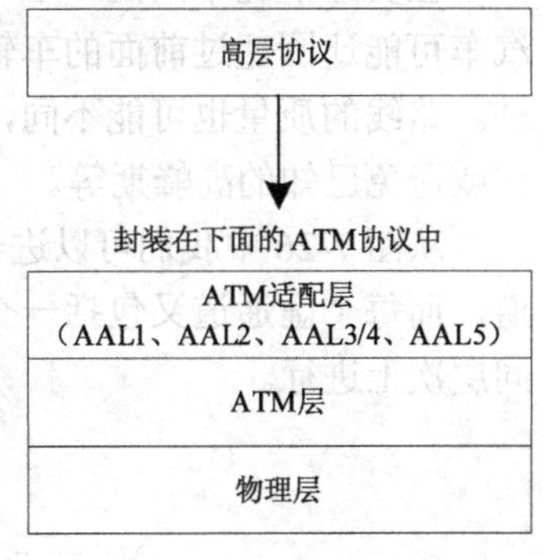

图 7-24 ATM 协议层

前面提到 ATM 信元使用其头部的虚拟通道标识符来标识逻辑通道，实际上 ATM 信元的虚拟通道标识符包括两部分：虚通道标识符（Virtual Path Identifier，VPI）和虚信道标识符（Virtual Channel Identifier，VCI），分别标识 ATM 的两类逻辑通道：虚通道 VP 和虚信道 VC。

7.4.2 传输通道、虚通道和虚信道的关系

我们以汽车交通模式的例子来说明传输通道、虚通道和虚信道的概念。假想汽车为一个信元。传输通道为马路，虚拟通道是马路上到不同方向的道路，虚拟信道为虚拟通道所定义的各条线路，如图 7-25 所示，3 条传输通道形成了 3 个城市之间的马路，这 3 个城市是达拉斯、沃尔斯堡和休斯顿。其主要路线（即虚通道）有：从达拉斯到休斯顿的州际公路（VP1），达拉斯到沃尔斯堡的高速公路（VP2），以及从沃尔斯堡到休斯顿的乡村公路（VP3）。因此，一辆汽车（信元）从达拉斯到休斯顿可以直接走州际公路，也可以先走高速公路到沃尔斯堡，

再走乡村公路到休斯顿。如果汽车选择走州际公路（VP1），它有 3 条车道可选择：共乘车道（VCC1）、小车道（VCC2）、卡车道（VCC3），这 3 条车道的速度各不相同，选择不同的车道造成不同的到达时延。

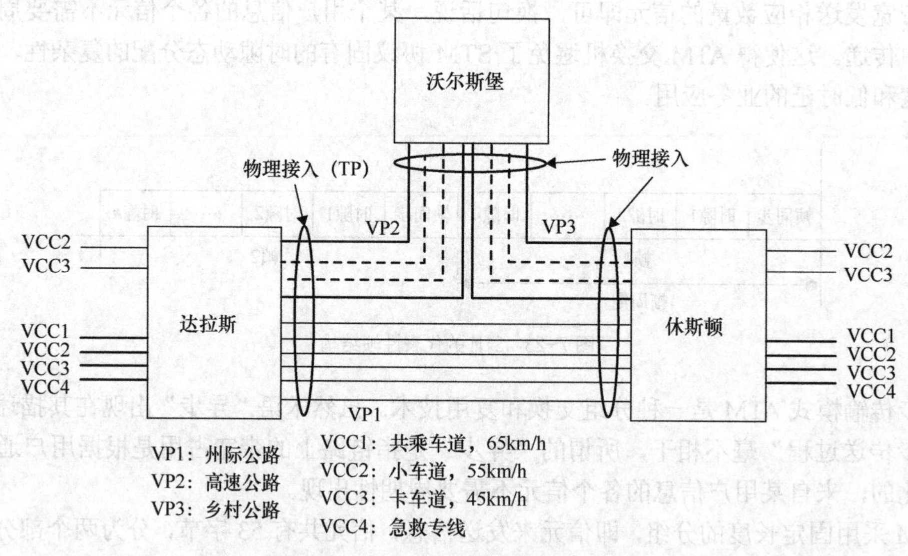

图 7-25 ATM 概念的交通运输比拟举例

在实际情况中，同一个车道上的汽车（信元）极有可能打乱它们出发时的顺序，后面的汽车可能迂回超过前面的车辆。但在本例中，要求汽车必须严格按照顺序在既定的路线上行进。路线的质量也可能不同，你可基于不同的准则选择路线，如省时或沿路风景好，价格便宜或避免已知的高峰期等。

从图 7-26 中我们可以进一步明白三者之间的关系，即一个传输通道包括一个或多个虚通道，而每个虚通道又包括一个或多个虚信道。信元交换可以在传输通道、虚通道或虚信道不同层次上进行。

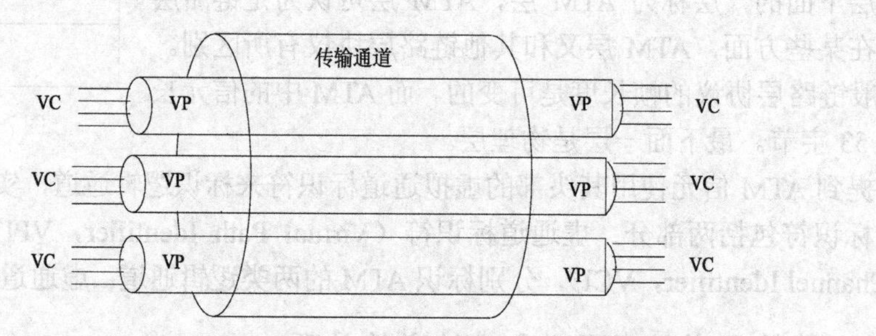

图 7-26 传输通道、虚通道（VP）和虚信道（VC）之间的关系

7.4.3 VP/VC 连接

了解了虚通道和虚信道的概念后，我们再进一步介绍一下虚通道连接 VPC（Virtual Path Connection）、虚信道连接 VCC（Virtual Channel Connection）。

虚信道连接 VCC 相当于分组交换网络中两个用户之间建立的端对端虚电路，VCC 是通过若干 VC 交换节点相连。连接相邻交换节点之间的虚信道称为虚信道链路 VCL，而 VCC 就是由若干段虚信道链路VCL串接而成的。某条特定VCC中的各段VCL的标识符VCI是各不相同的，VC交换就是VC交换节点完成相应VCL的VCI变换的过程，基本原理如图7-27所示，图中信元标识使用的仅是相应的VCI。

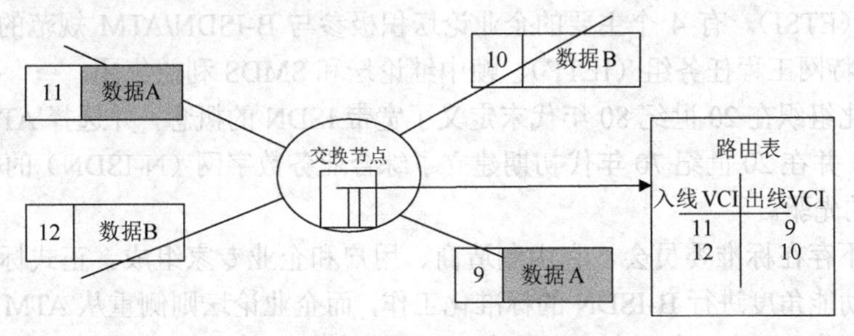

图7-27 VC交换基本原理

VC交换节点的信元交换操作过程是：根据信元的入线标识符（来自哪条VCL），查找路由表，得到相应出线标识符（去到哪条VCL），修改信元的VCI标志，然后将入线和出线标识送交换节点中控制模块选择交换矩阵的传输路由，最后由交换矩阵完成实际的信元交换工作。对信元表示的影响是改变了信元的VCI标识符，该过程称为标识符变换（Identifier Translation）。

虚通道连接VPC和虚通道链路VPL的定义与VCC和VCL定义相接近，VPC是连接若干VP交换节点的连接，相邻VP交换节点之间的通路称为VPL，所以VPC由若干段VPL连接而成。串接而成的VPC中的不同的VPL的标识符VPI是不相同的，VP交换就是虚通道交换节点完成相连两端VPL的VPI变换的过程。

VP交换操作的对象是成组的VC，VP交换节点在改变信元VPI标识符的同时不会改变VCI标识符，所以在VPC中信元的VCI是不会改变的，这意味着这些信元属于同一虚信道链路VCL。因此虚信道链路VCL中可以嵌入虚通道连接VPC。这样VC交换节点同样要完成VP节点的功能，即改变VPI值，如图7-28所示。

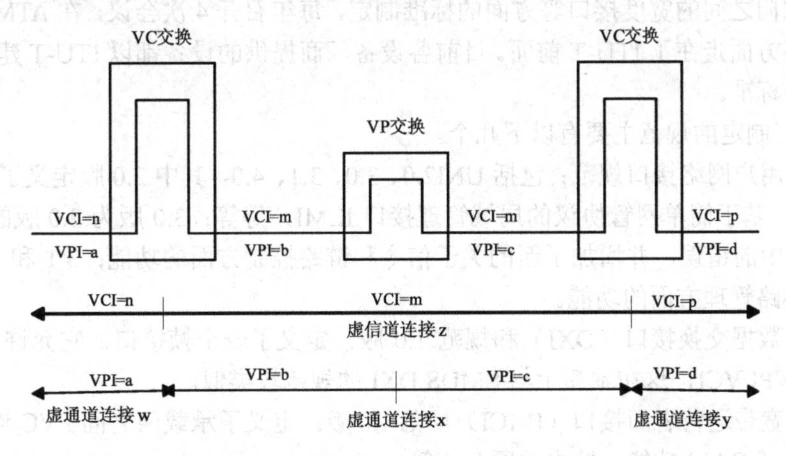

图7-28 ATM网络中的VPC和VCC概念

7.4.4 ATM协议参考模型

随着ATM技术的研究，各标准化组织也在积极进行ATM的标准化工作。目前有关ATM

和 B-ISDN 的标准化组织大致可分为两类：正式标准化组织和企业论坛。

正式国际标准化组织是国际电信联盟电信标准化部门（ITU-T）。美国主要的 B-ISDN/ATM 正式标准化组织是美国国家标准学会（ANSI）；欧洲正式的 B-ISDM/ATM 标准化组织是欧洲电信标准组织（ETSI）。有 4 个主要的企业论坛积极参与 B-ISDN/ATM 规范的制定，它们是 ATM 论坛、因特网工程任务组（IETF）、帧中继论坛和 SMDS 利益集团。

正式标准化组织在 20 世纪 80 年代末定义了宽带 ISDN 的概念，并选择 ATM 技术作为未来标准的基础，并在 20 世纪 70 年代初期建立了综合业务数字网（N-ISDN）的概念，N-ISDN 成为 B-ISDN 的先驱。

企业论坛不存在标准委员会，它由制造商、用户和企业专家组成。正式标准化组织着重从网络结构和功能角度进行 B-ISDN 的标准化工作，而企业论坛则侧重从 ATM 实现的规范着手进行标准化工作，两者工作是相互补充的。下面介绍这两类标准化组织的典型代表：ITU-T 和 ATM 论坛。

（1）国际电信联盟（ITU，国际电联）成立于 1865 年，开始主要为电报和电话的技术事项及操作、收费等提出建议。国际电联电信标准化部门（ITU-T）的前身为国际电报电话咨询委员会（CCITT）。由 ITU-T 产生的标准称为 ITU-T 建议书。

1988 年以前，ITU-T 每 4 年出版一次通过的建议书，该建议书用封面颜色——红、黄、蓝表示不同的版本。1988 年出版了第一个 B-ISDN/ATM 的蓝皮书。1988 年后，由于采用了加速标准化程序，所有的标准只要一完成就出版，称为“白皮书”。自 1990 年开始，陆续通过了一系列 B-ISDN/ATM 协议标准。

（2）ATM 论坛成立于 1991 年 10 月，是一个民间组织，开始由 4 家公司组成，包括北方电讯、斯普林特、SUN 微系统和数字设备公司（DEC）。到 1995 年 2 月成员已达 670 个。其成员有电信制造厂商、电信运营公司、网络用户、科研机构和大学等。

在 ATM 论坛中有 3 类委员会：技术、市场和终端用户。其中技术委员会分为 9 个工作组，分别负责物理层接口、信令、网络管理、流量管理、业务和应用、LAN 仿真、测试、专用 NNI 及通信运营部门之间的宽度接口等方面的标准制定，每年召开 4 次会议，在 ATM 网络和设备标准化的很多方面走在了 ITU-T 前面。目前各设备厂商提供的设备都以 ITU-T 建议书和 ATM 论坛的规范为标准。

ATM 论坛制定的规范主要有以下几个。

① ATM 用户网络接口规范：包括 UNI2.0、3.0、3.1、4.0，其中 2.0 版定义了对 ATM UNI 的 PVC 能力，基于简单网管协议的局域管理接口 ILMI，等等；3.0 版为 2.0 版的升级版本，纠正了 2.0 版中的错误，并增加了新的关于信令和链路控制方面的功能；3.1 和 4.0 版更加完善了信令和链路管理方面的功能。

② ATM 数据交换接口（DXI）和规范 1.0 版：定义了一个帧接口，它允许 DTE 用帧地址传递 ATM VPI/VCI，这在本质上与 SMDS DXI 的规范较类似。

③ ATM 宽带运营者间接口（B-ICI）规范 1.0 版：定义了承载网之间 PVC 连接的业务特性，详细定义了 OAM 功能、帧中继网互连等。

7.4.5 ATM 协议模型

本节主要描述基于 ATM 的 B-ISDN 协议模型，然后给出 B-ISDN 协议模型及 B-ISDN 如何与 ISDN、SS7 和 OSI 互连的标准结构。

ITU-T I.321 建议书中定义了如图 7-29 所示的 B-ISDN 协议参考模型，B-ISDN 是基于 ATM 网络的，这个协议参考模型也是唯一一个关于 ATM 网络的参考模型，因此这个模型已广泛用于描述基于 ATM 的通信实体。

B-ISDN 模型整体从两个角度描述网络中支持的业务，通过“面”描述网络中可支持的不同功能，如用户信息传输、网络呼叫过程及网络管理过程。将网络的不同面分成若干层次，采用类似 OSI7 层模型的方法，实现信息的可靠传输。

协议模型包括 3 个面和 4 层功能，其中 3 个面分别是用户面、控制面和管理面。

（1）用户面（user plane），提供用户信息的传送，而且包括所有相关的机制，如流量控制和差错恢复等。采用分层控制结构。

（2）控制面（control plane），提供呼叫和连接的控制功能，主要涉及的是各种信令功能完成呼叫或连接的建立、监控和释放。采用分层结构。

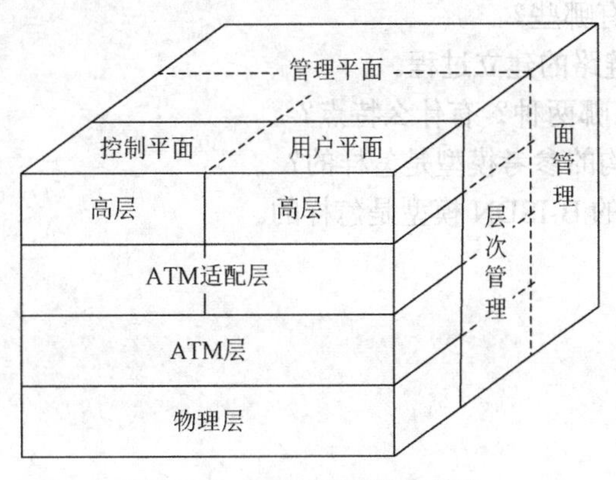

图 7-29　B-ISDN/ATM 协议模型

（3）管理面（management plane），提供两种管理，即

- 面管理（plane management），实现与整个系统有关的管理功能，并实现所有面之间的协调。面管理不分层。
- 层管理（layer management），实现网络资源和协议参数的管理，处理操作维护 OAM 信息流，采用分层结构。

协议模型的 4 层功能分别是：

- 物理层，完成传输信息（比特/信元）功能；
- ATM 层，负责交换、路由选择和信元复用；
- ATM 适配层（AAL），负责将各种业务的信息适配成 ATM 信元流；
- 高层，根据不同的业务特点完成高层功能。

物理层有两个子层：传输汇聚（TC）和物理介质（PM）。PM 子层与实际的物理介质接口，并将收到的比特流传给 TC 子层。TC 子层一方面对准同步（PDH）和同步（SDH）时分复用（TDM）帧信号提取 ATM 信元，并将这些信元传给 ATM 层；另一方面，TC 层将从 ATM 层传来的信元插入到 PDH 和 SDH 帧信号中。ATM 层根据 ATM 信头中的信息完成复用、交换和控制功能。AAL 有两个子层：拆装子层（SAR）和汇聚子层（CS）。CS 又进一步分为公共部分（CP）和特别业务（SS）两个部分。AAL 将协议数据单元（PDU）传递给高层或从高层接受 PDU。PDU 可能是可变长数据，也可能是有别于 ATM 长度的固定长数据。

习　题

1．PPPoE 发现分为哪几个阶段？

2．请简述 RADIUS 协议的协商过程。

3．RADIUS 协议在认证和计费阶段分别应用到哪些数据包？这些报文分别做什么用途？

4．用户账号与端口一对一绑定可以采取的方法有哪些？

5．串行链路定义了哪两种数据传输方式？它们是如何在实际通信系统中实施的？

6．HDLC 链路有哪些特点？

7．完整的 HDLC 帧由哪些重要字段组成？

8．在华为数据通信设备中，配置 HDLC 链路要注意哪些环节？

9．PPP 的技术优点有哪些？

10．图示说明 PPP 链路的建立过程。

11．帧中继虚电路有哪两种？有什么特点？

12．ATM 协议层结构的参考模型是怎样的？

13．图示说明 ATM 的 B-ISDN 模型是怎样的。

第 8 章 网络安全技术与维护管理

课程目标：

- 掌握实现企业网络安全的基本方法；
- 掌握访问控制列表规则；
- 掌握 AAA 技术的基本实现方法；
- 掌握 IPSec VPN 基本原理与配置方法；
- 熟悉通用路由封装协议 GRE；
- 掌握 SNMP 的配置。

随着网络扩张与信息共享的开放程度不断加深，企业网络在获得飞速发展的同时也存在类似于“信息失密”的安全隐患。企业信息安全需保证信息的保密性、真实性、完整性、未授权拷贝和所寄生系统的安全性。信息安全本身包括的范围很大，其中包括如何防范商业企业机密泄露、防范对不良信息的浏览、个人信息的泄露等。网络环境下的信息安全体系是保证信息安全的关键，包括计算机安全操作系统、各种安全协议、安全机制（数字签名、消息认证、数据加密等），直至如 UniNAC、DLP 等安全系统。在企业网络中，网络安全是确保信息安全的前提。

网络安全是指网络系统的硬件、软件及其系统中的数据受到保护，不因偶然的或者恶意的原因而遭受到破坏、更改、泄露，系统连续可靠正常地运行，网络服务不中断。网络安全从其本质上来讲就是网络上的信息安全。凡是涉及网络上信息的保密性、完整性、可用性、真实性和可控性的相关技术和理论，都是网络安全的研究领域。网络安全是一门涉及计算机科学、网络技术、通信技术、密码技术、信息安全技术、应用数学、数论、信息论等多种学科的综合性学科。本章在分析了企业网络安全架构与业务需求的基础上，介绍了 ACL、AAA、GRE、SNMP 等网络技术的原理及其配置实现，深入分析了 IPSEC VPN 技术的原理与实现手段。

8.1 访问控制列表

8.1.1 ACL 介绍

访问控制列表（Access Control List，ACL）是路由器和交换机接口的指令列表，用来控制端口进出的数据包，ACL 适用于所有的被路由协议，如 IP、IPX、AppleTalk 等。

信息点间通信和内外网络的通信都是企业网络中必不可少的业务需求，为了保证内网的安全性，需要通过安全策略来保障非授权用户只能访问特定的网络资源，从而达到对访问进行控制的目的。简而言之，ACL 可以过滤网络中的流量，是控制访问的一种网络技术手段。

企业网络中的设备进行通信时，需要保障数据传输的安全可靠和网络的性能稳定。

访问控制列表 ACL 可以定义一系列不同的规则，设备根据这些规则对数据包进行分类，并针对不同类型的报文进行不同的处理，从而可以实现对网络访问行为的控制、限制网络流量、提高网络性能、防止网络攻击等。

ACL 作用很多，举例如下。

（1）ACL 可以限制网络流量、提高网络性能。例如，ACL 可以根据数据包的协议，指定数据包的优先级。

（2）ACL 提供对通信流量的控制手段。例如，ACL 可以限定或简化路由更新信息的长度，从而限制通过路由器某一网段的通信流量。

（3）ACL 是提供网络安全访问的基本手段。ACL 允许主机 A 访问人力资源网络，而拒绝主机 B 访问。

（4）ACL 可以在路由器端口处决定哪种类型的通信流量被转发或被阻塞。例如，用户可以允许 E-mail 通信流量被路由，拒绝所有的 Telnet 通信流量，等等。

根据不同的划分规则，ACL 可以有不同的分类，最常见的 3 种分类是基本 ACL、高级 ACL 和二层 ACL。

基本 ACL 可以使用报文的源 IP 地址、分片标记和时间段信息来匹配报文，其编号取值范围是 2000～2999。

高级 ACL 可以使用报文的源/目的 IP 地址、源/目的端口号及协议类型等信息来匹配报文。高级 ACL 可以定义比基本 ACL 更准确、更丰富、更灵活的规则，其编号取值范围是 3000～3999。

二层 ACL 可以使用源/目的 MAC 地址及二层协议类型等二层信息来匹配报文，其编号取值范围是 4000～4999。

8.1.2 ACL 应用场景与规则

ACL 是由一系列规则组成的集合。设备可以通过这些规则对数据包进行分类，并对不同类型的报文进行不同的处理。

如图 8-1 所示，网关 RTA 允许 192.168.1.0/24 中的主机可以访问外网，也就是 Internet；而 192.168.2.0/24 中的主机则被禁止访问 Internet。对于服务器 A 而言，情况则相反，网关允许 192.168.2.0/24 中的主机访问服务器 A，但禁止 192.168.1.0/24 中的主机访问服务器 A。

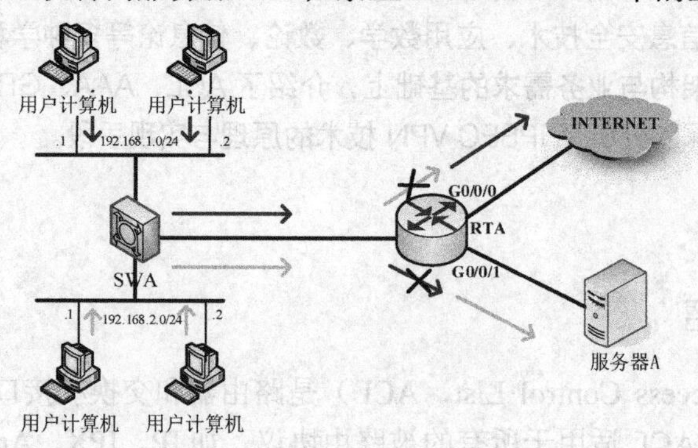

图 8-1 ACL 应用场景

设备可以依据 ACL 中定义的条件（如源 IP 地址）来匹配入方向的数据，并对匹配了条件的数据执行相应的动作。如图 8-2 所示场景中，RTA 依据所定义的 ACL 而匹配到的感兴趣流量来自 192.168.2.0/24 网络，RTA 会对这些感兴趣流量进行加密（在虚拟局域网 VPN 中）之后再转发。

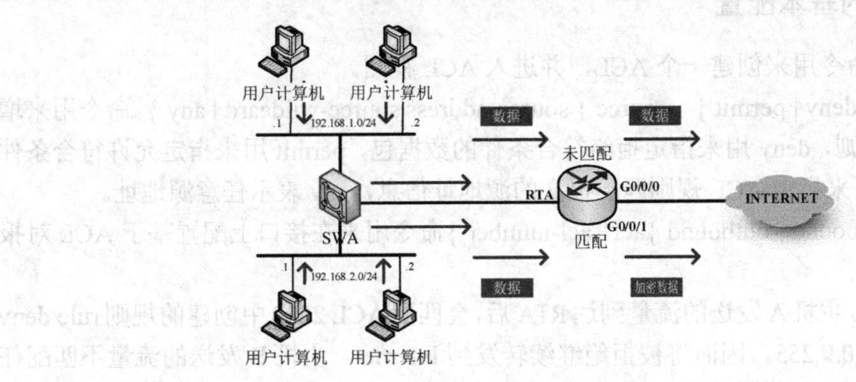

图 8-2　ACL 应用场景续

一个 ACL 可以由多条“deny | permit”语句组成，每一条语句描述了一条规则，设备收到数据流量后，会逐条匹配 ACL 规则，看其是否匹配，如果不匹配，则匹配下一条，一旦找到一条匹配的规则，则执行规则中定义的动作，并不再继续与后续规则进行匹配，如果找不到匹配的规则，则设备不对报文进行任何处理。需要注意的是，ACL 中定义的这些规则可能存在重复或矛盾的地方，规则的匹配顺序决定了规则的优先级，ACL 通过设置规则的优先级来处理规则之间重复或矛盾的情形。

ARG3 系列路由器支持两种匹配顺序：配置顺序和自动排序。

配置顺序按 ACL 规则编号（rule-id）从小到大的顺序进行匹配，设备会在创建 ACL 的过程中自动为每一条规则分配一个编号，规则编号决定了规则被匹配的顺序，例如，如果将步长设定为 5，则规则编号将按照 5，10，15……这样的规律自动分配，如果步长设定为 2，则规则编号将按照 2，4，6，8……这样的规律自动分配，通过设置步长，使规则之间留有一定的空间，用户可以在已存在的两个规则之间插入新的规则，路由器匹配规则时默认采用配置顺序，另外，ARG3 系列路由器默认规则编号的步长是 5。

自动排序使用“深度优先”的原则进行匹配，即根据规则的精确度排序。

如图 8-3 所示，RTA 收到了来自两个网络的报文，默认情况下，RTA 会依据 ACL 的配置顺序来匹配这些报文，网络 172.16.0.0/24 发送的数据流量将被 RTA 上配置的 ACL 2000 的规则 15 匹配，因此会被拒绝，而来自网络 172.17.0.0/24 的报文不能匹配访问控制列表中的任何规则，因此 RTA 对报文不做任何处理，而是正常转发。

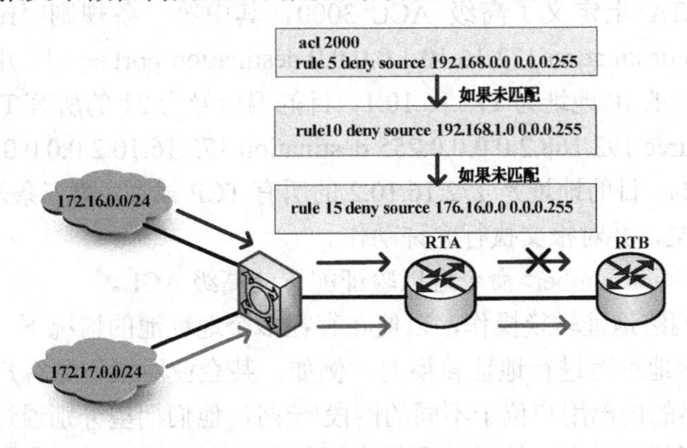

图 8-3　ACL 应用规则

8.1.3 ACL 的基本配置

acl [number] 命令用来创建一个 ACL，并进入 ACL 视图。

rule [rule-id] { deny | permit } source { source-address source-wildcard | any } 命令用来增加或修改 ACL 的规则，deny 用来指定拒绝符合条件的数据包，permit 用来指定允许符合条件的数据包，source 用来指定 ACL 规则匹配报文的源地址信息，any 表示任意源地址。

traffic-filter { inbound | outbound }acl{ acl-number }命令用来在接口上配置基于 ACL 对报文进行过滤。

如图 8-4 所示中，主机 A 发送的流量到达 RTA 后，会匹配 ACL 2000 中创建的规则 rule deny source 192.168.1.0 0.0.0.255，因而将被拒绝继续转发到 Internet。主机 B 发送的流量不匹配任何规则，所以会被 RTA 正常转发到 Internet。

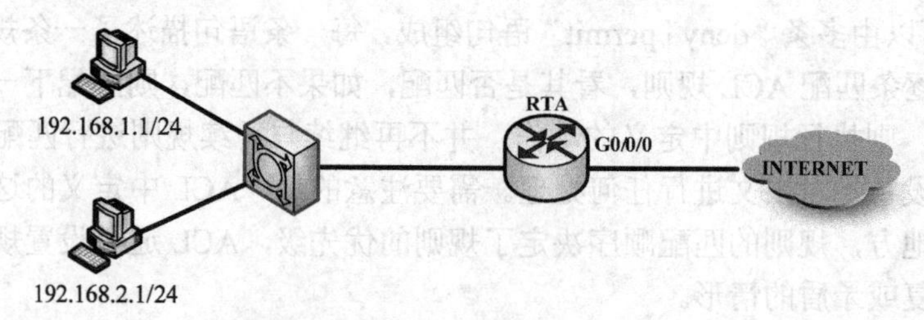


```
[RTA]acl 2000
[RTA-acl-basic-2000]rule deny source 192.168.1.0 0.0.0.255
[RTA]interface GigabitEthernet 0/0/0
[RTA-GigabitEthernet 0/0/0]traffic-filter outbound acl 2000
```

图 8-4　ACL 基本配置

执行 display acl <acl-number>命令可以验证配置的基本 ACL。

执行 display traffic-filter applied-record 命令可以查看设备上所有基于 ACL 进行报文过滤的应用信息，这些信息可以帮助用户了解报文过滤的配置情况，并核对其是否正确，同时也有助于进行相关的故障诊断与排查。

基本 ACL 可以依据源 IP 地址进行报文过滤，而高级 ACL 能够依据源/目的 IP 地址、源/目的端口号、网络层及运输层协议，以及 IP 流量分类和 TCP 标记值等各种参数（SYN|ACK|FIN 等）进行报文过滤。

在图 8-5 中，RTA 上定义了高级 ACL 3000，其中第一条规则“rule deny tcp source 192.168.1.0 0.0.0.255 destination 172.16.10.1 0.0.0.0 destination-port eq 21”用于限制源地址范围是 192.168.1.0/24，目的 IP 地址为 172.16.10.1，目的端口号为 21 的所有 TCP 报文；第二条规则“rule deny tcp source 192.168.2.0 0.0.0.255 destination 172.16.10.2 0.0.0.0 ”用于限制源地址范围是 192.168.2.0/24，目的地址是 172.16.10.2 的所有 TCP 报文；第三条规则“rule permit ip”用于匹配所有 IP 报文，并对报文执行允许动作。

执行 display acl <acl-number>命令可以验证配置的高级 ACL。

ACL 还可用于网络地址转换操作，以便在存在多个地址池的情况下，确定哪些内网地址是通过哪些特定外网地址池进行地址转换的，例如，某企业网络作为客户连接到多个服务供应商网络，企业网络的内部用户位于不同的网段/子网，他们期望分别通过某个特定的地址组进行地址转换来实现报文转发，这种情况极有可能发生在连接不同服务供应商网络的路由器上行端口。

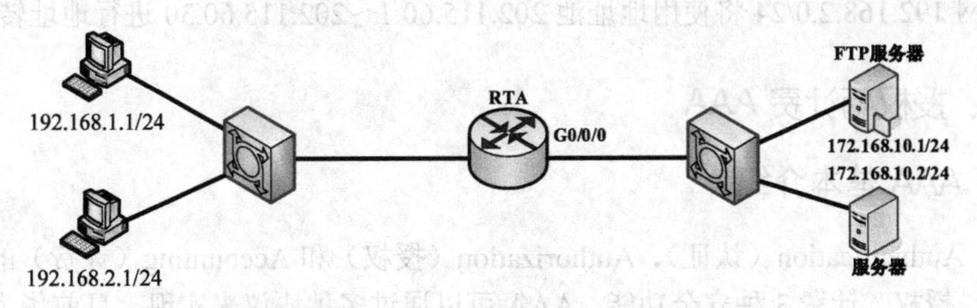

[RTA]acl 3000
[RTA-acl-adv-3000]rule deny tcp source 192.168.1.0 0.0.0.255 destination 172.16.10.1 0.0.0.0 destiantion-port eq 21
[RTA-acl-adv-3000]rule deny tcp source 192.168.2.0 0.0.0.255 destination 172.16.10.2 0.0.0.0
[RTA-acl-adv-3000]rule permit ip
[RTA-GigabitEthernet 0/0/0]traffic-filter outbound acl 3000

图 8-5 高级 ACL 配置

在图 8-6 中，要求通过 ACL 来实现主机 A 和主机 B 分别使用不同的公网地址池来进行 NAT 转换，其中 192.168.1.1/24 中的主机使用地址池 1 中的公网地址进行地址转换，而 192.168.2.1/24 中的主机使用地址池 2 中的公网地址进行地址转换。

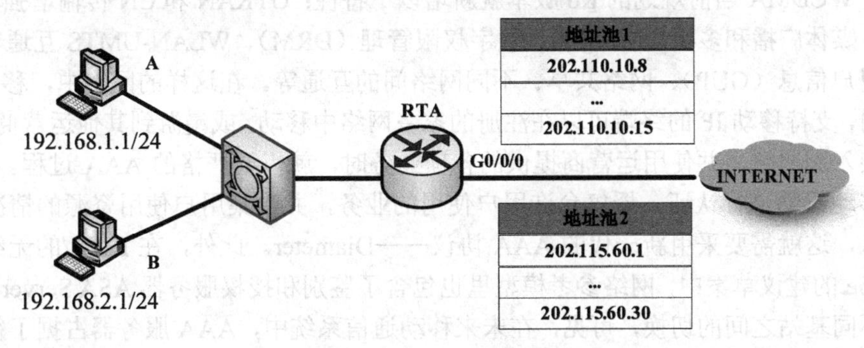

图 8-6 ACL 应用 NAT

具体数据配置如下。

[RTA]nat address-group 1 202.110.10.8 202.110.10.15
[RTA]nat address-group 2 202.115.60.1 202.115.60.30
[RTA]acl 2000
[RTA-acl-basic-2000]rule permit source 192.168.1.0 0.0.0.255
[RTA-acl-basic-2000]acl 2001
[RTA-acl-basic-2001]rule permit source 192.168.2.0 0.0.0.255
[RTA-acl-basic-2001]interface GigabitEthernet0/0/0
[RTA-GigabitEthernet0/0/0]nat outbound 2000 address-group 1
[RTA-GigabitEthernet0/0/0]nat outbound 2001 address-group 2

执行 nat outbound <acl-number> address-group <address-group number>命令，可以将 NAT 与 ACL 绑定。

上述配置中表示，私网 192.168.1.0/24 将使用地址池 220.110.10.8～220.110.10.15 进行地址转换，私网 192.168.2.0/24 将使用地址池 202.115.60.1～202.115.60.30 进行地址转换。

8.2 认证、授权与计费 AAA

8.2.1 AAA 基本介绍

AAA 是 Authentication（认证）、Authorization（授权）和 Accounting（计费）的简称，它提供了认证、授权、计费 3 种安全功能。AAA 可以通过多种协议来实现，目前华为设备支持基于 RADIUS（Remote Authentication Dial-In User Service）协议或 HWTACACS（Huawei Terminal Access Controller Access Control System）协议来实现 AAA。

RADIUS 是最常用的认证计费协议之一，它简单安全，易于管理，扩展性好，所以得到广泛应用，但是由于协议本身的缺陷，如基于 UDP 的传输、简单的丢包机制、没有关于重传的规定和集中式计费服务，都使得它不太适应当前网络的发展，需要进一步改进。

随着新的接入技术的引入（如无线接入、DSL、移动 IP 和以太网）和接入网络的快速扩容，越来越复杂的路由器和接入服务器大量投入使用，对 AAA 协议提出了新的要求，使得传统的 RADIUS 结构的缺点日益明显，3G 网络正逐步向全 IP 网络演进，不仅在核心网络使用支持 IP 的网络实体，在接入网络也使用基于 IP 的技术，而且移动终端也成为可激活的 IP 客户端。如在 WCDMA 当前规划的 R6 版本就新增以下特性：UTRAN 和 CN 传输增强、无线接口增强、多媒体广播和多播（MBMS）、数字权限管理（DRM）、WLAN-UMTS 互通、优先业务、通用用户信息（GUP）、网络共享、不同网络间的互通等。在这样的网络中，移动 IP 将被广泛使用，支持移动 IP 的终端可以在注册的家乡网络中移动，或漫游到其他运营商的网络，当终端要接入到网络，并使用运营商提供的各项业务时，就需要严格的 AAA 过程。AAA 服务器要对移动终端进行认证，授权允许用户使用的业务，并收集用户使用资源的情况，以产生计费信息，这就需要采用新一代的 AAA 协议——Diameter。此外，在 IEEE 的无线局域网协议 802.16e 的建议草案中，网络参考模型里也包含了鉴别和授权服务器 ASA Server，以支持移动台在不同基站之间的切换，可见，在未来移动通信系统中，AAA 服务器占据了很重要的位置。

经过讨论，IETF 的 AAA 工作组同意将 Diameter 协议作为下一代的 AAA 协议标准。Diameter（为直径，意为着 Diameter 协议是 RADIUS 协议的升级版本）协议包括基本协议，NAS（网络接入服务）协议，EAP（可扩展鉴别）协议，MIP（移动 IP）协议，CMS（密码消息语法）协议等。Diameter 协议支持移动 IP、NAS 请求和移动代理的认证、授权和计费工作，协议的实现和 RADIUS 类似，也是采用 AVP，属性值对（采用 Attribute-Length-Value 三元组形式）来实现，但是其中详细规定了错误处理，failover 机制，采用 TCP 协议，支持分布式计费，克服了 RADIUS 的许多缺点，是最适合未来移动通信系统的 AAA 协议。

8.2.2 AAA 应用场景与认证方式

AAA 是一种提供认证、授权和计费的安全技术，该技术可以用于验证用户账户是否合法，授权用户可以访问的服务，并记录用户使用网络资源的情况。

如图 8-7 所示，企业总部需要对服务器的资源访问进行控制，只有通过认证的用户才能访问特定的资源，并对用户使用资源的情况进行记录，在这种场景下，可以按照如图所示的方案进行 AAA 部署，NAS 为网络接入服务器，负责集中收集和管理用户的访问请求。

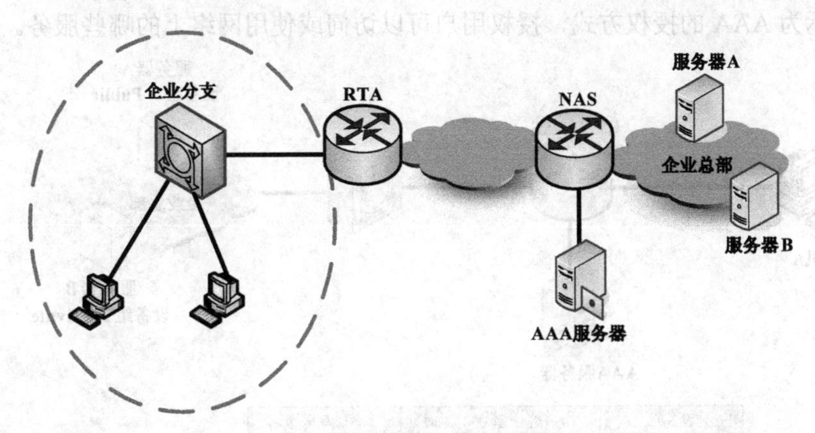

图 8-7 AAA 应用场景

AAA 服务器表示远端的 Radius 或 HWTACACS 服务器，负责制定认证、授权和计费方案。如果企业分支的员工希望访问总部的服务器，远端的 RADIUS 或 HWTACACS 服务器会要求员工发送正确的用户名和密码，之后会进行验证，通过后则执行相关的授权策略，接下来，该员工就可以访问特定的服务器了，如果还需要记录员工访问网络资源的行为，网络管理员还可以在 RADIUS 或 HWTACACS 服务器上配置计费方案。

目前，ARG3 系列路由器只支持配置认证和授权。

图 8-8 所示为 AAA 的认证方式，验证用户是否可以获得网络访问的权限。

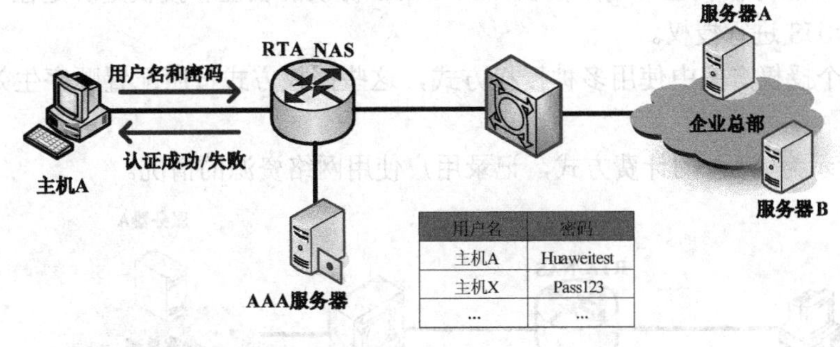

用户名	密码
主机A	Huaweitest
主机X	Pass123
...	...

图 8-8 AAA 认证

AAA 支持 3 种认证方式。

（1）不认证：完全信任用户，不对用户身份进行合法性检查，鉴于安全考虑，这种认证方式很少被采用。

（2）本地认证：将本地用户信息（包括用户名、密码和各种属性）配置在 NAS 上，本地认证的优点是处理速度快、运营成本低；缺点是存储信息量受设备硬件条件限制。

（3）远端认证：将用户信息（包括用户名、密码和各种属性）配置在认证服务器上，AAA 支持通过 RADIUS 协议或 HWTACACS 协议进行远端认证，NAS 作为客户端，与 RADIUS 服务器或 HWTACACS 服务器进行通信。

如果一个认证方案采用多种认证方式，这些认证方式按配置顺序生效。比如，先配置了远端认证，随后配置了本地认证，那么在远端认证服务器无响应时，会转入本地认证方式。如果只在本地设备上配置了登录账号，没有在远端服务器上配置，AR2200 认为账号没有通过远端认证，不再进行本地认证。

图 8-9 所示为 AAA 的授权方式，授权用户可以访问或使用网络上的哪些服务。

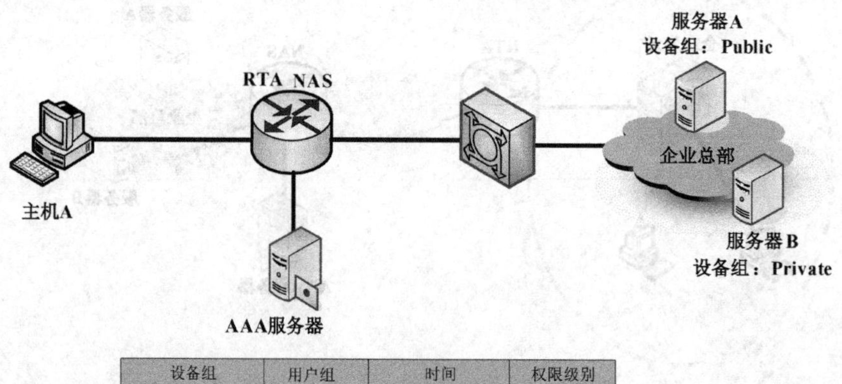

设备组	用户组	时间	权限级别
Private	admin	09:00—12:00	15
Public	admin	09:00—18:00	15
Public	Staff	09:00—18:00	2

图 8-9 AAA 授权

AAA 授权功能赋予用户访问的特定网络或设备的权限，AAA 支持以下授权方式。

（1）不授权：不对用户进行授权处理。

（2）本地授权：根据 NAS 上配置的本地用户账号的相关属性进行授权。

（3）远端授权：HWTACACS 授权，使用 HWTACACS 服务器对用户授权；RADIUS 授权，对通过 RADIUS 服务器认证的用户授权，RADIUS 协议的认证和授权是绑定在一起的，不能单独使用 RADIUS 进行授权。

如果在一个授权方案中使用多种授权方式，这些授权方式按照配置顺序生效，不授权方式最后生效。

图 8-10 所示为 AAA 的计费方式，记录用户使用网络资源的情况。

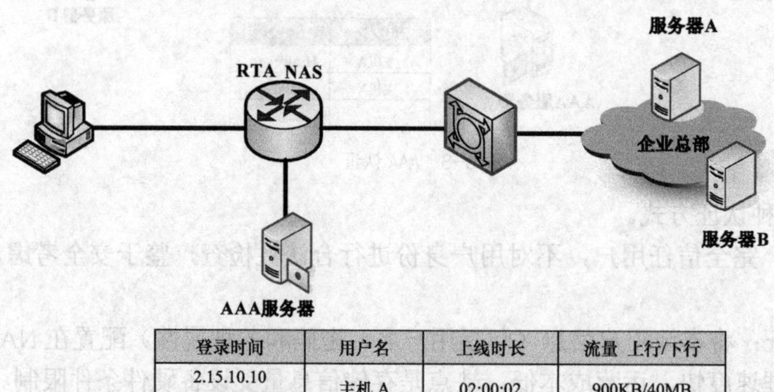

登录时间	用户名	上线时长	流量 上行/下行
2.15.10.10 15:30:00	主机 A	02:00:02	900KB/40MB
2015.10.15 14:30:00	主机 X	01:02:02	450KB/20MB

图 8-10 AAA 计费

计费功能用于监控授权用户的网络行为和网络资源的使用情况。AAA 支持以下两种计费方式。

（1）不计费：为用户提供免费上网服务，不产生相关活动日志。

（2）远端计费：通过 RADIUS 服务器或 HWTACACS 服务器进行远端计费。RADIUS 服务器或 HWTACACS 服务器具备充足的储存空间，可以储存各授权用户的网络访问活动日志，支持计费功能。

如图 8-11 所示，设备基于域来对用户进行管理，每个域都可以配置不同的认证、授权和计费方案，用于对该域下的用户进行认证、授权和计费，每个用户都属于某一个域，用户属于哪个域是由用户名中的域名分隔符@后的字符串决定。例如，如果用户名是 user@huawei，则用户属于 huawei 域，如果用户名后不带有@，则用户属于系统默认域 default。

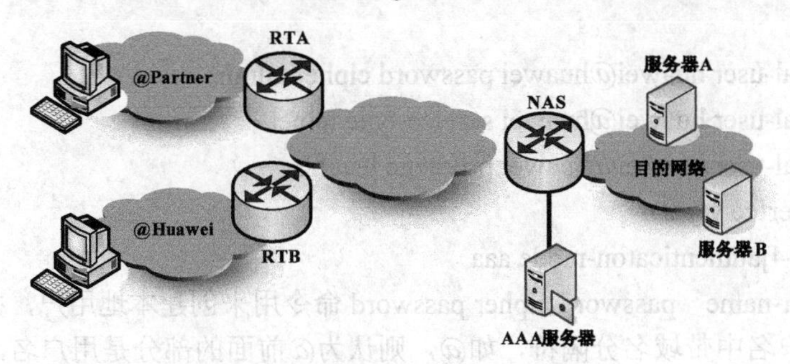

图 8-11 AAA 域

ARG3 系列路由设备支持两种默认域。

（1）default 域为普通用户的默认域。

（2）default_admin 域为管理用户的默认域。

用户可以修改但不能删除这两个默认域，默认情况下，设备最多支持 32 个域，包括两个默认域。

8.2.3 AAA 基本数据配置

图 8-12 所示为 AAA 的基本数据配置，具体描述如下。

```
[RTA]aaa
[RTA-aaa]authentication-scheme auth1
[RTA-aaa-authen-auth1]authentication-mode local
[RTA-aaa-authen-auth1]quit
[RTA-aaa]authentication-scheme auth2
[RTA-aaa-authen-auth1]authentication-mode local
[RTA-aaa-authen-auth1]quit
[RTA-aaa]domain huawei
[RTA-aaa-domain-huawei] authentication-scheme auth1
[RTA-aaa-domain-huawei] authentication-scheme auth2
[RTA-aaa-domain-huawei] quit
```

图 8-12 AAA 配置

authentication-scheme authentication-scheme-name 命令用来配置域的认证方案，默认情况下，域使用名为“default”的认证方案。

authentication-mode { hwtacacs | radius | local }命令用来配置认证方式，local 指定认证方式

为本地认证，默认情况下，认证方式为本地认证。

authorization-scheme authorization-scheme-name 命令用来配置域的授权方案，默认情况下，域下没有绑定授权方案。

authorization-mode { [hwtacacs | if-authenticated | local] * [none] }命令用来配置当前授权方案使用的授权方式，默认情况下，授权模式为本地授权方式。

domain domain-name 命令用来创建域，并进入 AAA 域视图。

```
[RTA]aaa
[RTA-aaa]local-user huawei@huawei password cipher admin
[RTA-aaa]local-user huawei@huawei service-type telnet
[RTA-aaa]local-user huawei@huawei privilege level 0
[RTA]user-interfce vty 0 4
[RTA-ui-vty0-4]authenticaton-mode aaa
```

local-user user-name password cipher password 命令用来创建本地用户，并配置本地用户的密码，如果用户名中带域名分隔符，如@，则认为@前面的部分是用户名，后面部分是域名，如果没有@，则整个字符串为用户名，域为默认域。

local-user user-name privilege level level 命令用来指定本地用户的优先级。

AAA 基本配置完成后，可以使用 display domain [name domain-name]命令来查看域的配置信息。Domain-state 为 Active 表示激活状态，默认情况下，域使用系统自带的 default 认证方案。

8.3 IPSec VPN 原理与配置

8.3.1 IPSec VPN 的基本概念

什么是 IPSec VPN？IPSec VPN 即指采用 IPSec 协议来实现远程接入的一种 VPN 技术。IPSec 全称为 Internet Protocol Security，是由因特网工程任务组（IETF）定义的安全标准框架，用以提供公用和专用网络的端对端加密和验证服务。

IPSec 是一套比较完整成体系的 VPN 技术，它规定了一系列的协议标准。

企业对网络安全性的需求日益提升，而传统的 TCP/IP 协议缺乏有效的安全认证和保密机制，IPSec（Internet Protocol Security）作为一种开放标准的安全框架结构，可以用来保证 IP 数据报文在网络上传输的机密性、完整性和防重放。

如图 8-13 所示，企业分支可以通过 IPSec VPN 接入到企业总部网络。IPSec 是 IETF 定义的一个协议组，通信双方在 IP 层通过加密、完整性校验、数据源认证等方式，保证了 IP 数据报文在网络上传输的机密性、完整性和防重放。

图 8-13 IPSec VPN 应用场景

（1）机密性（confidentiality）指对用户数据进行加密保护，用密文的形式传送数据。

（2）完整性（data integrity）指对接收的数据进行认证，以判定报文是否被篡改。

（3）防重放（anti-replay）指防止恶意用户通过重复发送捕获到的数据包所进行的攻击，即接收方会拒绝旧的或重复的数据包。

企业远程分支机构可以通过使用 IPSec VPN 建立安全传输通道，接入到企业总部网络。

如图 8-14 所示，IPSec 不是一个单独的协议，它通过 AH 和 ESP 这两个安全协议来实现 IP 数据报的安全传送。IKE 协议提供密钥协商，建立和维护安全联盟 SA 等服务。

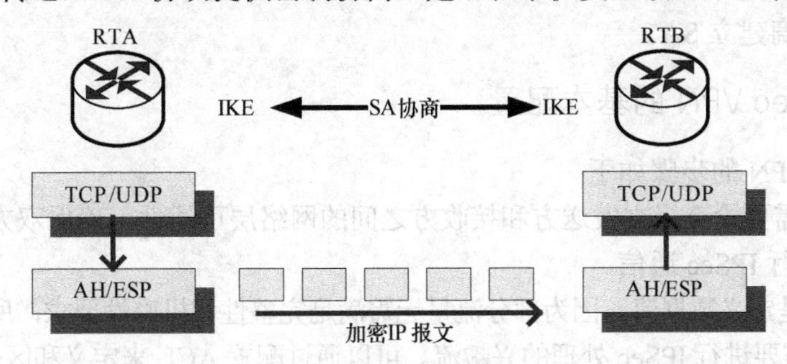

图 8-14　IPsec VPN 应用场景

IPSec VPN 体系结构主要由 AH（Authentication Header）、ESP（Encapsulating Security Payload）和 IKE（Internet Key Exchange）协议套件组成。

（1）AH 协议：主要提供的功能有数据源验证、数据完整性校验和防报文重放功能。然而，AH 并不加密所保护的数据报。

（2）ESP 协议：提供 AH 协议的所有功能外（但其数据完整性校验不包括 IP 头），还可提供对 IP 报文的加密功能。

（3）IKE 协议：用于自动协商 AH 和 ESP 所使用的密码算法。

如图 8-15 所示，安全联盟定义了 IPSec 对等体间将使用的数据封装模式、认证和加密算法、密钥等参数。

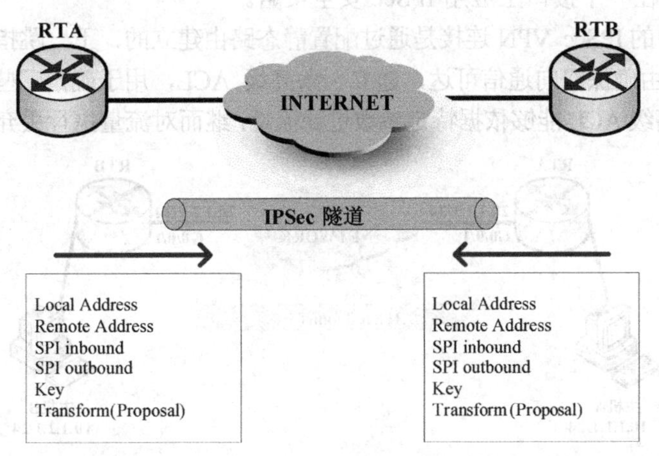

图 8-15　安全联盟 SA

SA 是单向的，两个对等体之间的双向通信至少需要两个 SA，如果两个对等体希望同时使用 AH 和 ESP 安全协议来进行通信，则对等体针对每一种安全协议都需要协商一对 SA。

SA 由一个三元组来唯一标识，这个三元组包括安全参数索引 SPI（Security Parameter Index）、目的 IP 地址、安全协议（AH 或 ESP）。

建立 SA 的方式有以下两种。

（1）手工方式：安全联盟所需的全部信息都必须手工配置。手工方式建立安全联盟比较复杂，但优点是可以不依赖 IKE 而单独实现 IPSec 功能，当对等体设备数量较少时，或是在小型静态环境中，手工配置 SA 是可行的。

（2）IKE 动态协商方式：只需要通信对等体间配置好 IKE 协商参数，由 IKE 自动协商来创建和维护 SA。动态协商方式建立安全联盟相对简单些，对于中、大型的动态网络环境中，推荐使用 IKE 协商建立 SA。

8.3.2 IPSec VPN 的基本配置

配置 IPSec VPN 的步骤如下。

（1）第一步需要检查报文发送方和接收方之间的网络层可达性，确保双方只有建立 IPSec VPN 隧道才能进行 IPSec 通信。

（2）第二步是定义数据流。因为部分流量无需满足完整性和机密性要求，所以需要对流量进行过滤，选择出需要进行 IPSec 处理的兴趣流。可以通过配置 ACL 来定义和区分不同的数据流。

（3）第三步是配置 IPSec 安全提议。IPSec 提议定义了保护数据流所用的安全协议、认证算法、加密算法和封装模式。安全协议包括 AH 和 ESP，两者可以单独使用或一起使用，AH 支持 MD5 和 SHA-1 认证算法；ESP 支持两种认证算法（MD5 和 SHA-1）和 3 种加密算法（DES、3DES 和 AES），为了能够正常传输数据流，安全隧道两端的对等体必须使用相同的安全协议、认证算法、加密算法和封装模式。如果要在两个安全网关之间建立 IPSec 隧道，建议将 IPSec 封装模式设置为隧道模式，以便隐藏通信使用的实际源 IP 地址和目的 IP 地址。

（4）第四步是配置 IPSec 安全策略。IPSec 策略中会应用 IPSec 提议中定义的安全协议、认证算法、加密算法和封装模式，每一个 IPSec 安全策略都使用唯一的名称和序号来标识。IPSec 策略可分成两类：手工建立 SA 的策略和 IKE 协商建立 SA 的策略。

（5）第五步是在一个接口上应用 IPSec 安全策略。

图 8-16 所示中的 IPSec VPN 连接是通过配置静态路由建立的，下一跳指向 RTB，需要配置两个方向的静态路由确保双向通信可达，建立一条高级 ACL，用于确定哪些感兴趣流需要通过 IPSec VPN 隧道，高级 ACL 能够依据特定参数过滤流量，继而对流量执行丢弃、通过或保护操作。

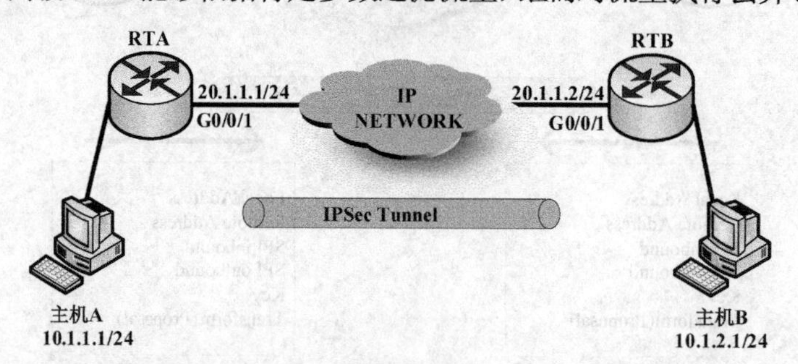


```
[RTA]ip route-static 10.1.2.0 24 20.1.1.2
[RTA]acl number 3001
[RTA-acl-adv-3001]rule 5 permit ip source 10.1.1.0 0.0.0.255
destination 10.1.2.0 0.0.0.255
[RTA]ipsec proposal tran1
[RTA-ipsec-proposal-tran1]esp authentiaction-algorithm sha1
```

图 8-16 IPSec VPN 配置

执行 ipsec proposal 命令，可以创建 IPSec 提议并进入 IPSec 提议视图。配置 IPSec 策略时，必须引用 IPSec 提议来指定 IPSec 隧道两端使用的安全协议、加密算法、认证算法和封装模式。默认情况下，使用 ipsec proposal 命令创建的 IPSec 提议采用 ESP 协议、DES 加密算法、MD5 认证算法和隧道封装模式，在 IPSec 提议视图下执行下列命令可以修改这些参数。

执行 transform [ah | ah-esp | esp]命令，可以重新配置隧道采用的安全协议。

执行 encapsulation-mode {transport | tunnel }命令，可以配置报文的封装模式。

执行 esp authentication-algorithm [md5 | sha1 | sha2-256 | sha2-384 | sha2-512]命令，可以配置 ESP 协议使用的认证算法。

执行 esp encryption-algorithm [des | 3des | aes-128 | aes-192 | aes-256]命令，可以配置 ESP 加密算法。

执行 ah authentication-algorithm [md5 | sha1 | sha2-256 | sha2-384 | sha2-512]命令，可以配置 AH 协议使用的认证算法。

执行 display ipsec proposal [name <proposal-name>]命令，可查看 IPSec 中配置的参数，参数注解如下。

Number of proposals 字段显示的是已创建的 IPSec 提议的个数。

IPSec proposal name 字段显示的是已创建 IPSec 提议的名称。

Encapsulation mode 字段显示的指定提议当前使用的封装模式，其值可以为传输模式或隧道模式。

Transform 字段显示的是 IPSec 所采用的安全协议，其值可以是 AH、ESP 或 AH-ESP。

ESP protocol 字段显示的是安全协议所使用的认证和加密算法。

执行 ipsec policy policy-name seq-number 命令可创建一条 IPSec 策略，并进入 IPSec 策略视图。安全策略是由 policy-name 和 seq-number 共同来确定的，多个具有相同 policy-name 的安全策略组成一个安全策略组，在一个安全策略组中最多可以设置 16 条安全策略，而 seq-number 越小的安全策略，优先级越高。在一个接口上应用了一个安全策略组，实际上是同时应用了安全策略组中所有的安全策略，这样能够对不同的数据流采用不同的安全策略进行保护。

IPSec 策略除了指定策略的名称和序号外，还需要指定 SA 的建立方式，如果使用的是 IKE 协商，需要执行 ipsec-policy-template 命令配置指定参数，如果使用的是手工建立方式，所有参数都需要手工配置。

sa spi { inbound | outbound } { ah | esp } spi-number 命令用来设置安全联盟的安全参数索引 SPI。在配置安全联盟时，入方向和出方向安全联盟的安全参数索引都必须设置，并且本端的入方向安全联盟的 SPI 值必须和对端的出方向安全联盟的 SPI 值相同，而本端的出方向安全联盟的 SPI 值必须和对端的入方向安全联盟的 SPI 值相同。

sa string-key { inbound | outbound } { ah | esp } { simple | cipher } string-key 命令用来设置安全联盟的认证密钥。入方向和出方向安全联盟的认证密钥都必须设置，并且本端的入方向安全联盟的密钥必须和对端的出方向安全联盟的密钥相同；同时，本端的出方向安全联盟密钥必须和对端的入方向安全联盟的密钥相同。

如图 8-17 所示，ipsec policy policy-name 命令用来在接口上应用指定的安全策略组，手工方式配置的安全策略只能应用到一个接口。

图 8-17 IPSec VPN 安全策略指定

可以使用 display ipsec policy [brief | name policy-name [seq-number]]命令查看指定 IPSec 策略或所有 IPSec 策略。命令的显示信息中包括策略名称、策略序号、提议名称、ACL、隧道的本端地址和隧道的远端地址等。执行 display ipsec policy 命令，还可以查看出方向和入方向 SA 相关的参数。

8.4 GRE 原理与配置

8.4.1 GRE 的应用场景及其工作原理

IPSec VPN 用于在两个端点之间提供安全的 IP 通信，但只能加密并传播单播数据，无法加密和传输语音、视频、动态路由协议信息等组播数据流量。

通用路由封装协议 GRE（Generic Routing Encapsulation）提供了将一种协议的报文封装在另一种协议报文中的机制，是一种隧道封装技术，GRE 可以封装组播数据，并可以和 IPSec 结合使用，从而保证语音、视频等组播业务的安全。

GRE 用来对某些网络层协议如 IPX（Internet Packet Exchange）的报文进行封装，使这些被封装的报文能够在另一网络层协议（如 IP）中传输，也就是说 GRE 支持将一种协议的报文封装在另一种协议报文中，并且 GRE 可以解决异种网络的传输问题。

IPSec VPN 技术可以创建一条跨越共享公网的隧道，从而实现私网互联，并且能够安全传输 IP 报文，但是无法在隧道的两个端点之间运行 RIP 和 OSPF 等路由协议。

使用 GRE 可以克服 IGP 协议的一些局限性，例如，RIP 路由协议是一种距离矢量路由协议，最大跳数为 15，如果网络直径超过 15，设备将无法通信，这种情况下，可以使用 GRE 技术在两个网络节点之间搭建隧道，隐藏它们之间的跳数，扩大网络的工作范围。

如图 8-18 所示，GRE 本身并不支持加密，因而通过 GRE 隧道传输的流量是不加密的，将 IPSec 技术与 GRE 相结合，可以先建立 GRE 隧道对报文进行 GRE 封装，然后再建立 IPSec 隧道对报文进行加密，以保证报文传输的完整性和私密性。

GRE 封装报文时，封装前的报文称为净荷，封装前的报文协议称为乘客协议，然后 GRE 会封装 GRE 头部，GRE 成为封装协议，也叫运载协议，最后负责对封装后的报文进行转发的协议称为传输协议。

GRE 封装和解封装报文的过程如下。

设备从连接私网的接口接收到报文后，检查报文头中的目的 IP 地址字段，在路由表查找出接口，如果发现出接口是隧道接口，则将报文发送给隧道模块进行处理。

图 8-18 GRE 应用场景

隧道模块接收到报文后首先根据乘客协议的类型和当前 GRE 隧道配置的校验和参数，对报文进行 GRE 封装，即添加 GRE 报文头。

然后，设备给报文添加传输协议报文头，即 IP 报文头。该 IP 报文头的源地址就是隧道源地址，目的地址就是隧道目的地址。

最后，设备根据新添加的 IP 报文头目的地址，在路由表中查找相应的出接口，并发送报文，之后，封装后的报文将在公网中传输。

接收端设备从连接公网的接口收到报文后，首先分析 IP 报文头，如果发现协议类型字段的值为 47，表示协议为 GRE，于是出接口将报文交给 GRE 模块处理。GRE 模块去掉 IP 报文头和 GRE 报文头，并根据 GRE 报文头的协议类型字段，发现此报文的乘客协议为私网中运行的协议，于是将报文交给该协议处理。

如图 8-19 所示，关键字（Key）验证是指对隧道接口进行校验，这种安全机制可以防止错误接收到来自其他设备的报文，关键字字段是一个 4 字节长的数值，若 GRE 报文头中的 K 位为 1，则在 GRE 报文头中会插入关键字字段，只有隧道两端设置的关键字完全一致时才能通过验证，否则报文将被丢弃，也就是说隧道两端设备通过关键字字段（ Key ）来验证对端是否合法。

C	0	K	0	0	Recursion	Flags	Version	Protocol Type
Checksum (Optional)								0
Key (Optional)								

图 8-19 GRE 关键字验证

如图 8-20 所示，Keepalive 检测功能用于在任意时刻检测隧道链路是否处于 Keepalive 状态，即检测隧道对端是否可达，如果对端不可达，隧道连接就会及时关闭，避免形成数据空洞，使能 Keepalive 检测功能后，GRE 隧道本端会定期向对端发送 Keepalive 探测报文，若对端可达，则本端会收到对端的回应报文；若对端不可达，则收不到对端的回应报文。如果在隧道一端配置了 Keepalive 功能，无论对端是否配置 Keepalive，配置的 Keepalive 功能在该端都生效，隧道对端收到 Keepalive 探测报文，无论是否配置 Keepalive，都会给源端发送一个回应报文。

使能 Keepalive 检测功能后，GRE 隧道的源端会创建一个计数器，并周期性地发送 Keepalive 探测报文，同时进行不可达计数。每发送一个探测报文，不可达计数加 1。

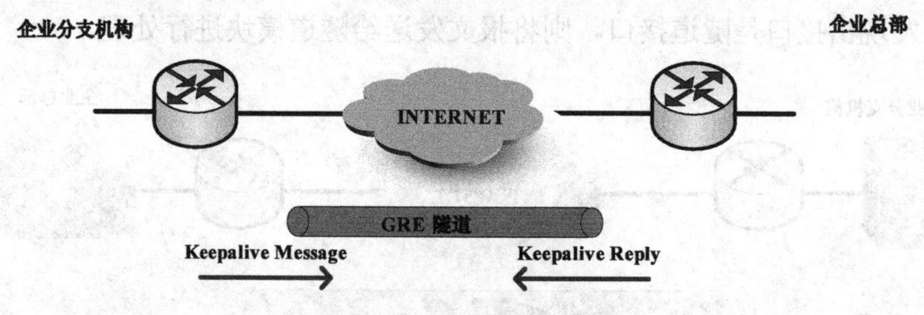

图 8-20 GRE Keepalive 检测

如果源端在计数器值达到预先设置的值之前收到回应报文，则表明对端可达。如果计数器值达到预先设置的重试次数，源端还是没有收到回应报文，则认为对端不可达，此时，源端将关闭隧道连接。

综上所述，Keepalive 检测功能用于检测隧道对端是否可达。

8.4.2 GRE 基本数据配置

图 8-21 所示为 GRE 的数据配置，interface tunnel interface-number 命令用来创建 Tunnel 接口，创建 Tunnel 接口后，需要配置 Tunnel 接口的 IP 地址和 Tunnel 接口的封装协议。

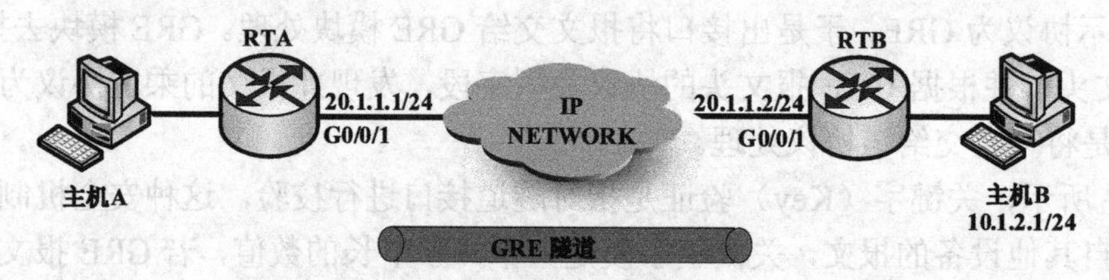


```
[RTA]interface Tunel 0/0/1
[RTA-Tunnel0/0/1]ip address 20.1.1.1 24
[RTA-Tunnel0/0/1]tunnel-protocol gre
[RTA-Tunnel0/0/1]source 20.1.1.1
[RTA-Tunnel0/0/1]destination 20.1.1.2
[RTA-Tunnel0/0/1]quit
[RTA-Tunnel0/0/1]ip route-static 10.1.2.0 24 Tunnel 0/0/1
```

图 8-21 GRE 配置

tunnel-protocol 命令用来配置 Tunnel 接口的隧道协议。

source { source-ip-address | interface-type interface-number }命令用来配置 Tunnel 源地址或源接口。

destination dest-ip-address 命令用来指定 Tunnel 接口的目的 IP 地址。

在本端设备和远端设备上还必须存在经过 Tunnel 转发的路由，这样，需要进行 GRE 封装的报文才能正确转发。经过 Tunnel 接口转发的路由可以是静态路由，也可以是动态路由。配置静态路由时，路由的目的地址是 GRE 封装前原始报文的目的地址，出接口是本端 Tunnel 接口。

配置完成后，可以使用 display interface Tunnel 0/0/1 命令查看接口的运行状态和路由信息，如果接口的当前状态和链路层协议的状态均显示为 Up，则接口处于正常转发状态，隧道的源地址和目的地址分别为建立 GRE 隧道使用的物理接口的 IP 地址。

如图 8-22 所示，执行 keepalive [period period [retry-times retry-times] 命令，可以在 GRE

隧道接口启用 Keepalive 检测功能。其中，period 参数指定 Keepalive 检测报文的发送周期，默认值为 5s；retry-times 参数指定 Keepalive 检测报文的重传次数，默认值为 3，如果在指定的重传次数内未收到对端的回应报文，则认为隧道两端通信失败，GRE 隧道将被拆除。

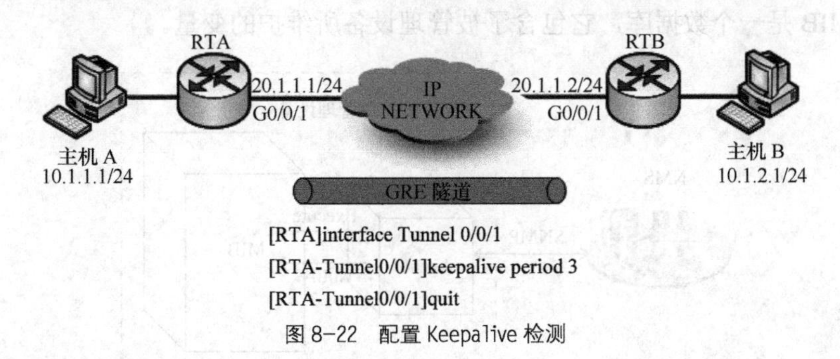

图 8-22　配置 Keepalive 检测

使用 display interface tunnel 命令，可以查看 GRE 的 Keepalive 功能是否使能。

8.5　SNMP 原理与配置

8.5.1　SNMP 基本原理介绍

随着网络技术的飞速发展，企业中网络设备的数量成几何级数增长，网络设备的种类也越来越多，这使得企业网络的管理变得十分复杂。

简单网络管理协议 SNMP（Simple Network Management Protocol）可以实现对不同种类和不同厂商的网络设备进行统一管理，大大提升了网络管理的效率。

简单网络管理协议（SNMP）由一组网络管理的标准组成，包含一个应用层协议（application layer protocol）、数据库模型（database schema）和一组资源对象，该协议能够支持网络管理系统，用以监测连接到网络上的设备是否有任何引起管理上关注的情况，该协议是因特网工程任务组（IETF）定义的 Internet 协议簇的一部分。

SNMP 的目标是管理互联网 Internet 上众多厂家生产的软硬件平台，因此 SNMP 受 Internet 标准网络管理框架的影响也很大，SNMP 已经出到第三个版本的协议，其功能较以前已经大大地加强和改进了。

SNMP 是广泛应用于 TCP/IP 网络的一种网络管理协议，SNMP 提供了一种通过运行网络管理软件 NMS（Network Management System）的网络管理工作站来管理网络设备的方法。

SNMP 支持以下几种操作。

（1）NMS 通过 SNMP 协议给网络设备发送配置信息。

（2）NMS 通过 SNMP 来查询和获取网络中的资源信息。

（3）网络设备主动向 NMS 上报告警消息，使得网络管理员能够及时处理各种网络问题。

图 8-23 所示为 SNMP 的网络基本架构，其每个名词代表含义如下。

（1）NMS 是运行在网管主机上的网络管理软件，网络管理员通过操作 NMS，向被管理设备发出请求，从而可以监控和配置网络设备。

（2）Agent 是运行在被管理设备上的代理进程，被管理设备在接收到 NMS 发出的请求后，由 Agent 做出响应操作。Agent 的主要功能包括收集设备状态信息、实现 NMS 对设备的远程操作、向 NMS 发送告警消息。

（3）管理信息库MIB（Management Information Base）是一个虚拟的数据库，是在被管理设备端维护的设备状态信息集，Agent通过查找MIB来收集设备状态信息。

由图8-23可知，SNMP包括NMS，Agent和MIB等，其中Agent是被管理设备中的一个代理进程；MIB是一个数据库，它包含了被管理设备所维护的变量。

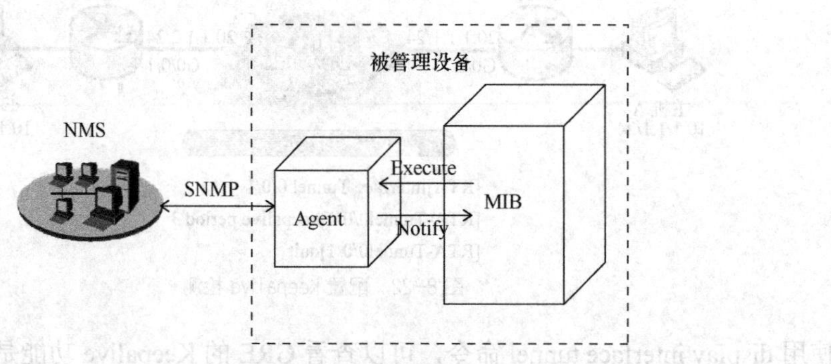

图8-23　SNMP网络架构

SNMP发展到如今共有3个版本，分别如下。

（1）SNMPv1：网管端工作站上的NMS与被管理设备上的Agent之间，通过交互SNMPv1报文，可以实现网管端对被管理设备的管理。SNMPv1基本上没有什么安全性可言。

（2）SNMPv2：SNMPv2在继承SNMPv1的基础上，其性能、安全性、机密性等方面都有了大的改进。

（3）SNMPv3：SNMPv3是在SNMPv2基础之上增加、完善了安全和管理机制，SNMPv3体系结构体现了模块化的设计思想，使管理者可以方便灵活地实现功能的增加和修改。SNMPv3的主要特点在于适应性强，可适用于多种操作环境，它不仅可以管理最简单的网络，实现基本的管理功能，也可以提供强大的网络管理功能，满足复杂网络的管理需求。

8.5.2　SNMP基本配置

如图8-24所示，snmp-agent命令用来使能SNMP代理。

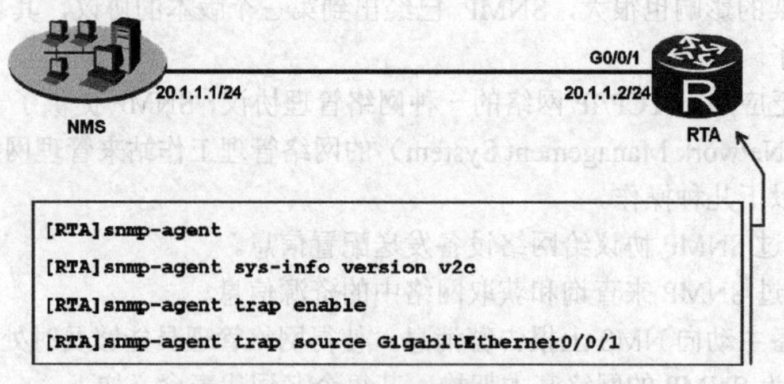

图8-24　SNMP配置

执行snmp-agent sys-info version [[v1 | v2c | v3] * | all]命令可以配置SNMP系统信息，其中version [[v1 | v2c | v3] * | all]指定设备运行的SNMP版本。默认情况下，ARG3系列路由器支持SNMPv1，SNMPv2c，SNMPv3版本。

执行snmp-agent trap enable命令，可以激活代理向NMS发送告警消息的功能，这一功能激活后，设备将向 NMS 上报任何异常事件，另外，还需要指定发送告警通告的接口，本示例中指定的是与 NMS 相连的 GigabitEthernet 0/0/1 接口。

SNMP 配置完成后，可以使用执行 display snmp-agent sys-info 命令来查看系统维护的相关信息，包括设备的物理位置和 SNMP 版本。

习　　题

1．ACL 的作用有哪些？
2．列举说明 ACL 的报文过滤机制有哪些。
3．图示说明 AAA 的应用场景是怎么样的。
4．AAA 的认证方式有哪些？相应的计费方式有哪两种？
5．配置 AAA 的技术要点有哪些？
6．IPsec VPN 的技术特点是什么？
7．IPsec VPN 体系结构中的主要套件有哪些？
8．配置 IPsec VPN 的基本步骤有哪些？
9．GRE 的基本原理是什么？
10．SNMP 所支持的网络操作有哪些？

第 9 章 IP 网络接入技术

课程目标：

- 了解接入网的概念；
- 了解窄带远程接入技术；
- 了解 ADSL 技术的基本原理；
- 了解 PON/EPON 技术的基本概念及特点；
- 了解常见的无线局域网标准；
- 掌握 XDSL 技术的原理；
- 掌握 PON/EPON 技术的原理；
- 熟悉无线局域网的原理及应用；
- 了解宽带光网络的基本原理。

以局域网为依托的计算机网络正以前所未有的规模影响着我们这个社会，它的出现深刻影响着人们信息交换的方式；而以铜线为主的“最后一公里”——接入网是连接千家万户的网络，随着 SDH 的成熟、ATM 的商业应用及中继网络的不断完善，接入网的应用和开发展示了广阔的市场，自 21 世纪初以来，受到电信界及运营商的普遍关注。接入网的发展与人们对信息的需求和信息的增长速度等因素密切相关，随着各种通信设备制造技术的不断完善，成本的不断下降，以及 21 世纪初 Internet 的迅速崛起，用户对业务需求的多样化、个人化，使接入网的建设正在向 IP 化、个人化、分组化、光纤化、宽带化和综合化的方向发展。接入网已成为通信网发展的一个重点，其规模之大，影响面之广是前所未有的。本章结合电信运营网络技术的发展，向读者展示了以 XDSL、PON 技术为代表的 IP 网络接入方案，这些技术方案进一步拓展了 Internet 的覆盖范围。

9.1 接入网基本概念

9.1.1 什么是接入网

1．接入网的概念

从整个电信网的角度，可以将全网划分为公用电信网和用户驻地网（Customer Premises Network，CPN）两大块。公用电信网又可划分为 3 部分，即长途网（长途端局以上部分）、中继网（即长途端局与市话局之间及市话局之间的部分）和接入网（即端局至用户之间的部分）。目前国际上倾向于将长途网和中继网合在一起称为核心网（Core Network，CN）或转接网（Transit Network，TN），相对于核心网的其他部分则统称为接入网（Access Network，AN）。图 9-1 所示的是电信网的基本组成，从中可以清楚地看出接入网在整个电信网中的位置。

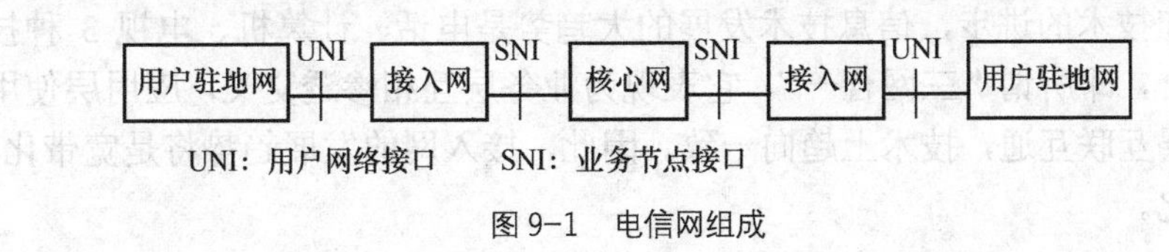

图 9-1　电信网组成

2. 接入网的特征

（1）接入网对于所接入的业务提供承载能力，实现业务的透明传送。

（2）接入网对用户信令是透明的，除了一些用户信令格式转换外，信令和业务处理的功能依然在业务节点中。

（3）接入网的引入不应限制现有的各种接入类型和业务，接入网应通过有限个标准化的接口与业务节点相连。

（4）接入网有独立于业务节点的网络管理系统（简称网管系统），该网管系统通过标准化接口连接电信管理网（TMN）。TMN 实施对接入网的操作、维护和管理。

3. 接入网的定界

在电信网中接入网的定界如图 9-2 所示，接入网所覆盖的范围可由图中的 3 个接口来界定，在用户侧通过用户网络接口（UNI）与用户终端设备相连，在网络侧通过业务节点接口（SNI）与业务节点（SN）相连，而管理方面通过 Q_3 接口与电信管理网（TMN）相连。

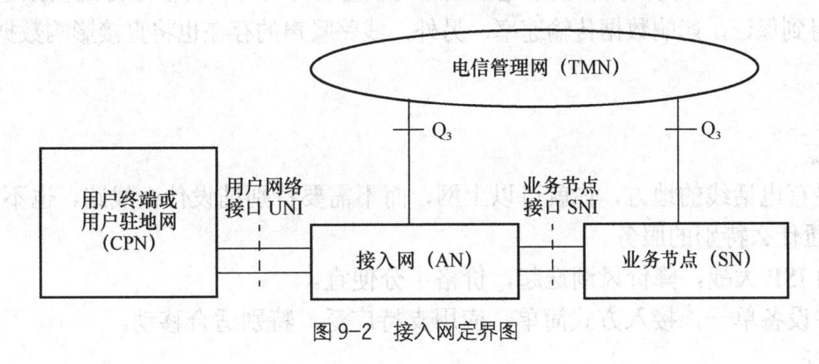

图 9-2　接入网定界图

9.1.2　接入网的发展

接入网的最早出现为电话网。自 1876 年电话发明之后，出现了第一个接入网，就是电话的用户环路，随后一百年中几乎没有发生过本质的变化。数字程控交换机（SPC）于 20 世纪 70 年代末开始大规模商业化，改善了双绞线对的质量，并使用户环路的投资成本最佳。

20 世纪 80 年代初，PCM（脉冲编码调制）技术已经成熟，光纤的使用已趋实用，单模光纤的潜在带宽可达 30000GHz 以上。同时光纤的质量轻、体积小、易维护、耐腐蚀等特点，使之具有运营维护的优越性。而最好的同轴电缆的带宽小于 1GHz，微波的全部带宽不超过 300GHz。因此，20 世纪 90 年代中期光纤接入网得到迅速发展，成为通信网建设的一个热点。

20 世纪 90 年代初，又出现了几种以铜缆为基础的接入网新技术，它们对原有铜缆在衰减、群延时、线路码型等方面做了改进。例如，用户线对增容技术，高速数字用户线（HDSL）技术，不对称数字用户线（ADSL）技术和甚高比特率数字用户线（VDSL）技术。

随着社会和技术的进步，信息技术发展的大趋势是电话、计算机、电视 3 种技术、产业乃至网络的融合，即所谓“三网合一”。它表现为业务层互相渗透交叉，应用层使用统一的通信协议，网络层互联互通，技术上趋向一致。因此，接入网的发展趋势将是宽带化、多样化、光纤化和综合化。

9.2 窄带远程接入

所谓窄带与宽带其实是相对的，它与当时的技术水平有关。就目前的技术水平而言，窄带与宽带的分界线一般是指 2Mbit/s，即传输速率低于 2Mbit/s 的接入网称为窄带接入网。窄带接入网一般只能支持话音和中、低速数据业务，无法提供高速的数据及视频等业务。

9.2.1 公共电话交换网 PSTN

1．概述

模拟拨号服务是基于标准电话线路的电路交换服务，这是一种最普遍的传输服务，往往用来作为连接远程端点的连接方法，比较典型的应用有用于远程端点和本地 LAN 之间互连、用于远程用户拨号上网及用作专用线路的备份线路。

模拟电话线路是针对语音频率（30～4000Hz）优化设计的，使得通过模拟线路传输数据的速率被限制在 33.4kbit/s 以内，而且模拟电话线路的质量有好有坏，许多地方的模拟电话线路的通信质量无法得到保证，影响数据传输速率，另外，线路噪声的存在也将直接影响数据传输速率。

2．特点

（1）优点

- 只要有电话线的地方，你就可以上网，而不需要特别铺设什么线路，也不需在电信局那边申请开通什么特别的服务。
- 国内 ISP 大战，降价风潮迭起，价格十分便宜。
- 硬件设备单一，接入方式简单，应用支持广泛，特别适合移动。

（2）缺点

- 速度很慢，最高只有 56kbit/s，而且 Modem 利用的是电话局的普通用户双绞线，线路噪声大、误码率高，通常实际传输速率也就稳定在 48kbit/s 的水平。
- 容易受环境干扰，有时会有断线的故障发生。
- 无法实现局域网的建设和网络设备及专线资源共享。
- 用户需分别支付上网费和电话费，上网时造成电话长期占线。

3．拨号设备 Modem

Modem（Modulator Demodulator，调制解调器）的主要作用就是在计算机和网络之间进行数字/模拟信号的转换。调制即计算机输出数据转换成模拟信号的过程，解调即模拟信号转换成计算机可识别的数字信号的过程。

按照调制解调协议的不同，数据传输速度亦各不相同。56kbit/s 有 ITU V.90、Rockwell K56Flex 和 US Robotics X2 这 3 种协议，33.6kbit/s 的协议是 ITU-TSS V.34+，9.4kbit/s 的协议是 V.32bis，9.6kbit/s 的协议是 V.32，更慢的协议还有 V.23、V22bis、V.22 Bell 103/212A 和 V.21。

4．协议结构

电话线路是模拟线路，用户设备和电话线路相连必须经过调制解调器（Modem）。由调制解调器将用户设备送来的数字数据转变成模拟信号从模拟电话线路上传输出去，并将从模拟电话线路上传输来的模拟信号还原成数字数据，发送给用户设备。使用 PSTN 的广域网协议结构如图 9-3 所示。

协议	说明
IP	网络层：通过 PSTN 连接的两个用户设备之间
PPP	链路层：通过 PSTN 连接的两个用户设备之间
RS-232	物理层：用户设备和 Modem 之间接口

图 9-3 PSTN 广域网协议结构图

作为物理层协议的 RS-232 接口标准是用户设备和 Modem 之间的接口标准，Modem 本身是物理层设备，对链路层和网络层是透明的。作为链路层协议的点对点协议（PPP）是通过 PSTN 连接的两个用户设备之间的链路层协议，在这里，用户设备是泛指，可以是 PC，也可以是路由器等网络设备。PPP 协议可以支持多种网络层协议，如 IPX、AppleTalk 和 IP 等。Modem 和 PSTN 交换机之间是模拟连接，通过相互交换模拟信号建立呼叫连接，因此，Modem 和 PSTN 交换机之间不存在和 OSI 参考模型相对应的呼叫控制协议结构。至于程控交换机之间的信令协议，不在本章节的讨论范围。

9.2.2 综合业务数字网 ISDN

1．概述

综合业务数字网（ISDN）为用户提供端对端数字通信线路。目前 ISDN 有两类接口标准：基本速率接口（BRI）和一次群速率接口（PRI）。基本速率接口（BRI）提供 2B+D 数字通道，其中 2 个 B 通道（每个 B 通道为 64kbit/s）是承载通道，用于完成两端之间数据传输，D 通道（16kbit/s）是控制通道，用于在用户和 ISDN 交换节点之间传输呼叫控制协议报文。一次群速率接口（PRI）有两种速率标准，一种和 E1 线路的传输速率相对应，为 31 个 B 通道，另一种和 T1 线路的传输速率相对应，为 24 个 B 通道，其中一个 B 通道用作信令传输通道，相当于 BRI 的 D 通道。ISDN 用户端和 ISDN 交换节点之间的连接也采用普通双绞线，因此当用户要求把模拟电话线路改成综合业务数字网（ISDN）线路时，不用重新铺设用户线路。

2．特点

（1）上网时拨号速度快

一般在 5s 左右就能完全拨通，而且连接速率稳定在 64kbit/s，远远快于普通 Modem 的拨号速度和常见的 50xxxbit/s 的连接速率。

（2）下载速度快

普通时段上网时，单个 B 信道的下载速度稳定在 7～8KB/s 甚至更高，捆绑使用两个 B

信道在 128kbit/s 的速率下进行下载时，速率稳定在 14KB/s，甚至更高。这里需要说明的是，捆绑使用两个 B 信道时的费用是单信道时的两倍，而且浏览网页等操作时速度并不会有明显改善。因此，捆绑使用两个 B 信道只有在进行大量下载作业或小型局域网接入 Internet 时才有意义，单个用户一般使用一个 B 信道上网即可。

（3）费用合理

申请 ISDN 线路的费用与普通电话线路基本相同，而且普通电话线可以改装成 ISDN（费用也不多），月租费可能要贵几元钱。实际使用时每个 B 信道的收费与一条普通电话线相同，而 D 信道用于建立连接、传送控制信号，不产生任何费用。

（4）掉线情况少

ISDN 用户端的接入设备与普通 Modem 相比，费用要贵几百元钱，但掉线的现象很少见。

3. ISDN 设备

ISDN 设备分为 NT1、TA 和 ISDN 卡这几种。

（1）NT1

网络终端是用户传输线路的终端装置，它是实现在普通电话线上进行数码信号转送和接受的关键设备，是电话局程控交换机和用户的终端设备之间的接口设备。该设备安装于用户处，是实现 N-ISDN 功能的必备终端。

NT1 向用户提供 2B+D 二线双向传输能力，它完成线路传输码型的转换，并实现回波抵消数码传输技术。它能以点对点的方式最多支持 8 个终端设备接入，可使多个 ISDN 用户终端设备合用一个 D 信道，并向用户终端和电话局交换机之间传递激活与去激活的控制信息，而且具有功率传递功能，能够从电话线路上使用来自电话局的直流电能，以便在用户端发生停电时实现远端供电，保证终端设备的正常通信。

（2）TA 和 ISDN 卡

TA 和 ISDN 卡的区别就像外置 Modem 和内置 Modem 的区别。外置的就是 TA，内置的就是 ISDN 卡。

TA 的功能就是使得现有的非 ISDN 标准终端（如模拟话机、G3 传真机、PC 机等）能够在 ISDN 上运行，为用户在现有终端上提供 ISDN 业务。

通常，终端适配器有一个数据通信接口，可实现同步、异步工作方式，单信道传输速率为 64kbit/s，大部分适配器具有 2 个 B 捆绑式通信能力。与计算机连接方式有串口和并口两种。串口方式最高通信速率为 112.5kbit/s，并口方式最高通信速率为 128kbit/s。

ISDN 卡的功能和外置的 TA 一样，不过是直接插在计算机主板上，安装非常方便，且价格很便宜。

9.3 xDSL 接入技术

9.3.1 xDSL 技术综述

数字用户线技术是 20 世纪 80 年代后期的产物，是采用不同调制方式将信息在现有的公用电话交换网（PSTN）引入线上高速传输的技术（包括 HDSL、ADSL 及 VDSL 等）。学术上将这一系列有关铜双绞线传送数据信号的新技术统称为 xDSL 技术，其中“x”由取代的字母而定。

9.3.2 HDSL 技术

1．概述

高比特率数字用户线（HDSL）是 ISDN 编码技术研究的产物。1988 年 12 月，Bellcore 首次提出了 HDSL 的概念。1990 年 4 月，电气电子工程师学会（IEEE）TIEI.4 工作组就该主题展开讨论，并列为研究项目。之后，Bellcore 向 400 多家厂商发出技术支持的呼吁，从而展开了对 HDSL 的广泛研究。Bellcore 于 1991 年制定了基于 T1（1.544Mbit/s）的 HDSL 标准，欧洲电信标准组织（ETSI）也制定了基于 E1（2Mbit/s）的 HDSL 标准。

2．HDSL 系统的基本构成

HDSL 系统构成如图 9-4 所示。图中规定了一个与业务和应用无关的 HDSL 接入系统的基本功能配置。它是由两台 HDSL 收发信机和两对（或三对）铜线构成。两台 HDSL 收发信机中的一台位于局端，另一台位于用户端，可提供 2Mbit/s 或 1.5Mbit/s 速率的透明传输能力。位于局端的 HDSL 收发信机通过 G.703 接口与交换机相连，提供系统网络侧与业务节点（交换机）的接口，并将来自交换机的 E1（或 T1）信号转变为两路或三路并行低速信号，再通过两对（或三对）铜线的信息流透明地传送给位于远端（用户端）的 HDSL 收发信机。位于远端的 HDSL 收发信机，则将收到来自交换机的两路（或三路）并行低速信号恢复为 E1（或 T1）信号送给用户。在实际应用中，远端机可能提供分接复用、集中或交叉连接的功能。同样，该系统也能提供从用户到交换机的同样速率的反向传输。所以，HDSL 系统在用户与交换机之间，建立起 PDH 一次群信号的透明传输信道。

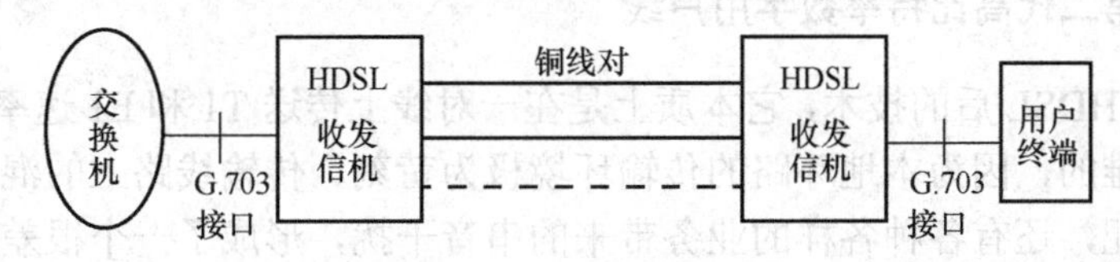

图 9-4　HDSL 系统构成

3．HDSL 帧结构

HDSL 既适合 T1，又适合 E1，这是因为 T1 和 E1 使用同样的 HDSL 帧结构。当使用 E1 时，HDSL 链路是一个成帧的传输通道，它连续发送一系列的帧，每两帧之间没有间歇。如果没有数据信息要发送，就发送特定的空闲比特码组。

4．HDSL 关键技术

（1）线路编码

终端设备产生的数字信号通常是单极性不归零（NRZ）的二进制信码，这种信号一般不适于在二线用户环路上直接传送。这是因为单极性不归零（NRZ）信码与二线用户环路的传输特性不匹配。

在二线用户环路上，线路信号的常用码型有 HDB3 码、2B1Q 码和 CAP 码。

（2）回波抵消

在 HDSL 系统中，回波抵消技术是一个不能缺少的关键技术。由于 HDSL 系统中的线路传输速率提高，要求回波抵消器中的数字信号处理器（Digital Signal Processor，DSP）的处理速度更快，以适应信号的快速变化。同时，由于线路特性引起信号拖尾较长，要求回波抵消器具有更多的抽头。

（3）码间干扰与均衡

用户线路的传输带宽限制和传输特性较差，会使接收信号发生波形失真。从发送端发出的一个脉冲到达接收端时，其波形常常被扩散为几个脉冲周期的宽度，从而干扰到相邻的码元，形成所谓码间干扰。如果线路特性是已知的，这种码间干扰可以用均衡器来消除。均衡器能够对线路的衰减频率失真和时延频率失真予以校正，也就是说，将线路的非平直衰减频率特性和非平直时延频率特性分别校正为平直的，从而消除所产生的码间干扰。

（4）性能损伤

影响 HDSL 系统性能的主要因素有两个：一是 HDSL 系统内部两对双绞线之间产生的近端串话，它将随线路频率的增高而增大；二是邻近线对上的 PSTN 信令产生的脉冲噪声，这种噪声有时较大，甚至会使耦合变压器出现饱和失真，从而产生非线性效应。

对于 HDSL 系统内部两对双绞线之间产生的近端串话，可以用回波抵消技术予以消除。对于脉冲噪声干扰，则需要采用纠错编码技术来对抗，不过采用纠错编码会引入附加时延。

（5）传输标准

关于 HDSL 系统的传输标准，目前主要有两种不同规定：一种是美国国家标准学会（American National Standard Institute，ANSI）制定的；另一种是欧洲电信标准组织（ETSI）制定的。我国目前主要参考欧洲电信标准组织（ETSI）标准。

5．HDSL2 第二代高比特率数字用户线

HDSL2 是继 HDSL 后的技术，它本质上是在一对线上传送 T1 和 E1 速率信号。要达到这个目标是非常困难的，因为本地环路的传输环境极为苛刻，传输线路上的混合电缆规格和桥接头的阻抗不匹配，还有各种各样的业务带来的串音干扰，形成了一个很差的噪声环境。因此，要在一对双绞线上达到和两对铜线 HDSL 技术相同的传输性能，必须采用先进的编码和数字信号处理（DSP）技术。

另外，与 HDSL 一样，HDSL2 的端对端延时必须小于 500μs。换句话说，带宽和延迟效应（导线的传播延迟和 HDSL 成帧的处理延迟）加在一起必须小于 0.5ms。这为了减小延迟，可通过减小 HDSL2 语音通信时的远端回波来实现。

HDSL2 与 HDSL 的兼容性是最主要的挑战。对 HDSL 最早的兼容性是采用了理论计算的方法得出的，计算结果表明频谱互锁重叠的 PAM 传输（Overlapped PAM Transmission with Interlocking Spectra，OPTIS）不会带来太大的性能降低。但是，实际的测量表明，一些早期的 HDSL 会在 OPTIS 频谱中降低 2dB 还多。对于这个问题，ANSI 进行了分析，对 OPTIS 功率谱密度模板做了改动，将性能裕量要求从 6dB 减小到 5dB，这样做使老式的 HDSL 系统的损害降到了 2dB 以下。

尽管 HDSL 的价格和性能都可以用 HDSL2 单线对系统达到，但是这并不意味着 HDSL 会完全淘汰。这是由于 HDSL2 更复杂，消耗的功率是 2B1Q 收发器的 2.5 倍，而许多应用需要远端供电；再加上 HDSL2 功率大，又只能在单线对上供电，严重限制了 HDSL2 在有中继器和需要远端供电环路上的应用。

9.3.3 ADSL 与 ADSL2+技术

1. 概述

不对称数字用户线（Asymmetric Digital Subscriber Line，ADSL）是一种利用现有的传统电话线路高速传输数字信息的技术。ADSL 技术是由 Bellcore 的 JoeLechleder 于 20 世纪 80 年代末首先提出的。该技术将大部分带宽用来传输下行信号（即用户从网上下载信息），而只使用一小部分带宽来传输上行信号（即接收用户上传的信息），这样就出现了所谓不对称的传输模式。ADSL 这种不对称的传输技术符合 Internet 业务下行数据量大，上行数据量小的特点。

2. ADSL 的技术特点

ADSL 系统的主要特点是“不对称”。这正好与接入网中图像业务和数据业务的固有不对称性相适应。

ADSL 技术的主要优点如下。

（1）可以充分利用现有铜线网路，只要在用户线路两端加装 ADSL 设备即可为用户提供服务。

（2）ADSL 设备随用随装，无需进行严格业务预测和网路规划，施工简单，时间短，系统初期投资小。

（3）ADSL 设备拆装容易、灵活，方便用户转移，较适合流动性强的家庭用户。

（4）充分利用双绞线上的带宽，ADSL 将一般电话线路上未用到的频谱容量，以先进的调制技术，产生更大、更快的数字通路，提供高速远程接收或发送信息。

（5）双绞铜线可同时供普通电话业务（Plain Old Telephone Service，POTS）的声音和 ADSL 数字线路使用。因此，在一条 ADSL 线路上可以同时提供个人计算机、电视和电话频道。

3. ADSL 的系统结构

（1）系统构成

ADSL 系统构成如图 9-5 所示，它是在一对普通铜线两端，各加装一台 ADSL 局端设备和远端设备而构成。它除了向用户提供一路普通电话业务外，还能向用户提供一个中速双工数据通信通道（速率可达 576kbit/s）和一个高速单工下行数据传送通道（速率可达 6～8Mbit/s）。

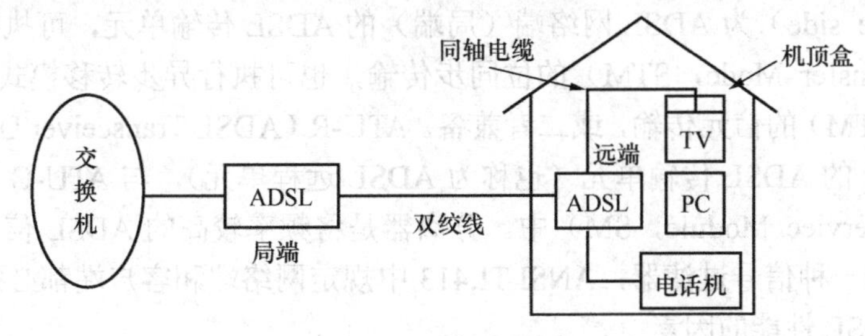

图 9-5 ADSL 系统构成图

（2）传输带宽划分

ADSL 基本上是运用频分复用（FDM）或是回波抵消（EC）技术，将 ADSL 信号分割为多重信道。简单地说，一条 ADSL 线路（一条 ADSL 物理信道）可以分割为多条逻辑信道。

图 9-6 所示是这两种技术对带宽的处理。由图 9-6（a）可知，ADSL 系统是按 FDM 方式工作的。POTS 信道占据原来 4kHz 以下的电话频段，上行数字信道占据 25～200kHz 的中间频段（约 175kHz），下行数字信道占据 200kHz～1.1MHz 的高端频段。

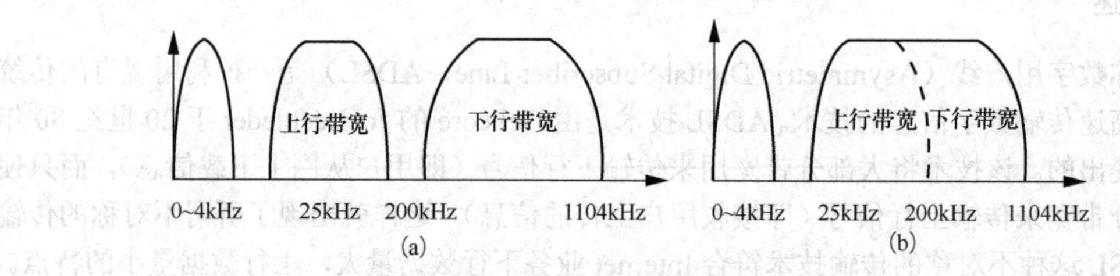

图 9-6　ADSL 频分复用信道划分

由图 9-6（b）可见，回波抵消技术是将上行带宽与下行带宽产生重叠，再以局部回波消除的方法将两个不同方向的传输带宽分离，这种技术也用在一些模拟调制解调器上。

4．ADSL 的技术基础

（1）ADSL 系统模型

图 9-7 所示为 ADSL 系统参考模型。图中显示了 ADSL 各元素的基本关系及重要元素间的标准接口。在这些接口中，每个功能组的定义是设备提供商提供的设备的各种功能集合，其中有必要的选项或增强的功能。

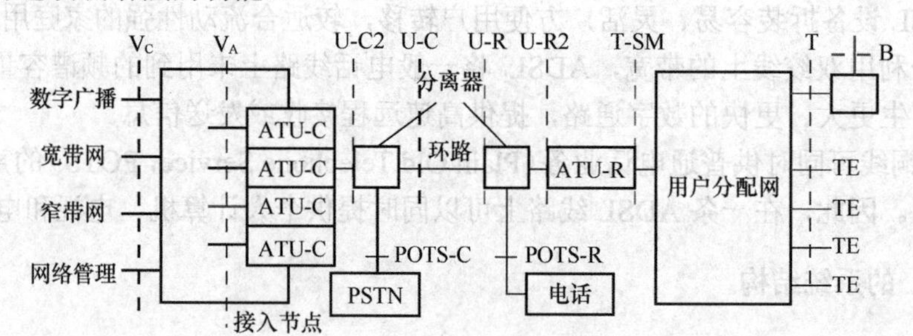

图 9-7　ADSL 系统参考模型

图上宽带网是指速率在 1.5Mbit/s/2.0Mbit/s（相当于 T1/E1）以上的交换系统；窄带网是指速率在 1.5Mbit/s/2.0Mbit/s（相当于 T1/E1）以下的交换系统。ATU-C（ADSL Transceiver Unit-Central office side）为 ADSL 网络端（局端）的 ADSL 传输单元，可执行同步转移模式（Synchronous Transfer Mode，STM）的位同步传输，也可执行异步转移模式（Asynchronous Transfer Mode，ATM）的信元传输，或二者兼备。ATU-R（ADSL Transceiver Unit-Remote side）为远端（用户端）的 ADSL 传输单元（也称为 ADSL 远程单元），与 ATU-C 功能相似，可集成到服务模块（Serviec Module，SM）中。分离器是将频率较高的 ADSL 信号与频率较低的 POTS 信号分离的一种信号过滤器，ANSI TI.413 中规定网络端和客户端都必须使用分离器。

（2）影响 ADSL 性能的因素

影响 ADSL 系统性能的因素主要有以下几点。

① 衰耗。在 ADSL 系统中，信号的衰耗同样跟传输距离、传输线径及信号所在的频率点有密切关系。传输距离越远，频率越高，其衰耗越大；线径越粗，其衰耗越小，传输距离越远，但所耗费的铜越多，投资也就越大。

② 反射干扰。桥接抽头是一种伸向某处的短线，非终接的抽头发射能量，降低信号的强度，并成为一个噪声源。从局端设备到用户，至少有两个接头（桥节点），每个接头的线径也会相应改变，再加上电缆损失等造成阻抗的突变会引起功率反射或反射波损耗。在话音通信中其表现是回声，而在 ADSL 中复杂的调制方式很容易受到反射信号的干扰。目前大多数都采用回波抵消技术，但当信号经过多处反射后，回波抵消就变得几乎无效了。

③ 串音干扰。由于电容和电感的耦合，处于同一主干电缆中的双绞线发送器的发送信号可能会串入其他发送端或接收器，造成串音。一般分为近端串音和远端串音。串音干扰发生于缠绕在一个束群中的线对间干扰。对于 ADSL 线路来说，传输距离较长时，远端串音经过信道传输将产生较大的衰减，对线路影响较小，而近端串音一开始就干扰发送端，对线路影响较大。但传输距离较短时，远端串音造成的失真也很大，尤其是当一条电缆内的许多用户均传输这种高速信号时，干扰尤为显著，而且会限制这种系统的回波抵消设备的作用范围。此外，串音干扰作为频率的函数，随着频率升高增长很快。ADSL 使用的是高频，会产生严重后果。因而，在同一个主干上，最好不要有多条 ADSL 线路或频率差不多的线路。

④ 噪声干扰。由于 ADSL 是在普通电话线的低频语音上叠加高频数字信号，因而从电话公司到 ADSL 分离器这段连接中，加入任何设备都将影响数据的正常传输，故在 ADSL 分离器之前不要并接电话和加装电话防盗器等设备。目前，从电话公司接线盒到用户电话这段线很多都是平行线，这对 ADSL 传输非常不利，大大降低了上网速率。

（3）ADSL 的调制技术

ADSL 不仅吸取了 HDSL 的优点，而且在信号调制、数字相位均衡、回波抵消等方面采用了更为先进的器件和动态控制技术。

① 调制解调器的基本模型。无论使用何种调制技术，基本的要求都是一样。图 9-8 所示为 DSL 调制解调器的发送与接收端的流程图。可以说，所有的调制技术都具备了此流程图所列的各个步骤的功能，在实体芯片组的设计中，通常将这些步骤予以模块化后，再合并到芯片组中。

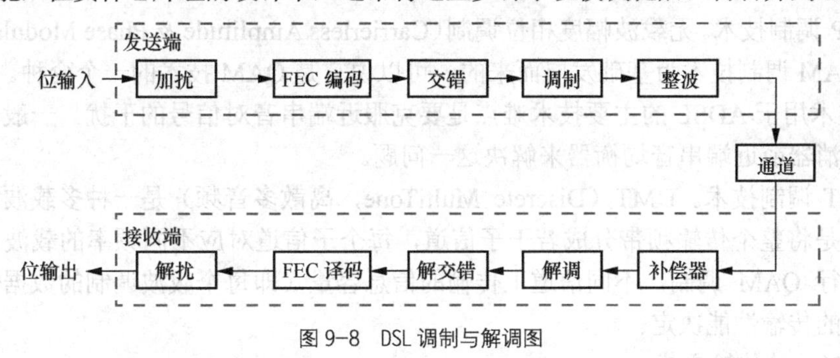

图 9-8 DSL 调制与解调图

发送端输入位经过调制以后，转换成为波形送入信道中；接收端接收了从信道送来的波形，经解调后将波形还原成为先前的位，其间经过加扰、FEC 编码、交错、调制、整波、补偿、解调、解交错、FEC 译码及解扰。

- 加扰及解扰。多数 DSL 在发送端及接收端都有加扰及解扰功能。以包为基础的系统或是 ATM 系统，当传输过程中没有包或 ATM 信元传送时，发送器的输入端信号会维持在高位或低位，也就是会输入一连串的 1 或者是 0，加扰的作用就是将包或是信元的数据大小随机化以避免该现象的发生，再利用解扰的功能将被加扰的位还原。
- FEC 编译码。FEC（前向纠错控制）是一种极重要的差错控制技术，它比 CRC（Cyclical

Redundancy Check，循环冗余检验）更重要也更复杂。CRC 只能用作数据的核对检查。FEC 则除了具备上述功能外，还拥有数据校正的能力，可以保护传输中的数据避免遭受噪声及干扰。一般是将大约是传输数据的几个百分点的冗余，经过复杂的演算和精确的编码后，加到传输的位中，接收端可以检测并校正传输中的多位错误，而不必再进行重传操作。这种技术在实时传输中的运用尤其重要，例如，视频会议等。FEC 为一种编码增益的概念，在 DSL 中，合理的编码增益在比特误码率（BER）为 10^{-7} 时，约为 3dB。也就是说，FEC 可以增加信道的带宽。

- 交错（interleaving）。DSL 在数据传输中常会发生一长串的错误，FEC 较难实施对这种长串错误的校正。交错作用通常介于 FEC 模块与调制模块之间，是将一个代码字平均展开，通过这种展开的动作同时将储存在数据中的长串错误也展开，经过展开以后的错误才能由 FEC 来处理。解交错的作用则是将展开的数据还原。交错过程如图 9-9 所示。

- 整波（shaping）。整波就是维持传输数据适当的输出波形。整波通常置于调制模块的输出端。整波的困难之处在于，整波作用必须将外频噪声给予恰当的衰减，但对于内频信号的衰减则必须达到最低的程度。

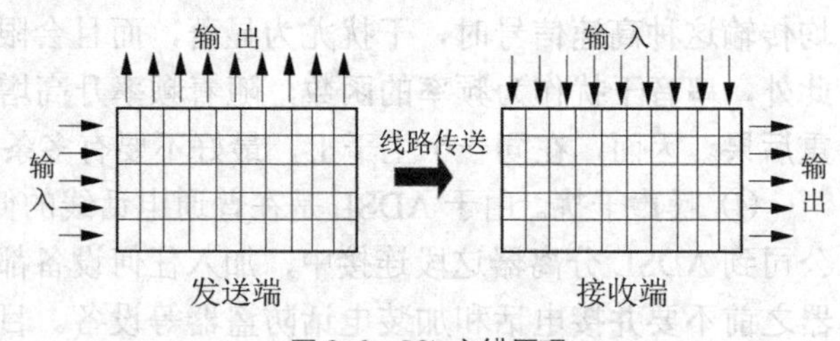

图 9-9　DSL 交错原理

- 补偿（equalizing）。当通信系统在接近理论阈值运行时，通常在其发送端及接收端都会采用补偿器，以获得最佳传输。在不同速率的信道及多变的噪声环境中，运用这种方法可使系统在信号的传输方面显得更加灵活。

② QAM 调制技术。正交波幅（幅度）调制（Quadrature Amplitude Modulation，QAM）是一种对无线、有线或光纤传输链路上的数字信息进行编码，并结合振幅和相位两种调制方法的非专用的调制方式。与其他调制技术相比，QAM 编码具有能充分利用带宽、抗噪声能力强等优点。这种调制技术已被广泛应用。

③ CAP 调制技术。无载波幅度相位调制（Carrierless Amplitude & Phase Modulation，CAP）技术是以 QAM 调制技术为基础发展而来的，可以说它是 QAM 技术的一个变种。

CAP 技术用于 ADSL 的主要技术难点是要克服近端串音对信号的干扰。一般可通过使用近端串音抵消器或近端串音均衡器来解决这一问题。

④ DMT 调制技术。DMT（Discrete MultiTone，离散多音频）是一种多载波调制技术。其核心思想是将整个传输频带分成若干子信道，每个子信道对应不同频率的载波，在不同载波上分别进行 QAM 调制，不同信道上传输的信息容量（即每个载波调制的数据信号）根据当前子信道的传输性能决定。

（4）ADSL 的传输方式

像其他传输方式一样，ADSL 也是一个“按帧传输方式”。与其他帧不同的是，ADSL 帧中的比特流可以分割，一个 ADSL 物理间信道最多可同时支持 7 个逻辑承载通道，其中 4 个是只能供下行方向使用的单工信道（AS0～AS3），3 个是可以传输上行与下行数据流的双向（双工）承载通道（LS0～LS2），它们在 ADSL 物理层标准中定义为次信道。

（5）ADSL 的帧结构

现代的协议功能都是分层的，ADSL 也不例外。在协议的最低层，是以 DMT 或者 CAP 的线路码的形式出现的比特。比特组成帧再集合成 ADSL 所称的超帧。帧是第一个有组织的比特结构，也是比特发送前形成的最终的结构，接收到的比特也是最先转换成帧。

每个超帧由 68 个数据帧及一个同步帧（Sync）所组成。ADSL 约每 246μs 送出一个帧，69 个帧为 17ms，也就是每 17ms 送出一个超帧。因为 ADSL 链路是点对点的，因此，在 ADSL 的这一层帧中没有地址和连接的标识符。不论是上行方向或下行方向，ADSL 超帧的结构都相同。

ADSL 超帧中的帧并没有绝对长度，这是因为 ADSL 线路的速率及其非对称特性，使得帧本身的长度会随着变化。

5. ADSL2/ADSL2+

2002 年 7 月，ITU-T 公布了 ADSL 的两个新标准（G.992.3 和 G.992.4），即 ADSL2。2003 年 3 月，在第一代 ADSL 标准的基础上，ITU-T 制定了 G.992.5，也就是 ADSL2plus（ADSL2+）。

作为在 ADSL 基础上发展起来的新技术，ADSL2/2+与 ADSL 相比具有多方面的优势，可以帮助运营商解决在 ADSL 网络运营中所遇见的一系列问题，特别是 ADSL2/2+在传输、编码调制等方面，更是采用了大量的新技术。由此也使 ADSL2/2+在未来市场上具有更广阔的应用前景。

ADSL2 的主要技术特性如下。

（1）传输性能显著改善。

（2）多线对捆绑技术。

（3）RE－ADSL2 环路距离进一步延长。

（4）动态调整的省电模式。ADSL2 引入两个新状态（L2 低功耗模式、L3 低功耗模式），使收发器在数据速率低或无数据传送时进入休眠状态，可大大降低功耗，对于局端设备，还可降低散热要求，这对于解决现在广泛采用的包月制所导致的用户长时间在线或一直在线造成局端设备功耗过大有着重要意义。

（5）细分化的信道管理。ADSL2 支持把带宽分割成为不同的信道（channel），并使它们为适应不同的应用而具有不同的特性，如 ADSL2 可支持语音的应用，使它具有低延时、高容错的特性，同时支持另一信道的数据应用，使它可以容忍比较大的延时，而误码率很低。

这一信道化管理的特性使 ADSL2 可支持 CVoDSL（Channelized Voice over DSL），为用户提供基于 TDM 的 64kbit/s 的数字化语音信道，而不必把语音承载到 ATM 或 IP 等高层协议和应用中。同时，ADSL2 增强了在线重配置功能，支持对不同通道的动态速率分配、无缝速率适配；增强了频谱控制功能，支持单载波模板；具有可选的初始化序列，支持快速错误恢复，使得初始化的时间从 10s 降至 3s。

（6）速率自适应技术。电话线之间的串话会严重影响 ADSL 的数据速率，且串话电平的变化会导致 ADSL 的掉线。ADSL2 通过采用 SRA（Seamless Rate Adaptation）技术来解决这样的问题，使 ADSL2 系统可以在工作时，在没有任何服务中断和比特错误的情况下改变连接的速率。ADSL2 通过检测信道条件的变化来改变连接的数据速率，以符合新的信道条件，改变对用户是透明的。

（7）其他优点。除了以上的特点外，ADSL2 还具有实时性能监控、调制解调器初始化过程规范化、互联互通的能力增强、快速启动等特性。

9.3.4 VDSL 技术

基于电话铜缆的高速数据传送技术——VDSL（甚高速数字用户线）得到了芯片供应商、设备制造商和网络运营商的广泛关注，其芯片和设备进展很快，应用范围也在不断推广。

1．VDSL 技术发展现状

（1）参考模型

VDSL 的系统结构也与 ADSL 很相似，参考模型如图 9-10 所示。VDSL 局端设备与用户端设备之间通过普通电话铜缆（U_1-C 与 U_1-R 参考点之间）进行点对点传输。其中，VTU-O、VTU-R 分别是位于局端和用户端的 VDSL 收发器。业务分离器（Splitter，包括 HPF 和 LPF）将同一对电话铜缆上传输的 VDSL 与窄带业务（或 ADSL）相分离。

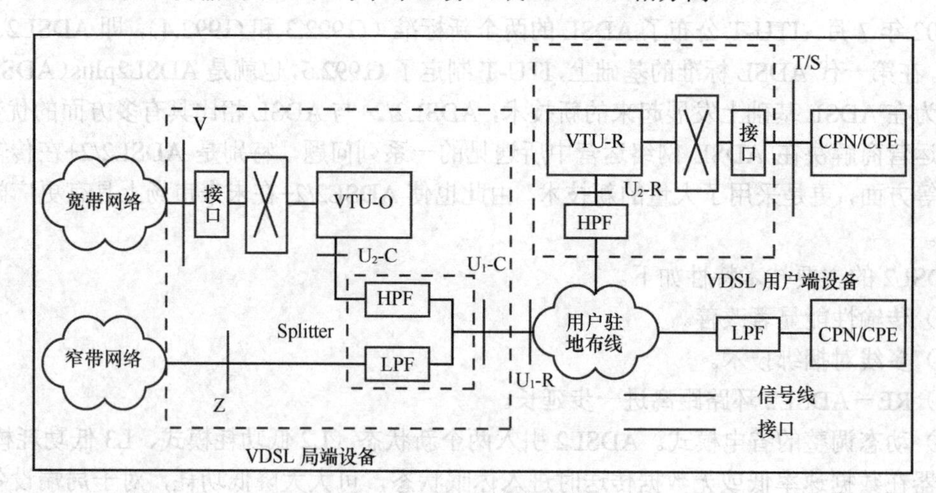

图 9-10　VDSL 系统参考模型

（2）频段划分和传送能力

VDSL 使用的频谱较宽，最高可达 12MHz。这一频谱范围可被分割为若干下行（DS）和上行（US）频段，国际上常用的频段划分方式（band plan）主要有两种：Plan997、Plan998。Plan998 根据北美的业务需求划分，主要面向非对称业务；而 Plan997 根据欧洲的业务需求划分，主要面向对称业务。

（3）线路编码

VDSL 的线路编码（调制技术）有两种：QAM（正交幅度调制）和 DMT（离散多音频）。QAM 技术相对简单，进展较快，芯片已比较成熟，相应的设备在国内外进行了比较广泛试验和试商用，设备成本也在不断降低。DMT 技术理论上性能更好，但实现较复杂，功耗较高，目前商用化设备很少。两种技术各有特点，究竟哪一种会在今后占主导地位，目前尚不够明朗。

（4）传送模式

VDSL 的传送模式包括 ATM、PTM（分组传送模式）、STM（同步传送模式）3 种。其中，ATM、PTM 最为常用，形成 ATM overVDSL 和 Ethernet over VDSL（EoVDSL）方式。特别是 EoVDSL 技术将 VDSL 的较高传输速率、较长传输距离和以太网的简单、低成本、易扩展等优点相结合，与现有的 ADSL 和（基于 5 类线的）以太网接入技术相比具有一定的潜在优势，得到了运营商和设备制造商的广泛关注。

2．VDSL 的技术标准

在国际标准方面，欧洲电信标准组织（ETSI）和美国国家标准学会（ANSI）都制定了 VDSL 标准，标准中同时包括了 QAM（正交幅度调制）和 DMT（离散多音复用）两种线路编码而未做选择。

3. VDSL技术特点

（1）高速传输

短距离内的最大下传速率可达55Mbit/s，上传速率可达19.2Mbit/s，甚至更高。目前可提供10Mbit/s上、下行对称速率。

（2）上网、打电话互不干扰

VDSL数据信号和电话音频信号以频分复用原理调制于各自频段互不干扰。您上网的同时可以拨打或接听电话，避免了拨号上网时不能使用电话的烦恼。

（3）独享带宽、安全可靠

VDSL利用电信公司深入千家万户的电话网络，先天形成星状结构的网络拓扑构造，骨干网络采用电信公司遍布全城全国的光纤传输，独享10Mbit/s带宽，信息传递快速可靠安全。

（4）安装快捷方便

在现有电话线上安装VDSL，只需在用户侧安装一台VDSL Modem。最重要的是，你无需为宽带上网而重新布设或变动线路。

（5）价格实惠

VDSL业务上网资费构成为基本月租费+信息费，不需要再支付上网通信费（即电话费）。

4. VDSL应用方向

（1）酒店客户（包括个别小区需建立网络社区服务）由于有内部VOD系统，需要大于1.5Mbit/s的带宽。

（2）部分企业（特别是网吧）需要对称高带宽的专线接入或者互连。

（3）VDSL作为网络接入的中继接口，降低了综合建网成本。

（4）有特殊IP业务需求（如组播视频等）的场所。

5. Ethernet over VDSL

从技术发展的角度来看，Ethernet已是应用得相当成熟的网络技术，更重要的是每个接口的成本大约只占ADSL的1/3，十分符合我国的国情。但是由于在用户和住宅中铺设得最广的仍然是电话线路，Ethernet线路仍不普及。而要重新建设以太网线路又需要时间，若能利用现有的电话线路传输以太网数据将大大节省运营商的时间和经费。因此，基于电话线传输的以太网接入VDSL就有了发展契机。

以太网接入VDSL有如下优点。

（1）延长Ethernet传输距离。

Ethernet在发展上遇到的困难在于距离受到限制，一般只能传50m～100m。而当利用VDSL时，其距离将可达300m～1000m。因此这样的技术方案可以大大地延长了Ethernet的传输距离。

（2）降低成本。

由于Ethernet不像电话线一样普及，因此对运营商来说，发展Ethernet的最大的问题就是需要从零做起，重新布线。以太网接入VDSL因为架构在电话线上，而家中的电话线几乎都是现成的，因此可以省下大笔的经费，具备成本发展效益。国内市场目前采用以太网接入的方式开通率仍很低，使得服务提供商投资及运营风险提高，采用以太网接入 VDSL 所带来的成本效益对运营商来说将是不错的解决方案。

9.4 PON/EPON 接入

9.4.1 无源光网络介绍

无源光网络是指采用无源光分/合路器或光耦合器分配/汇聚各 ONU（光网络单元）信号的光接入网。早在 20 世纪 90 年代中期就开始研究的无源光网络，随着技术的成熟、用户对高带宽需求的出现，正步入规模应用的阶段。

无源光网络（PON）是光接入网的主流技术之一。接入网的光纤化是接入网的发展方向，下面简要介绍一下光接入网（OAN）的概念及其分类。

光接入网的概念出现于 1996 年通过的 ITU-T G.982。根据 G.982 的定义：光接入网是共享相同网络侧接口并由光接入传输系统所支持的接入链路群，由一个光线路终端（OLT）、至少一个光分配网（ODN）、至少一个光网络单元（ONU）及适配设施（AF）组成。

根据 OLT 到各 ONU 之间是否存在有源设备光接入网，又可分为无源光网络（PON）和有源光网络（AON），前者采用无源光分路器，后者采用有源电复用器（基于以太网、PHD、SDH 或 ATM 等技术）。ITU-T 第 15 研究组早在 1996 年 5 月就通过了第一个无源光网络方面的建议书 G.982。ITU-T G.982 提出了与实现技术无关的无源光网络功能参考配置，如图 9-11 所示。

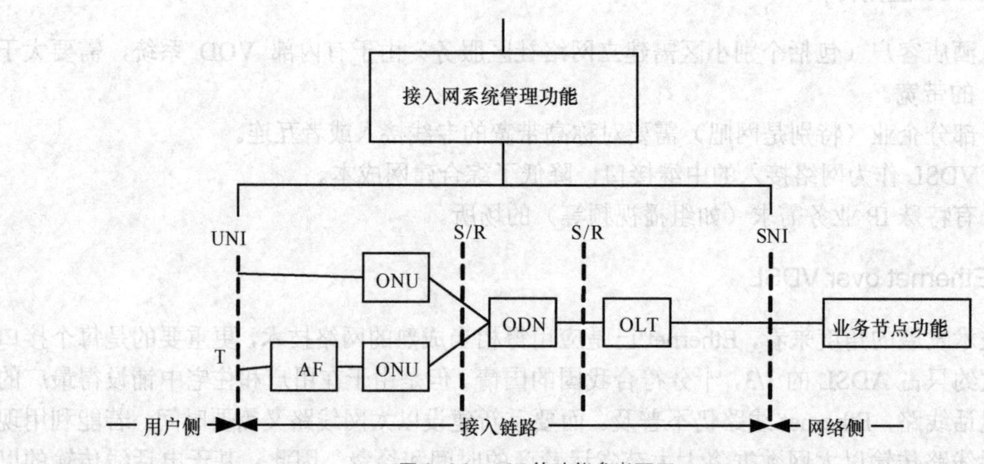

图 9-11　PON 的功能参考配置

OLT 的作用是为光接入网提供网络侧与业务节点（对于窄带业务，业务节点设备就是本地交换机）之间的接口，并经一个或多个 ODN 与用户侧的 ONU 通信，OLT 与 ONU 的关系为主从通信关系。OLT 可以位于交换局内，也可以位于远端。

ODN 为 OLT 与 ONU 之间提供光传输手段，其主要功能是完成光信号的功率分配任务。ODN 是由光缆、无源光器件，如光连接器和光分/合路器（即光耦合器）等组成的无源光馈线、配线网，一般呈树状分支结构。

ONU 的作用是为光接入网提供直接或远端的用户侧接口，处于 ODN 的用户侧。其主要功能是终结来自 ODN 的光信号、处理光信号并为用户提供业务接口。

AF 为 ONU 和用户设备提供适配功能，它可以包含在 ONU 内，也可以完全独立。

9.4.2 PON的无源光器件

1. 无源光器件

通常，人们称不发光、不对光放大和不产生光电转换的光器件为光无源器件，光无源器件的种类繁多，主要有光纤连接器、光耦合器、波分复用器、光隔离器、光衰减器、光开关和光调制器等。

2. 光耦合器

光耦合器是PON中至关重要的无源光器件。PON的许多优势正是由于它的无源光功率分路、合路功能而体现出来的。本书中光耦合器指在一定波长范围内对光信号功率"耦合"实现光功率合路或分路的无源光器件，而不包括按光信号的波长进行信号分路或合路的波分复用器。

按照光耦合器的端口形式，光耦合器分为星状和树状两大类。输入端口数与输出端口数相等的为星状耦合器；不相等的为树状耦合器。在PON中经常应用的是树状耦合器，光耦合器在下行方向做光功率分路用，在上行方向做光功率合路用。按工作带宽来分类，则分为单工作窗口的窄带耦合器、单工作窗口的宽带耦合器和双工作窗口的宽带耦合器。按制作光耦合器的材料来分类的话，光耦合器主要有光纤耦合器和波导耦合器。目前价格比较低廉、应用比较普遍的是光纤耦合器。PONODN中的光分/合路器也都是光纤耦合器。

9.4.3 PON的多址接入技术

由于PON采用点对多点的拓扑结构，所以必须采用点对多点多址接入协议使得众多的光网络单元（ONU）或光网络终端（ONT）来共享光线路终端（OLT）和主干光缆。下面将对各种多址接入技术进行分析比较。

1. 时分多址接入

我们以树状分支结构为例，说明PON信号传输的特点。树状分支结构决定了各个ONU之间必须以共享媒质方式与OLT通信。下行方向（OLT到ONU）通过TDM广播的方式发送给各ONU信息数据，并用特定的标识来指示各时隙是属于哪个ONU的。载有所有ONU的全部信息的光信号功率在光分路器处被分成若干份经各分支光纤到达各ONU，各ONU根据相应的标识收取属于自己的下行信息数据（即时隙），其他时隙的信息数据则丢弃。上行方向（ONU到OLT）通过TDMA方式实现接入。各ONU在OLT的控制下，只在OLT指定的时隙发送自己的信息数据。各ONU的时隙在光合路器处汇合，PON系统的测距和多址接入控制保证上行各ONU的信息数据不发生冲突。

2. 波分多址接入

WDMA PON网络的关键技术是密集波分复用技术。尽管密集波分复用技术已经成熟并在骨干网和城域网上应用，但WDMA PON的成本对于接入网环境仍太高。目前无论企业用户还是居民用户都没有这么宽的带宽需求，也无法承受其高昂的价格，所以我们认为WDMA PON在未来的几年内还不适合在接入网环境中应用。

3．副载波多址接入

副载波多址接入（SCMA）是利用不同频率的电载波（相对光载波来说是副载波）来复用和解复用不同用户的信息数据流，然后这些电的副载波再去强度调制光载波，产生模拟的光信号。根据电副载波调制光载波的方式，SCMA 又分为单通道和多通道的 SCMA。单通道 SCMA 是指每一副载波（被要传输的用户信息数据所调制）调制一光波长的光信号强度，而所有的被电副载波调制的光信号在光合路器处合在一起，接收端光信号由光电探测器转换成电信号后通过中心频率为各个副载波的带通滤波器，并进一步地通过鉴相解调出信息数据。

4．码分多址接入

码分多址接入（CDMA）在光接入网上的应用按其编解码信号是先以光的形式还是先以电的形式进行然后再转换到光域而分为两大类：光 CDMA 和电 CDMA 的光传输。

对比上面 4 种多址接入技术，我们可以看出：技术成熟度比较高、成本相对低廉的是 TDMA 和 SCMA，而 TDMA 又具有适合动态带宽分配、应用灵活的优势，因而目前 PON 系统都采用这种技术。

9.4.4　以太网无源光网络

1．技术简介

EPON（Ethernet Passive Optical Network）是 PON 技术中最新的一种，由 IEEE 802.3EFM（Ethernet for the First Mile）提出。EPON 是一种采用点对多点网络结构、无源光纤传输方式、基于高速以太网平台和 TDM（Time Division Multiplexing）时分 MAC 介质访问控制方式提供多种综合业务的宽带接入技术。

2．EPON 的系统结构

EPON 接入网的总体结构如图 9-12 所示。由光线路终端（OLT）、光合/分路器和光网络单元（ONU）组成，采用树状拓扑结构。

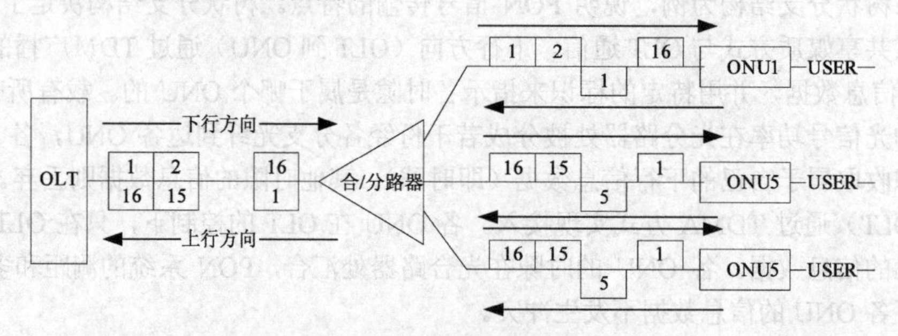

图 9-12　EPON 结构图

OLT 放置在中心局端，分配和控制信道的连接，并有实时监控、管理及维护功能。ONU 放置在用户侧，OLT 与 ONU 之间通过无源光合/分路器连接。

3．EPON 的拓扑结构

OLT 和 ONU 之间可以灵活组建成树状，环状，总线状，以及混合状拓扑。示意图如

图 9-13～图 9-17 所示。

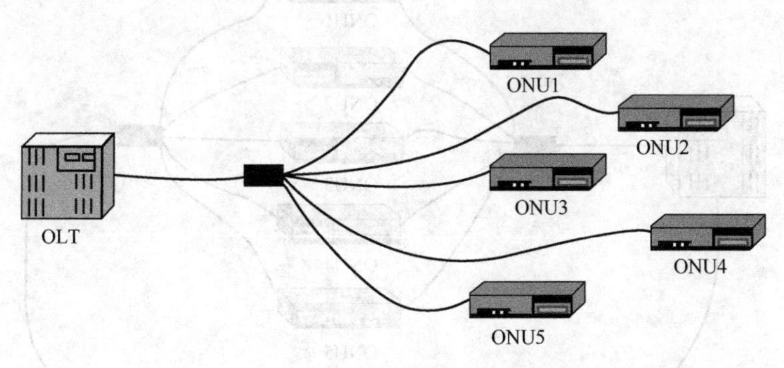

图 9-13 树状拓扑

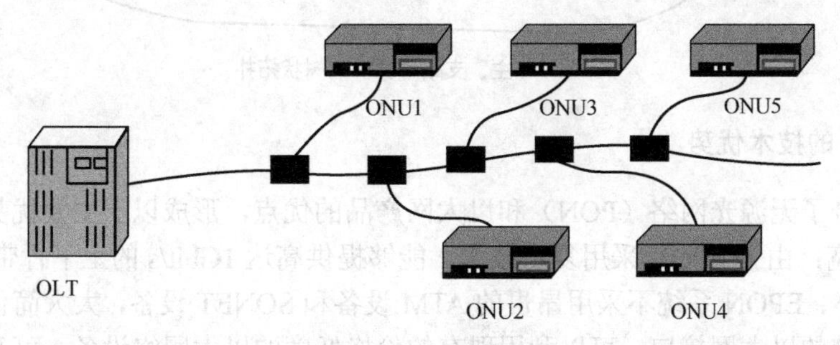

图 9-14 总线状拓扑

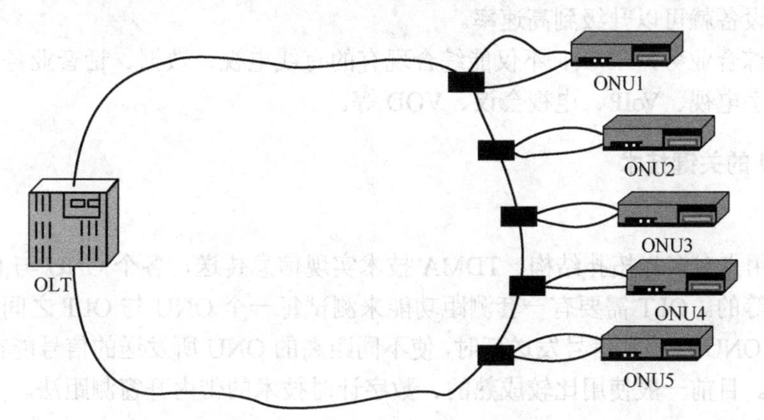

图 9-15 环状全保护的拓扑结构

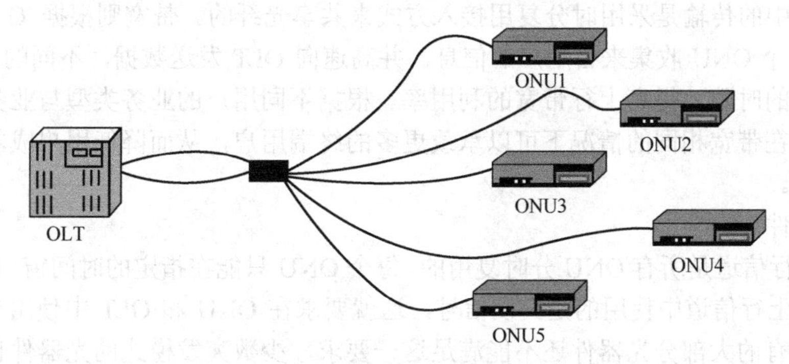

图 9-16 主干路带保护的树状拓扑

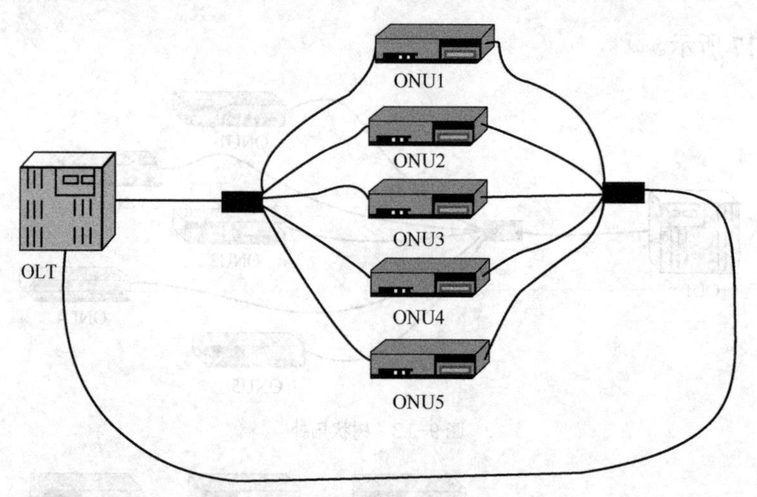

图 9-17 主、支路带保护的树状拓扑

4. EPON 的技术优势

EPON 融合了无源光网络（PON）和以太网产品的优点，形成以下主要优势。

（1）高带宽：由于 EPON 采用复用技术，能够提供高达 1Gbit/s 的上下行带宽。

（2）低成本：EPON 系统不采用昂贵的 ATM 设备和 SONET 设备，大大简化了系统结构。EPON 采用标准的以太网接口，可以利用现有的价格低廉的以太网络设备，可升级性比较强，只要更换终端设备就可以升级到高速率。

（3）实现综合业务：EPON 不仅能综合现有的有线电视、数据、话音业务，还能兼容未来业务，如数字电视、VoIP、电视会议、VOD 等。

5. EPON 的关键技术

（1）测距

EPON 采用点对多点拓扑结构、TDMA 技术实现信息传送，各个 ONU 与 OLT 之间的逻辑距离是不相等的。OLT 需要有一套测距功能来测试每一个 ONU 与 OLT 之间的逻辑距离，并据此来指挥 ONU 调整其信号发送延时，使不同距离的 ONU 所发送的信号能在 OLT 处准确地复用在一起。目前一般使用比较成熟的、数字计时技术的带内开窗测距法。

（2）带宽分配

上行信道中的传输是采用时分复用接入方式来共享光纤的。带宽则根据 ONU 的需要由 OLT 分配。各个 ONU 收集来自用户的信息，并高速向 OLT 发送数据，不同的 ONU 发送的数据占用不同的时隙，提高上行带宽的利用率。根据不同用户的业务类型与业务特点合理分配信道带宽，在带宽相同的情况下可以承载更多的终端用户，从而降低用户成本，最有效地利用网络资源。

（3）光器件

EPON 上行信道是所有 ONU 分时复用的，每个 ONU 只能在指定的时间窗口内发送数据。因此，EPON 上行信道中使用的是突发信号，这就要求在 ONU 和 OLT 中使用支持突发信号的光器件。现有的大部分光器件还不能满足这一要求，少数突发模式的光器件也只能工作在 155Mbit/s 的速率上，而且价格昂贵。可以说，这是 EPON 技术面临的一大问题，但是，目前已有厂商正在研制满足EPON要求的光器件，相信随着EPON标准的制定，会有更多的产品出现。

（4）时钟提取

对于系统的高速率，快速同步是必须解决的核心问题。而其中ONU和OLT及上下行比特码的时钟一致是其中的关键，目前一般都采用PLL（Phase Locked Loop）从下行信号中提取时钟，利用帧同步字检测方式实现帧同步。

（5）传输质量

传输话音和视频业务时要求延时既恒定又很小，延时抖动也要小。一种方法是对不同服务质量要求的信号设置不同的优先权等级。另一种技术是采用保留带的方法，提供一个开放的高速通道，不传输数据，而专门用来传输语音业务，以确保POTS（Plain Old Telephone Service）等需要保证响应时间的业务能得到高速传送。

（6）搅动

由于PON固有的组播特性，为了保证信息保密性，系统必须采用所谓搅动的保护措施。该措施介于传输系统扰码和高层编码之间，这种搅动功能实施信息扰码并能为信息保密提供保护。

（7）安全问题

在点对多点的模式下，EPON的下行信道以广播的方式发送给与此相连接的所有ONU，每个ONU都可以接收OLT发送给所有ONU的信息，所以产生了一些安全隐患，因而必须对发送给每个ONU的下行信号进行加密。加密算法主要有DES（Data Encryption Standard）、AES等，相比而言，AES更为理想。

6．EPON的应用

10Gbit/s以太网标准IEEE 802.3ae已经发布，意味着以太网可进入城域网和广域网领域。而用于局域网的10GBase-T和10GBase-CX4的补充标准也已经在2002年底启动，如果接入网也采用电信运营级的以太网技术EPON，将形成从局域网、接入网、城域网到广域网全部是以太网的结构，可以大大提高整个网络的运行效率。

9.5 无线局域网

9.5.1 基本概念

从广义上讲，凡是通过无线介质在一个区域范围内连接信息设备共同构成的网络，都可以称之为无线局域网，与其相对应的是无线广域网（Wireless Wide Area Network，WWAN），如GSM/GPRS和CDMA。该定义中涵盖了多种类型的无线局域网，涉及多种标准，但大致可分为两大发展方向：以高速传输应用发展为主（IEEE 802.11a、IEEE 802.11b和IEEE 802.11g等）和以低速短距离的应用为主（Bluetooth、HomeRF和HiperLAN等）。从发展趋势来看，IEEE 802.11系列协议大有一统无线局域网协议标准之势。

从狭义上讲，无线局域网（WLAN）一般指的是遵循IEEE 802.11系列协议的无线局域技术的网络。IEEE 802.11协议组包括IEEE 802.11、IEEE 802.11a、IEEE 802.11b、IEEE 802.11g等一系列协议。这些协议由电气电子工程师学会（IEEE）制定，经过多年的发展已经逐渐成为事实上的行业标准。

1．几种技术标准

目前无线局域网领域的两个典型标准是 IEEE 802.11 系列标准和 HiperLAN 系列标准。另外还有蓝牙（Blue Tooth，BT）、红外数据（IrDA）、家庭射频（HomeRF）、超宽带（Ultra-WideBand，UWB）及 Zigbee 等多种。

IEEE 802.11 系列标准指由（IEEE 802.11）标准任务组提出的协议族，它们是 IEEE 802.11、IEEE 802.11a、IEEE 802.11b 和 IEEE 802.11g 等。IEEE 802.11 和 IEEE 802.11b 用于无线以太网（Wireless Ethernet），其工作频率大多在 2.4GHz 上，传输速度为：IEEE 802.11 是 1～2Mbit/s；IEEE 802.11b 的速率为 5.5～11Mbit/s，并兼容 IEEE 802.11 速率。IEEE 802.11a 的工作频率在 5～6GHz，它使用正交频分复用（Orthogonal Frequency Division Multiplexing，OFDM）技术使传输速率可以达到 54Mbit/s。IEEE 802.11g 工作在 2.4GHz 频率上，采用 CCK、OFDM、PBCC（Packet Binary Convolutional Code，分组二进制卷积码）调制，可提供 54Mbit/s 的速率并兼容 802.11b 标准!

HiperLAN 是 ETSI 开发的标准，包括 HiperLAN1，HiperLAN2，设计为用于户内无线骨干网的 HiperLink，以及设计为用于固定户外应用访问有线基础设施的 HiperAccess4 种标准。HyperLAN1 提供了一条实现高速无线局域网连接，减少无线技术复杂性的快捷途径，并采用了在 GSM 蜂窝网络和蜂窝数字分组数据网（CDPD）中广为人知并广泛使用的高斯最小频移键控（GMSK）调制技术。最引人注目的 HiperLAN2 具有与 IEEE 802.11a 几乎完全相同的物理层和无线 ATM 的介质访问控制（MAC）层。

2．网络传输介质

无线局域网采用的传输媒体或介质分为射频（Radio Frequency，RF）、无线电波（radio wave）和光波两类。射频无线电波主要使用无线电波和微波（microwave）。光波主要使用红外线（infrared）。因此，无线局域网可分为基于无线电的无线局域网（RLAN）和基于红外线的无线局域网两大类。

3．介质访问控制方法

我们知道总线状局域网在 MAC 层的标准协议是 CSMA/CD，即载波侦听多点接入/冲突检测（Carrier Sense Multiple Access/Collision Detection）。但由于无线产品的适配器不易检测信道是否存在冲突，因此 802.11 全新定义了一种新的协议，即载波侦听多点接入/避免冲撞 CSMA/CA（Carrier Sense Multiple Access/Collision Avoidance）。

一方面，载波侦听：查看介质是否空闲；另一方面，避免冲撞：通过随机的时间等待，使信号冲突发生的概率减到最小，当介质被侦听到空闲时，优先发送。不仅如此，为了系统更加稳固，802.11 还提供了带确认帧 ACK 的 CSMA/CA。在一旦遭受其他噪声干扰，或者由于侦听失败时，信号冲突就有可能发生，而这种工作于 MAC 层的 ACK 此时能够提供快速的恢复能力。

9.5.2 无线局域网的特点

1．无线局域网的优点

无线局域网利用空中的电磁波代替传统的缆线进行信息传输，可以作为传统有线网络的延伸、补充或替代。相比较而言，无线局域网具有以下许多优点：

（1）移动性；

（2）灵活性；

（3）可伸缩性；

（4）经济性。

无线局域网可用于物理布线困难或不适合进行物理布线的地方，如危险区和古建筑等场合，节省了缆线及其附件的费用；省去布线工序，可快速组网，可以节省人员费用，并能将网络快速投入使用，提高了经济效益；对于临时需要网络的地方，无线局域网可以低成本地快速实现；对于需要频繁重新布线或更换地方的场合，无线局域网可以节省长期费用。

2．无线局域网的局限性

无线局域网并非完美无缺，也有许多面临的问题需要解决，这些局限性实际上也是无线局域网必须克服的技术难点。这些局限性有些是低层技术方面的问题，需要无线局域网设计者在研发过程中加以考虑；有些则是应用层面的问题，需要使用者在应用时加以克服和注意。

（1）可靠性

无线局域网采用无线信道进行通信，而无线信道是一个不可靠信道，存在着各种各样的干扰和噪声，从而引起信号的衰落和误码，进而导致网络吞吐性能的下降和不稳定。此外，由于无线传输的特殊性，还可能产生“隐藏终端”“暴露终端”和“插入终端”等现象，影响系统的可靠性。

（2）带宽与系统容量

由于频率资源有限，无线局域网的信道带宽远小于有线网的带宽。由于无线信道数有限，即使可以复用，无线局域网的系统容量通常也要比有线网的容量小。因此，无线局域网的一个重要发展方向就是提高系统的传输带宽和系统容量。

（3）兼容性与共存性

兼容性包括多个方面：无线局域网要兼容现有的有线局域网；兼容现有的网络操作系统和网络软件；多种无线局域网标准的兼容，如 IEEE 802.11b 对 IEEE 802.11 的兼容，IEEE 802.11g 对 IEEE 802.11b 的兼容；不同厂家无线局域网产品间的兼容。

共存性也包括多个方面：同一频段的不同制式或标准的无线网的共存，如 2.4GHz 频段的 WLAN 和蓝牙系统的共存；不同频段、不同制式或标准的无线网的共存（多模共存），如 2.4GHz 频段的 WLAN 和 5.8GHz 频段的 WLAN 共存，无线局域网与 GPRS 系统的共存等。

（4）覆盖范围

无线局域网的低功率和高频率限制了其覆盖范围。为了扩大覆盖范围，需要引入蜂窝或微蜂窝网络结构，或者通过中继与桥接等其他措施来实现。

（5）干扰

外界干扰可对无线信道和无线局域网设备形成干扰，无线局域网系统内部也会形成自干扰；同时，无线局域网系统还会干扰其他无线系统。因此，在无线局域网的设计与使用时，要综合考虑电磁兼容性能和抗干扰性能，并采用相应的措施。

（6）安全性

无线局域网的安全性有两方面的内容：一个是信息安全，即保证信息传输的可靠性、保密性、合法性和不可篡改性；另一个是人员安全，即电磁波的辐射对人体健康的损害。

（7）节能管理

由于无线局域网的终端设备是便携设备，如笔记本电脑、PDA（个人数字助理）等，为了节省电池的消耗，延长设备的使用时间和提高电池的使用寿命，网络应具有节能管理功能。当某站不处于数据收发状态时，应使机内收发处于休眠状态，当要收发数据时，再激活收发信机。

（8）多业务与多媒体

现有的无线局域网标准和产品主要面向突发数据业务，而对于语音业务、图像业务等多媒体业务的适宜性很差，需要开发保证多业务和多媒体的服务质量的相关标准和产品。

（9）移动性

无线局域网虽然可以支持站的移动，但对大范围移动的支持机制还不完善，也还不能支持高速移动。即使在小范围的低速移动过程中，性能还要受到影响。

（10）小型化、低价格

这是无线局域网能够实用并普及的关键所在。这取决于大规模集成电路，尤其是高性能、高集成度技术的进步。

9.5.3 无线局域网的组成

无线局域网的物理组成或物理结构如图 9-18 所示，由站（Station，STA）、无线介质（Wireless Medium，WM）、基站（Base Station，BS）、接入点（Access Point，AP）和分布式系统（Distribution System，DS）等几部分组成。

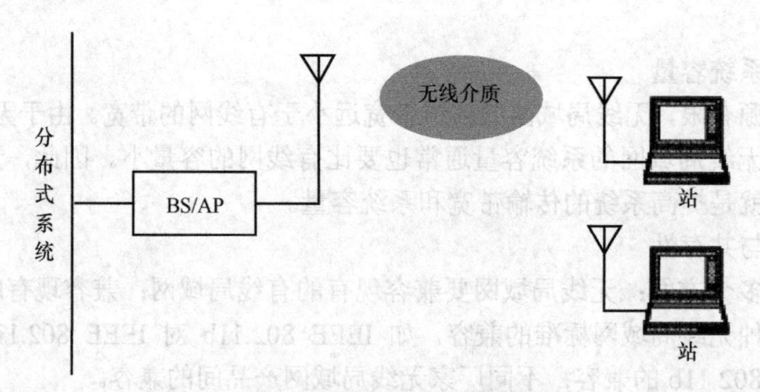

图 9-18 无线局域网的物理结构

（1）站

站（点）也称主机或终端，是无线局域网的最基本组成单元。网络就是进行站间数据传输的，我们把连接在无线局域网中的设备称为站。站在无线局域网中通常用作客户端，它是具有无线网络接口的计算设备。

无线局域网中的站是可以移动的，因此通常也称为移动主机或移动终端。

无线局域网中的站之间可以直接相互通信，也可以通过基站或接入点进行通信。在无线局域网中，站之间的通信距离由于天线的辐射能力有限和应用环境的不同而受到限制，我们把无线局域网所能覆盖的区域范围称为服务区域（Service Area，SA），而把由无线局域网中移动站的无线收发信机及地理环境所确定的通信覆盖区域（服务区域）称为基本服务区（Basic Service Area，BSA），也常称为小区（cell），它是构成无线局域网的最小单元，在一个 BSA 内彼此之间相互联系。相互通信的一组主机组成了一个基本业务组（Basic Service Set，BSS）。由于考虑到无线资源的利用率和通信技术等因素，BSA 不可能太大，通常在 100m 以内，也就是说同一 BSA 中的移动站之间的距离应小于 100m。

（2）无线介质

无线介质是无线局域网中站与站之间、站与接入点之间通信的传输介质。在这里指的是空气，它是无线电波和红外线传播的良好介质。无线局域网中的无线介质由无线局域网物理层标准定义。

（3）无线接入点（AP）

无线接入点（简称接入点）类似蜂窝结构中的基站，是无线局域网的重要组成单元。无线接入点是一种特殊的站，它通常处于 BSA 的中心，固定不动。

无线接入点也可以作为普通站使用，称为 AP Client。

（4）分布式系统 DS

一个 BSA 所能覆盖的区域受到环境和主机收发信机特性的限制。为了覆盖更大的区域，我们就需要把多个 BSA 通过分布式系统连接起来，形成一个扩展业务区（Extended Service Area，ESA），而通过 DS 互相连接起来的属于同一个 ESA 的所有主机组成一个扩展业务组（Extended Service Set，ESS）。

分布式系统是用来连接不同 BSA 的通信信道，称为分布式系统信道（Distribution System Medium，DSM）。DSM 可以是有线信道，也可以是频段多变的无线信道。这样在组织无线局域网时就有了足够的灵活性。在多数情况下，有线 DS 系统与骨干网都采用有线局域网（如 IEEE 802.3）。而无线分布式系统（Wireless Distribution System，WDS）可通过 AP 间的无线通信（通常为无线网桥）取代有线电缆来实现不同 BSS 的连接。

9.5.4 无线局域网的拓扑结构

WLAN 的拓扑结构可从几个方面来分类。从物理拓扑分类看，有单区网（Single Cell Network，SCN）和多区网（Multiple Cell Networks，MCN）之分；从逻辑上看，WLAN 的拓扑主要有对等式、基础结构式和线状、星状、环状等；从控制方式方面来看，可分为无中心分布式和有中心集中控制式两种；从与外网的连接性来看，主要有独立 WLAN 和非独立 WLAN。

BSS 是 WLAN 的基本构造模块。它有两种基本拓扑结构或组网方式，分别是分布对等式拓扑和基础结构集中式拓扑。

1．分布对等式拓扑

分布对等式网络是一种独立的 BSS（IBSS），它至少有两个站。它是一种典型的、以自发方式构成的单区网。在可以直接通信的范围内，IBSS 中任意站之间可直接通信而无需 AP 转接。由于 IBSS 网络不需要预先计划，随时需要随时构建，因此该工作模式被称作特别网络或自组织网络（Ad Hoc Network）。采用这种拓扑结构的网络，各站点竞争公用信道。当站点数过多时，信道竞争成为限制网络性能的要害。因此，比较适合于小规模、小范围的 WLAN 系统。

2．基础结构集中式拓扑

在 WLAN 中，基础结构（infrastructure）包括分布式系统媒体（DSM）、AP 和端口实体。同时，它也是 ESS 的分布和综合业务功能的逻辑位置。一个基础结构除 DS 外，还包含一个或多个 AP 及零个或多个端口。因此，在基础结构 WLAN 中，至少要有一个 AP。只包含一个 AP 的单区基础结构网络中，AP 是 BSS 的中心控制站，网中的站在该中心站的控制下与其他站进行通信。

9.5.5　无线局域网的应用

无线局域网的应用非常广泛，应用方式也很多。从总体上分，无线局域网主要有室外应用和室内应用两类。公共无线局域网接入（public access）是近两年来发展起来的新的应用模式，它借助于现有的广域网络，如中国电信的公共数据网、公共移动网（GSM、GPRS、CDMA2000-1X 等），构成广大区域的无线 ISP。当前的构造方式主要是在热点（hot spots）场所部署无线局域网。

WLAN 有 3 类应用方式，即 WLAN 接入、网络无线互联和定位。前两类应用已经比较普遍，而 WLAN 定位应用是近两年才发展起来的，是与无线广域网的定位类似的一种应用方式。WLAN 定位不仅可以单独应用，而且可以将其与其他应用结合起来，进一步促进 WLAN 的应用。

9.6　宽带光网络

光网络（Optical Networks）是一个简单通俗的名称，内容十分广泛。仅从字面上理解，它兼具"光"和"网络"两层含义：前者代表由光纤提供的，大容量、长距离、高可靠的链路传输手段；后者则强调在上述媒质基础上，利用先进的电子或光子交换技术，引入控制和管理机制，实现多节点间的联网，以及针对资源与业务的灵活配置。

9.6.1　光网络的体系结构

1．分层

光网络是一套复杂的网络体系，不同厂商提供的设备在网中协调工作，不同的网络元件执行不同的功能。为了简化网络分析，可以将网络按照不同的功能分成相应的层，如图 9-19 所示。每一层完成一定的功能，并为其紧邻的上层提供服务，换句话说，上层希望下层为其传送一定的服务。相邻层之间的网络服务接口成为服务接入点 SAP，SAP 可以复用，相当于在层之间可提供不同类型的服务。

SDH/SONET	ATM	Ethernet	IP	帧中继	FDDI
光信道 (OCH) 层					
光复用段(OMS)层					
光传输段(OTS) 层					

图 9-19　光网络分层模型

（1）光传输段层

该层为光复用段信号在不同类型的光媒质上提供传输功能。整个光网络架构在最底层的物理媒质基础上，即物理媒质层网络应当是光传输段层的服务者。

（2）光复用段层

该层保证相邻两个波长复用传输设备之间多波长复用光信号的完整传输，为多波长信号提供网络功能。它可以处理光复用段开销，保证多波长光复用段适配信息的完整性；实施对光复用段的监控，支持段层的维护和管理；解决复用段生存性问题等。

（3）光信道层

该层通过位于接入点之间的光信道路径给客户层的数字信号提供传送功能。负责为不同类型的客户连接建立并维护端对端的光通道，处理相关的光信道开销，如各类连接监视、通用通信通路、自动保护倒换等信息。

2. 网络组成要素

（1）网络链路

光网络中相邻的光网络节点ONN之间的光纤链路称为网络链路，它和ONN之间相互连接关系的图形称为网络的物理拓扑，网络链路的功能是尽可能大地提供通信容量，通信容量常用带宽距离积用*BL*来表示。光纤本身提供了巨大的带宽资源，必须采用光波复用技术才能充分挖掘光纤的带宽资源。

（2）光网络节点（ONN）

光网络节点ONN是建立光层的光通道OP的物理实体，其功能越强，网络结构就越灵活，越能满足不同用户的需要及用户负荷的变化。ONN的基本功能是在网络管理系统的作用下通过节点控制器ONC完成光信号之间的交换和路由选择、复用等。

（3）光网络接入节点（ONA）

ONA的功能是使用光层的服务为连接到它外部端口的电的网络节点如交换机等设备或终端系统提供服务。在我们所讨论的网络结构中的所有逻辑连接（LC）、传输信道和波长信道层上的功能执行都是在网络接入节点上来完成的，因此接入节点主要执行两大功能：第一，它负责将外部的逻辑连接（LC）通过接口与ONA的光收发器相连；第二，完成信号在电域和光域之间转换。这里主要以为了支持点对点的逻辑连接（LC）和光层信号的传输为主讨论ONA所必须具有的功能。

3. 光连接与逻辑连接

（1）网络连接的控制与管理

网络的主要目的是在网络的任意两个节点之间建立连接以便交换信息，对于任一规模很大的网络，网络的连接可分为永久性光连接（静态）和非永久性光连接（动态重构）。对于永久性光连接，一旦建立就不可拆除；非永久性光连接在建立起来后，随后的任何时间都可以拆除。网络的连接离不开网管系统对连接的控制与管理。由于网管有集中式和分布式，网络连接的控制与管理也可以采用集中方式和分布方式。对于集中方式，大部分工作都是通过网管中心采用集中方式来实现的，然而这种方式的实现是相当缓慢的，因而有些要求快速响应的功能，如故障响应、连接的建立与释放等不得不分散处理。现在倾向于采用分布式方式，其理由是响应过程比集中式快，像在有几个节点的SDH环网中故障恢复在60ms内完成，如采用集中方式是不可能的；适合于网络规模的不断扩大，在网络规模不断扩大的情况下，单个的网管中心管理整个网是很困难的，更有甚者，网络由多个不同管理者运行的区域组成时，不同区域的管理者在相互协调执行一定的功能时必须互相通信。

（2）光连接

下面讨论波长路由网络中的光连接情况。要在这样的一个网络中建立一个光连接，首先应建立一个经过一系列的光网络节点的通路，该通路运行在一个指定的波长上，接着把源端的发射机和目的端的接收机波长都调谐到已经选择的波长上去。以上这些操作分别发生在光通道层 OCH 上和波长信道子层上。因此，在这一层的连接性是光收发器和网络节点相互合作来完成的。对于那些按需连接的情况，建立和拆除连接都要在发起任务的一方与网络管理之间利用信令信息进行协调，接着由网络管理分发路由和波长分配的请求信息，并将这些信息传输到该连接上所包括的所有网络元素（接入结局或网络节点）。这些路由和波长分配的请求通常是由路由表的查询或是执行适当的路由和波长分配算法来完成的。

（3）逻辑连接

如果一个光连接被建立起来了，那么它就可以通过分配合适的传输信道来承载一个或多个逻辑连接（LC），这些传输信道分别用来使每一个逻辑连接（LC）能够适应于支持它们的光连接。

逻辑连接的建立过程是：先将多个逻辑连接（LC）在传送平面（TP）上进行复用，然后用复用的信号来调制光发射机（OT），从而产生一个光连接（OC），每一个光连接分别承载于一个波长信道上，最后再将多个波长信道复用到一个光通路上。

9.6.2 IP over SDH

1. SDH 简介

SDH 为物理层技术，用来传输和复用，传输速率可高达 10Gbit/s，是国际电联（ITU）标准。而 SONET 是美国国家标准学会（ANSI）的标准，两者只是在复用机制上有所不同，而其余技术均相似，本文以 IP over SDH 为例，以下简要介绍 SDH。

SDH 由一整套分等级的标准数字传送结构组成，称为同步传送模块 STM-N（N=1，4，16，64，…）。其中最基本的模块为 STM-1，传输速率为 155Mbit/s；相邻等级的模块速率之间保持严格的 4 倍关系。

尽管 SDH 提供同步帧结构，但它并不强制用户净荷位于 SDH 帧中的特定位置，相反，它允许用户净荷在帧内浮动，使用开销域中的指针指出用户净荷的开始位置。在用户看来，SDH 是提供字节同步的物理层介质。

SDH 规范了一整套特殊的复用方法，描述现有的各种数字信号，包括 PDH、ATM 和 IP 等，以及将来未知格式的新的信号类型可能采取何种路线、经历怎样途径被载入同步传送模块中，因而具有广泛的兼容性。

SDH 提出了一套完整而严密的传送网解决方案，是目前传送网应用最成功的范例。SDH 传送网指由一些 SDH 网元组成的，在传输媒质上（如光纤、微波等）进行同步信息传输、复用、分插和交叉连接的网络。SDH 通道层支持一个或多个电路层网络，为电路层网络节点之间提供透明的通道连接，包括低阶通道层和高阶通道层，其传送实体分别是不同种类的虚容器。传输媒质层支持一个或多个通道层网络，为通道层网络节点之间提供合适的传输容量，包括段层和物理层，前者涉及为提供通道层节点间信息传递的所有功能，又可细分为复用段层和再生段层；后者涉及具体支持段层网络的物理媒质类型，与开销无关。

2. IP over SDH

IP over SDH 是以 SDH 网络作为 IP 数据网络的物理传输网络，它使用链路适配及成帧协议对 IP 数据包进行封装，然后按字节同步的方式把封装后的 IP 数据包映射到 SDH 的同步净负荷包（SPE）中。目前广泛使用PPP协议对IP数据包进行封装，并采用HDLC帧格式，即IP/PPP/HDLC/SDH，PPP协议提供多协议封装、差错控制和链路初始化控制等功能，而HDLC帧格式负责同步传输链路上PPP封装的IP数据帧的定界。

IP over SDH相对其他传输方式（如ATM）具有更高的传输效率，能提高可用带宽达25%～30%，简化了网络的复杂性，更适合于组建专门承载IP业务的数据网络。

IP over SDH这种方式的主要优点是网络体系结构简单，传输效率高，技术较为成熟。这种方式的缺点是拥塞控制能力差，只有业务分类和优先级的能力，目前不适用于多业务平台，但对于以IP为主流业务的新兴数据公司来说，目前是最佳的技术选择之一。

（1）IP over SDH技术介绍

顾名思义，IP over SDH是指在SDH网络上直接运行IP业务，这主要得益于SDH的广泛应用和新一代吉比特交换路由器技术的发展，使得无需ATM就能实现IP业务的交换。由于因特网业务的爆炸性增长，对因特网的骨干带宽提出了越来越高的要求。由于密集波分复用（DWDM）技术的应用，SDH+DWDM已成为骨干网的最佳选择之一。再加上SDH网络的自愈特性和ATM存在信元税（即为了传送信息需开销，如用于识别信息目的地址的信头）问题，人们考虑直接在SDH网络上跑IP业务是很自然的。

（2）IP over SDH的网络体系结构

图9-20给出了IP over SDH网络的体系结构，它由物理层、数据链路层和网络层组成。物理层遵守SDH传输网标准，数据链路层包括点对点协议PPP和高级数据链路规程HDLC，网络采用TCP/IP协议。IP over SDH的另一种叫法POS，POS是英文Packet Over SDH的缩写，由于网络业务分组化实质上主要指IP化，因此，POS实际上是指在SDH网络传送分组（packet）。

IP	IP	IP	IP
PPP	PPP	PPP SDH	
ATM	ATM		
	SDH	DWDM	
光纤	光纤	光纤	光纤

图9-20 IP over SDH网络体系结构

（3）主要的POS标准

POS的主要标准如下。

① IETF RFC16961，点对点协议（PPP）。

② IETF RFC1662，采用高级数据链路规程（HDLC）组帧。

③ IETF RFC1619，在SDH网络中传送PPP。

（4）点对点协议（PPP）

PPP是英文Point to Point Protocol的缩写，中文译为点对点协议。PPP最初是作为在点对点链路上进行IP通信的封装协议，它定义了IP地址的分配和管理、异步和同步封装、网络协议复用、链路配置、链路质量测试、差错检测等规范。PPP提供了在串行点对点链路上传输IP包的方法。

（5）高级数据链路控制协议（HDLC）

HDLC是可靠性高，高速传输的控制规程。其特点如下：可进行任意位组合的传输；可不等待接收端的应答，连续传输数据；错误控制严密；适合于计算机间的通信。

HDLC相当于OSI基本参照模型的数据链路层部分的标准方式的一种。HDLC的适用领域很广，近代协议的数据链路层大部分都是基于HDLC的。

9.6.3 IP over DWDM

IP over DWDM是目前最有发展前途的宽带IP网络技术，采用密集波分复用技术DWDM能极大地提高网络的带宽。许多专家认为，IP over DWDM代表了未来信息高速公路的发展方向，又与万兆位以太网相结合，将会对现有的网络技术产生难以估量的冲击。

1．IP over DWDM 的关键技术

（1）差错检测

在 SDH 系统中，信号差错检测功能是由 SDH 帧的 OAM 开销比特来实现的。在 SDH+DWDM 系统中，SDH 层位于 DWDM 层之上，其差错检测功能也可由 SDH 来实现。在 SDH 设备、DWDM 设备、SDH 中继器和其他支持 SDH 的接口卡上可实现差错检测。对非 SDH 系统，情况就比较复杂。通过 DWDM 层的传输信号直接采用相关的协议。

（2）前向纠错（FEC）

全光 DWDM 系统采用前向纠错技术，实现方法有以下两种。

① 将 FEC 数据放入未使用的 SDH 开销部分，其性能受 SDH 中可用来使用的开销空间限制。这种方法也称为带内 FEC。

② 采用单独的线路来传输 FEC 编码数据，这种方法称为带外 FEC，其缺点是会增加线路。

（3）故障冗错

DWDM 系统除了要提供波长管理和路由选择的灵活性外，骨干网必须支持光网络的高可靠性和高生存能力，主要包括交换保护和故障恢复。全光网络的建立为提供光层网络保护奠定了基础。1+1 光复用段保护（MSP）是目前 DWDM 的一种解决方案。类似于 SDH 的 1+1 复用段保护，WADM 可采用多种先进的光层保护交换技术。

（4）波长路由选择

全光网络的最大特点是可实现波长路由选择，信号的波长就像 Internet 的 IP 地址，可由波长路由器来实现波长和交换。

（5）网络控制管理

光网络面临的一个问题是网络控制管理，包括故障管理、配置管理、性能管理、安全管理、计费管理和带宽管理等。

（6）服务透明性

服务透明性是指网络中传输信号时无需额外的信息，将来的安全网络应具有高度的透明性，能够透明地处理不同的业务。比特率独立是服务透明性的必要条件，网络中光电处理可能会引入较小的抖动。为了消除抖动和再生出高质量的信号，需要采用某种定时关系，解决这一问题的方法是采用与比特率无关、带重新定时功能的光电再生器。协议透明和比特率无关即通道服务透明性，这是发展全光网络和完整光运输层的基础。

（7）互操作性

新技术的应用需要标准化，以便实现多厂商设备互联。互操作性的关键是完整定义与光节点相关的信息，例如，管理信道的格式，光信号的物理特性也需要标准化。

2．面临的主要问题

（1）IP over DWDM 自愈能力

DWDM 和 IP 技术的融合（即 IP over DWDM）有望动摇 SDH 作为电信支撑网络的地位。IP over DWDM 网络主要依靠两个层面来实现自愈保护：DWDM 运输层和 IP 层。问题是完全依靠路由协议来实现 IP 网络自愈恢复所需的时间都在分钟级，难以满足电信业务对业务质量的要求。将 IP 网络设备与 DWDM 传输设备集成在一起是一种解决目前 IP over DWDM 自愈

能力差的有效方法。

（2）业务质量保证

IP over DWDM 面临的另一个问题是如何保证网络的业务质量。传统的 IP 网络只支持“尽力传送”的非实时业务，随着因特网的广泛应用，人们开始大量将其他应用加载到 IP 网络上。IP 要作为未来支持所有电信业务的统一网络平台，必须满足各种电信业务对于业务质量的不同要求。

习　题

1．常见的 HDSL 线路编码有哪几种码型？
2．简述 ADSL 调制与解调的步骤。
3．VDSL 的传输模式有哪几种？
4．常见 PON 多址接入技术有哪几个？各自特点是什么？
5．常见无线局域网技术标准有哪几种？
6．简述 802.11 协议族的几种标准的特点。
7．无线局域网 BSS 有几种组网方式？各自的特点是什么？
8．WLAN 物理层媒体访问协议标准什么？有什么特点？

附录：实验操作指导

以下实验操作脚本可登录人邮教育社区 http://www.ryjiaoyu.com 下载。

实验一　网络操作系统实践操作

1.1　知识准备

- 了解华为网络操作系统 VRP 体系结构。
- 掌握 VRP 配置基础。
- 掌握升级路由器软件和备份配置文件的方法。

1.2　实验目的

- 掌握通过 Windows 自带终端软件连接到路由器的配置。
- 掌握配置设备名称、时间及时区的方法。
- 掌握配置 Console 口空闲超时的方法。
- 掌握配置登录欢迎信息的方法。
- 掌握配置登录密码与 Super 密码的方法。
- 掌握保存和删除配置文件的方法。
- 掌握路由器接口配置 IP 地址的方法。
- 掌握直连的两个路由器之间的连通测试方法。
- 掌握使用通过 Telnet 一台路由器去控制另外一台路由器的配置方法。
- 掌握使用 FTP 将配置文件从一台路由器拷贝到另一台路由器的方法。
- 掌握重启路由器的方法。

1.3　实验内容

实验环境搭建与组网（如图实验图 1-1 所示）：假设你所在的公司刚买了两台 ARG3 路由器，在使用之前，需要你对它们进行调试。调试的内容覆盖配置方式、设备名称、时间、密码、文件管理及重启等方面。

实验图 1-1　VRP 平台基本操作实验拓扑图

1.4 实验设备

ARG3 路由器两台，网线两根，PC 一台，配置线一根。本实验可用华为 ENSP 仿真软件完成。

1.5 实验步骤

步骤一 设备连接

通过 Windows XP 系统自带超级终端连接路由器的方法如下。

用 Console 线缆将 PC 连接至路由器的 Console 接口。在计算机上打开终端仿真程序（如 Windows XP 的超级终端），建立一个新的连接。

选择配置的方式，确定所使用的 COM 口。

在拥有多个 COM 口的计算机上，请注意选择正确的 COM 接口，一般情况下计算机的串口为 COM1。

在 COM1 的属性界面中，点击“还原为默认值”，即可快速得到正确的参数信息的配置，然后点击“确定”进行连接。

打开电源，开启路由器。如果以上参数设置正确，终端窗口会有启动过程文字出现，直到启动完毕，提示用户按 Enter 键。用户视图的命令行提示符，如<Huawei>会出现，至此用户进入了用户视图配置环境。

步骤二 显示系统信息

首先可以使用 display version 命令显示系统软件版本及硬件等信息。

注意其中可以看到 VRP 操作系统的版本，设备的型号，启动时间等信息。

步骤三 修改和查看设备系统时间参数

系统会自动保存时间，但是如果时间错误了，可以在用户视图下使用 clock datetime 命令修改系统日期和时间。

使用 display clock 命令查看当前系统日期和时间。

步骤四 使用“？”键和“Tab”键

在输入信息后输入“？”可查看以输入的字母开头的命令。如输入“dis？”，设备将输出所有以 dis 开头的命令。

在输入的信息后增加空格，再输入“？”，这时设备将尝试识别输入的信息对应的命令，然后输出该命令的其他参数。例如，输入“dis ？”，如果只有 display 命令是以 dis 开头的，那么设备将输出 display 命令的参数；如果以 dis 开头的命令还有其他的，设备将报错。

另外，可以使用键盘上 Tab 键补全命令，如键入“dis”后，按键盘“Tab”键可以将命令补全为“display”。如有多个以“dis”开头的命令存在，则在多个命令之间循环切换。

命令在不发生歧义的情况下可以使用简写，如“display”可以简写为“dis”或“disp”等，“interface”可以简写为“int”或“inter”等。

步骤五 进入系统视图界面

使用 system-view 命令可以进入系统视图，这样才可以配置接口、协议等内容。

步骤六 修改设备名称

配置设备时，为了便于区分配置的设备，往往给设备定义不同的名称。依照实验拓扑图 1-1，修改设备名称。

更改 R1 路由器的系统名称为 R1。更改 R2 路由器的系统名称为 R2。

步骤七　配置登录标语信息

配置登录标语信息来进行提示或进行登录警告。

使用以上命令配置标语信息，然后尝试退出路由器命令行界面重新登录，查看欢迎信息。

请注意，通常情况下，登录标语信息用于警告非法登录，所以请勿使用欢迎类词语。

步骤八　配置 Console 口登录认证方式及超时时间

默认情况下，通过 Console 口登录无密码，任何人可以直接连接到设备，进行配置。

为避免由此带来的风险，可以将 Console 接口登录方式配置为密码认证方式，密码为明文形式的“huawei”。

空闲时间指的是经过没有任何操作的一定时间后，会自动退出该配置界面，再次登录会根据系统要求，提示输入密码进行验证。设置空闲超时时间为 20min，默认为 10min。

使用 display this 命令检查配置结果。

退出路由器尝试重新登录，测试重新登录是否需要输入密码。

步骤九　接口 IP 配置及描述

为 R1 的 S1/0/0 接口配置 IP 地址，配置 IP 地址时可以使用子网掩码长度，也可以使用完整的子网掩码，如掩码为 255.255.255.0，也可以使用 24 替代。

使用 display this 命令检查配置结果，使用 display interface 命令查看接口详细信息。

接口信息显示，接口物理状态和协议状态均为“Up”，对应物理层和数据链路层状态正常。此外可以看到接口连接的线缆类型为 V.35 DCE。

完成后配置 R2 的接口地址及其他相关信息。

配置完成后，使用 Ping 命令测试 R1 与 R2 之间的连通性。

步骤十　Telnet 配置

为 R1 配置 Telnet 登录方式为密码验证登录，设置密码为“huawei”，定义用户权限级别为 3。

使用 display this 命令检查配置结果。

为 R2 配置 Telnet 登录方式为用户名+密码登录方式。

> 提示：使用 quit 命令可以退回到上一层视图，使用 return 命令则可以直接退回到用户视图。

使用 display this 命令检查配置结果。

从 R1 使用 Telnet 方式登录到 R2。

成功 Telnet 登录到 R2。

使用 Telnet 工具从 R2 登录到 R1。

成功 Telnet 登录到 R1。

步骤十一　配置设备超级密码

在用户权限较低时（如 Telnet 登录时，可以定义权限级别为 0 或 1），此时可以使用 super 命令进行权限提升。为避免非法权限提升带来的危害，应该配置超级密码进行防护。

为 R1 设置超级密码，密码以 simple（明文）方式存储。

使用 display current-configuration 命令查看配置结果。

查看结果表明，若密码以明文存放，相对不安全。

为 R2 设置超级密码，密码以 cipher（加密）方式存储。

查看结果表明，若密码以加密形式存放，相对安全。

步骤十二　查看当前设备上存储的文件列表

在用户视图模式下，使用 dir 命令查看当前目录下的文件列表。

步骤十三　使用 FTP 功能在 R1 与 R2 之间上传和下载文件

本实验中 R1 作为 FTP 客户端，路由器默认即为 FTP 客户端；R2 配置为 FTP 服务器。

在 R2 上启用 FTP 服务器功能。

在 R2 上新建一个本地账户，命名为“ftpuser”作为 ftp 登录账户。

尝试从 R1 用 FTP 工具登录到 R2。

等待提示符显示，已确认能成功登录到 R2 FTP 服务器。

将 R1 上的文件通过 FTP 的方式传送到 R2。

提示：在实际实验设备上源文件名可能不同，注意修改，请在 R1 用户视图模式下使用 dir 命令查看文件列表中的文件名。

使用 dir 命令查看传送结果。

查看传送结果显示的文件为 R2 FTP 服务器上的文件列表。

将文件“file-from-r1.bak”从 R2 下载到 R1，并更名为“file-from-r2.bak”。

退出 FTP 服务器并查看 R1 上的文件列表，确认已成功下载的文件“file-from-r2.bak”。

删除设备上的文件。

> 警告：请注意只删除上面实验生成的两个文件“file-from-r1.bak”和“file-from-r2.bak”，请勿随便删除其他文件，否则可能导致设备不能正常运行！

步骤十四　管理配置文件

保存当前配置文件。 显示已保存的配置信息。显示当前生效的配置信息。

路由器中可以存放多个配置文件。根据需要，我们可以设置路由器下次启动时使用的配置文件。

步骤十五　重启路由器

使用 reboot 命令重启路由器。

系统会提示是否保存当前配置，请根据实验需要进行选择，如果不确定，请使用不要保存配置，进行重启。

1.6　实验验证与思考

1．ARG3 路由器支持通过 USB 接口进行配置管理。请使用 USB 线缆，参照产品说明书，进行配置操作。

2．现在的大部分笔记本电脑没有 COM 接口，这时如何对设备进行配置？列举出你能想到的所有方法。

实验二　静态路由及默认路由

2.1　知识准备

- 熟悉华为路由器 ARG3 硬件组成与接口功能。
- 了解路由的概念和路由协议的分类。
- 理解数据包在网络中的路由过程。

- 理解路由表的结构。
- 掌握静态路由和默认路由的配置。
- 掌握路由的负载分担与路由备份。

2.2 实验目的

- 了解静态路由与默认路由相对于动态路由的优点。
- 理解路由的作用及路由操作的过程。
- 掌握配置静态路由（下一跳为接口）的方法。
- 掌握配置静态路由（下一跳为 IP 地址）的方法。
- 掌握测试静态路由连通性的方法。
- 掌握通过配置默认路由实现末节网络与外部网络之间的访问。
- 掌握测试默认路由的方法。
- 掌握在拥有冗余链路的路由器上配置静态备份路由。
- 掌握测试静态备份路由的方法。

2.3 实验内容

假设你是某公司的网络工程师，现在公司有一个总部和两个分支机构。其中 R1 为总部路由器，总部有一个网段，R2、R3 为分支机构。R1 通过以太网和串行线缆与分支机构相连，分支结构之间也通过串行线缆实现互联。

因为网络规模较小，所以采用静态路由和默认路由的方式实现网络互通。IP 地址编址信息如实验图 2-1 所示。

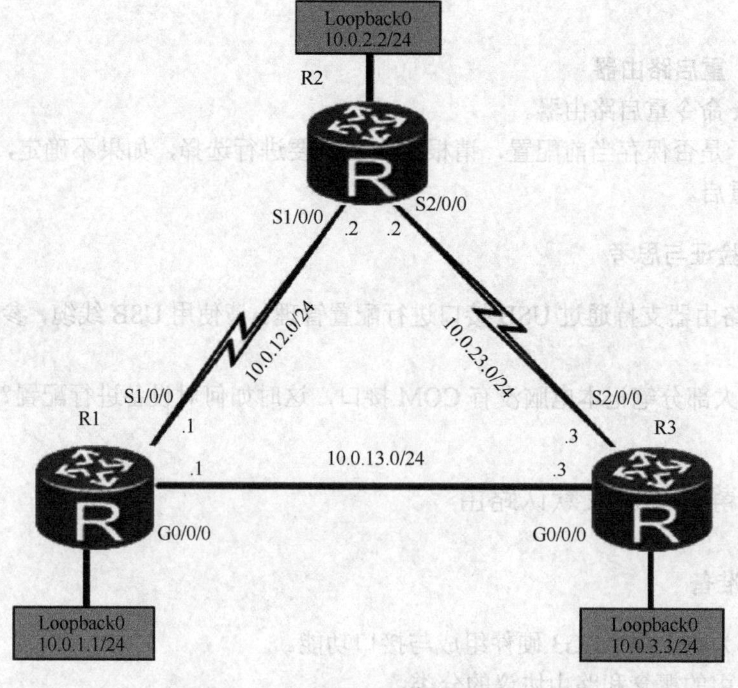

实验图 2-1　静态路由及默认路由实验拓扑图

2.4 实验设备

ARG3 路由器 3 台，网线若干，PC 一台，配置线一根。本实验可用 ENSP 仿真实现。

2.5 实验步骤

步骤一　基础配置与 IP 编址

配置 R1、R2、R3 的设备名称，配置 IP 地址。

使用 display current-configuration 命令检查以上配置。完成配置后，测试网络连通性。

步骤二　测试 R2 到目的网络 10.0.13.0/24、10.0.3.0/24 的连通性

此时 R2 如果要与网络 10.0.3.0 网段通信，则需要 R2 上有去往该网段的路由信息，并且 R3 上也需要有回到 R2 接口 IP 网段的路由信息。

测试结果显示 R2 无法与地址 10.0.3.3 和 10.0.13.3 地址通信。使用 display ip routing-table 命令查看 R2 的路由表，发现 R2 的路由表里面没有去往这两个网络的路由信息。

步骤三　在 R2 上配置静态路由

配置目的网络 10.0.13.0/24 和 10.0.3.0/24 的静态路由，下一跳信息设置为 R3 的接口地址 10.0.23.3，默认静态路由优先级为 60，无需额外配置路由优先级信息。

ip route-static 命令中的 24 代表目的网络掩码长度，也可以写成完整的掩码形式，如 255.255.255.0。

步骤四　配置备用静态路由

现在 R2 与地址 10.0.13.3 及 10.0.3.3 通信时，数据通过 R2 与 R3 之间的链路进行发送。如果 R2 与 R3 之间的链路出现了故障，则通信将无法进行。

但是从拓扑图可以看出，在 R2 与 R3 之间的链路故障后，R2 与 R3 之间的通信可以通过 R1 进行。我们可以配置备用静态路由，在网络正常的情况下，备用静态路由不起作用，但当 R2 与 R3 之间的链路出现故障时，备用静态路由将起作用，进行数据转发。

配置备用静态路由时，需要额外配置优先级信息，以便于只有在主链路失败时才使用备份链路。这里我们将备用的路由优先级定义为 80。

步骤五　验证静态路由

查看 R2 的路由表信息。

路由表中显示了两条我们刚才配置的静态路由。Proto 字段为 Static 表示静态路由。Pre 字段的数字 60 代表静态路由的默认优先级。

在 R2 与 R3 之间链路正常时，测试网络的连通。同时可以使用 tracert 命令查看数据发送时，数据包所经过的路由器。

命令结果显示，R2 将数据直接发送给 R3，未经过其他设备。

步骤六　验证备用静态路由

关闭 R2 的 Serial2/0/0 接口，并观察 3 台路由器的路由表发化。此时，注意与关闭接口之前的路由表情况做对比。

注意观察标识出来的两条路由。它们的下一跳及优先级信息已经发生更改。

在 R2 上测试与目的地址 10.0.13.3 和 10.0.3.3 的连通性。网络未因为 R2 与 R3 之间的链路被关闭而中断。

同样这里也可以使用 tracert 命令，查看数据发送时，数据包传输所经过的路由器。

从 **tracert** 命令得到的信息看，R2 发送的数据经过 R1 抵达 R3 设备。

步骤七　在 R1 上配置默认路由实现网络互通

在 R2 设备上打开步骤六中关闭的接口。测试 R1 到 R3 的连通性。

原因在于 R1 缺少到达地址 10.0.23.3 的路由信息。可以在 R1 上定义默认路由，实现网络通信。

配置完成后，测试 R1 与 10.0.23.3 之间的连通性。

步骤八　备用默认路由配置

同时如果 R1 与 R3 之间的链路出现故障，R1 也可以通过 R2 与地址 10.0.23.3 及 10.0.3.3 通信。但是默认情况下，R1 不知道这条路径的存在。考虑在步骤四中配置备用静态路由，本步骤也可以配置备用默认路由。

步骤九　验证备用默认路由

首先查看在链路正常的情况下，R1 的路由条目。

关闭 R1 的 GigabitEthernet0/0/0 接口，并查看 R1 路由条目，此时也应对照关闭接口前后路由条目的变化情况。

从路由表中可以看出，0.0.0.0 默认路由 Preference 值为 80，即备用默认路由已生效。

在 R1 上测试网络连通情况。显示数据包经过 R2 抵达 R3 设备。

2.6　实验验证与思考

1．默认情况下，路由器发出的 **Ping** 数据报源地址为多少？

2．本实验中，是否所有网段都已经可以互通？如果不是，请指出，并展示出来。

3．对于本次实验的拓扑图，如果单独仅从配置静态路由实现互通的角度看，如何配置才是完整的并且最简介的静态路由配置？

4．配置静态路由时，可以使用参数“下一跳的 IP 地址”，也可以使用参数“接口标识”，思考这两种配置的差异。有余力的同学，考虑其他厂商在实现静态路由配置时是如何定义的。这种差异会导致问题出现吗？

实验三　RIPv2 路由汇总和认证

3.1　知识准备

- 熟悉 RIP 协议的原理和配置。

3.2　实验目的

- 了解路由汇总对路由器性能提升的意义。
- 理解 RIPv2 的路由汇总的方法。
- 掌握配置 RIPv2 手动路由汇总的方法。
- 掌握配置 RIP 认证的方法。
- 掌握 RIP 认证失败时故障排除的方法。

3.3　实验内容

假设你是公司的网络工程师，当前公司的网络规模比较小，所以你选择使用 RIPv2 来作为动态路由协议。但是发现路由条目很多，本着优化路由操作的原则，你选择采用 RIP 的手动汇总来进行路由信息的控制和传递。

此外，由于担心恶意的破坏者会伪装成合法路由器，接收并可能修改我们的路由信息，你决定使用 RIPv2 中的认证功能来保护网络。

RIPv2 路由汇总及认证实验拓扑图如实验图 3-1 所示。

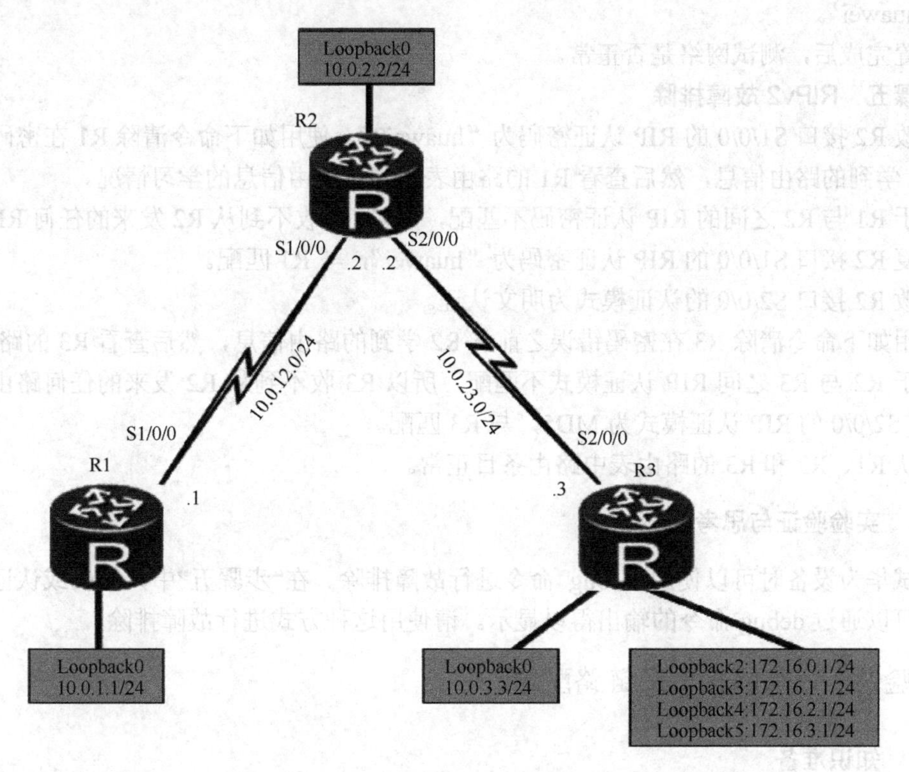

实验图 3-1　RIPv2 路由汇总及认证实验拓扑图

3.4　实验设备

ARG3 路由器 3 台，网线若干，PC 一台，配置线一根。

3.5　实验步骤

步骤一　基础配置与 IP 编址

配置 R1、R2、R3 的设备名称，配置 IP 地址。

完成配置后，测试网络连通性。

步骤二　配置 RIPv2

在 R1、R2、R3 上配置路由协议 RIP，使用版本 2。

查看 R1 的路由表，可以看出，此时 R1 学习到的是没有汇总的明细路由。测试网络连通性。

步骤三　在 R2 上配置 RIP 手动路由汇总

在 R2 接口 S1/0/0 下使用 **rip summary-address** 命令配置 RIP 手动汇总路由，将 172.16.0.0/24、172.16.1.0/24、172.16.2.0/24、172.16.3.0/244 条路由汇总成一条 172.16.0.0/16 的路由。

查看路由信息，注意汇总信息的情况。可以看出，此时路由表里面只显示了汇总路由，不再显示明细路由了。测试网络连通是否依然正常。

显示路由汇总操作并未影响网络连通性。

步骤四　配置路由认证

在实验中，配置 R1 与 R2 之间使用明文认证，R2 与 R3 之间使用 MD5 认证。认证密码均为“huawei”。

配置完成后，测试网络是否正常。

步骤五　RIPv2 故障排除

修改 R2 接口 S1/0/0 的 RIP 认证密码为“huawei2”。使用如下命令清除 R1 在密码更改之前从 R2 学到的路由信息，然后查看 R1 的路由表，确认路由信息的学习情况。

由于 R1 与 R2 之间的 RIP 认证密码不匹配，所以 R1 收不到从 R2 发来的任何 RIP 路由。

恢复 R2 接口 S1/0/0 的 RIP 认证密码为“huawei”，与 R1 匹配。

更改 R2 接口 S2/0/0 的认证模式为明文认证。

使用如下命令清除 R3 在密码错误之前从 R2 学到的路由信息，然后查看 R3 的路由表。

由于 R2 与 R3 之间 RIP 认证模式不匹配，所以 R3 收不到从 R2 发来的任何路由。恢复 R2 接口 S2/0/0 的 RIP 认证模式为 MD5，与 R3 匹配。

确认 R1、R2 和 R3 的路由表中路由条目正常。

3.6　实验验证与思考

调试华为设备时可以使用 debug 命令进行故障排除。在“步骤五”中，密码或认证类型不匹配，可以通过 debug 命令的输出得以显示。请使用这种方式进行故障排除。

实验四　以太网接口及链路配置

4.1　知识准备

- 熟悉交换机的配置。
- 掌握交换机的工作原理。

4.2　实验目的

- 了解以太网接口的各种统计信息。
- 理解速度和双工的意义。
- 掌握以太网接口速度和双工的配置。
- 掌握交换机之间手动链路聚合的方法。

4.3　实验内容

假如你是公司的网络管理员，现在公司购买了两台华为的 S5700 系列的交换机，需要你先进行调试。你决定对双工和速度方面进行技术测试。

交换基础实验拓扑图如实验图 4-1 所示。

4.4　实验设备

57 系类交换机 2 台，网线若干，PC 一台，配置线一根。本实验可用 ENSP 仿真实现。

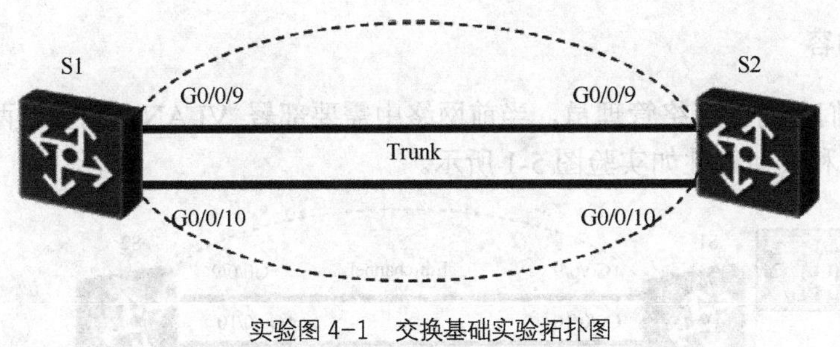

实验图 4-1　交换基础实验拓扑图

4.5　实验步骤

步骤一　以太网交换机基本操作

华为交换机接口默认设置为自动协商速率和双工模式，在本任务中，我们将 S1 和 S2 的 G0/0/9 和 G0/0/10 接口的速率和双工改为手动设置模式。

更改系统名称，查看 S1 的 G0/0/9 和 G0/0/10 接口详细信息。

将 S1 的 G0/0/9 和 G0/0/10 接口设置为 100Mbit/s 速率和全双工模式，更改接口的速率和双工模式之前应先关闭接口的自动协商功能。

将 S2 的 G0/0/9 和 G0/0/10 接口设置为 100Mbit/s 速率和全双工模式，验证 S1 接口 G0/0/9 和 G0/0/10 的速率和双工模式。

步骤二　配置手动链路聚合。

在 S1、S2 上创建 Eth-Trunk 1。清除 S1 和 S2 的 G0/0/9 和 G0/0/10 接口上的默认配置后将其加入 Eth-Trunk 1。

Eth-Trunk 配置结果验证。

由配置结果可以看出，配置的 Eth-Trunk 处于正常工作状态。

4.6　实验验证与思考

在 S1、S2 创建两个不同速率等级的接口，检测能否创建一个 Eth-Trunk，分析其原因。

实验五　VLAN 配置

5.1　知识准备

- VLAN 原理。
- VLAN 的接口及其配置。

5.2　实验目的

- 了解 VLAN 的意义。
- 理解 VLAN 的安全性表现。
- 掌握 VLAN 的配置。
- 掌握 Access 接口与 Trunk 接口的配置。
- 掌握将接口与 VLAN 关联的配置。
- 掌握 Hybrid 接口的配置。

5.3 实验内容

假设你是你们公司的网络管理员，当前网络中需要部署 VLAN，购置了两台交换机，你需要部署 VLAN 和其他特性如实验图 5-1 所示。

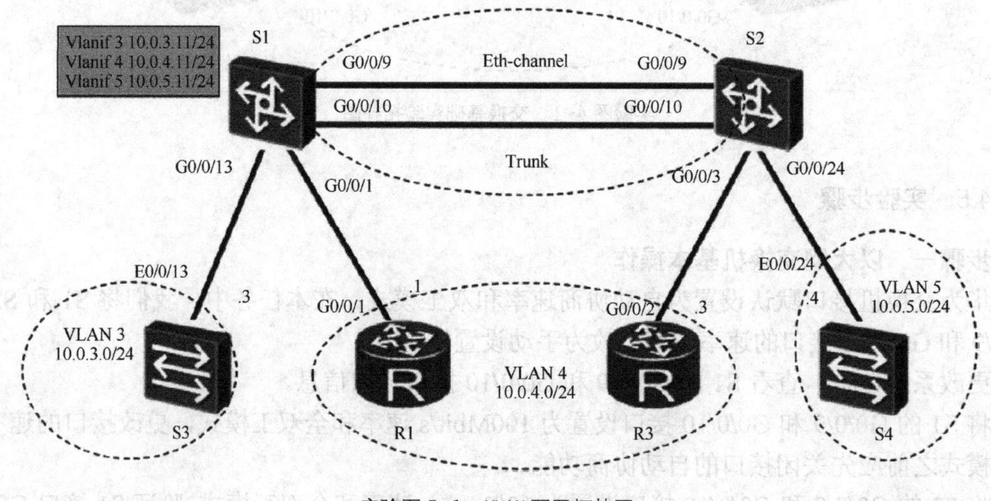

实验图 5-1 VLAN 配置拓扑图

5.4 实验设备

57 系类交换机 4 台，ARG 路由器两台，网线若干，PC 两台，配置线一根。本实验可用 ENSP 软件仿真实现。

5.5 实验步骤

步骤一 Eth-Trunk 链路聚合

实验之前，需要关闭部分设备接口，避免影响本次实验。

本次实验需要关闭 S3 的 Ethernet0/0/1、Ethernet0/0/23 接口，另外需要关闭 S4 的 Ethernet0/0/14 接口。

S1 与 S2 之间的两条链路，如果开启 STP，则会有一条链路被禁用，造成带宽的浪费；如果不使用 STP，则会造成环路。但是如果使用 Eth-Trunk，则可以很好地解决这个问题。

配置 Eth-Trunk 之前，必须清除接口原有配置信息。

配置 Eth-Trunk 时，可以将物理接口加入 Eth-Trunk 组，也可以在 Eth-trunk 配置模式下添加物理接口。

S1 使用第一种模式配置 Eth-Trunk 与物理接口之间的关联关系。

S2 使用第二种模式配置 Eth-Trunk 与物理接口之间的关联关系。

接口默认的链路类型为 Hybird 类型，可以直接修改链路类型为 Trunk 类型。

另外需要注意的是，默认情况下，接口的 Trunk 功能禁止所有 VLAN 的数据传输过去。

步骤二 配置 VLAN

实验中 S3、R1、R3、S4 模拟为主机进行测试。其中 S3 属于 VLAN 3，R1、R3 属于 VLAN 4，S4 属于 VLAN 5。

配置号码连续的多个 VLAN 的方式有两种，实验中分别演示。

定义 VLAN 与接口的对应关系也有两种方式，实验中分别演示。

步骤三　配置 IP 地址

R1、R3、S3 和 S4 模拟为客户端，测试 VLAN 配置效果。

需要各自配置接口地址，其中交换机物理接口无法配置地址，在 VLANIF1 接口配置 IP 地址。

步骤四　测试

使用 Ping 命令，正常情况下，同属于 VLAN 4 的 R1 与 R3 之间可以通信，其余两两相互不能通信。

其余设备之间则无法相互通信，可以测试 R1 与 S3 之间、R3 与 S4 之间通信情况。

在 S1 上为每个 VLAN 配置一个管理地址。相当于在 S1 上连接了 3 台客户端，属于 VLAN 3、4、5。

配置完成后，可以在 S1 上测试所有 VLAN 内部客户端是否正常通信。

步骤五　掌握 Hybrid 接口的配置

Hybird 接口与 Trunk 接口类似，但是增加了一些功能，可以实现在不同 VLAN 的用户通信，如实验中 S3 与 R3 设备，当前它们首先需要在同一个网段。

修改 S3 与 R3 地址。

定义 S1 的 G0/0/13 接口为 Hybird 接口，属于 VLAN 3。对 VLAN 3 和 VLAN 4 定义为 untagged。注意修改链路类型之前，需要删除接口的额外配置。

定义 S2 的 G0/0/3 接口为 Hybird 接口，属于 VLAN 4。对 VLAN 3 和 VLAN 4 定义为 untagged。

此时 S3 与 R3 虽然在不同网段，但是可以实现互通。

5.6　实验验证与思考

在 VLAN 3、4、5 中各添加一台主机 PC3、PC4、PC5，通过配置 VLAN 接口，如何实现能让 PC3、PC4 可以访问 PC5，但 PC5 不能访问 PC3 与 PC4？

实验六　三层交换

6.1　知识准备

- 三层交换的转发原理。

6.2　实验目的

- 了解三层交换的意义。
- 理解三层交换与路由的异同点。
- 掌握 VLANIF 的配置方法。
- 掌握 VLAN 之间实现通信的配置方法。
- 掌握 VLANIF 之间配置 OSPF 的方法。

6.3　实验内容

假设你是你们公司的网络管理员，当前的网络中有 4 个用户，用 S3、R1、R3 与 S4 模拟为公司用户，分属于不同的 VLAN，定义 S3 属于 VLAN 3，R1 属于 VLAN 4，R3 属于 VLAN 6，S4 属于 VLAN 7，实现 VLAN 的之间互通。同时由于 S1 与 S2 之间使用三层链路实现互通，所以需要使用路由协议实现路由信息的相互学习。

三层交换实验拓扑图如实验图 6-1 所示。

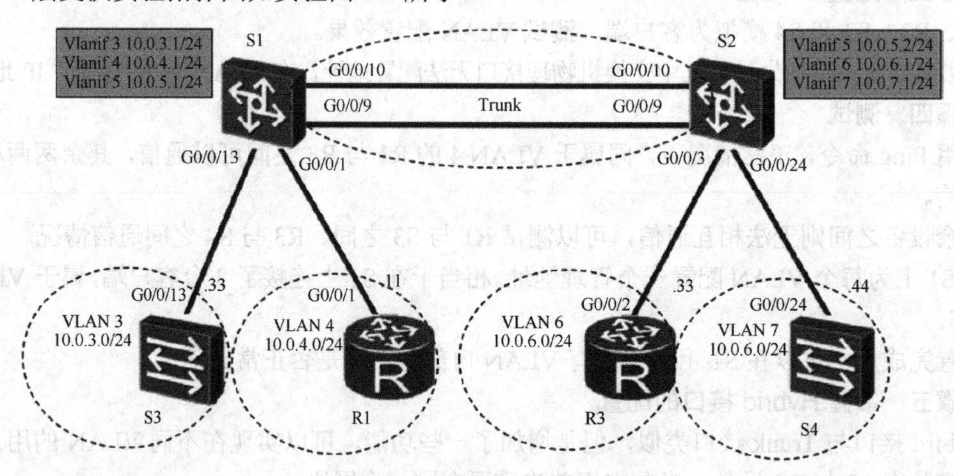

实验图 6-1　三层交换实验拓扑图

6.4　实验设备

57 系类交换机 4 台，ARG3 路由器两台，网线若干，PC 两台，配置线一根。本实验过程可用 ENSP 仿真模拟实现。

6.5　实验步骤

步骤一　S1 与 S2 之间的链路配置成 Eth-Trunk 链路

实验之前，需要关闭部分设备接口，避免影响本次实验。

本次实验需要关闭 S3 的 Ethernet0/0/1、Ethernet0/0/23 接口，另外需要关闭 S4 的 Ethernet0/0/14 接口。关闭这些接口之后，开始实验配置。

步骤二　S1、S2 配置 VLAN 3、4、5、6、7

```
[S1]vlan batch 3 to 7
[S2]vlan batch 3 to 7
```

查看 VLAN 的创建情况。

步骤三　S1 与 S2 之间的 Eth-Trunk 链路配置为 Access 链路，属于 VLAN 5

配置 VLAN 与接口之间的对应关系。S1 与 S2 之间的 Eth-Trunk 属于 VLAN 5，S1 的 G0/0/1 属于 VLAN 4，G0/0/13 属于 VLAN 3；S2 的 G0/0/3 属于 VLAN 6，S4 的 G0/0/24 属于 VLAN 7。

步骤四　S1 与 S2 为相应的 VLAN 配置网关 IP 地址

S1 为 VLAN 3、4、5 提供网关服务，S2 为 VLAN 5、6、7 提供网关服务。

步骤五　S3、R1、R3、S4 配置相应的 IP 地址，并配置默认路由

> 注：由于交换机的物理接口无法配置 IP 地址，所以我们只能通过 VLANIF 接口实现。虽然 S3 逻辑上属于 S1 上定义的 VLAN 3，但是 S3 的 E0/0/13 接口在 S3 上属于 VLAN 1，所以在 S3 上我们给 VLANIF1 配置 IP 地址，才能将 S3 模拟成一台连接到 S1 的主机，并属于 VLAN 3。S4 交换机的配置思路与这里一样。

步骤六　测试 VLAN 3 与 VLAN 4 之间的连通性

在 R1 上测试与 S3 的连通性。

R1 与 R3 之间不能通信。可用 tracert 命令检查思路进行故障排除。结果显示，R1 已经把目的地址为 10.0.6.33 的数据报发送出去了，但是 10.0.4.1（即网关）回应网络不可达。因此我们可以到网关（S1）上查看是否因为路由原因而不可达。

这里可以看到 S1 缺少到达 10.0.6.0 网段路由。原因是这个网段与 S1 没有直连，未配置静态路由或动态路由协议。

步骤七　S1 与 S2 之前启用路由协议 OSPF

配置完成后，稍等片刻，待 S1 与 S2 的 OSPF 协议相互交换路由信息后，查看 S1 的路由表。此时 S1 通过 OSPF 协议学到了两条路由信息。测试 R1 与 R3 之间的连通性。

6.6　实验验证与思考

如果 S1 与 S2 之间定义为 Trunk 链路，这样是否可以不使用路由协议也可以实现不同 VLAN 之间的互通？如实验图 6-2 所示实现互通。

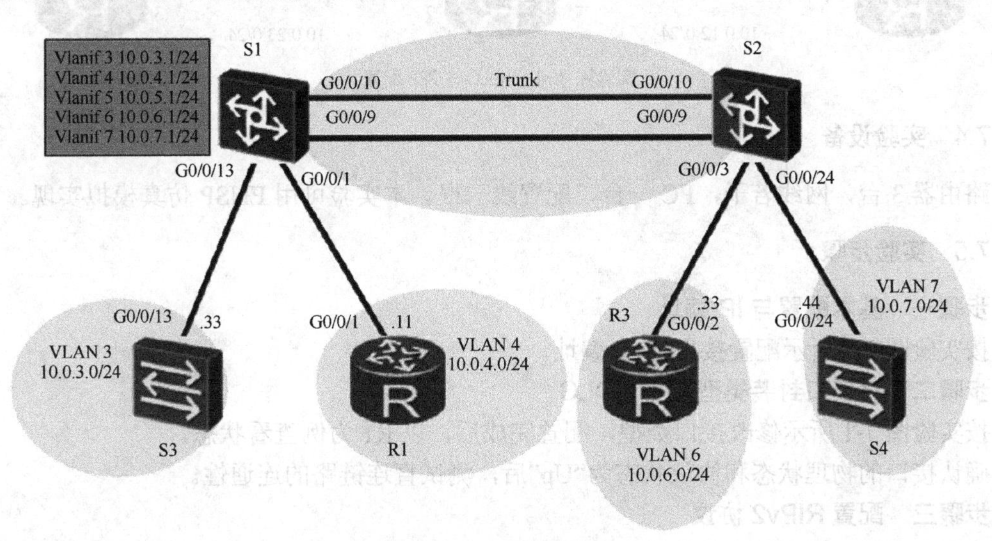

实验图 6-2　三层交换实验拓扑图

实验七　HDLC 与 PPP 配置

7.1　知识准备

- 广域网互联技术。
- HDLC 原理。
- PPP 原理。

7.2　实验目的

- 了解常见的广域网技术。
- 理解 PPP 协议的工作原理。
- 掌握在串行链路上配置 HDLC 的方法。

- 掌握查看和修改串行链路时钟频率的方法。
- 掌握在串行链路上配置 PPP 的方法。
- 掌握在 PPP 链路上配置 PAP 认证的方法。
- 掌握在 PPP 链路上配置 CHAP 认证的方法。
- 掌握在 PPP 链路上协商的过程。

7.3 实验内容

假如你是公司的网络管理员，公司的总部有一台路由器 R1，R2 和 R3 分别是其他两个分部的路由器。现在你需要将总部和分部连接到同一个网络。广域网链路上你尝试使用 HDLC 和 PPP 协议，在定义 PPP 协议时采用了不同的认证方式保证安全。

HDLC 与 PPP 配置如实验图 7-1 所示。

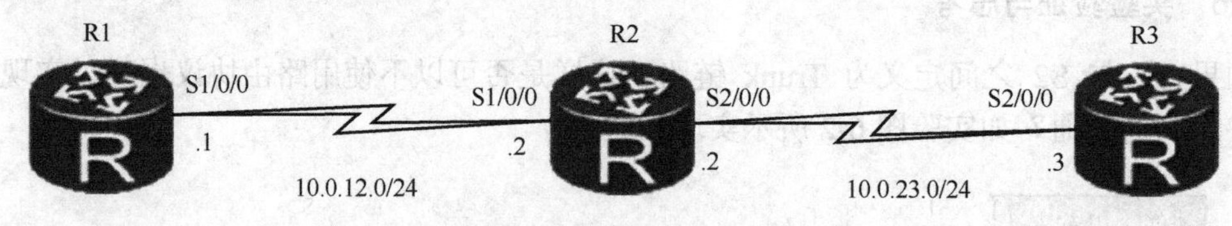

实验图 7-1 HDLC 与 PPP 配置

7.4 实验设备

路由器 3 台，网线若干，PC 一台，配置线一根。本实验可用 ENSP 仿真模拟实现。

7.5 实验步骤

步骤一 基本配置与 IP 编址

按实验图 7-1 所示配置接口与 IP 编址。

步骤二 将串口封装类型改为 HDLC

按实验图 7-1 所示修改接口类型，配置完成后，以 R1 为例查看状态。

确认接口的物理状态和协议状态为"Up"后，测试直连链路的连通性。

步骤三 配置 RIPv2 协议

配置完成后，查看路由信息学习是否完整。

确认有相应的路由信息通过 RIP 协议学习到。在 R1 上使用 Ping 命令测试 R1 与 R3 的连通性。

步骤四 查看串口连接的线缆类型，接口状态，时钟频率，并修改时钟频率

R2 的 S1/0/0 接口连接 DTE 线缆，时钟频率为 64000bit/s，R1 的 S1/0/0 接口连接的是 DCE 线缆。时钟频率与实际带宽直接关联，并由 DCE 端控制。

现在修改 R1 与 R2 之间链路的时钟频率为 128000bit/s。修改必须在 DCE 端进行，在 R1 上进行。完成后进行查看。

步骤五 修改 R1 与 R2 之间的串口、R2 与 R3 之间的串口封装类型为 PPP

配置使用 PPP 封装，注意当链路两端的封装形式不一致时，接口状态会出现“down”的情况。

配置完成后，注意测试链路的连通性。

如果无法 **Ping** 通，请查看接口状态，观察协议状态是否正常。

步骤六 观察路由表路由条目出现的变化

在 PPP 配置完成后，设备将在第二层使用该协议建立连接。同时，会向对方设备发送主机路由，路由信息包括自己接口的 IP 地址，掩码为 32 位。以 R2 为例，可以查看到 R1 和 R3 发送的主机路由。

思考这两条路由信息的来源、作用。如有兴趣，可以做如下验证。

① 封装协议定义为 HDLC 时，是否有这样的路由？

② 如果 R1 的 S1/0/0 接口 IP 地址与 R2 的 S1/0/0 接口 IP 地址不在同一个网段，封装协议定义为 HDLC 时能否相互通信？封装定义为 PPP 时能否相互通信？

步骤七　定义 R1 与 R2 之间的 PPP 链路使用 PAP 认证

定义 R1 为认证服务器，R2 向 R1 发送认证请求。在 R1 上配置 PAP 认证，在 R2 上配置 PAP 认证。

配置完成后，检测 R1 与 R2 之间的连通性。

步骤八　定义 R2 与 R3 之间的 PPP 链路使用 CHAP 认证

定义 R3 为认证服务器，向 R2 提出认证需求。

注意，此时 R3 会有如下提示。

Oct 10 2011 16:46:03+00:00 R3 %%01PPP/4/PEERNOCHAP(l)[9]:On the interface Serial2/0/0, authentication failed and PPP link was closed because CHAP was disabled on the peer.

Oct 10 2011 16:46:03+00:00 R3 %%01PPP/4/RESULTERR(l)[10]:On the interface Serial2/0/0, LCP negotiation failDCD=UP DTR=UP DSR=UP RTS=UP CTS=UP

表示 R3 在使用 PPP 与对端验证时失败。

将 R2 配置为 CHAP 客户端。

配置完成后，接口状态将转发为“Up”状态。使用 **Ping** 命令测试可判断链路是否正常。

步骤九　使用 debug 命令查看 R2 和 R3 之间使用 CHAP 建立 PPP 连接的协商过程

以 R2 为例查看 R2 与 R3 建立 PPP 连接时的协商情况。为看到完整情况，首先关闭 R2 的 S2/0/0 接口，然后启动 debug 命令，再打开接口，即可看到完整协商过程。

首先关闭 R2 物理接口，在 R2 上开启 ppp chap 的 debug 命令，注意默认 debug 产生的信息是不会输出的，需要使用命令 terminal debugging 使 debug 的信息在 Console 口输出。

然后打开 R2 的物理接口，此时可以看到 Console 口输出相应的 debug 信息。

注意协商状态的变化和发送的信息。

有时间的学生，可以使用 debugging ppp pap all 命令查看 R1 和 R2 之间使用 PAP 认证时，PPP 协商的情况，并与上面的信息对比，分析 PAP 与 CHAP 认证的过程的差异。

7.6　实验验证与思考

分析 CHAP 的认证流程，思考为什么 CHAP 比 PAP 更加安全。

实验八　综合实验

8.1　知识准备

- 前 7 个实验独立完成。

8.2　实验目的

- 掌握帧中继的配置方法。

- 掌握 VLAN 的配置方法。
- 掌握 VLAN 路由的配置方法。
- 掌握 OSPF 的配置方法。
- 掌握 OSPF 在 NBMA 网络的工作模式。
- 掌握 DHCP 的配置方法。
- 掌握 DHCP 中继的配置方法。
- 掌握防火墙的配置方法。

8.3 实验内容

如果你是公司的网络管理员，公司的网络分成了 3 部分，路由器 R1 在总部，这里有 DMZ 区域、内部网络（包括 3 个 VLAN）和外部网络区域；路由器 R3 在公司分部（包括 3 个 VLAN）；路由器 R2 在分支办公室，只有一个网段。公司的 3 个网段通过帧中继互联；后来考虑到网络冗余，租用了以太网络。接口及编址信息如图实验图 8-1 所示。

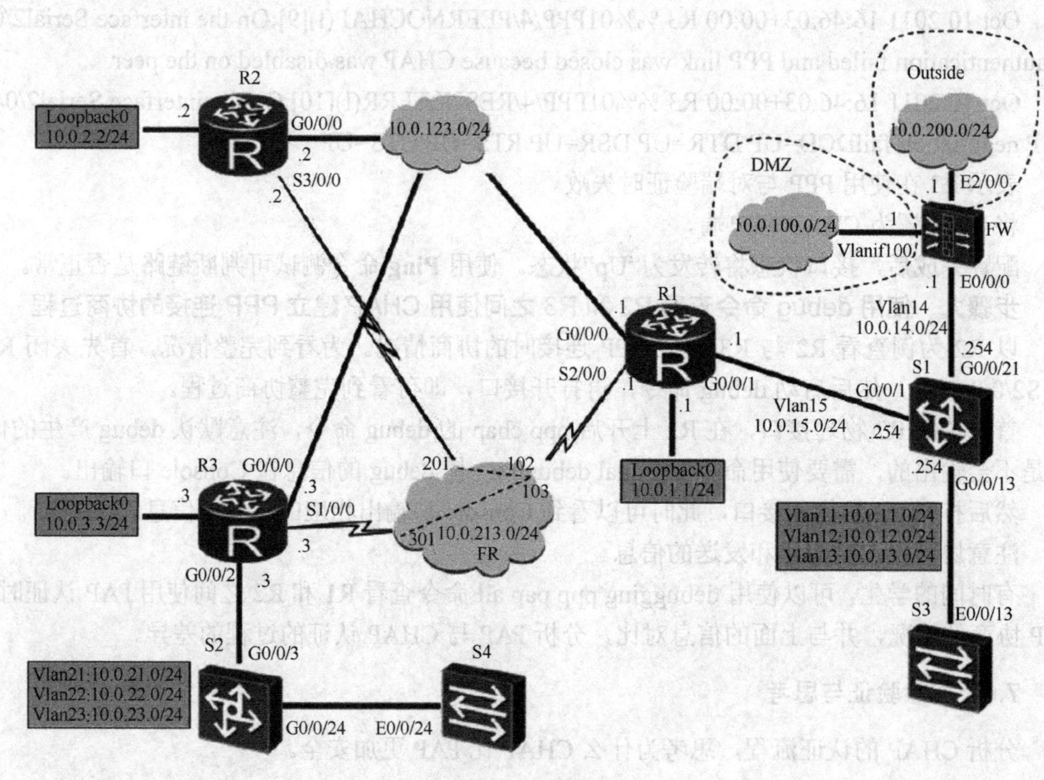

实验图 8-1 综合实验

8.4 实验设备

实验设备如实验图 8-1 所示。

8.5 实验步骤

步骤一 基本配置与 IP 编址

注意由于本综合实验的目的是检测学员对前面实验学习掌握的程度，所以本实验仅给出步骤和验证方式，不给出具体的操作命令。

依照拓扑图配置 IP 地址、VLAN 信息，并且配置帧中继网络，最终实现所有直连网络的连通性。

配置时需要注意 S1 配置多层交换，对应 VLANIF 的接口 IP 地址为 254；其他交换机都不使用多层交换功能。R3 使用物理接口 G0/0/2 提供子接口为 VLAN 21、22、23 提供服务；帧中继接口上关闭 Inarp 功能，手动定义 PVC 的 DLCI 和 IP 的对应关系，同时注意 R2 和 R3 之间没有虚电路；在防火墙上，需要注意 E1/0/0 接口连接到 DMZ，但是不能配置 IP 地址，我们使用 VLANIF100 接口来替代，配置 IP 地址，并且在防火墙上删除默认的 VLANIF1 接口。

步骤二　配置全网的 OSPF

配置 OSPF，需要在 R1、R2、R3、S1、FW 上配置 OSPF，所有网段属于区域 0。在帧中继网络接口上 OSPF 以默认的网络类型 NBMA 模式工作。

另外需要特别注意，将所有没有必要发送 OSPF 信息的接口定义为 OSPF 的 Silent-interface，并且在 10.0.123.0/24 网段启用 MD5 认证，密码为“huawei”。

在 FW 上配置默认路由，下一跳指向 IP 地址 10.0.200.2，并将此默认路由发布到 OSPF 区域，使用类型 1，度量值为 20，定义为永久发布。

步骤三　配置 DHCP 服务

在 R1 上配置 DHCP 服务，为网段 10.0.11.0/24、10.0.12.0/24、10.0.13.0/24、10.0.21.0/24、10.0.22.0/24、10.0.23.0/24 提供自动获取地址的功能。配置中 DNS 服务器 IP 配置为 10.0.200.200，地址有效期为 3 小时。

在 R3 设备上需要配置 DHCP Relay，确保 VLAN 21、22、23 网段的用户可以获取到地址。

在 S4 上配置 VLANIF23，测试 DHCP 功能。

在 S3 上配置 VLANIF13，测试 DHCP 功能。

步骤四　在 FW 上配置防火墙功能

在 FW 设备上配置防火墙功能，实现公司网络可以访问外部网络的功能，但是外部网络不能访问内部网络和 DMZ 网络，同时 DMZ 网络不能访问任何网络，默认情况下内部网络也不能访问 DMZ 网络。

在 DMZ 区域有一台服务器，IP 地址为 10.0.100.11/24，提供 Telnet、FTP、HTTP 服务。其中 HTTP 服务对所有区域开放；FTP 服务对内部所有地址开放。

8.6 实验验证

```
[R1]display current-configuration
[R2]display current-configuration
[R3]display current-configuration
[S1]display current-configuration
[S2]display current-configuration
[S3]display current-configuration
[S4]display current-configuration
[FW]display current-configuration
```

参考文献

1．施晓秋. 计算机网络技术（第 2 版）. 北京：高等教育出版社，2013.

2．华为技术有限公司. HCNA 网络技术学习指南. 北京：人民邮电出版社，2015.

3．华为技术有限公司.HCNA 网络技术实验指南. 北京：人民邮电出版社，2014.

4．[美] 卡雷尔等著，金名等译. TCP/IP 协议原理与应用（第 4 版）. 北京：清华大学出版社，2014.

5．朴燕，王宇. 数据通信与计算机网络. 北京：电子工业出版社，2011.

6．杨心强，陈国友. 数据通信与计算机网络（第 4 版）. 北京：电子工业出版社，2012.

7．林沛满. Wireshark 网络分析的艺术. 北京：人民邮电出版社，2016.

8．邢彦辰. 数据通信与计算机网络（第 2 版）. 北京：人民邮电出版社，2015.

9．毛京丽. 宽带 IP 技术（第 2 版）. 北京：人民邮电出版社，2015.